W0257732

Teubner-Reihe UMWELT

P. Hupfer

Unsere Umwelt: Das Klima

Teubner-Reihe UMWELT

Herausgegeben von
Prof. Dr. Dr. Müfit Bahadir, Braunschweig
Prof. Dr. Hans-Jürgen Collins, Braunschweig
Prof. Dr. Bertold Hock, Freising
Dr. Hans Walter Louis, Braunschweig

Diese Buchreihe ist ein Forum für Veröffentlichungen zum gesamten Themenbereich Umwelt. Es erscheinen einführende Lehrbücher, Monographien und Forschungsberichte, die den aktuellen Stand der Wissenschaft wiedergeben.

Das inhaltliche Spektrum reicht von den naturwissenschaftlich-technischen Grundlagen über umwelttechnische Fragestellungen bis hin zu juristisch, sozial- und gesellschaftlich ausgerichteten Titeln. Besonderer Wert wird dabei auf eine allgemeinverständliche, dennoch exakte und präzise Darstellung gelegt. Jeder Band ist in sich abgeschlossen.

Die Autoren der Reihe wenden sich vorwiegend an Studierende, Lehrende sowie in der Praxis tätige Fachleute.

Unsere Umwelt: Das Klima

Globale und lokale Aspekte

Von Prof. Dr. Peter Hupfer
Humboldt-Universität zu Berlin

B. G. Teubner Verlagsgesellschaft
Stuttgart · Leipzig 1996

Prof. Dr. Peter Hupfer

Geboren 1933 in Zwickau/Sa. Von 1951 bis 1955 Studium der Meteorologie an der Universität Leipzig, daselbst Assistent. Aufbau des Maritimen Observatoriums Zingst. 1961 Promotion über marine Klimaschwankungen. 1967 Habilitation mit einer Arbeit über die thermischen Verhältnisse der ufernahen Zone des Meeres. 1970 Dozent. Seit 1979 Professor für Meteorologie an der Humboldt-Universität zu Berlin mit dem Arbeitsgebiet Physikalische Klimatologie. Von 1991 bis 1995 Mitglied des Klimabeirates der Bundesregierung.

Gedruckt auf chlorfrei gebleichtem Papier.

Die Deutsche Bibliothek – CIP-Einheitsaufnahme

Hupfer, Peter:
Unsere Umwelt: das Klima : globale und lokale Aspekte /
von Peter Hupfer. – Stuttgart ; Leipzig : Teubner, 1996
   (Teubner-Reihe Umwelt)
   ISBN 3-8154-3521-8

Das Werk einschließlich aller seiner Teile ist urheberrechtlich geschützt. Jede Verwertung außerhalb der engen Grenzen des Urheberrechtsgesetzes ist ohne Zustimmung des Verlages unzulässig und strafbar. Das gilt besonders für Vervielfältigungen, Übersetzungen, Mikroverfilmungen und die Einspeicherung und Verarbeitung in elektronischen Systemen.

© B. G. Teubner Verlagsgesellschaft Leipzig 1996

Satz und Druck: Druckhaus „Thomas Müntzer" GmbH, Bad Langensalza
Umschlaggestaltung: E. Kretschmer, Leipzig

Dem Gedenken an den
Ozeanographen Klaus Voigt
1934 - 1995
gewidmet

Vorwort

Das Klima und seine Veränderlichkeit haben in den letzten Jahren eine zunehmende Publizität erfahren. Die relativ hohe Wahrscheinlichkeit eines tiefgreifenden, durch den Menschen hervorgerufenen Klimawandels im Laufe des nächsten Jahrhunderts hat nicht nur zur Entwicklung der internationalen Klimapolitik geführt, sondern bei vielen Menschen auch zu einem Bewußtsein für das Risiko. Dieses Buch, in das die jahrzehntelangen Erfahrungen des Autors aus Vorlesungen und Vorträgen eingeflossen sind, soll möglichst weitgehend Auskunft zum Klimaproblem im Ganzen geben. Es ist für Studenten der Studiengänge, die mit Natur- und Umweltproblemen direkt oder indirekt zu tun haben, aber auch für alle anderen Interessierten, die sich tiefer mit der Klimaproblematik befassen wollen, geschrieben worden.

Ein Anliegen des Buches besteht auch darin, die für den Menschen positiv oder negativ spürbaren Besonderheiten des Klimas im engeren Lebensraum im Kontext mit den globalen Klimaproblemen darzustellen. Die gegenwärtig noch weitgehend vorhandene Entkoppelung der beiden Aspekte der Klimatologie - globale und lokale Betrachtungsweise - wird zwangsläufig in wenigen Jahren überwunden sein, wenn zum einen die globalen Klimamodelle ihre räumliche Auflösung weiter vergrößern und zum anderen die Frage der Auswirkungen von Klimaschwankungen differenzierte Antworten verlangt.

Herrn Dipl. Met. B. Tinz danke ich für die kritische Durchsicht des Manuskripts. Mein Dank gilt auch den Herren Prof. Dr. W. Kuttler und Dr. M. Schönherr sowie nicht zuletzt meiner Frau, die mit Rat und umfangreicher Tat am Entstehen des Buches mitgewirkt hat.

Es ist mir ein Bedürfnis, die Zusammenarbeit mit dem Teubner-Verlag, insbesondere mit Herrn J. Weiß, und die begleitende Unterstützung durch die Herausgeber der "Teubner-Reihe UMWELT" dankbar hervorzuheben.

Berlin, d. 28. Juni 1996   Peter Hupfer

Inhalt

1   Die Atmosphäre als Umweltfaktor

Die Atmosphäre der Erde gehört ebenso wie die Hydrosphäre, die Litho- und Pedosphäre sowie die Biosphäre unter der Bedingung der ständigen solaren Energiezufuhr zu den existentiellen Rahmenbedingungen für die Umwelt des Menschen (s. auch Fritsch 1991, Haber 1993, Bossel 1994).

Ebenso wie die anderen Geosphären hat auch die Atmosphäre in der bisherigen Erdgeschichte eine tiefgreifende Entwicklung erfahren. Die früheste Gasatmosphäre im Präkambrium dürfte nach ihrer Abkühlung auf etwa 50 °C ohne freien Sauerstoff gewesen sein und überwiegend aus Stickstoff, Kohlendioxid und Kohlenmonoxid sowie Wasserdampf bestanden haben. Sie war zunächst sauerstoffrei. Es kam zur Entwicklung einer überwiegend CO_2-haltigen Lufthülle, wie sie heute auf der Venus besteht (s. Tab. 1.2). Weitere Bestandteile dürften Wasser, Schwefelwasserstoff, Methan und Ammoniak gewesen sein.

Der für das Leben unverzichtbare Sauerstoff wurde sowohl durch die *Photodissoziation* unter Einwirkung der solaren UV-Strahlung als auch durch die *Photosynthese* zu einem Luftbestandteil.

Die Photodissoziation erfolgt nach der Beziehung

$$H_2O \quad \overset{h\nu}{\rightarrow} \quad H_2 + O$$

während die Photosynthese nach

$$6H_2O + 6CO \quad \overset{h\nu}{\rightarrow} \quad C_6H_{12} + 6O_2$$

abläuft, wobei $h = 6{,}626{\cdot}10^{-34}$ J·s das Plancksche Wirkungsquantum (*Planck-Konstante*) als kleinste übertragbare Strahlungswirkung und ν die Frequenz der Strahlung bedeuten.

In der frühen reduzierenden Atmosphäre war die Photodissoziation der entscheidende Prozeß, wobei der freigesetzte Sauerstoff hauptsächlich der Oxidierung der oberflächennahen Teile der Lithosphäre diente. Mit der langsamen Zunahme des atmosphärischen Sauerstoffgehaltes tritt die photolytische Zersetzung von Wasser stark zurück.

Dafür wächst die photosynthetische Sauerstofferzeugung durch einzellige Lebewesen (die Prokaryonten) an. Man nimmt an, daß vor etwa 600 Mio. Jahren der Sauerstoffgehalt der Luft so angestiegen war, daß die Sauerstoffatmung möglich wurde. Gleichzeitig nahm der in der Frühphase dominierende CO_2-Gehalt der Luft systematisch ab. Die Zunahme des Sauerstoffgehaltes führte auch zur Ausbildung der stratosphärischen Ozonschicht, die verhindert, daß kurzwellige UV-Strahlung die Erdoberfläche trifft. Mit der Erreichung des gegenwärtigen Sauerstoffgehaltes der Atmosphäre vor 200 bis 300 Mio. Jahren war die Evolution der Atmosphäre im wesentlichen abgeschlossen. Abb. 1.1 gibt einen Überblick über die Atmosphärenentwicklung der letzten Milliarde Jahre zusammen mit wesentlichen geologischen und biologischen Effekten.

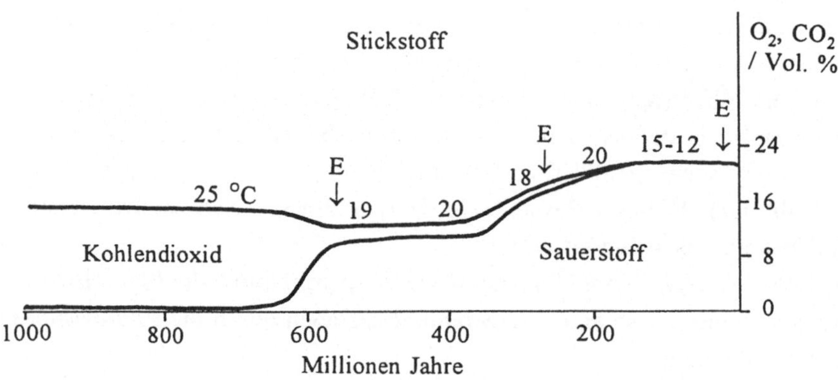

Abbildung 1.1: Die Entwicklung wesentlicher Bestandteile der Atmosphäre in der letzten Milliarde Jahren, verändert nach Beckmann und Klopries (1990). E = zeitliche Zuordnung der Eiszeitalter

1.1　　Die heutige Atmosphäre

Die Atmosphäre, die an ihrem oberen Rand in etwa 1000 km Höhe in den erdnahen Weltraum übergeht, hat bis zu einer Höhe von 80 bis 100 km (von der *Turbopause* begrenzte *Homosphäre*) eine nahezu konstante Zusammensetzung (Tab.1.1). Die Atmosphäre enthält zahlreiche weitere, darunter jetzt auch anthropogene Spurengase mit variierenden Mischungsverhältnissen.

Die Zunahme strahlungsaktiver Spurengase infolge der menschlichen Tätigkeit bestimmt das globale Klimaproblem unserer Zeit.

Ein wichtiges Gas ist der *Wasserdampf,* der je nach Verdunstung von Wasser und der Temperatur in einem schwankenden Mischungsverhältnis (bis zu 4 Vol.-%) in der Luft enthalten ist. Zu den Bestandteilen der Atmosphäre gehören auch die in raum-zeitlich wechselnder Menge und Art vorkommenden festen und flüssigen *Aerosole* (s. Abschnitt 3.1.3.4).

Tabelle 1.1: Zusammensetzung trockener Luft in der Homosphäre

Hauptgase	Vol. %
Stickstoff N_2	78,09
Sauerstoff O_2	20,95
Argon Ar	0,93
Spurengase	ppm (V)
Kohlendioxid CO_2	360 *)
Neon Ne	18
Helium He	5
Krypton Kr	1
Wasserstoff H_2	0,5
Ozon O_3	0,5 *)
Xenon Xe	0,08

*) Variable Bestandteile. Die Werte entsprechen
etwa den Konzentrationen von 1995

Interessant ist ein Vergleich zwischen der Zusammensetzung der Erdatmosphäre und der der Lufthülle der Nachbarplaneten Venus und Mars. Die aus Tab. 1.2 zu entnehmenden Unterschiede zwischen den Planeten rühren wahrscheinlich daher, daß die spezifischen Bedingungen der Erde die Kondensation des Wasserdampfes zu den gewaltigen Wassermassen des Weltozeans ermöglichten. Dabei haben die klimatischen Verhältnisse auf der Erde über die Milliarden Jahre hinweg seit der Abkühlung des Planeten relativ wenig geschwankt, so daß stets Wasser in der flüssigen Phase existieren konnte. Wasser löst aber vor allem in Abhängigkeit von der Temperatur das Kohlendioxid, das zudem im Wasser dem Massenwirkungsgesetz unterliegt und somit Verbindungen eingeht (s. 3.1.4). Dadurch konnte gerade dieses Gas der Atmosphäre mit der Zeit dauerhaft bis auf die heutigen geringen Konzentrationen entzogen werden.

Der vertikale Aufbau der Atmosphäre ist durch eine ausgeprägte Schichtung gekennzeichnet. Mit der Temperatur als Leitgröße erhält man die bekannteste Einteilung der Atmosphäre (Abb. 1.2):

Troposphäre: Im Mittel bis 11 km Höhe reichende unterste Schicht, in der sich die Wettervorgänge abspielen. Die mittlere vertikale Temperaturabnahme beträgt ca. 0,65 K/100 m. Innerhalb der Troposphäre, besonders an ihrem unteren Rand, können Temperaturumkehrschichten, die als *Inversionen* bezeichnet werden, auftreten. Diese sind besonders häufig in der *Planetarischen Grenzschicht*, die sich von der Erdoberfläche bis in einer Höhe von 1 bis 2 km erstreckt. In dieser Grenzschicht sind die Einflüsse von der Erdoberfläche auf die Atmosphäre am stärksten ausgeprägt.

Tabelle 1.2: Wichtige Eigenschaften und die Zusammensetzung der Atmosphäre der Planeten Venus, Erde und Mars, nach Taubenheim (1991). 1 AE (= Astronomische Einheit) bezeichnet die mittlere Entfernung Erde - Sonne

Größe	Venus	Erde	Mars
Entfernung zur Sonne / AE	0,72	1,00	1,52
Radius / km	6052	6371	3395
Schwerebeschleunigung / $m \cdot s^{-2}$	8,87	9,81	3,72
CO_2 / %	96,50	0,04 *)	95,30
N_2 / %	3,40	78,08	2,70
O_2 / %	Spuren	20,95	0,13
Ar / %	0,06	0,93	1,60

*) aktualisierter Wert

Am Oberrand der Troposphäre, im Bereich der *Tropopause*, beträgt die mittlere Temperatur -55 °C, der mittlere Luftdruck 250 hPa und die Luftdichte 0,8 $kg \cdot m^{-3}$ (s. Tab. 1.3). In diesem Teil der Atmosphäre vollziehen sich hauptsächlich die Phasenumwandlungen des Wassers mit der Erscheinung von Wolken und Niederschlägen.

Stratosphäre: Diese bis in eine Höhe von ca. 50 km reichende Schicht weist zunächst eine Temperaturkonstanz, in der Folge wieder eine Temperaturzunahme auf. Ursache dieser ist die *Ozonschicht* mit dem O_3-Maximum in einer Höhe von etwa 25 km, in der kurzwellige Sonnenstrahlung absorbiert und die Luft erwärmt wird. Die infolge anthropogener Einflüsse fortschreitende Verringerung des stratosphärischen Ozongehaltes ist ein bedrohliches globales Umweltproblem. An der *Stratopause* beträgt die Temperatur ca. 0 °C und der Luftdruck etwa 1 hPa, während die Luftdichte in der Größenordnung 10^{-3} kg·m^{-3} liegt (Daten s. auch Tab. 1.3).

Nach oben schließen weitere primäre Schichten der Atmosphäre an. Die *Mesosphäre* zeichnet sich durch eine erneute Temperaturabnahme und schon verstärkte Ionisation aus. In der mächtigen, sich von 80 km bis etwa 1000 km Höhe erstreckenden *Ther-*

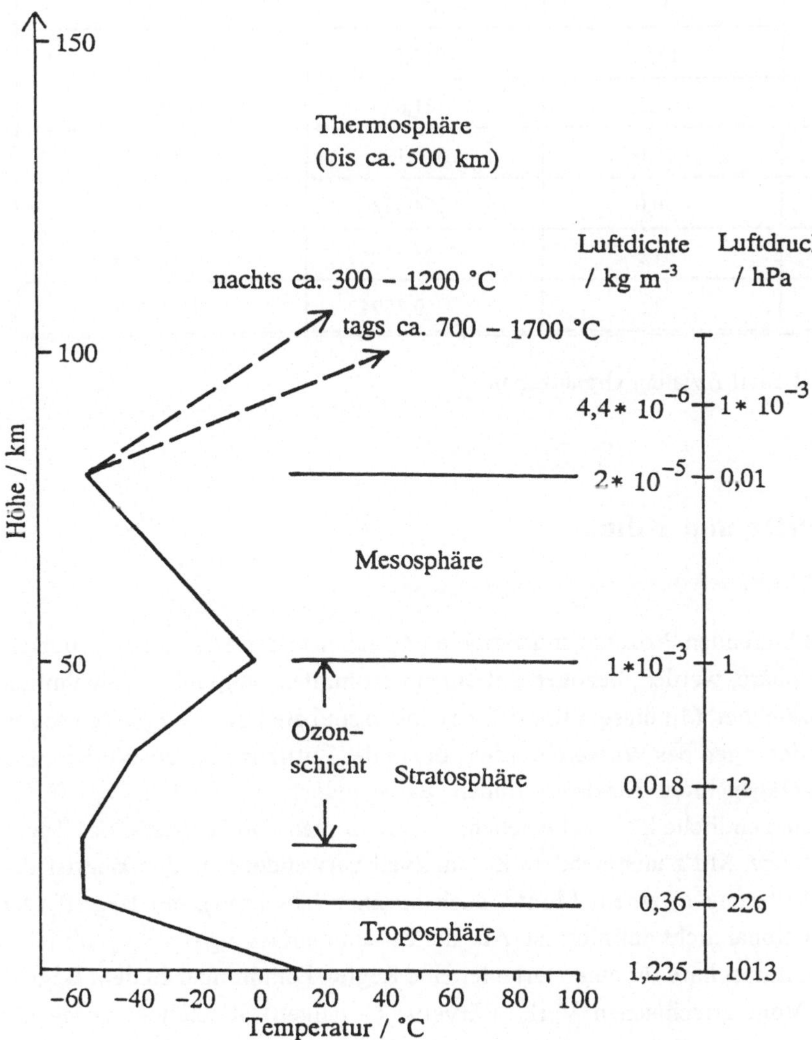

Abbildung 1.2: Der Schichtenaufbau der Atmosphäre

mosphäre herrschen hohe Temperaturen bei extrem kleiner Luftdichte. Sie enthält die *Ionosphäre*. Den Übergang in den erdnahen Weltraum bildet die *Exosphäre*. Die Eigenschaften der oberen Atmosphäre sind bei Kertz (1992) dargestellt. Die Solarstrahlung ist der entscheidende Antrieb für die atmosphärischen Prozesse (Kap. 2).

Tabelle 1.3: ICAO*) Normalatmosphäre für trockene Luft (WMO 1966, Auszug)

Höhe km	Temperatur °C	Luftdruck hPa	Luftdichte kg
0	15,0	1013,2	1,225
3	- 4,5	701,085	0,90912
5	- 15,0	540,199	0,73612
10	- 50,0	264,362	0,41271
25	- 51,5	25,1101	0,039466
50	- 2,5	0,7594	0,0009775

*) International Civil Aviation Organization

1.2   Wetter und Klima

Die schnell ablaufenden Prozesse und variablen Zustände in der Atmosphäre, speziell in der Troposphäre, werden, bezogen auf einen bestimmten Zeitpunkt, gewöhnlich als *Wetter* bezeichnet. Mit diesem Begriff verbunden sind die Luftbewegungen sowie die Phasenänderungen des Wasserdampfes, die in der Luftfeuchte, den Wolken und den Niederschlägen ihren Ausdruck finden. Es ist jedoch üblich, den Begriff des Wetters auf eine endliche Zeit zu beziehen, so spricht man vom Wetter eines Tages oder einer Woche. Mit zunehmendem Zeitintervall verwendet man den Begriff der *Witterung* (Witterung in einem Monat, auch in einer Jahreszeit), ein Begriff, der jedoch international nicht definiert ist. Aus der Zusammenfassung der Augenblickszustände der Atmosphäre für einen Ort oder eine Region kommt man zu dem Begriff des *Klima*s. Vom griechischen Verb κλίνειν (= neigen) abgeleitet, wurde der Begriff zunächst nur auf die unterschiedliche Sonneneinstrahlung in den verschiedenen Breitenzonen bezogen. Im modernen Sinne gehen in den Begriff Klima jedoch zahlreiche meß- oder beobachtbare Eigenschaften ein (zu den *Klimaelementen* s. Abschnitt 1.4). Seit dem 19. Jahrhundert sind zahlreiche *Klimadefinitionen* aufgestellt worden, die hier nicht im einzelnen aufgeführt werden können (s. aber Hantel et al. 1987, Bernhardt 1987, Flemming et al. 1991).

Den neueren Erkenntnissen am besten dürften jene Klimadefinitionen entsprechen, die Klima dem schnell veränderlichen Wetter gegenüberstellen. So hat schon Fedoroff (1927) das Klima eines gegebenen Ortes als die dort beobachtete *Wettergesamtheit* charakterisiert. Die Definition der Meteorologischen Weltorganisation (WMO 1979) lautet in sinngemäßer Wiedergabe:

> *Klima ist die Synthese des Wetters über einen Zeitraum,*
> *der lang genug ist, um dessen*
> *statistische Eigenschaften bestimmen zu können*

Diese Definition berücksichtigt den Charakter der Atmosphäre als Umweltfaktor ebenso wie das gesamte Schwankungsspektrum der meteorologischen Größen, die einzeln oder in Kombination das Klima bestimmen.

Zu dieser und anderen, im Kern ähnlichen Klimadefinitionen sei noch bemerkt:

(1) Wenn Klima als eine Art verallgemeinertes Wetter aufgefaßt werden kann, enthält das, was wir als Klima analysieren, dieselben Informationen wie die verschiedenen Wetterzustände. Damit ist auch die Klimatologie ein integrierender Bestandteil der Physik (und Chemie) der Atmosphäre.

(2)"Synthese des Wetters" oder "Wettergesamtheit" oder andere, ähnliche Begriffe bedeuten nicht etwa nur den Mittelwert der verschiedenen das Klima bestimmenden meteorologischen Größen (*Klimaelemente*), sondern all die statistischen Parameter, die das Verhalten jener Größen in einer bestimmten Periode als *Zufallsprozeß* vollständig charakterisieren.

(3) Zur Bestimmung des Klimas eines Ortes oder einer Region müssen Klimabeobachtungen über ein bestimmtes Zeitintervall vorliegen. Nach Empfehlung der Meteorologischen Weltorganisation werden jeweils 30jährige Perioden als *Bezugs-* oder *Referenzzeitraum* verwendet (so 1901/30, 1931/60, 1951/80, 1961/90).

(4) Der Klimabegriff im hier diskutierten Sinn bezieht sich im allgemeinen auf die Nähe der Erdoberfläche, wenngleich Klimauntersuchungen auch für die freie Atmosphäre möglich sind und durchgeführt werden.

(5) Die Klimadefinitionen berücksichtigen nicht die Tatsache, daß "Klima" in verschiedenen *Maßstabsbereichen* auftritt. Sie zielen auf ein repräsentatives Klima in einem Raum ab, der keine stärkere lokale KLimadifferenzierung aufweist.

In Abhängigkeit von den klimatologischen Elementarprozessen (s. Kap. 2) können sich innerhalb eines Raumes mit einheitlichem *Makroklima* (Klimazone, Gebiete mit gleichem Klimatyp u.a.) vielfältige, lokal geprägte Klimate entwickeln. Diese sind in den Wertebereichen der sie bestimmenden meteorologischen Größen zwar eindeutig dem jeweiligen Makroklima zugeordnet, weisen jedoch charakteristische und zum Teil statistisch signifikante Unterschiede zu diesem auf.

Die Ursachen für derartige räumliche (zum Teil auch zeitliche) Klimaanomalien liegen in Orographie und Georelief, in den Bodenverhältnissen sowie in Bodenbedekkung und Bebauung begründet. Derartige Klimabesonderheiten sind von besonderem Interesse für zahlreiche praktische Aufgabenstellungen, deren Lösung eine detaillierte Berücksichtigung der klimatischen Verhältnisse erfordert (s. Kap. 7).

Während bei den stark veränderlichen wetterhaften Prozessen in der Atmosphäre eine gesetzmäßige Zuordnung zwischen den räumlichen Abmessungen (räumlicher Maßstab bzw. Scale) und der Dauer des Auftretens (zeitlicher Maßstab bzw. Scale) besteht, ist diese strenge Zuordnung bei Klimaereignissen unterschiedlichen Scales nicht so gegeben. In Abb. 1.3 sind einige Prozesse des Wetters und des Klimas in ihrem zeitlichen und räumlichen Zusammenhang dargestellt.

Auf der Grundlage der Scale-Einteilung von Orlanski (1975) kann man auch die in verschiedenen Maßstabsbereichen in Erscheinung tretenden Klimate in die Makro- (räumlicher Maßstab > 2000 km), die Meso- (> 2 bis 2000 km) und die Mikroklimate (> 0 bis 2 km) einteilen. So hat das Klima eines Ortes, für das die oben genannte allgemeine Klimadefinition gelten soll, grundsätzlich einen Makro-, Meso- und Mikroanteil. Die Repräsentativität einer Klimastation, d.h. die Gültigkeit der Beobachtungen und Messungen über den unmittelbar lokalen Bereich hinaus, wird dann

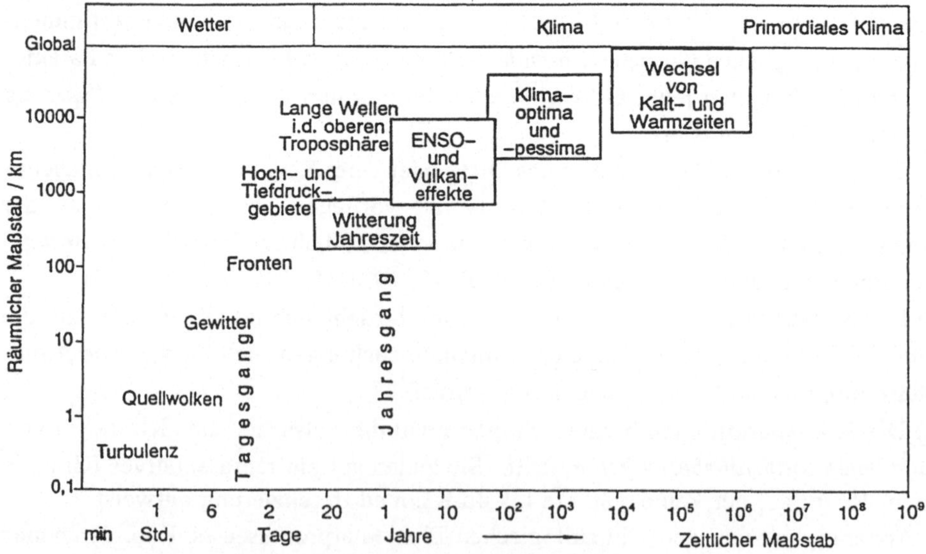

Abbildung 1.3: Räumliche und zeitliche Skalen für Atmosphäre und Klima

erreicht, wenn der Einfluß mikroklimatischer Besonderheiten klein ist. Dagegen dürften im allgemeinen mesoklimatische Einflüsse in den Klimadatensätzen einer Station enthalten sein.

Für die niederskaligen Klimate sind in der Literatur verschiedene Begriffe eingeführt worden. Es sind Bezeichnungen wie *Geländeklima, Grenzflächenklima, Kleinklima, Landschaftsklima, Lokalklima, Regionalklima, Standortklima, Topoklima* u.a. in Gebrauch. Eine Einheitlichkeit in der Zuordnung dieser Begriffe zu den Kategorien Meso- und Mikroklima gibt es ebensowenig wie zu den räumlichen Grenzen dieser niederskaligen Klimate.

1.3 Klimafaktoren und -systeme

Unter den *Klimafaktoren* versteht man solche Prozesse und Zustände, die das Klima generieren, aufrechterhalten und verändern.

Zu den "klassischen" Klimafaktoren zählen die *Sonnenstrahlung,* die *Land- und Meerverteilung* sowie die *Höhe über dem Meeresniveau.* Diesen Klimafaktoren entsprechen das schon im Altertum bekannte *solare Klima* (Polarzone, gemäßigte Zone und Tropenzone), das *maritime* und das *kontinentale Klima* sowie das *Gebirgsklima.* Weiterhin als Klimafaktor zu vermerken ist die *Zusammensetzung der Atmosphäre.* Die tiefgreifende und schnelle Veränderung der Konzentration strahlungsaktiver Spurengase sowie die Kenntnisse über deren Veränderungen in der Vergangenheit machen diese Zuordnung notwendig.

Für das Klima eines Ortes oder einer Region spielt die *atmosphärische Zirkulation* eine oft entscheidende klimabildende Rolle. Da die atmosphärische Zirkulation von den zuerst genannten Klimafaktoren selbst abhängt, wird sie hier als *sekundärer Klimafaktor* bezeichnet.

Mit der starken Entwicklung der Klimaforschung in den letzten Jahrzehnten wurde die Lehre von den Klimafaktoren durch die Einführung des Konzeptes des Klimasystems erweitert.

Das *Klimasystem der Erde* umfaßt alle für die Genese, Erhaltung und Variabilität des Klimas wichtigen Geosysteme. Seine Komponenten sind die *Atmosphäre* selbst, die *Hydrosphäre* (insbesondere der Ozean, aber auch alles andere Wasser über und unter der Erdoberfläche), die *Lithosphäre* (oberflächennahe Gesteine und Böden), die *Biosphäre* (insbesondere Vegetation der Landoberflächen, aber auch das Phytoplankton der Ozeane) und die *Kryosphäre* (Eis und Schnee an und unter der Erdoberfläche). Energetisch angetrieben wird das Klimasystem durch die Solarstrahlung und deren raum-zeitliche Verteilung im System Erde/Atmosphäre.

Weitere natürliche äußere Einflußgrößen sind die in unregelmäßiger Folge vorkommenden explosiven Vulkanausbrüche, die die stratosphärische Aerosolschicht verstärken und so den Strahlungshaushalt verändern. Seit Beginn der Industrialisierung ist der Einfluß des Menschen auf das globale Klima ständig gestiegen, so daß anthropogene Klimaschwankungen befürchtet werden müssen. Der Mensch ist heute eine wesentliche Einflußgröße im Klimasystem.

Analog zum globalen Klimasystem können auch Klimasysteme definiert werden, die niederskalige Klimate erzeugen. In diesem Sinne hat Kraus (1987) sein *Klimasystem spezifischer Oberflächen* vorgestellt. Mit den äußeren Einflüssen durch die freie Atmosphäre und durch die natürlichen Gegebenheiten des jeweiligen Gebietes ergeben sich verschiedene Klimasysteme unter Einschluß der bodennahen Luftschicht. Eigenschaften und Untersysteme des globalen Klimasystem werden in Kap. 3, die Entwicklung von Klimaten im Meso- und Mikrobereich dagegen in Kap. 7 dargestellt.

1.4   Klimaelemente

Klimaelemente sind *meteorologische oder andere Größen, die einzeln sowie durch ihr Zusammenwirken das Klima in den verschiedenen Maßstabsbereichen kennzeichnen.*

Hantel (1989) folgend, kann man die Klimaelemente einteilen in:

- Größen, die Bestandteil des Wärme-, Wasser-, Massen- oder Stoffhaushaltes im Klimasystem und stets auch Feldgrößen sind (*Budget-Elemente*), sowie
- Größen, die nicht Bestandteil von Naturhaushalten sind und die als Feld- oder andere Größen in Erscheinung treten (*Nichtbudget-Elemente*).

Eine Anzahl von Klimaelementen enthält Tab 1.4.

Wichtige Nicht-Budget-Elemente sind die *Albedo* (Verhältnis von reflektierter Strahlung zur ankommenden Strahlung in %), die *Sonnenscheindauer,* der *Bedeckungsgrad* mit Wolken, die *Rauhigkeitshöhe* (bestimmt die Wechselwirkung zwischen Wind und Oberfläche) sowie *Zirkulationsindizes* (zonale und meridionale Luftdruckdifferenzen).

Ferner finden zahlreiche Größen Verwendung, in die Klimaelemente eingehen und die deshalb als *zusammengesetzte Klimaelemente* bezeichnet werden.

In der Klimatologie finden Größen Verwendung, die sich aus der Überschreitung von Schwellenwerten primärer Klimaelemente, aus Temperatursummen (Kälte- und Wärmesummen), aus der Häufigkeit des Auftretens bestimmter Ereignisse u.ä. ergeben. Darüber hinaus dienen zahlreiche Maßzahlen, die geeignet sind, Eigenschaften des Klimasystems qualitativ und quantitativ zu beschreiben (bspw. Blattflächenindex, Höhe der planetarischen Grenzschicht, Schneetiefe, Wetterlagen u.a.), als *komplexe Klimaelemente.*

Tabelle 1.4: Auswahl von Klimaelementen

Klimaelement	Zustands-größe	Fluß-größe	Feld-größe	Zugehörige Elemente
Solarstrahlung		x	x	Globalstrahlung, direkte und diffuse Sonnenstrahlung, Reflexstrahlung
Terrestrische Strahlung		x	x	Ausstrahlung, atmosphärische Gegenstrahlung, Reflexstrahlung
Strahlungsbilanz		x	x	
Temperatur	x		x	Luft-, Boden- und Wassertemperatur
Luftfeuchte	x		x	Spezif. Feuchte, relative Feuchte u.a.
Niederschlag		x		Fester und flüssiger Niederschlag
Bodenfeuchte	x			
Abfluß		x		
Verdunstung / latenter Wärmestrom		x	x	Potentielle Verdunstung
Fühlbarer Wärmestrom		x	x	
Luftdruck	x		x	Geopotential von Druckflächen
Wind	x		x	Vektor v(u,v,w)
Windschubspannung		x	x	Vektor τ (x,y,z)
Strömung	x		x	Vektor v(u,v,w)
Neigung der Meeres-oberfläche	(x)		x	barotroper Strömungs-anteil
Spurenstoffe in der Atmosphäre und im Ozean			x	Zahlreiche feste, flüssige und gas-förmige Stoffe

Quellen für Klimadaten von Stationen oder zusammengefaßte Daten sind vor allem die Publikationen der nationalen Wetterdienste (besonders meteorologische Jahrbücher). Außerdem haben verschiedene Institute globale oder hemisphärische Datensätze für die Lufttemperatur, den Luftdruck und andere Größen entwickelt, die nicht auf Stationen bezogen, sondern auf Gitterpunkte (häufig im Abstand von 5 Grad) interpoliert sind. Diese umfassen meist den Zeitraum seit Vorliegen von Beobachtungen und bestehen aus Tages- oder Monatsmittelwerten (bspw. Boden et al. 1994). Vor der Benutzung von Klimadaten ist eine sorgfältige Datenprüfung insbesondere auf Homogenität vorzunehmen (Olberg und Stellmacher 1991, Schönwiese 1995). Für weitere Daten zum Klimasystem können zahlreiche Datenquellen herangezogen werden, insbesondere die Geographischen Informationssysteme (GIS).

Für die Überwachung des Klimasystems und die Gewinnung entsprechender Daten wird seit nunmehr mehreren Jahrzehnten die *Geofernerkundung* mit Hilfe von Erdsatelliten herangezogen (s. Kondrat'ev 1991, Vaughan und Cracknell 1994). Besondere Vorteile bietet diese Methode für die Erfassung großräumiger Phänomene und für die Datengewinnung aus Gebieten mit unzureichendem Stationsnetz.

1.5   Moderne Klimaforschung

Die Klimatologie, die mit dem Bewußtwerden der massiven anthropogenen Eingriffe in das Klimasystem seit den siebziger Jahren eine Renaissance ohnegleichen erfahren hat, ist in erster Linie auf die qualitative und quantitative Erforschung aller Teile des globalen Klimasystems gerichtet. Damit wird ermöglicht, die für Vergangenheit und Gegenwart analysierten globalen und regionalen Klimaschwankungen besser zu verstehen. Die ehrgeizigste und zugleich gesellschaftlich notwendige Zielstellung besteht in der bedingten Vorhersage künftiger Klimaänderungen und ihrer komplexen Auswirkungen. Ferner ist die Aufmerksamkeit auf die Analyse meso- und mikroklimatischer Strukturen im gegliederten Terrain der Festländer gerichtet, um zum einen die regionalen Ausprägungen globaler Änderungen zu erfassen und zum anderen die regionalen und lokalen Klimabesonderheiten umweltgerecht zu nutzen.

Zur Erreichung dieser Zielstellungen haben sich methodische Schwerpunkte der Klimaforschung entwickelt, die miteinander verzahnt sind und sich zum Teil gegenseitig bedingen:

(a) *Diagnostizierung des Schwankungsspektrums* der Klimaelemente auf der Grundlage der seit über 100 Jahren vorliegenden Beobachtungen und Messungen. Analyse der rezenten Klimaschwankungen auf globaler und regionaler Basis. Das Klimasystem-Monitoring-Projekt der Meteorologischen Weltorganisation (WMO) ist auf die Schaffung der erforderlichen Datenbasis gerichtet (s. Kap. 4),

(b) *Rekonstruktion der klimatischen Verhältnisse* in der Erdgeschichte (Gegenstand der Paläoklimatologie) mit Schlußfolgerungen für die möglichen Grundzustände des Klimasystems, die Bedingungen ihrer Wandlung sowie die Geschwindigkeit des Wechsels zwischen verschiedenen Klimazuständen (s. Kap. 4),

(c) *Modellierung des globalen und regionalen Klimas* in allen Maßstabsbereichen. Die gekoppelten globalen Ozean-Atmosphäre-Modelle bilden die einzige Methode der Wahl für die Aufstellung von Klimaprognosen auf der Grundlage begründeter Szenarien im Zeitbereich der Größenordnung 10^2 Jahre (s. Kap. 5) sowie das Studium der Auswirkungen von Klimaschwankungen (s. Kap. 6),

(d) *Gewinnung von Meß- und Beobachtungsdaten* sowohl auf der Grundlage der regulären Meßnetze als auch im Rahmen spezieller Forschungsvorhaben zur Verbesserung der Kenntnisse über das Klimasystem. Zu letzteren zählen das Weltklimaforschungsprogramm als Rahmen der globalen Klimaforschung sowie solche Vorhaben wie das Weltozean-Zirkulationsexperiment (WOCE), das Globale Energie- und Wasserkreislauf-Experiment (GEWEX), das Internationale Geosphäre-Biosphäre Programm (IGBP) mit seinen vielfältigen Unterprogrammen. Ein besonderes Anliegen dieser Programme besteht darin, die Klimamodellierung zu verbessern. Schließlich gehören dazu

(e) Untersuchungen der *lokalen und regionalen Klimabesonderheiten* mit dem Ziel der Berücksichtigung der Erkenntnisse in der Landes- und Kommunalplanung (s. Kap. 7).

2 Klimatologische Elementarprozesse

Während die großräumigen Klimaunterschiede in erster Linie durch den räumlich und zeitlich unterschiedlichen Einfall der Sonnenstrahlung entstehen, entwickeln sich die Strukturen innerhalb der großen Klimazonen durch die Wechselwirkungsprozesse zwischen Strahlung, Atmosphäre und Erdoberfläche, die hier als *klimatologische Elementarprozesse* bezeichnet werden. Die verschiedenen Klimaelemente erfahren so eine lokal erzeugte Änderung. Diese wird ergänzt durch einen advektiv bedingten Änderungsbetrag infolge der atmosphärischen Zirkulation. Die atmosphärischen Bewegungen gehen ihrerseits auf Erwärmungsunterschiede in der freien Atmosphäre zurück. Die nachfolgend dargestellten Prozesse bilden die Grundlage sowohl für das Verständnis des globalen Klimas als auch der regionalen und lokalen Klimabesonderheiten.

2.1 Die großräumige Differenzierung

2.1.1 Solarstrahlung

Die von der Sonne ausgehende elektromagnetische Strahlung ist die bedeutendste Energiequelle für die natürlichen Prozesse auf der Erde, sie ist um die Faktoren 10^4 und 10^5 größer als der aus dem Inneren der Erde kommende Wärmestrom oder die reibungsbedingte Dissipation der kinetischen Energie von Luft- und Wasserbewegungen. Für die hier vorzunehmenden Betrachtungen kann die Sonne als ein *schwarzer Körper* (Emissionsvermögen $\varepsilon = 1$) mit einer Oberflächentemperatur von 5800 K angesehen werden. Dieser Körper emittiert elektromagnetische Energie, die sich mit Lichtgeschwindigkeit ($3 \cdot 10^8$ m·s^{-1}) im Raum ausbreitet. Über den gesamten Wellenlängenbereich kann die Strahlungsflußdichte mit dem Stefan-Boltzmannschen Gesetz

$$E_S = \varepsilon\, \sigma\, T^4 \qquad / \text{ W·m}^{-2} \tag{2.1}$$

berechnet werden. Dabei bedeuten $\sigma = 5{,}670 \cdot 10^8$ W·m^{-2}·K^{-4} (Boltzmann-Konstante) und T = Oberflächentemperatur des strahlenden Körpers in Kelvin (K).

Annähernd 99 % der Solarstrahlung fallen in den Wellenlängenbereich zwischen 0,15 und 4 µm. Die Strahlungsflußdichte dieses Bereiches wird entsprechend den Gepflogenheiten im folgenden als *kurzwellige Strahlung* bezeichnet. Innerhalb dieses Wellenlängenintervalls unterscheidet man drei Abschnitte. Der Anteil der infraroten Strahlung (> 0,7 µm) umfaßt ca. 48 %, der Bereich der für das menschliche Auge sichtbaren Strahlung (0,4 bis 0,7 µm) ca. 43 % und der der UV- und Röntgenstrahlung (< 0,4 µm) ca. 9 % der Gesamtstrahlung. Entsprechend dem Wienschen Verschiebungsgesetz liegt die Wellenlänge maximaler Strahlungsflußdichte der Sonne bei etwa 0,5 µm.

Gegenwärtig beträgt die Strahlungsflußdichte der Sonne am Oberrand der Atmosphäre ca. 1368 W·m^{-2}, das ist der Betrag der *Solarkonstanten*. Diese variiert nicht nur regelmäßig (etwa 2 %) im Laufe des Jahres wegen der infolge der Elliptizität der Erdumlaufbahn veränderlichen Sonnenentfernungen.

In Zusammenhang mit den Prozessen der Solaraktivität kommt es sowohl zu quasi-periodischen als auch zu unregelmäßigen Schwankungen dieser Größe innerhalb eines weiten Periodenbereiches (s. auch Abschnitt 3.1.2). Für die langzeitliche Klima-entwicklung von Bedeutung sind die langperiodischen Änderungen der Erdbahnelemente, die zu Veränderungen der Einstrahlung und der Verteilung der Strahlung (um 5-10 %) auf der Erde führen (*Milankovich-Zyklen*). Diese können genau berechnet werden und sind daher auch für die Erdgeschichte bekannt.

Für Berechnungen des Energiehaushaltes des Systems Erde/Atmosphäre wird die auf der sonnenzugewandten Seite der Erde auf eine den Oberrand der Atmosphäre tangierende Kreisfläche (πR^2) senkrecht einfallende Strahlung (Solarkonstante) auf die Kugeloberfläche ($4\pi R^2$) verteilt, so daß die *mittlere* Strahlungsflußdichte am Außenrand der Atmosphäre ein Viertel des Wertes der Solarkonstanten beträgt. Die die Erdoberfläche ohne Berücksichtigung der Atmosphäre im Laufe des Jahres in den verschiedenen geographischen Breiten erreichenden Tagesmittelwerte der solaren Strahlungsflußdichte ist in Abb. 2.1 dargestellt. Diese Werte hängen von der Bestrahlungsdauer, von der Zenitdistanz der Sonne und der Entfernung Erde - Sonne (Minimum im Nord-Winter) ab.

Die Verteilung der Sonnenstrahlung bestimmt die großräumige Differenzierung des Klimas entscheidend. Die Solarstrahlung erfährt beim Durchdringen der Atmosphäre bedeutende Veränderungen. Ihre Extinktion wird durch *Absorption* und *Streuung* bestimmt. Die einfallende Strahlung wird weiterhin durch *Reflexion* vermindert. Das kurzwellige Ende des Spektrums (bis 0,3 µm) erreicht infolge der Absorption durch Sauerstoff- und Ozonmoleküle in der oberen Stratosphäre nicht die Erdoberfläche.

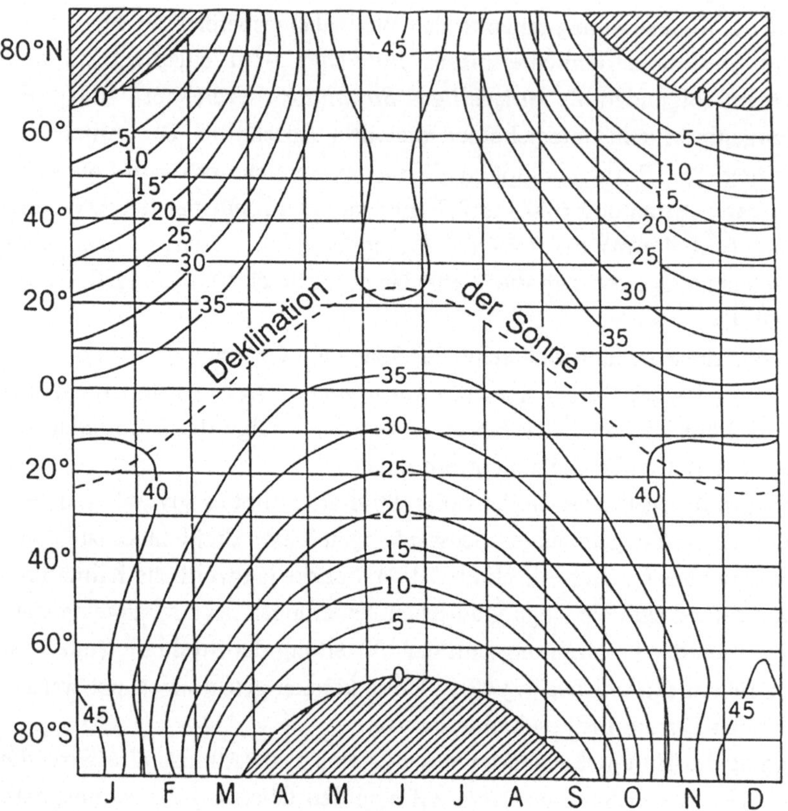

Abbildung 2.1: Verteilung der solaren Strahlungsflußdichte in 10^3 kJ·m^{-2}·d^{-1} an der Erdoberfläche bei fehlender Atmosphäre, verändert nach List (1951) u.a.

Wegen der Streuung der Strahlung an den Luftmolekülen (*Rayleigh-Streuung*) und der Absorptionseigenschaften des Ozons kommt es zum "blauen Himmel" als Ausdruck der Wellenlängenabhängigkeit der durch die Streuung entstehenden *diffusen Himmelsstrahlung*. Die Absorber Wasserdampf und Kohlendioxid verändern das Strahlungsspektrum ebenfalls. Von großer Bedeutung für die Strahlung ist das *Aerosol* (in charakteristischer Häufigkeitsverteilung in der Luft schwebende Partikel mit einem Durchmesser zwischen ca. 0,01 und 20, im Extremfall bis 100 µm). Es trägt erheblich zur Extinktion der Strahlung bei und bestimmt den Grad der Durchsichtigkeit der Atmosphäre (s. auch Abschnitt 3.1.3.4). Schließlich wirkt auf die einfallende Strahlung das in der Atmosphäre vorhandene Wasser in der flüssigen und festen Phase. Das sind vor allem die in Form von verschiedenen *Wolken* erschei-

nenden Ansammlungen von Wassertröpfchen und Eisteilchen. Die Wolken sind
Produkt hydrologischer, thermo- und hydrodynamischer sowie radiativer Prozesse
in der Atmosphäre und Ausdruck zahlreicher Wechselwirkungen und Rückkoppelungen. Die die Erdoberfläche erreichende Solarstrahlung wird als *Globalstrahlung*
bezeichnet. Sie setzt sich aus der *direkten Sonnenstrahlung* und der *diffusen Himmelsstrahlung* zusammen (Abb. 2.2). Wie neuere Untersuchungen ergaben, kann die Absorption der Strahlung in Wolken bis zu 14-15 % der mittleren Einstrahlung am
Oberrand der Atmosphäre betragen, so daß die den Boden erreichende Globalstrahlung unter diesen Umständen nur etwa 40 % ausmachen würde.

2.1.2   Terrestrische Strahlung

Die Erde und ihre Atmosphäre emittieren entsprechend ihrer Temperatur (Gl. 2.1)
ebenfalls elektromagnetische Strahlung, die als *terrestrische Strahlung* bezeichnet
wird. Im Spektrum eines schwarzen Körpers mit der Oberflächentemperatur von
255 K (entspricht der Gleichgewichtstemperatur des Systems Erde/Atmosphäre)
befindet sich fast die gesamte Energie im Wellenlängenbereich > 4 µm. Dieser Wert
bildet die Grenze zwischen *kurz- und langwelligem Strahlungsbereich*. Während die
Bestimmung der langwelligen Ausstrahlung der Erdoberfläche mit Hilfe von Gl. 2.1
leicht möglich ist, verhält es sich mit der langwelligen Strahlung der Atmosphäre
wegen der Strahlungsbanden des Wasserdampfes und der atmosphärischen Spurengase
schwieriger. Die von der Erdoberfläche ausgehende terrestrische Strahlung wird mit
Ausnahme einiger "Fensterbereiche" in der Atmosphäre nicht hindurchgelassen (Abb.
2.3). Die Spektralbereiche, in denen die langwellige Strahlung passieren kann und
die als *atmosphärische Fenster* bezeichnet werden, sind für die Fernerkundung von
Eigenschaften der Erdoberfläche und der Atmosphäre von entscheidender Bedeutung.
Wolken absorbieren und reflektieren diese Strahlung ebenfalls. Die atmosphärischen
Bestandteile emittieren gemäß des Kirchhoffschen Strahlungsgesetzes langwellige
Strahlung in den Raum, d.h. sowohl nach außen als auch zurück zur Erdoberfläche.
Die zur Erdoberfläche gerichtetete Strahlungskomponente wird als *Gegenstrahlung*
der Atmosphäre bezeichnet. Sie kompensiert den mit der Ausstrahlung der Erdoberfläche verbundenen Energieverlust teilweise, so daß die Temperaturen in der Nähe
der Erdoberfläche und in der Troposphäre bedeutend höher sind als allein nach dem
Betrag der Ausstrahlung berechnet wird. Da die Atmosphäre die Solarstrahlung relativ
ungehindert durchläßt, die langwellige Ausstrahlung dagegen durch die Gegenstrahlung eine Verminderung erfährt, wird dieser interne energetische Mechanismus
der Atmosphäre als *Treibhauseffekt* (oder Glashauseffekt bzw. englisch *greenhouse
effect*) bezeichnet (s. auch Abschnitt 3.1.3.1). Dieser Begriff hat sich durchgesetzt,

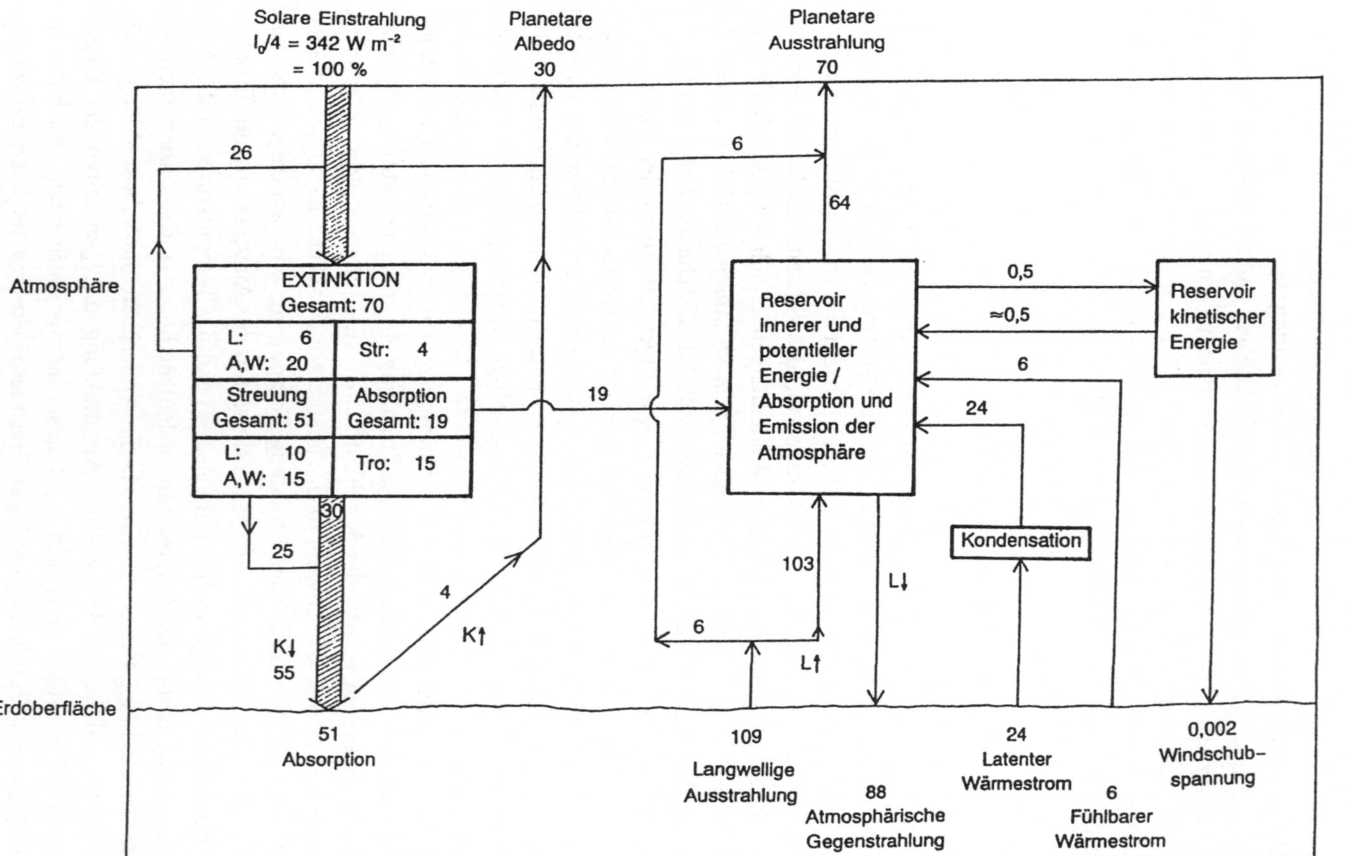

Abbildung 2.2: Strahlungs-, Wärme- und kinetische Energieflüsse im System Erde/Atmosphäre, Zahlen nach Peixoto und Oort (1992), Rödel (1992). I_0 = Solarkonstante, L = Luft, A, W = Aerosol, Wolken, Str. = Stratospäre, Tro. = Troposphäre; weitere Symbole s. Text

wenngleich nur eine begrenzte Analogie zum Strahlungshaushaltes eines Gewächshauses besteht.

Die räumliche Verteilung der effektiven Ausstrahlung der Erdoberfläche (Differenz zwischen Ausstrahlung der Erdoberfläche und Gegenstrahlung der Atmosphäre) variiert in den Jahreswerten zwischen 140 und 280 $W \cdot m^{-2}$, so daß auch diese Größe zur Differenzierung des globalen Klimas beiträgt. Abb. 2.2 enthält auch die Veränderungen und die Bilanz der terrestrischen Strahlungskomponenten.

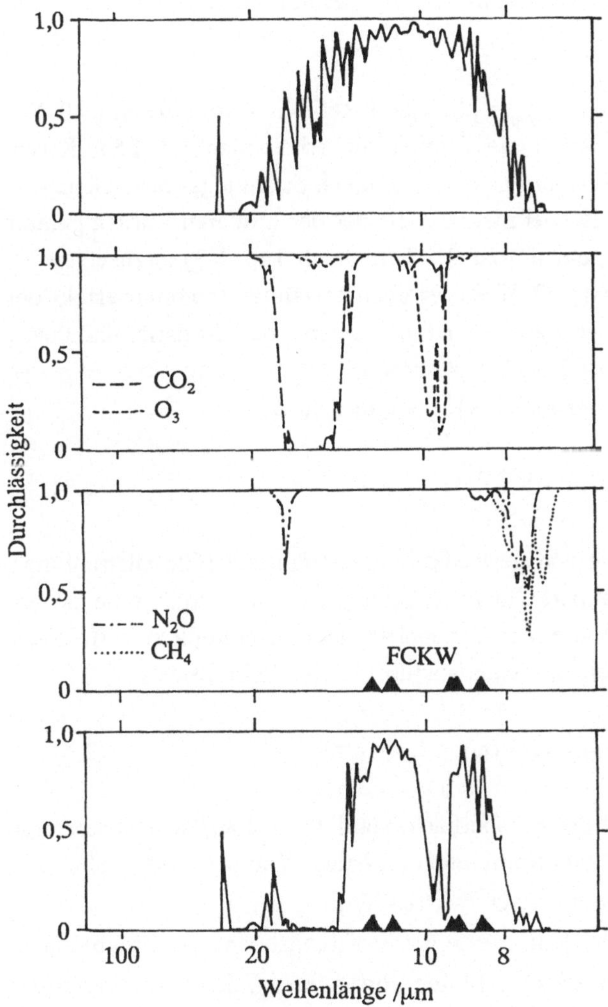

Abbildung 2.3: Transmissionsspektren der wichtigsten Treibhausgase, hier aus Fischer und Stein (1991)

2.1.3 Strahlungsbilanzen

Aus der Summe der erörterten kurz- und langwelligen Strahlungskomponenten ergibt sich die klimatologisch entscheidende Größe der *Strahlungsbilanz* (auch Strahlungssaldo, Nettostrahlung).
Für das *System Erde/Atmosphäre* ist die Energiebilanz einfach zu formulieren:

$$\text{Einstrahlung - Reflexion in den Weltraum} \quad = \quad \text{Ausstrahlung}$$
$$0{,}25\, I_0\, (1 - \alpha_p) \quad = \quad \varepsilon\sigma T^4 \,. \qquad (2.2)$$

Es bedeuten I_0 = Solarkonstante und α_p = planetarer Reflexionskoeffizient ($\approx 0{,}30$). Bestimmt man aus Gl. 2.2 mit $\varepsilon \approx 1$ die Temperatur, erhält man T = 255 K (ca. -18 °C). Das ist die *planetare Temperatur* der Erde (auch Strahlungs- oder Gleichgewichtstemperatur). Dieser Wert ist viel niedriger als der der mittleren Lufttemperatur in der Nähe der Erdoberfläche, der mit ca. 15 °C (s. auch Tab. 1.3) anzusetzen ist. Die Ursache dieser Differenz von 33 K ist der oben erwähnte Treibhauseffekt der Atmosphäre. Das Wesen des gegenwärtigen Klimaproblems besteht darin, daß dieser Betrag infolge der menschlichen Tätigkeit zunimmt.
Die *Strahlungsbilanz der Erdoberfläche* Q^*_S ergibt sich zu

$$Q^*_S = K{\downarrow} - K{\uparrow} + L{\downarrow} - L{\uparrow}\,, \qquad (2.3)$$

wobei $K{\downarrow}$ = einfallende direkte und gestreute Sonnenstrahlung (Globalstrahlung), $K{\uparrow}$ = an der Erdoberfläche reflektierte Sonnenstrahlung, $L{\downarrow}$ = atmosphärische Gegenstrahlung und $L{\uparrow}$ = Ausstrahlung der Erdoberfläche (einschließlich reflektierte langwellige Strahlung) bedeuten. In etwas ausführlicherer Schreibweise gilt

$$Q^*_S = K{\downarrow}\,(1 - \alpha_S) + L{\downarrow} - \varepsilon\sigma T_S^{\,4} \qquad (2.4)$$

mit α_S = Reflexionskoeffizient der Erdoberfläche und T_S = Oberflächentemperatur. Setzt man die aus der Abb. 2.2 zu ermittelnden globalen Werte für die Größen ein, so erhält man als globalen Mittelwert $Q_S^* \approx 103$ W·m^{-2}.
In Abb. 2.4 ist die Verteilung der Jahreswerte der Strahlungsbilanz der Erdoberfläche dargestellt. Die Abweichungen der Q^*_S-Linien vom zonalen, der Grundverteilung der ankommenden Strahlung entsprechenden Verlauf sind vor allem durch die Bewölkung und unterschiedliche Albedowerte der Unterlage (insbesondere Land-Meer-Unterschied) bedingt.

Die *Strahlungsbilanz der Atmosphäre* Q^*_A kann formal analog zu Gl. (2.3) geschrie-
schrieben werden. Dabei bedeuten dann $K\downarrow$ die absorbierte Sonnenstrahlung einschließlich absorbierter Reflexstrahlung, $K\uparrow$ die infolge Streuung und Reflexion, vor
allem an Wolkenoberflächen, in den Weltraum verlorengehende kurzwellige
Strahlung, $L\uparrow$ ist die in der Atmosphäre absorbierte langwellige Ausstrahlung der
Erdoberfläche und $L\downarrow$ die zur Erdoberfläche gerichtete Gegenstrahlung sowie F_A die
langwellige Ausstrahlung der Atmosphäre in den Weltraum. Im Mittel errechnet man
so eine negative Strahlungsbilanz der Atmosphäre im Betrag von ebenfalls gerade
$Q^*_A \approx 103$ W·m^{-2} (Abb. 2.2).

Diesem Betrag entsprechen Abkühlungsraten bis zu -2 K·d^{-1} in der Troposphäre und
unteren Stratosphäre auf der jeweiligen Winterhalbkugel. Erwärmungsraten treten
nur in der Stratosphäre im weiteren Bereich um den Äquator auf. Auf der Som-
merhalbkugel erscheinen in Polnähe nur geringe Abkühlungsraten oder sogar geringe
Erwärmungsraten.

Hinsichtlich ausführlicher Darstellungen der Komponenten der Strahlungsbilanzen
sowie der Berechnungsmethoden für diese wird auf die Werke von Budyko (1963),
Kessler (1985), Isemer und Hasse (1985/87), Bakan und Hinzpeter (1988), Henning
1989, Oort und Peixoto (1992) sowie Liou (1992) u.a. verwiesen.

Da das globale Mittel von Q^*_A im Betrag genau dem Mittel von Q^*_S entspricht,
müssen Ausgleichsprozesse wirken, die verhindern, daß sich die Erdoberfläche bzw.
die Atmosphäre strahlungsbedingt ständig erwärmt oder abkühlt.

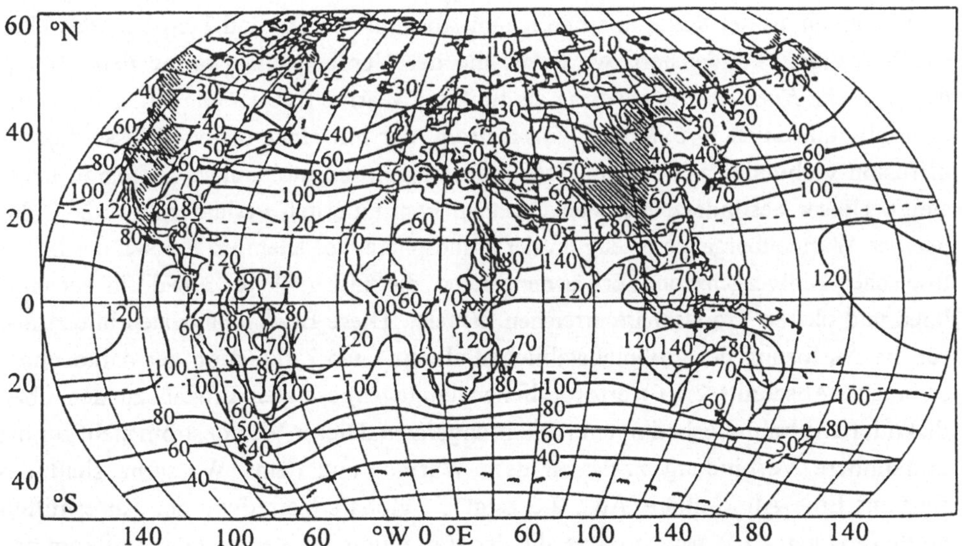

Abbildung 2.4: Globale Verteilung der Jahreswerte der Strahlungsbilanz Q^*_S in kcal·cm^{-2}·a^{-1},
nach Budyko (1963). 1 kcal·cm^{-2}·a^{-1} = 1,33 W·m^{-2}

2.1.4   Wärmeströme

Den eben erwähnten Ausgleich der Strahlungsbilanzen der Erdoberfläche und der Atmosphäre bewirken *turbulente Wärmeströme*, die zwischen Erdoberfläche und Atmosphäre verlaufen.

Der *fühlbare* (oder *konvektive*) *Wärmestrom* (H) ist von der Temperaturdifferenz zwischen Atmosphäre und Unterlage abhängig und im Mittel von der Erdoberfläche zur Atmosphäre gerichtet. Er ist seinem Wesen nach ein Wärmeleitungsstrom. Allerdings ist die effektive Wärmeleitung in der turbulent durchmischten Atmosphäre um Größenordnungen höher als im Fall der zwar vorhandenen, aber völlig untergeordneten molekularen Wärmeleitung. Dieser Wärmestrom ist über den großen Ozeangebieten mit Ausnahme bestimmter Gebiete gering, über den Kontinenten kann er dagegen größere Werte erreichen (Abb. 2.5). In den mittleren und höheren Breiten ist der fühlbare Wärmestrom im Sommer und Winter entgegengesetzt gerichtet. Zur großräumigen Differenzierung trägt diese Wärmehaushaltskomponente in relativ geringem Umfang bei. Ihre Wirkung in der Atmosphäre erstreckt sich im wesentlichen auf die untersten 1-2 km (als *Grenzschichterwärmung* bezeichnet).

Von großer Bedeutung für das Klima ist der *latente* (oder *Verdunstungs-*) *Wärmestrom* (E). Bei der Verdunstung von Wasser von den Meeres- und Kontinentoberflächen wird der verdunstenden Oberfläche Wärme entzogen (*Verdampfungswärme*). Wenn der damit in die Atmosphäre gelangte Wasserdampf unter geeigneten Bedingungen, in der Regel in erheblichem Abstand von Ort und Zeitpunkt des Phasenüberganges, kondensiert, wird dort die der Verdampfungswärme dem Betrag nach gleiche *Kondensationswärme* als fühlbare Wärme frei. Es handelt sich hierbei ebenfalls um einen *turbulenten Wärmestrom*, der mit einer realen Wasserdampfdiffusion verbunden ist, die um Größenordnungen die molekulare Diffusion übersteigt. Dieser besonders über den Ozeanen kontinuierlich verlaufende Prozeß des latenten Wärmeübergangs erzeugt in der Atmosphäre, vor allem im Bereich der Innertropischen Konvergenzzone, Erwärmungsraten, die im Mittel bis 3 K·d^{-1} in der mittleren und oberen Troposphäre erreichen können. Diese Erwärmungsraten bilden den für die Auslösung der großmaßstäblichen allgemeinen Zirkulation der Atmosphäre (s. auch Abschnitt 2.1.6) erforderlichen entgegengesetzten Prozeß zu den oben diskutierten strahlungsbedingten Abkühlungsraten. Dieser Wärmestrom steht für die untrennbare Verbindung zwischen dem Wärme- und dem Wasserhaushalt des Systems Erde-Atmosphäre. Abb. 2.6 zeigt die globale Verteilung der Jahresmittelwerte des latenten Wärmestromes, die der Verteilung der Verdunstung vollkommen entspricht. Man sieht die dominante Rolle des Ozeans mit den Verdunstungsgebieten in den Subtropen sowie hohen Werten im Gebiet warmer Strömungen.

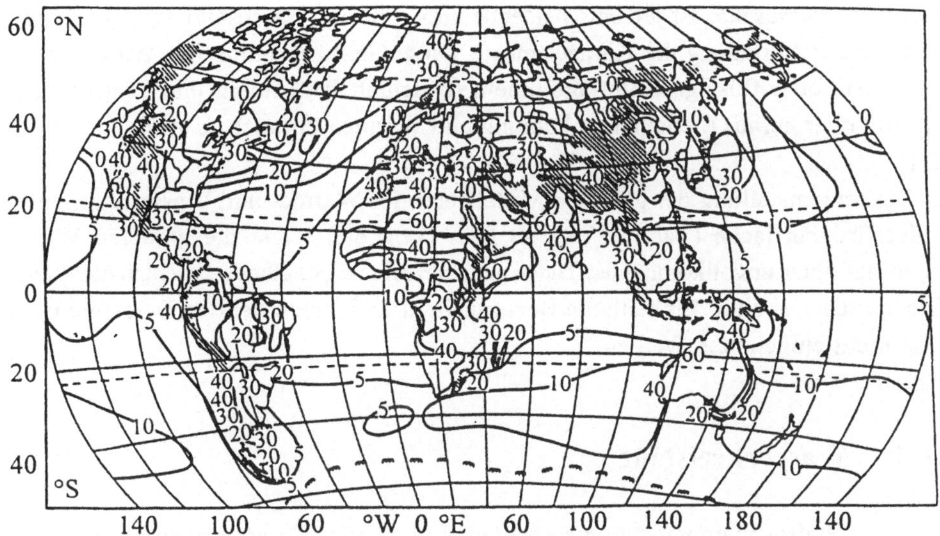

Abbildung 2.5: Globale Verteilung der Jahreswerte des fühlbaren Wärmestromes H, nach Budyko (1963). Einheiten s. Abb. 2.4

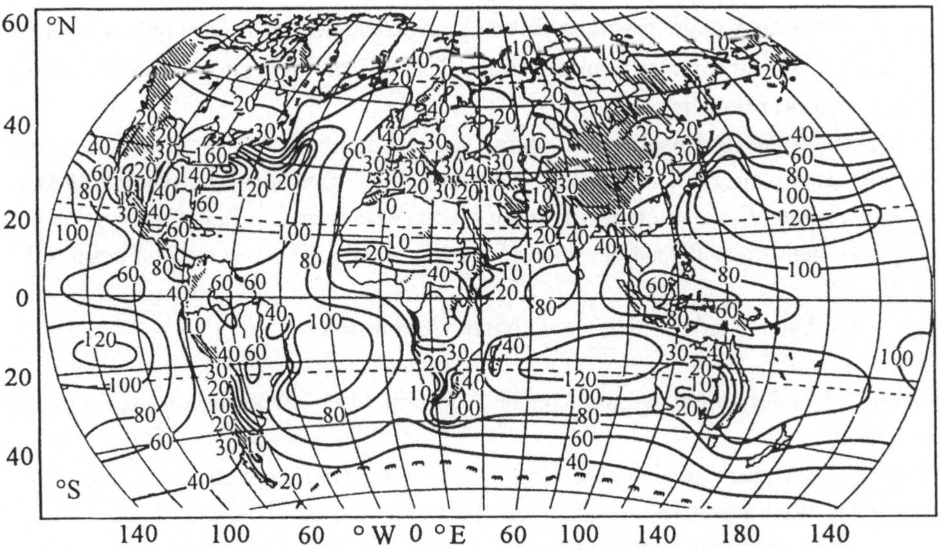

Abbildung 2.6: Globale Verteilung der Jahreswerte des latenten Wärmestromes E, nach Budyko (1963). Einheiten s. Abb. 2.4

Der sich aus der Summe von Strahlungsbilanz, fühlbarem und latentem Wärmestrom ergebende *Wärmesaldo* ist die entscheidende Größe für die Herausbildung der Grundstrukturen der Verteilung der Klimaelemente. Diese Größe bestimmt den Wärmestrom in die feste oder flüssige Unterlage hinein (bedeutet Erwärmung und Wärmespeicherung) oder heraus (bedeutet Abkühlung und Wärmeaufbrauch, s. auch Abschnitt 2.2.1).

Zur Zusammenstellung der globalen Mittelwerte des Wärme- und Wasserhaushaltes an der Erdoberfläche (Tab. 2.1) ist zu bemerken, daß selbst die globalen Werte wegen der noch unvollkommenen Daten und Berechnungsmethoden nicht fehler- und widerspruchsfrei sind. Einheitliche Bezugszeiträume können bei den Berechnungen meist nicht eingehalten werden.

2.1.5   Wasserkreislauf

Unter der Hydrosphäre versteht man die Gesamtheit aller Reservoire und Flüsse von Wasser unterschiedlichen Aggregatzustandes, die über den Wasserkreislauf miteinander verbunden sind. Der *hydrologische Zyklus* spielt zusammen mit der Verteilung des Wassers auf der Erde eine hervorragende Rolle für die großräumige Differenzierung des Klimas (Raschke und Jacob 1993).

Man kann bei dem gegenwärtigen Entwicklungszustand der Erde davon ausgehen, daß das Wasservorkommen auf der Erde, dessen Volumen zu $1{,}386{\cdot}10^9 \, km^3$ geschätzt wird, konstant ist.

Die Masse des die Hydrosphäre z.B. durch Hydratbildung verlassenden Wassers wird etwa durch jene ausgeglichen, die neu in den Kreislauf eintritt (so juveniles Wasser im Gefolge von Vulkaneruptionen). Unter dieser Voraussetzung lautet die langzeitlich und global gemittelte Wasserhaushaltsgleichung, die den Wasserkreislauf beschreibt:

$$\text{Globaler Niederschlag} \; = \; \text{Globale Verdunstung.} \tag{2.5}$$

In Abb. 2.7 ist der globale Wasserkreislauf einschließlich der Reservoire schematisch dargestellt.

Ausgangspunkt des globalen hydrologischen Zyklus sind die starken Verdunstungsgebiete des Weltmeeres (*Nährgebiete des Wasserkreislaufes*). Der größte Teilkreislauf erstreckt sich vom Ozean zum Ozean. Der maritime Teil des globalen Wasserkreislaufes ist

$$V_{Ozean} - P_{Ozean} \; = \; A \tag{2.6}$$

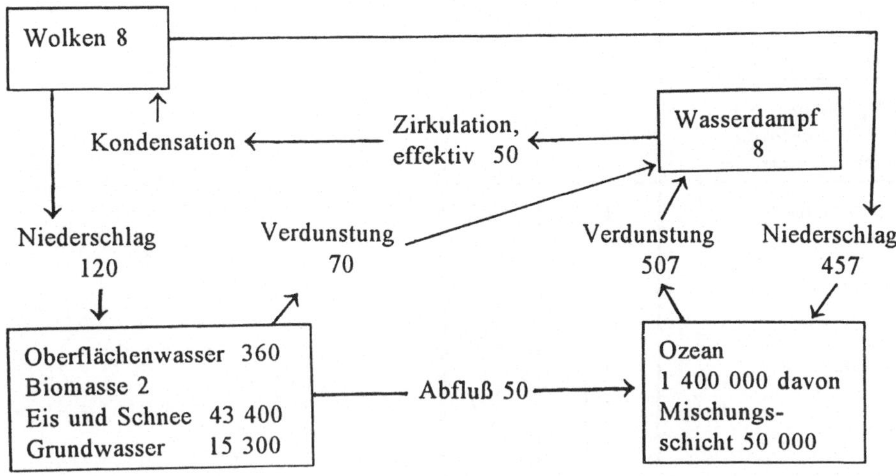

Abbildung 2.7: Reservoire (in Rechtecken) und Flüsse (in Kreisen) des globalen hydrologischen Zyklus, Zahlen nach Klige (1985). Das Wasser in den Reservoiren ist in 10^3 km^3, die Flüsse sind in 10^{15} kg·a^{-1} angegeben (entspricht etwa 10^3 km^3·a^{-1})

Während V für die Verdunstung und P für den Niederschlag stehen, bezeichnet die Größe A hier sowohl den resultierenden Transport von Wasser in der Atmosphäre vom Ozean zum Festland als auch den Mittelwert des Abflusses vom Festland zum Ozean. Obgleich das Wasserreservoir Atmosphäre relativ klein ist, gewährleistet doch der häufige Wasserumschlag die Transportfunktion. Die Atmosphäre transportiert Wasserdampf, Eis und Wasser. Entscheidend ist die Dampfphase, da mehr als 90 % der Wasserfracht über sie erfolgt (Peixoto und Oort 1992). Die Realisierung ist eine Funktion der allgemeinen atmosphärischen Zirkulation (s. Abschnitt 2.1.6), durch die auch die Verteilung des Niederschlages wesentlich mitbestimmt wird (Jäger 1976). Analog zu Gl. 2.6 kann auch der kontinentale Kreislauf formuliert werden (s. auch Tab. 2.1). Je nach dem Überwiegen von Verdunstung oder Niederschlag kann man die Festlandsflächen in *aride* und *humide Gebiete* einteilen. Im Hinblick auf den kontinentalen Teil des hydrologischen Zyklus sind für die klimatischen Prozesse die Ausbildung der variablen jahreszeitlichen *Schneedecken* (Wärmesenke, verringerte aerodynamische Rauhigkeit, hohe Albedo), die *Bodenfeuchte* (latenter Wärmestrom bzw. Verdunstung) und die *Transpiration* durch die Pflanzendecke (Anteil an der globalen Verdunstung ca. 12 %) besonders wichtig.

Detaillierte Angaben zum gesamten Wasserkreislauf findet man bei Baumgartner und Reichel (1975), bei Baumgartner und Liebscher (1990) sowie bei Klige (1985). Die Werte von Klige (Tab. 2.1) beziehen sich auf die Bezugsperiode (1880-1980).

Tabelle 2.1: Globale Mittelwerte der Wärme- und Wasserhaushaltsgrößen
für die Erdoberfläche

Wärmehaushalts-komponente	$W \cdot m^{-2}$	
Strahlungsbilanz	103	
Latenter Wärmestrom	82	
Fühlbarer Wärmestrom	21	
Wasserhaushalts-komponente	10^3 $km^3 \cdot a^{-1}$	mm
Verdunstung		
Ozean	507	1404
Festland	70	470
Niederschlag		
Ozean	457	1266
Festland	120	805
Abfluß	50	
bezüglich Ozean		138
bezüglich Festland		335

Die bestehende Unsicherheit selbst globaler Mittelwerte ist in der Tab. 2.1 daran zu
erkennen, daß die unabhängig voneinander ermittelten Werte der Wärmeströme und
der Verdunstung einander nicht äquivalent sind (Verdampfungswärme des Wassers
s. Tab. 3.5).

2.1.6   Allgemeine atmosphärische Zirkulation

Die dreidimensionalen turbulenten Luftbewegungen, deren Gesamtheit die allgemeine
atmosphärische Zirkulation bildet, entstehen aus Erwärmungsunterschieden in der
Atmosphäre. Während die negative Strahlungsbilanz der Atmosphäre zur Abkühlung
in den meisten Teilen der Troposphäre und der unteren Stratosphäre führt, bewirken
die im Mittel von der Erdoberfläche zur Atmosphäre gerichteten Wärmeströme eine
Erwärmung der Atmosphäre. Während die Wirkung des fühlbaren Wärmestromes
auf die unterste Troposphäre beschränkt bleibt (Grenzschichterwärmung), sind die
mit der Kondensation der Luftfeuchte eintretenden Erwärmungsraten infolge des mit
der Verdunstung einhergehenden latenten Wärmestroms der entscheidende Antipode
zur Abkühlung durch die Strahlungsbilanz. Mit der Kondensation wird hochreichend
Wärme im Bereich der Innertropischen Konvergenzzone freigesetzt, in geringerem
Umfang und nicht so hochreichend in den Zentren der zyklonalen Tätigkeit auf der
Nord- und Südhalbkugel. Die Erwärmungs- und Abkühlungsgebiete verändern den
Luftdruck in der Höhe sowie am Boden, wodurch horizontale Druckgradientkräfte

entstehen, die unter den Bedingungen der rotierenden Erde die beobachteten Bewegungsstrukturen hervorrufen (Abb. 2.8).

Die klimatologischen Hauptfunktionen der allgemeinen Zirkulation bestehen in der *ständigen Neuverteilung von Energie und Masse* innerhalb der gesamten Atmosphäre. Entscheidend ist der *meridionale Wärmetransport* aus den Gebieten positiver Wärmebilanz in solche mit Wärmedefizit. So erfolgt die *Anregung der allgemeinen Zirkulation des Weltozeans*, die in gleicher Weise zum meridionalen Wärmetransport sowie zur ständigen Neuverteilung von Wasser und anderen Substanzen beiträgt. Die Zirkulation bewirkt die *Advektion* von Luftmassen bestimmter klimatischer Eigenschaften über weite Entfernungen sowie die *Ausbreitung von Luftbeimengungen* verschiedener Art wie natürliche und anthropogene Spurengase oder auch Luftschadstoffe. Wie in Abschnitt 3.1.7.2 ausgeführt wird, sind Zirkulationsprozesse die wesentlichen Träger von Fernwirkeffekten im Klimasystem. So kommt der Zirkulation die Bedeutung eines sekundären Klimafaktors zu.

2.1.6.1 Zonale und meridionale Grundstrukturen

Die atmosphärische Zirkulation besitzt als Kernstück auf jeder Halbkugel einen hochreichenden *zyklonalen Wirbel*, dessen Achse im Mittel annähernd mit der Erdachse

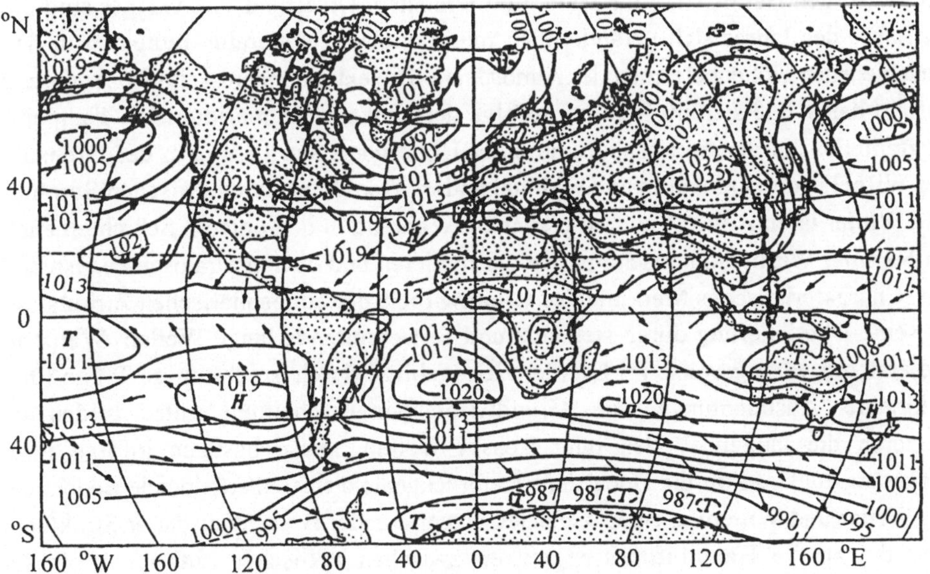

Abbildung 2.8: Das mittlere Bodenluftdruckfeld in hPa im Januar, nach Pogosjan (1981). Eingezeichnet sind die mittleren Windrichtungen

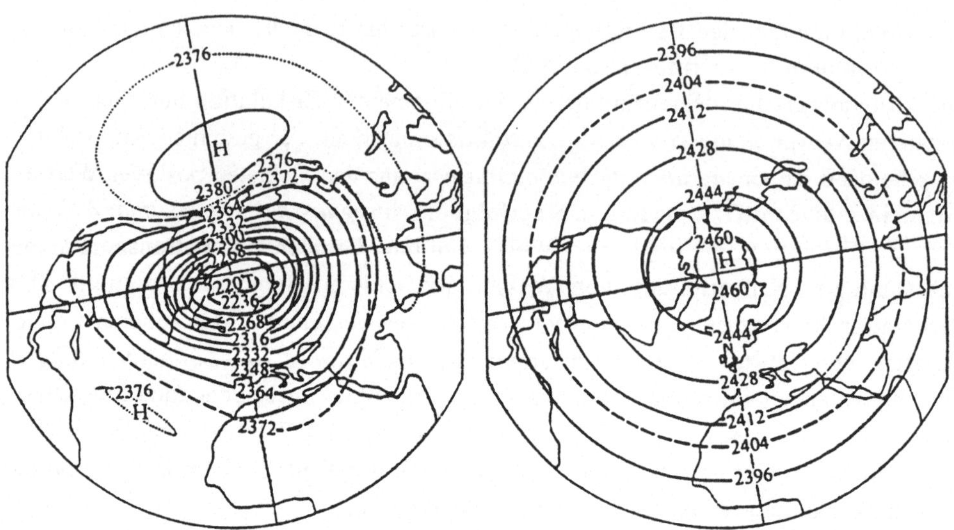

Abbildung 2.9: Die Ausbildung des zirkumpolaren Wirbels der Nordhalbkugel zwischen 22 und 25 km Höhe (Höhe der 30 hPa-Fläche) im Januar (links) und Juli (rechts), nach Scherhag et al. (1969), aus Defant (1976). Einheit ist das Geopotentielle Meter (gpm)

zusammenfällt (Abb. 2.9).

Die Wirbel unterliegen einem Jahresgang der Intensität und Größe, die im Winter der jeweiligen Hemisphäre ihr Maximum erreichen. Ursache dieses Ganges sind die im Laufe des Jahres sich verändernden meridionalen Temperaturgradienten in den verschiedenen Höhenbereichen der Atmosphäre. Die extreme jahreszeitliche Änderung besteht darin, daß sich im Sommer infolge der Umkehr des meridionalen Temperaturgradienten in der Stratosphäre ab einer Höhe von etwa 16-20 km der Drehsinn des Wirbels von zyklonal in antizyklonal ändert. Der Unterschied zwischen Sommer und Winter ist in Abb. 2.9 gut zu erkennen. Während in den unteren Schichten auch im Sommer Westwind herrscht, tritt in der mittleren und oberen Stratosphäre Ostwind auf. Charakteristisches Merkmal des Grundwirbels der atmosphärischen Zirkulation ist seine Überlagerung durch stehende und fortschreitende lange Wellen. Während die ersteren vorzugsweise im Lee der Hochgebirge durch großräumige Tröge (d.h. zyklonale "Ausbuchtungen" des Grundwirbels) in Erscheinung treten, bilden die letzteren die langen Wellen oder Rossby-Wellen. Diese besitzen infolge ihrer Steuerungsfunktion für die Hoch- und Tiefdruckgebiete eine entscheidende Bedeutung für Wetter und Witterung eines Gebietes. Integrierender Bestandteil dieser Strukturen sind die an die Hauptluftmassengrenzen zwischen arktischer Luft und Luft der gemäßigten Breiten sowie zwischen dieser und der subtropischen Luft gebundenen Starkwindzonen in der Atmosphäre, die *Strahlströme*. Äquatorwärts schließt sich an den Grundwirbel ein *Ostwindbereich* an, der sich in Bodennähe durch die Passatwinde bemerkbar macht.

In Abb. 2.8 ist die Verteilung des Luftdrucks im Meeresniveau für Januar (Nordwinter) zusammen mit den vorherrschenden Luftströmungen dargestellt. Man erkennt gut die Ausbildung des winterlichen Hochs über Eurasien und die ausgeprägte Westwindzirkulation auf der Nord- und Südhalbkugel. Die Beeinflussung der lokalen klimatischen Verhältnisse an der Erdoberfläche erfolgt über die *Advektion* von Luftmassen mit ihren charakteristischen Eigenschaften hinsichtlich Lufttemperatur und -feuchte. Diese Strukturen werden durch die Verhältnisse in der Höhe (Abb. 2.9) bestimmt.

Die erörterte Grundstruktur der atmosphärischen Zirkulation ist mit überwiegend zonalen (entlang der Breitenkreise verlaufenden) Bewegungen verbunden. In ihrer Ausprägung viel weniger mächtig und räumlich inhomogen sind die für die Energetik der Atmosphäre bedeutsamen Wirbel mit horizontaler, zonal verlaufender Achse ausgebildet (Abb. 2.10). Im zonal gemittelten Bild treten drei dieser Wirbel auf jeder Hemisphäre hervor:

Hadley-Zelle: Aufsteigen von warmer Luft im Bereich der Innertropischen Konvergenzzone, in der Höhe polwärts gerichtete Bewegungskomponenten, Absinken im Bereich der subtropischen Hochdruckgebiete, Nordost- bzw. Südostpassat im bodennahen Bereich. Es handelt sich um einen Arbeit leistenden Kreisprozeß, in dem kinetische Energie frei wird.

Ferrel-Zelle: an die Hadley-Zelle polwärts anschließend mit absteigender Luft im Bereich der subtropischen Hochdruckgebiete und aufsteigender Luft in den Zyklonen der gemäßigten Breiten. Die energetische Funktion ist der der Hadley-Zellen entgegengesetzt.

Polar-Zelle: am schwächsten ausgebildete Struktur mit Aufsteigen in den Tiefdruckgebieten der gemäßigten Breiten und Absinken in der polaren Region.

Diese Zellen durchlaufen einen Jahresgang hinsichtlich Lage und Intensität. Andere Formen sind überlagert, so die *Monsunzirkulation,* die für den Luftmassenaustausch zwischen den Hemisphären von großer Bedeutung ist. Die *Äquatoriale Zonalzirkulation (Walker-Zirkulation)* verläuft zwischen den Kontinenten (Aufsteigen) und den Auftriebsgebieten der Ozeane (Absteigen).

Die annähernd zweijährige Welle des zonalen Windes in der Stratosphäre, die *quasizweijährige Schwingung* (QBO), ist wichtig für den "Durchgriff" von solar geprägten Prozessen der Hochatmosphäre auf die Troposphäre. Diese Welle, die in Höhen von 20-25 km am besten ausgebildet ist, hat im Mittel eine Periode von 26 Monaten und weist schwächere und kürzere Westwind- sowie stärkere und längere Ostwindphasen auf. Diese Zirkulationsform unterliegt verschiedenen zeitlichen Schwankungen (van Loon und Labitzke 1994). Sie kann auch im Schwankungsverhalten meteorologischer Größen außerhalb der Tropenzone nachgewiesen werden.

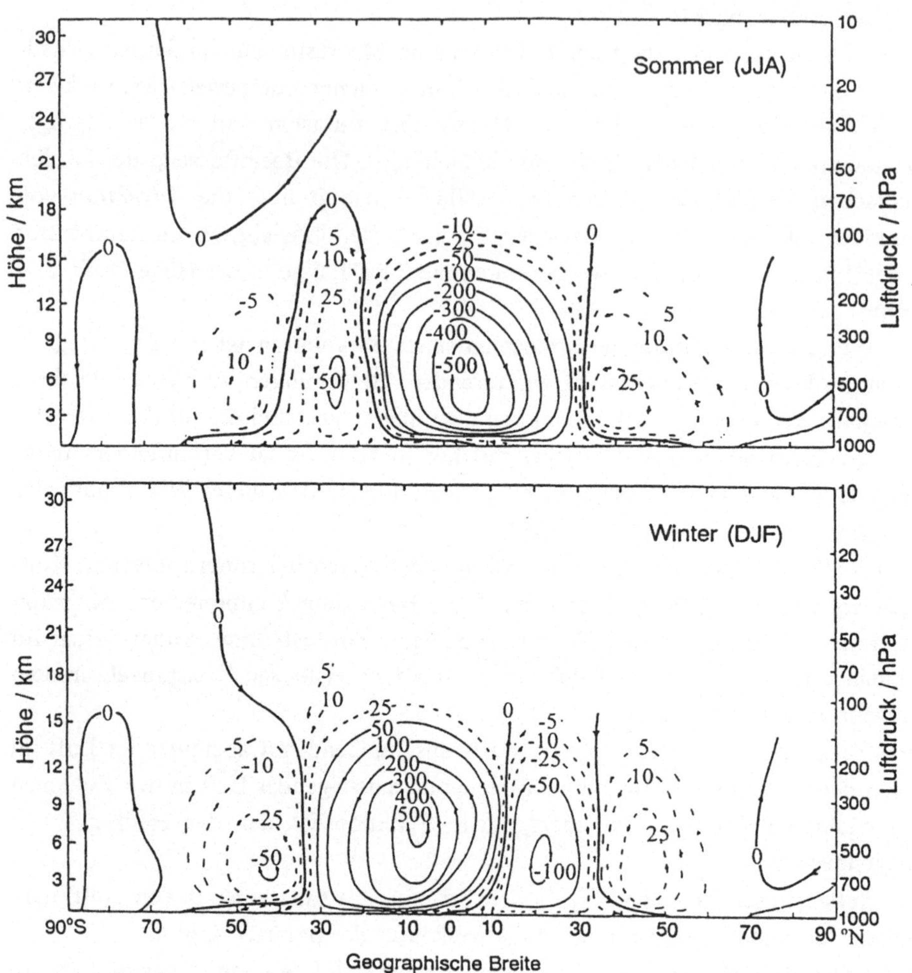

Abbildung 2.10: Die zonal und zeitlich gemittelte Meridionalzirkulation, nach Newell et al. (1972) und Grotjahn (1993). Dargestellt ist der Massenfluß in 10^{25} g·cm^2·s^{-2}. Die Geschwindigkeit ist proportional zum Gradienten der Stromfunktion

Zu den Prozessen, die die beobachtete Zonalstruktur der Zirkulation aufrechterhalten, gehört das *Drehmoment der Atmosphäre*. Dieses ist eine wichtige physikalische Größe für jedes rotierendes System. Für ein geschlossenes System ist es eine konservative Größe (Erde: fast geschlossen für Masse und externe Kräfte). Es berechnet sich aus der zonal gemittelten Windgeschwindigkeit multipliziert mit dem jeweiligen Abstand der betreffenden Breite von der Erdachse. Von geringen Gezeitenreibungseffekten abgesehen, bleibt das Gesamtdrehmoment der Erde konstant. Jede Änderung des Drehmomentes eines Teiles der Atmosphäre oder ihrer verschiedenen

Unterlagen muß durch eine entsprechende Änderung des Drehmomentes eines anderen Teiles dieses Systems ausgeglichen werden. Dazu gehört der Austausch von Drehmoment zwischen der Atmosphäre und der darunterliegenden Erde infolge Reibung. Wenn das resultierende Drehmoment der Atmosphäre in Richtung der Erdrotation wirkt, dann wird die feste Erde ihr Drehmoment auf Kosten des der Atmosphäre vergrößern. Die Erdrotation wird daher gesteigert. Im umgekehrten Fall besteht die Tendenz einer Verlangsamung der Erdrotation und der Erhöhung des Drehmomentes der Atmosphäre. Die damit verbundenen geringen Änderungen der Winkelgeschwindigkeit der Erdrotation haben möglicherweise eine Bedeutung für die Entstehung von Klimaschwankungen (Rosen und Gutowski 1992). In den niederen Breiten erhält die Atmosphäre Drehimpuls, während dieser in den mittleren Breiten eingebüßt wird. Vorhandene jahreszeitliche Variationen hängen mit der Monsunzirkulation zusammen. Wichtig ist auch der Drehimpulsanteil, der durch den Druckunterschied zwischen Luv- und Leeseite von Hochgebirgen hervorgerufen wird ("Gebirgsmoment").

Hinsichtlich zusammenfassender Darstellungen der allgemeinen Zirkulation der Atmosphäre sei auf Defant (1976), Speth und Madden (1987), Galin (1991), Peixoto und Oort (1992) sowie Grotjahn (1993) verwiesen.

2.1.6.2 Zur Bestimmung der Zirkulation

In Anbetracht der Bedeutung der Zirkulation ist es notwendig, kurz auf gebräuchliche Methoden zur Bestimmung von Art und Stärke der Zirkulation einzugehen.

Von speziellen Methoden abgesehen, kann die Zirkulation für ein größeres Gebiet an der Oberfläche oder in interessierenden Höhen aus *horizontalen Druckunterschieden* bestimmt werden. Zur Berechnung der damit verbundenen Bewegung wird das *geostrophische Gleichgewicht* zwischen Druck- und Windfeld angenommen: wenn man vom hohen zum niedrigen Luftdruck blickt, dann weht der Wind nach diesem Modell auf der Nordhalbkugel (Südhalbkugel) im rechten Winkel nach rechts (links). Dabei wird die Reibung vernachlässigt. Die Anwendung führt zum *Zonalindex* (Rossby 1939) als einem Maß für die Stärke der Zonalzirkulation zwischen zwei ausgewählten Breitengraden sowie einem geeigneten Intervall der geographischen Länge. Auf den Breitengraden wird im gewählten Längenbereich der Luftdruck gemittelt und dann die Differenz äquatorwärtiger minus polwärtiger Luftdruck gebildet. Erreicht dieser Wert einen hohen positiven Betrag, dann ist die West-Ost-Zirkulation stark entwickelt, man spricht von einer *high-index Situation*, im umgekehrten Fall von einer *low-index Situation*. Dieses Konzept wird in vielen Varianten angewendet. Der eine Grenzfall ist die Bildung eines *hemisphärischen*

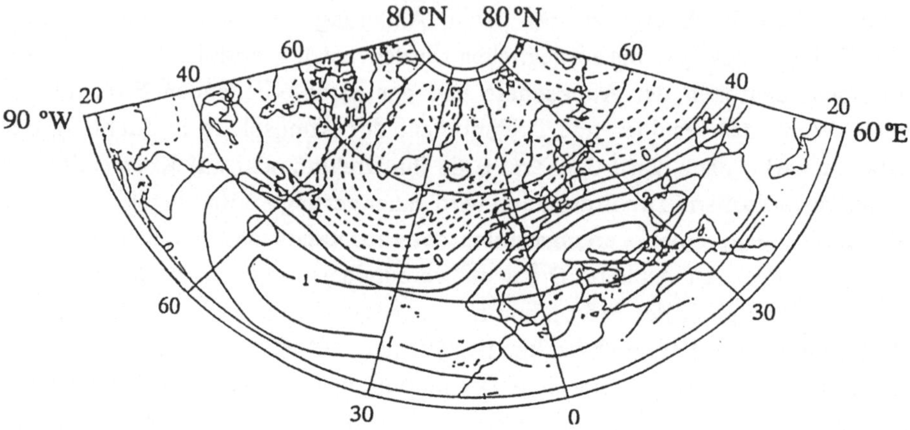

Abbildung 2.11: Änderungen des Bodenluftdruckes im atlantisch-europäischen Raum von 1971/90 zu 1951/70 im Winter in hPa, nach Flohn (1993)

Zonalindex (Emmrich 1991) zwischen den Breiten 35 und 65°N (s. Abb. 4.10). Der andere besteht darin, die Druckdifferenz zwischen 2 Punkten in den ausgewählten Breiten zu bestimmen, d.h. keine Mittelung über ein Längenintervall vorzunehmen. Beispiele dafür stellen die *Nordatlantische Oszillation* (NAO) oder der *Südliche Oszillations-Index* (SOI) dar (s. Abschnitt 3.1.7.2). Die NAO ist die auf den Abstand zwischen der Lage des Azorenhochs und des Islandtiefs normierte Luftdruckdifferenz (oder Geopotentialdifferenz) zwischen diesen Aktionszentren, während die SOI der Luftdruckdifferenz zwischen Darwin und Tahiti entspricht. Viele weitere Varianten sind möglich. Um den meridionalen Anteil der Zirkulation eines Gebietes zu bestimmen, kann man analoge Luftdruckdifferenzen bestimmen, allerdings in zonaler Richtung, um die zu dieser rechtwinklig verlaufende Strömung zu erhalten.
Langzeitveränderungen der mittleren Luftdruckverteilung und damit der Strömungsverhältnisse zwischen bestimmten Zeitabschnitten können auch durch entsprechende *Druckdifferenzkarten* deutlich gemacht werden. So zeigt das nordatlantisch-europäische Druckfeld 1971/90 gegenüber 1951/70 einen Luftdruckfall im Norden und einen Luftdruckanstieg im Süden, so daß auf eine Zunahme der Zonalzirkulation geschlossen werden kann (Abb. 2.11).
Während diese Methoden als objektiv angesehen werden können, da sie auf dem Vergleich gemessener Luftdruck- bzw. Geopotentialwerte und dynamisch begründeter Beziehungen zwischen Luftdruckdifferenzen und Wind beruhen, ist eine weitere Methodengruppe zur Bewertung der Zirkulation in Anwendung, deren Charakter aber stärker subjektiver Natur ist. Es handelt sich um die vergleichende Bewertung von Wetterlagen in einem ausgewählten Gebiet. So hat F. Baur schon Ende der dreißiger Jahre für den europäischen Raum (mit dem Schwerpunkt Mitteleuropa) den Begriff

der *Großwetterlage* definiert. Man versteht darunter eine charakteristische Druck- bzw. Strömungsverteilung, die in der Regel ≥ 3 Tage anhält. Diese Methode wurde von Heß und Brezowsky (1952) weiterentwickelt, indem 29 Großwetterlagen bzw. 10 Großwettertypen (Tab. 2.2) eingeführt wurden, die seit dem 1.1.1881 fortlaufend täglich klassifiziert vorliegen (Gerstengarbe und Werner 1993). Der große Vorteil dieser viel, allerdings häufig auch unkritisch angewendeten Methode liegt darin, daß eine komplexe Bewegungsstruktur in einem großen Raum durch einen Begriff bestimmt werden kann. Der Nachteil besteht darin, daß zum einen die Intensität der Bewegungen nicht erfaßt wird und zum anderen, was noch schwerwiegender ist, die Klassifizierung subjektiv erfolgt und ein Ermessensspielraum vorhanden ist. Für zahlreiche Untersuchungen ist diese einfache Methode der Erfassung der Zirkulation durchaus geeignet, wenn man sich über die Grenzen der Aussage im klaren ist.

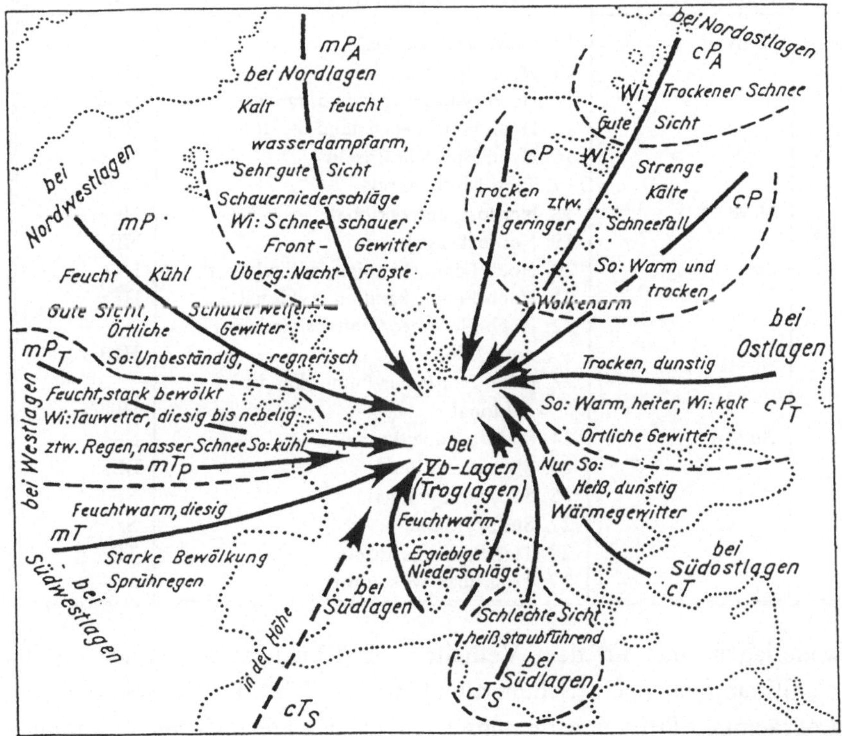

Abbildung 2.12: Luftmassen und Wetterlagen im atlantisch-europäischen Raum in ihrer Wirkung auf Mitteleuropa, nach Schreiber (1957), aus Heyer (1993). cP_A = Nordsibirische Polarluft, mP_A = Arktische Polarluft, cP = Festlandspolarluft, mP = Grönländische Polarluft, cP_T = Rückkehrende Polarluft, mP_T = Erwärmte Polarluft, cT_P = Festlandsluft, mT_P = Meeresluft, cT = Kontinentale Tropikluft, mT = Atlantische Tropikluft, cT_S = Afrikanische Tropikluft, mT_S = Mittelmeer-Tropikluft

Tabelle 2.2: Klassifikation der Großwetterlagen Europas nach Heß und Brezowsky (1976)

Zirkulations-form	Großwettertyp	Großwetterlage	Ab-kürzung
Zonal	West	1. West, antizyklonal	Wa
		2. West, zyklonal	Wz
		3. Südliche Westlage	Ws
		4. Winkelförmige Westlage	Ww
Gemischt	Südwest	5. Südwest, antizykonal	SWa
		6. Südwest, zyklonal	SWz
	Nordwest	7. Nordwest, antizyklonal	NWa
		8. Nordwest, zyklonal	NWz
	Hoch Mittel-europa	9. Hoch über Mitteleuropa	HM
		10. Hochdruckbrücke über Mitteleuropa	BM
	Tief Mitteleuropa	11. Tief über Mitteleuropa	TM
Meridional	Nord	12. Nord, antizyklonal	Na
		13. Nord, zyklonal	Nz
		14. Hoch Nordmeer-Island, antizyklonal	HNa
		15. Hoch Nordmeer-Island, zyklonal	HNz
		16. Hoch Britische Inseln	HB
		17. Trog Mitteleuropa	TrM
	Nordost	18. Nordost, antizyklonal	NEa
		19. Nordost, zyklonal	NEz
	Ost	20. Hoch Fennoskandien, antizyklonal	HFa
		21. Hoch Fennoskandien, zyklonal	HFz
		22. Hoch Nordmeer-Fennoskandien, antizyklonal	HNFa
		23. Hoch Nordmeer-Fennoskandien, zyklonal	HNFz
	Südost	24. Südost, antizyklonal	SEa
		25. Südost, zyklonal	SEz
	Süd	26. Süd, antizyklonal	Sa
		27. Süd, zyklonal	Sz
		28. Tief Britische Inseln	TB
		29. Trog über Westeuropa	TrW

Die Großwetterlagen sind mit dem Verhalten der Klimaelemente einer Region statistisch signifikant gekoppelt (Schubert und Hupfer 1992). Den Zusammenhang zwischen großräumiger Strömungsrichtung und den charakteristischen Witterungs-merkmalen der mit den Großwetterlagen verbundenen Luftmassen zeigt Abb. 2.12. Abschließend sei festgestellt, daß die in der Verteilung der Klimaelemente zum Ausdruck kommende großräumige Differenzierung des Klimas hinsichtlich der Lufttemperatur von den Wärmehaushaltsbedingungen und der Wirkung der Advektion, in Bezug auf den Niederschlag von den Wasserhaushaltsbedingungen sowie ebenfalls entscheidend von den Zirkulationsverhältnissen bestimmt wird.

2.2   Die kleinräumigen Unterschiede

Nachdem im vorausgegangenen Abschnitt die Prozesse charakterisiert wurden, die
die großräumigen Strukturen des Klimas bestimmen, sollen jetzt die Gesetzmäßigkeiten etwas genauer betrachtet werden, die die kleinräumigen Klimaunterschiede
innerhalb eines Makro-Klimatyps bestimmen. Hier befindet sich der Bereich, wo der
Mensch sich nicht nur passiv an die klimatischen Bedingungen anpaßt, sondern auch
eine aktive Wechselwirkung erfolgen kann.

2.2.1   Energiebilanz einer Fläche

Die Energiebilanz von Flächen ist für die Generierung von Klima in allen Maßstabsbereichen die grundlegende Größe.

Der von Pflanzen und Bebauungen freie bare Boden, der hier zunächst betrachtet
wird, stellt eine originäre Umsatzfläche zwischen fester Erde und Atmosphäre im
Hinblick auf den Austausch von Strahlungs- und Wärmeenergie, Wasser, Gasen und
anderen Substanzen dar. Alle diese Austauschvorgänge sind von großer Bedeutung
für die Genese des Klimas.

Die primäre Energiequelle für die Erdoberfläche ist die Solarstrahlung, die als Globalstrahlung die Erde erreicht. Man unterteilt sie in die direkte Sonnenstrahlung und
die diffuse Himmelsstrahlung. Die Globalstrahlung ist definiert als die Strahlungsflußdichte, ausgedrückt in $W \cdot m^{-2}$, die innerhalb eines Mittelungszeitraums auf eine
horizontale ebene Fläche auftrifft. Damit ergibt sich die Globalstrahlung $K\downarrow$ aus
dem Kosinus-Gesetz

$$K\downarrow \; = \; I \cos \Theta \tag{2.7}$$

mit I = Strahlungsflußdichte durch eine normal zur Richtung der Sonnenstrahlen
befindliche Einheitsfläche, Θ = Zenitdistanzwinkel der Sonne (= 90° - h) und h =
Sonnenhöhe in Grad. So hängt die Güte von Meßgeräten für die Globalstrahlung
von der korrekten Berücksichtigung dieses Kosinus-Gesetzes ab.

Aus dieser Betrachtung ergibt sich, wie wichtig das Relief für die kleinräumige
Differenzierung des Energieangebotes und damit des Klimas ist. Die Reliefgrößen
sind die Hangneigung, das Hangazimut und die Hangwölbung. Entsprechend ihrer
Verteilung in einem Areal verändern sich die Winkel Θ bzw. h und damit die Größe
$K\downarrow$. Es kommt flächenweise zu einem unterschiedlichen Energieangebot an der
Erdoberfläche, was eine der *primären Ursachen für die klimatische Differenzierung*

darstellt. Der Effekt betrifft im wesentlichen nur die direkte Sonnenstrahlung, da die diffuse Himmelsstrahlung relativ gleichmäßig (isotrop) aus allen Richtungen des scheinbaren Himmelsgewölbes einfällt.

Man kann die Strahlungsflußdichte, die auf geneigte Flächen auftrifft, nach geometrischen Betrachtungen berechnen (bspw. Kondrat'ev 1977, Baumgartner 1990).

Die Höhe h der Sonne über dem Horizont für einen ebenen Standort ergibt sich aus

$$\sin h = \sin \phi \sin \delta + \cos \phi \cos \delta \cos t , \qquad (2.8)$$

wobei δ = Deklination der Sonne, ϕ = geographische Breite und t = Stundenwinkel (alle in Grad) bedeuten.

Bei einer Neigung der Oberfläche mit der Hangneigung n und der Hangrichtung (-azimut) a_H berechnet sich die Sonnenhöhe zu:

$$\sin h = (\sin \phi \cos n - \cos \phi \sin n \cos a_H) \sin \delta (\cos \phi \cos n$$
$$+ \sin \phi\, n \cos a_H) \cos \delta \cos t + \sin \delta \sin a_H - \cos \delta \sin t \qquad (2.9)$$

Die Zuordnung der Azimute, des Stundenwinkels und der Ortszeit ist dabei:

	Nord	Ost	Süd	West	Nord
a_H, t	-180	-90	0	90	180
Ortszeit	0	6	12	18	24

In allgemeinerer Form (Schöne und Busch 1985) kann geschrieben werden

$$K\!\downarrow (a_H , n) = K_1 (a_H, n, h)\, S + K_2\, D + K_3\, K\!\uparrow \qquad (2.10)$$

mit S = direkter Sonnenstrahlung und D = diffuse Himmelsstrahlung. Vereinfacht können die Koeffizienten K_2 und K_3 nur von n abhängig betrachtet werden:

$$K_2 = (1 + \cos n) / 2 , \qquad K_3 = (1 - \cos n) / 2 . \qquad (2.11)$$

Der Koeffizient K_1, der $\sin h$ (Gl. 2.9) entspricht, ist von der Tages- und Jahreszeit abhängig. In Abb. 2.13 sind die Veränderungen der auf geneigten Oberflächen empfangenen Globalstrahlung, der Reflexion und der langwelligen Strahlungsverhältnisse bei eingeschränktem Himmelssichtfaktor dargestellt.

Für wellenbedecktes Wasser kann man die Oberflächenneigungen als statistisch gleichverteilt ansehen, so daß das Kosinusgesetz hinreichend genau erfüllt ist.

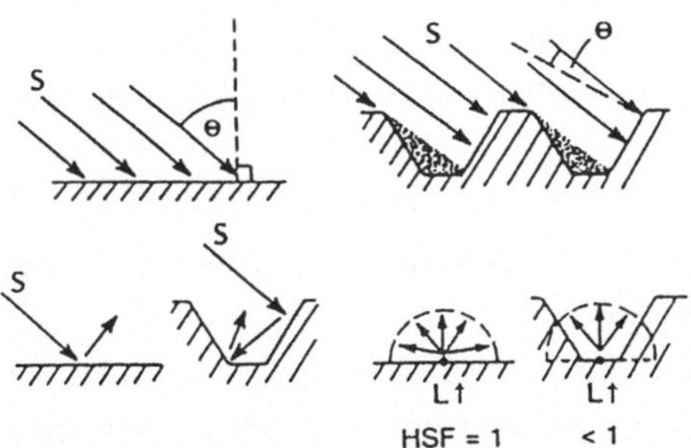

Abbildung 2.13: Oberflächengeometrie und Strahlung, nach Oke (1978). S = ankommende Solarstrahlung, L↑ = ausgehende langwellige Strahlung, Θ = Zenitdistanzwinkel, HSF = Himmelssichtfaktor

Für die Bestimmung der Energie, die eine Fläche erhält, spielt auch eine vorhandene azimutabhängige Horizontabschattung eine wichtige Rolle und muß berücksichtigt werden (Tonne 1951). Für interessierende Standorte bestimmt man für jedes Azimut die Horizontüberhöhung und trägt diese in ein Diagramm ein.

Die *Globalstrahlung* kann, zumindest für längere Mittelungszeiträume (einige Tage), auch berechnet werden. Formeln dafür enthalten prinzipiell die Sonnenhöhe (oder andere Größen, die die Einstrahlung hinreichend charakterisieren), die atmosphärische Trübung und den Bedeckungsgrad mit Wolken, manchmal auch die Wolkenart. Von den vielen Möglichkeiten und vorgeschlagenen Formeln (s. z.B. Kasten 1989) sei hier nur die klassische Methode angeführt, die Ångström schon 1923 vorgeschlagen hat. Zu ihrer Anwendung muß zunächst die maximal mögliche Globalstrahlung für den interessierenden Ort und das Mittelungsintervall bestimmt werden. Dazu können vorhandene Messungen ausgewertet werden, indem alle Strahlungstage berücksichtigt werden. Ein objektives und beliebig anwendbares Verfahren besteht darin, die *Rayleigh-Strahlung* (s. auch Tab. 2.3) zu berechnen (Behrens 1989). Unter der Rayleigh-Strahlung versteht man die Solarstrahlung, die in einer reinen und trockenen Atmosphäre nur der Rayleigh-Streuung unterliegt. So bezeichnet man die Streuung an Luftmolekülen, deren Radius klein gegenüber der Wellenlänge ist (zur Bestimmung s. Collmann 1958). Man erhält den Idealwert der Globalstrahlung unter wolkenlosen Bedingungen $K\downarrow_R$.

Ein Grundansatz von Ångström besteht darin, zur Berechnung der realen Globalstrahlung die relativ leicht meßbare und/oder als Daten verfügbare Sonnenscheindauer heranzuziehen:

$$K\downarrow \ = \ K\downarrow_R (a + b\ S_r)\ . \qquad (2.12)$$

S_r ist die relative Sonnenscheindauer, die sich aus dem Verhältnis der gemessenen absoluten zur astronomisch möglichen Sonnenscheindauer ergibt. Auf einen Tag bezogen, ist die astronomisch mögliche Sonnenscheindauer die Zeitdifferenz zwischen Sonnenauf- und Sonnenuntergang.

Die Koeffizienten a und b zur Berechnung von Monatssummen von $K\downarrow$ in $kJ\cdot cm^{-2}$ unterscheiden sich von Monat zu Monat etwas. Für das nordostdeutsche Flachland gelten die Werte, die in Tab. 2.3 mitgeteilt werden.

Derartige Berechnungen können nur für Mittelungszeiträume ab mehrere Tage mit hinreichender Genauigkeit vorgenommen werden. In der Literatur, in der zahlreiche Berechnungsverfahren mit unterschiedlichen Ansätzen enthalten sind, findet man auch die Möglichkeit, in der Gl. (2.12) anstelle der Sonnenscheindauer den Bedeckungsgrad zu verwenden. Ein solches Verfahren, für das mehr Eingangsdaten zur Verfügung stehen, ist jedoch mit größeren Fehlern verbunden. Für die kleinräumige klimatische Differenzierung von ausschlaggebender Bedeutung ist die Tatsache, daß an der Erdoberfläche ein Teil der Globalstrahlung in Abhängigkeit vom Reflexionsvermögen (= reflektierter Strahlungsanteil/Globalstrahlung) der jeweiligen Unterlage reflektiert wird. Wird das Reflexionsvermögen in Prozent ausgedrückt, spricht man von der *Albedo*. Der Begriff kommt aus dem Lateinischen und bedeutet "das Weiße". In der Natur ist die Albedo natürlicher und künstlicher Unterlagen der Atmosphäre sehr mannigfaltig. Wie Tab. 2.4 ausweist, können die Albedowerte von Oberflächen zwischen 5 und 90 % schwanken.

Die Albedo setzt sich aus der direkten Sonnenstrahlung und der der diffusen Himmelsstrahlung zusammen, die bei Bedarf auch getrennt bestimmt werden können.

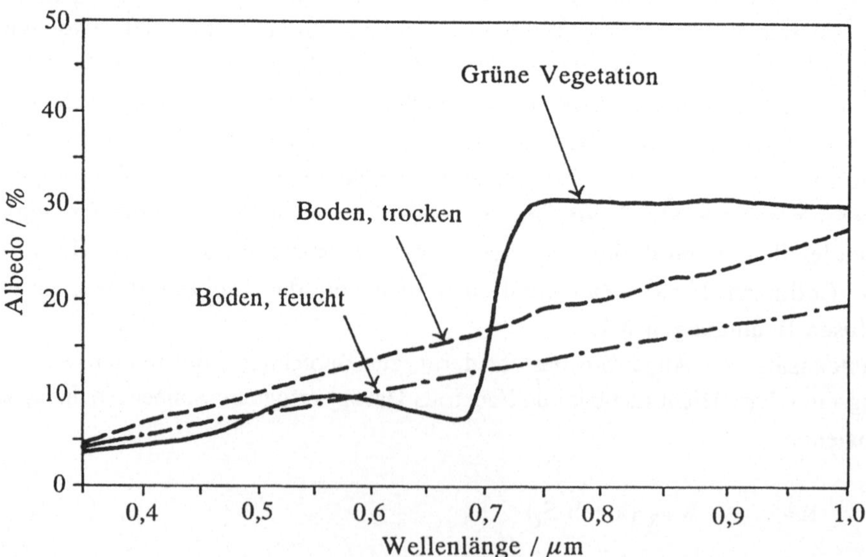

Abbildung 2.14: Spektrale Albedowerte für verschiedene Oberfläche, nach Oke (1978)

Tabelle 2.3: Mittlere Monats- und Jahressummen für die direkte Sonnenstrahlung auf die zur Strahlungsrichtung normalen Fläche I in $kJ \cdot cm^{-2}$ (1951/80, Potsdam), der Globalstrahlung einer Rayleigh-Atmosphäre $K\downarrow_R$ (52°30' Nord) in $kJ \cdot cm^{-2}$, der Globalstrahlung $K\downarrow$ in $kJ \cdot cm^{-2}$ (1951/80, Potsdam), der relativen Sonnenscheindauer S_r in % (1951/80, Potsdam), des Bedeckungsgrades C in Achtel (1951/80, Potsdam) und der Koeffizienten a und b (berechnet für Potsdam) für die Anwendung der Formel (2.12), nach Zahlen von Behrens (1989) aus Hupfer und Chmielewski (1990)

	J	F	M	A	M	J	J	A	S	O	N	D	Jahr
I	7,10	11,55	25,06	31,73	41,86	44,65	39,72	37,13	31,31	19,49	7,62	4,95	302,0
$K\downarrow_R$	20,7	33,0	61,0	85,3	109,4	115,2	113,9	95,7	69,0	44,3	23,9	16,4	787,8
$K\downarrow$	6,79	12,18	26,82	39,04	54,06	58,59	55,23	47,47	33,03	18,36	7,52	4,88	364,0
S_r	20	27	39	41	46	49	46	48	47	36	19	16	36
C	6,1	5,9	5,2	5,2	5,0	4,9	5,1	4,9	4,7	5,3	6,3	6,2	5,4
a	0,195	0,174	0,210	0,185	0,225	0,204	0,215	0,243	0,204	0,195	0,184	0,206	0,203
b	0,655	0,744	0,608	0,653	0,580	0,618	0,586	0,529	0,602	0,613	0,672	0,531	0,616

Bei Bedarf können die entsprechenden Anteile auch getrennt ermittelt werden. Die je nach Unterlage und Einfallswinkel der direkten Sonnenstrahlung sich ergebende Reflexstrahlung bewirkt eine weitere Inhomogenisierung der absorbierten Strahlungsenergie in einem Gebiet. Relief und Albedounterschiede rufen kleinräumige Klimaunterschiede hervor.

Wie aus Abb. 2.14 zu ersehen ist, unterscheidet sich die reflektierte Strahlungsflußdichte in Abhängigkeit von der Wellenlänge der Strahlung. Entsprechende spektrale Unterschiede der reflektierten Strahlung werden u.a. in der Fernerkundung ausgenutzt, so wird aus dem spezifischen spektralen Reflexionsverlauf der Vegetation ein Vegetationsindex bestimmt. Besonders bei Wasserflächen eindrucksvoll zu beobachten ist, daß die reflektierte direkte Sonnenstrahlung entsprechend des Fresnelschen Spiegelgesetzes stark von der Sonnenhöhe abhängt. Daraus ergeben sich entsprechende Jahres- und Tagesgänge der Albedo (Abb. 2.15).

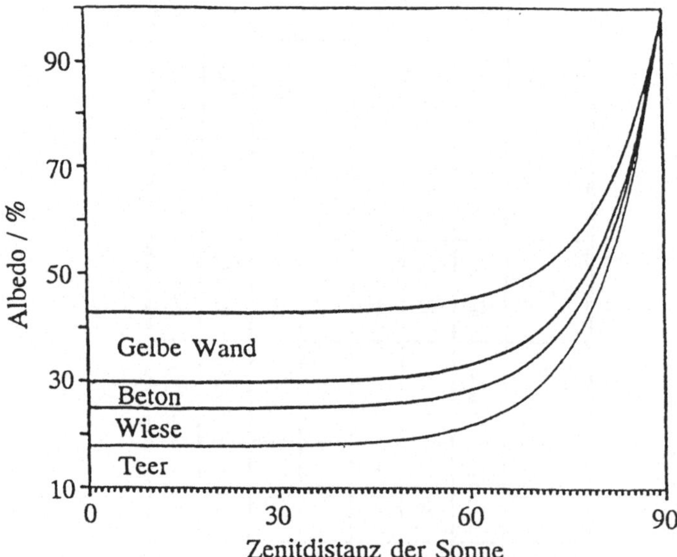

Abbildung 2.15: Die Albedo einiger Oberflächen in Abhängigkeit von der Zenitdistanz der Sonne, nach Rath (1988)

Für die Abschätzung der effektiven Ausstrahlung (Differenz zwischen der langwelligen Ausstrahlung und der Gegenstrahlung der Atmosphäre) benötigt man die Kenntnis des Emissionsvermögens ε der Oberfläche. Wenngleich diese Größe in der Regel wenig unter 1 liegt, so bestehen doch für natürliche und technische Oberflächen deutliche Unterschiede (Tab. 2.4), was ebenfalls zur Herausbildung klimatischer Unterschiede beiträgt.

Zur Berechnung der effektiven Ausstrahlung existieren Formeln, die sich in ihren Aussagen zum Teil erheblich voneinander unterscheiden (bspw. bei Anwendungen über Land und Meer). Während die langwellige Ausstrahlung nach dem Stefan-Boltzmann-Gesetz gemäß Gl. (2.1) berechnet werden kann, hat sich bewährt, für die Abschätzung der atmosphärischen Gegenstrahlung $L{\downarrow}$ auf einen ebenfalls von Ångström eingeführten Ansatz zurückzugreifen.

Die Beziehung für die Gegenstrahlung unter wolkenlosen Bedingungen $L{\downarrow}_0$ lautet

$$L{\downarrow}_0 = \sigma\, T_L\, (a + b{\cdot}10^{-c\,e}) \tag{2.13}$$

mit T_L = Lufttemperatur in K, e = Dampfdruck der Luft in hPa, beide Größen für 2 m Höhe, σ = Boltzmann-Konstante in $W{\cdot}m^{-2}{\cdot}K^{-4}$, s. Gl. (2.1).

Für zahlreiche Anwendungen haben sich die Konstanten bewährt, die Bolz und Falckenberg (1949) für das mecklenburgische Küstengebiet bestimmt haben:

$$a = 0{,}820, \qquad b = -0{,}25, \qquad c = 0{,}095.$$

Im Rahmen derselben Untersuchung fand Bolz (1949) einen Wolkenterm, der zur Berechnung von $L{\downarrow}$ notwendig ist:

$$L{\downarrow} = L{\downarrow}_0\, (1 + k'\, C_{10}^{2,5}). \tag{2.14}$$

Hier bedeuten k' einen von der Wolkenart abhängigen Koeffizienten (Ci: 0,04, Cs: 0,08, Ac 0,17, As: 0,20, Cu 0,20, St: 0,24, Mittel: 0,22) und C_{10} den Bedeckungsgrad in Zehntel.

Die effektive Ausstrahlung kann ebenfalls nur für längere Mittelungszeiträume mit befriedigender Genauigkeit abgeschätzt werden. Insgesamt gesehen, trägt diese Größe auch zur klimatischen Differenzierung in kleinen Räumen bei, wobei der Betrag zur nächtlichen Bildung von Kaltluft am Boden besonders hervorgehoben sei. In Abb. 2.16 ist ein charakteristischer Tagesgang der Strahlungsbilanz dargestellt. Zusammenfassend kann noch einmal hervorgehoben werden, daß der als Summe der erwähnten Strahlungsgrößen definierte Wert der Strahlungsbilanz eine entscheidende Rolle in der Bewertung der Klimagenese eines Gebietes spielt.

Neben der Strahlungsbilanz gehören die turbulenten Wärmeflüsse *fühlbarer Wärmestrom* H, *latenter Wärmestrom* E sowie *Bodenwärmestrom* B zur Energiebilanz von Oberflächen. Da H und E vom Turbulenzzustand der Bodenschicht der Atmosphäre abhängen, ist auch der vertikale Impulstransport τ diesen Energieflüssen zuzurechnen. Diese Größen können nach verschiedenen Verfahren gemessen bzw. aus Meßdaten berechnet werden (Foken 1990). In parametrisierter Form lauten die Gleichungen:

$$H \;\; = \; \rho \, c_p \, C_H \, (u_z - u_o) \, (T_z - T_o), \qquad\qquad (2.15)$$

$$E \;\; = \; \rho \, l \;\; C_E \, (u_z - u_o) \, (q_z - q_o), \qquad\qquad (2.16)$$

$$\tau \;\; = \; \rho \;\;\;\; C_D \, (u_z - u_o) \, (u_z - u_o). \qquad\qquad (2.17)$$

In diesen Gleichungen bedeuten ρ = Luftdichte, c_p = spezifische Wärme der Luft bei konstantem Druck und l = Verdampfungswärme des Wassers.

Die Koeffizienten C_H (Stanton-Zahl), C_E (Dalton-Zahl) und C_D (Spannungskoeffizient) sind dimensionslos und haben einen von der Windgeschwindigkeit und der Stabilität der Schichtung in der Bodenschicht der Atmosphäre abhängigen Wert der Größenordnung $1 \cdot 10^{-3}$. Sie beschreiben zusammen mit der vertikalen Windscherung $u_z - u_o$ (die Indizes z und o bezeichnen die Meßniveaus in der Höhe innerhalb der Bodenschicht bzw. in der Nähe der Erdoberfläche) den Turbulenzzustand der Luft,

Tabelle 2.4: Zahlenwerte von klimawirksamen Größen, nach verschiedenen Quellen. Es sind: λ = Wärmeleitfähigkeit, ρ = Dichte, c = spezifische Wärme, ε = Emissionsvermögen

Material	λ $W \cdot m^{-1} \cdot K^{-1}$	ρ $10^{-3} \, kg \cdot m^{-3}$	c $10^{-3} \, J \cdot kg^{-1} \cdot K^{-1}$	ε	Albedo %
Luft (trocken, 20 °C, 1013 hPa)	0,0257	0,00120	1,004		
Wasser	0,60	1,0	4,19	0,96-0,99	6 - 12
Schnee	0,2-2,3	0,2-0,92	2,1	0,98-0,99	40 -90
Eis				0,99	30-40
Gletschereis	2,3	0,92	2,1	0,96	20-45
Sandstein	1,7	2,2	0,8	0,92	10-40
Granit	3,3	2,7	0,8	0,90	15-30
Sand, trocken	0,4	1,6	0,8	0,91	40
Sand, feucht	1,7	1,9	1,3	0,93	15
Lehm (15 %	0,9	1,8	1,4	0,94	15-30
Wasser)	1,3	1,3	1,7	0,95	5-10
Humus	0,1	0,4	1,7	0,95	15-30
Moor, trocken	0,4	0,9	3,3	0,95	
Moor, feucht				0,96	10-30
Wiese				0,97	10-25
Wald				0,95-0,96	
Beton	1,3	2,2	0,9	0,97	10-35
Asphalt	0,7	2,1	1,0	0,96	5-20
Holz, trocken	0,1	0,5	1,2	0,95	5-15

der die realen Energieflüsse gegenüber den ebenfalls vorhandenen molekularen Prozessen der Leitung, Diffusion und inneren Reibung um Größenordnungen effektiver werden läßt. Die Symbole T_z und T_o bezeichnen die Lufttemperatur in den Niveaus sowie q_z und q_o die korrespondierenden Werte der spezifischen Feuchte der Luft.

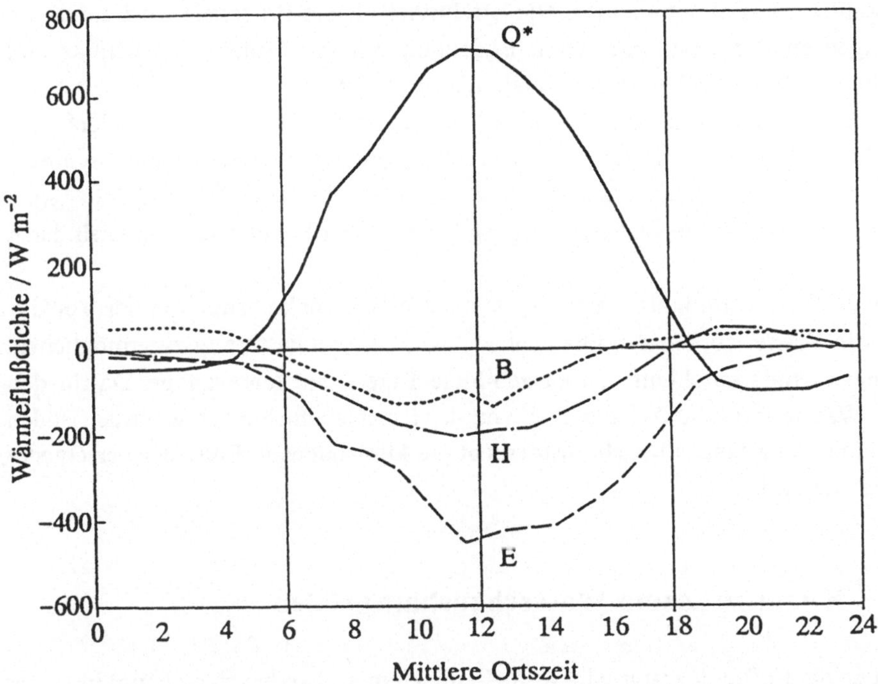

Abbildung 2.16: Tagesgang der Komponenten der Energiebilanz für eine mit Kurzgras besetzte Oberfläche in Garching bei München (474 m ü. NN) an einem Strahlungstag (10.6.1964), nach Berz (1969)

Der Betrag des Bodenwärmestroms wird dagegen durch die molekulare Wärmeleitung im Boden bestimmt:

$$B = -\lambda\,(\delta T / \delta z). \tag{2.18}$$

Hier sind T = Bodentemperatur, z = Tiefe und λ = Wärmeleitungskoeffizient (s. Tab. 2.4). Der Wärmefluß im Boden als Änderung von B mit der Tiefe z ist

$$dB/dz = -\lambda\,(d^2 T / dz^2) \tag{2.19}$$

Das ist eine Form der Wärmeleitungsgleichung, mit deren Hilfe Aufgaben zum

Temperaturregime in Böden gelöst werden können (s. bspw. Hund 1950).

Je nach ihren physikalischen Eigenschaften und ihrem Feuchtegehalt haben Böden eine hohe Speicherkapazität für Wärme. In Oberflächennähe weist die Bodentemperatur ausgeprägte Tages- und Jahresgänge auf, deren Amplitude mit der Tiefe rasch abnimmt, wobei Phasenverschiebungen der Lage der Extreme eintreten. Der Bodenwärmestrom ist bei Erwärmung der Oberfläche in den Boden hinein gerichtet und bei Abkühlung aus diesem heraus. Die Effektivität dieses Prozesses wird durch die Bodeneigenschaften bestimmt, deren Bedeutung für die Genese des Klimas und kleinräumiger klimatischer Unterschiede damit klar wird.

Mit den Eigenschaften des Bodens (einschließlich seiner Bedeckung) variiert auch der fühlbare Wärmestrom, der bei entsprechendem Energieangebot über schlecht wärmeleitenden Unterlagen einen gut, über besser wärmeleitenden Böden dagegen einen eher schwach ausgeprägten Tagesgang besitzt. Über Landflächen wechselt dabei das Vorzeichen.

Der latente Wärmestrom als die häufig stärkste Wärmesenke hängt von der Verfügbarkeit von Wasser ab, um den Phasenübergang flüssig zu gasförmig zu ermöglichen. Auch diese Größe durchläuft gut ausgebildete Tages- und Jahresgänge. Da für den latenten Wärmestrom die Abhängigkeit von der Feuchteaufnahmefähigkeit der Böden (und von der Vegetation) besteht, tritt erneut die klimabildende Rolle der verschiedenen Bodenarten hervor.

2.2.2   Klimawirksame Wasserhaushaltsgrößen

Das neben der Lufttemperatur wichtigste Klimaelement Niederschlag hängt in seiner kleinräumigen Verteilung stark von den Eigenschaften der Unterlage ab. So wird das Niederschlagsfeld empfindlich durch Höhenlage und Relief beeinflußt, aber im Hinblick auf die Auslösung von Konvektion auch durch die Eigenschaften und Bedeckung des Bodens.

Der Niederschlag geht in die Wasserbilanz des Bodens ein. Für eine Bodensäule ist diese

$$P = V + \Delta r + \Delta s \tag{2.20}$$

mit P = Niederschlagshöhe, V = Verdunstungshöhe, Δr = resultierender Abfluß und Δs = Bodenfeuchteänderung. Diese Größen werden in mm ($\approx$ Liter/m^2) angegeben. Der Bodenfeuchtegehalt s als Maß des aktuellen Wassergehaltes ist definiert als der auf das Volumen bezogene Prozentsatz eines feuchten Bodens, der von Wasser eingenommen wird. Die vertikale Bewegung von Bodenwasser setzt sich neben dem durchsickernden Regenwasser aus einem flüssigen und einem dampfförmigen Anteil zusammen. Die Bewegung des flüssigen Anteils unterliegt hydraulischen Gesetzmäßigkeiten (Darcysches Gesetz).

Dagegen hängt der Dampftransport vom Feuchtegradienten und dem molekularen Diffusionskoeffizienten für Wasserdampf ab (s. u.a. Dyck und Peschke 1981, Baumgartner und Liebscher 1990).

Die Bodenfeuchte, die in Abhängigkeit von Art und Eigenschaften des Bodens bis zu einem Grenzwert ansteigen kann, ist im klein- und großräumigen Scale ein wichtiger klimabildender Faktor. Von der Bodenfeuchte hängt die Größe der aktuellen Verdunstung (bei unbewachsenem Boden ist das die Evaporation) und damit des latenten Wärmestromes in die Atmosphäre ab. Die mit dem Verdunstungsprozeß verbundene Abkühlung trägt zur kleinräumigen Differenzierung des Klimas bei. Die Bodenfeuchte verändert ferner die Albedo des Bodens, die mit der Bodenfeuchte im allgemeinen abnimmt. Auf den Bodenwärmestrom und den fühlbaren Wärmestrom zwischen Unterlage und Atmosphäre hat die Bodenfeuchte Einfluß, da durch sie physikalische Bodenparameter verändert werden.

2.2.3 Wechselwirkungen zwischen Luftbewegungen und Oberflächen

Die kleinräumigen Lagebedingungen modifizieren das atmosphärische Bewegungsfeld. In der Grenzschicht verändern sich infolge der Dissipation von kinetischer Energie Windgeschwindigkeit und -richtung gegenüber den Verhältnissen in der freien Atmosphäre. Die "Abbremsung" der Luftbewegung an der Erdoberfläche bewirkt in der Bodenschicht der Atmosphäre ein charakteristisches vertikales Profil der Windgeschwindigkeit. Unter neutralen Schichtungsbedingungen stellt sich das bekannte logarithmische Windprofil ein (Abb. 2.17, 2.22). Abweichungen von dieser Profilform treten bei stabilen oder labilen Schichtungsverhältnissen auf (Foken 1990). Im Fall des neutralen Windprofils lautet die Gleichung für seine Berechnung:

$$u(z) = (u_*/k) \ln (z/z_0) \qquad (2.21)$$

mit $u(z)$ = Windgeschwindigkeit in der Höhe z, u_* = Schubspannungsgeschwindigkeit, $k \approx 0{,}4$ (Karman-Konstante) und z_0 = Rauhigkeitshöhe. Die Schubspannungsgeschwindigkeit ist mit τ = Windschubspannung und ρ = Luftdichte gegeben durch

$$u_*^2 = \tau/\rho \ . \qquad (2.22)$$

Für die Beurteilung der Geländeeinflüsse auf das bodennahe Windfeld ist besonders

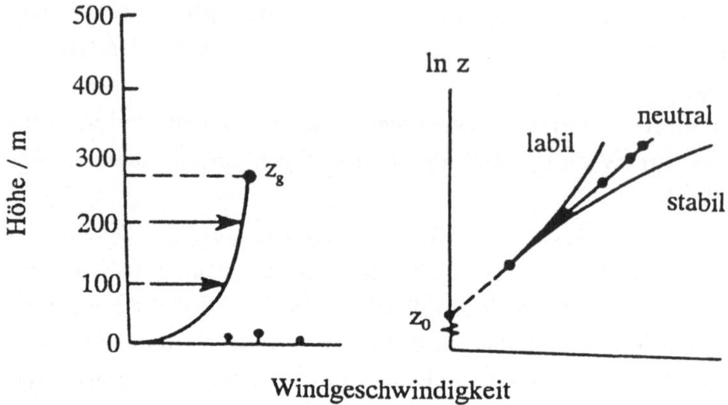

Abbildung 2.17: Das vertikale Windprofil in der Nähe der Erdoberfläche (links) und seine Modifikation bei Abweichung von den neutralen Schichtungsbedingungen, nach Oke (1978). z_g = Höhe, in der die logarithmische Zunahme des Windes mit der Höhe beendet ist, z_0 = Rauhigkeitshöhe, z = Höhe

die Größe und die Verteilung der Rauhigkeitshöhe z_0 von Bedeutung. Wie aus Gl. (2.21) zu ersehen ist, handelt es sich dabei um eine Integrationskonstante, die jedoch gut geeignet ist, das "Windklima" eines Gebietes zu beschreiben In Abb. 2.18 sind einige charakteristische Werte dieser Größe zusammengestellt. Der Wert der Rauhigkeitshöhe (oder des Rauhigkeitsparameters bzw. -länge) z_0 wird sowohl von der allgemeinen Struktur und der spezifischen Bedeckung oder Bebauung der Unterlage als auch von den jeweiligen Turbulenzeigenschaften der atmosphärischen Bodenschicht bestimmt.

Die Mannigfaltigkeit von Landschaften bringt es mit sich, daß ein klimatisch interessierendes Gebiet mosaikartig verteilte Flächen verschiedener Rauhigkeitshöhe enthält. Auf diese Weise kommt es zu Grenzbereichen, entlang deren ein plötzlicher Wechsel der Bodenrauhigkeit auftritt. Am stärksten entwickelt sind die Unterschiede an Uferlinien. Beim Überströmen einer Linie abrupter Rauhigkeitsänderung kommt es über der neuen Unterlage zu Veränderungen im Windprofil, die darin bestehen, daß im unteren Teil das neue Gleichgewichtsprofil aufgebaut wird, während im oberen Teil das Profil von den Eigenschaften der alten Unterlage bestimmt wird. Der Höhenbereich, der bereits von der neuen Unterlage beeinflußt wird, heißt *interne Grenzschicht*. Innerhalb der internen Grenzschicht kann zwischen einem Bereich der vollen Anpassung und einem Übergangsbereich unterschieden werden (Abb. 2.19). Die Höhe δ der Grenzschicht, die sich im Fall ausgeprägter Unterschiede bis in Höhen von ca. 1000 m nachweisen läßt, kann man vereinfacht nach der Beziehung

$$\delta = 0{,}4 \sqrt{x} \qquad\qquad (2.23)$$

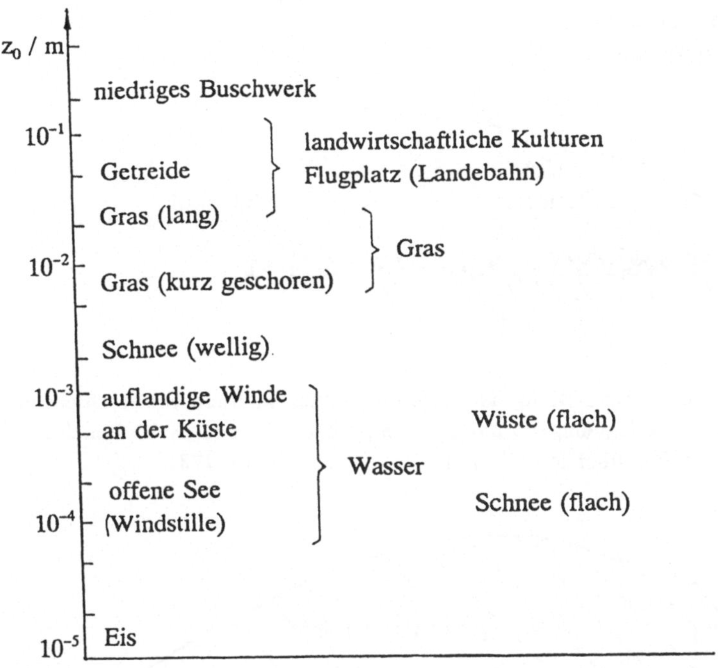

Abbildung 2.18: Charakteristische Werte für die Rauhigkeitshöhe z_0, aus Foken (1990)

bestimmen, wobei x = Abstand vom Rauhigkeitssprung in m bedeutet.

Das bodennahe Windfeld erfährt besondere Veränderungen auch durch die Reliefeigenschaften eines Gebietes. Erhebungen und Senkungen des Geländes sind mit entsprechenden Störungen des Bewegungsfeldes verbunden und durch Geschwindigkeitsverstärkungen und -abschwächungen bemerkbar. In ähnlicher Weise wird das Windfeld durch Hindernisse gestört. Ein solcher Störbereich ist auf Abb. 2.20 dargestellt. Zu beachten ist, daß die Struktur des Windfeldes im bodennahen Bereich auch die Ausbildung der Energie- und Stofflüsse gemäß Gl. (2.15-17) beeinflußt. Unter geeigneten Bedingungen können die kleinräumigen Klimaunterschiede durch die Ausbildung *tagesperiodischer Windsysteme* beeinflußt werden. Dazu kommt es, wenn Gebiete aneinandergrenzen, deren Oberflächen unterschiedlich an der Tageserwärmung und -abkühlung teilnehmen. Das ist im Grenzbereich zwischen Meer (oder großen Seen) und Land, zwischen Stadt und Umland oder zwischen Bergen und Tälern der Fall. In Abb. 2.21 wird die Seewind-Zirkulation schematisch vorgestellt. Da ihre räumliche Ausdehnung relativ gering ist, kann die Wirkung der ablenkende Kraft der Erdrotation unberücksichtigt bleiben. Die prinzipiellen Ursachen ihres Entstehens sind leicht verständlich. Unter den Bedingungen starker Sonneneinstrahlung kommt es über dem schnell erwärmten Land zur Ausbildung kräftiger Kon-

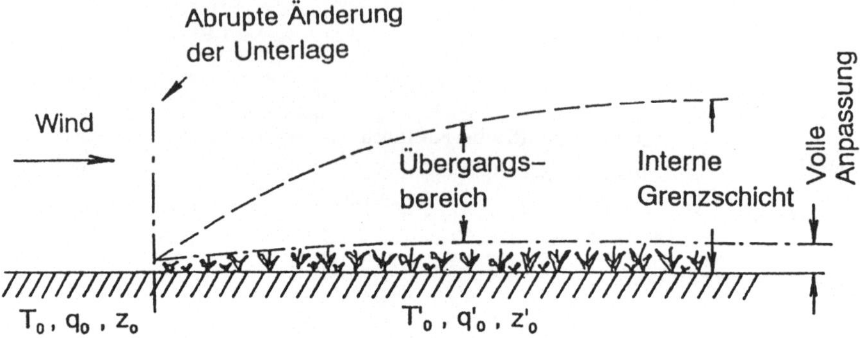

Abbildung 2.19: Schematische Darstellung der Ausbildung einer internen Grenzschicht im Lee einer Änderung der Unterlageneigenschaften (Temperatur T_0, spezifische Feuchte q_0 und Rauhigkeitshöhe z_0 gehen über in T_0', q_0' und z_0'), nach Oke (1978)

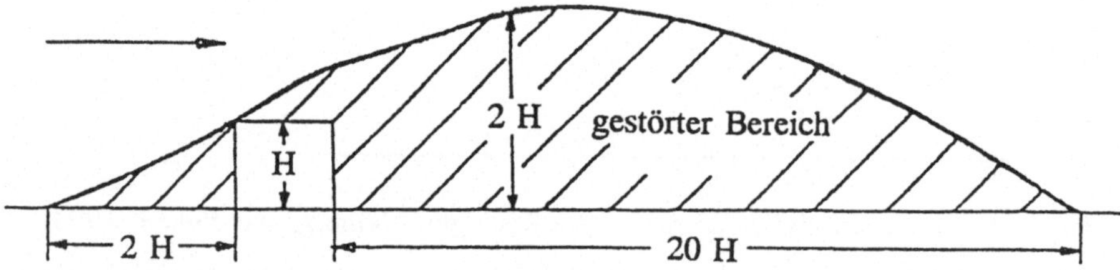

Abbildung 2.20: Störung des Windfeldes bei Überströmen eines Hindernisses der Höhe H, nach Foken (1990)

vektion. Damit ist dort das Anheben der Isobarflächen im Konvektionsraum verbunbunden. Während sich am Boden ein relatives Tief bildet, nimmt der Luftdruck in den oberen Schichten zu. Entsprechend der Richtung des Gradienten fließt in der Höhe die Luft zum Meer ab. Das führt zum Anstieg des Luftdruckes am Boden über dem Meer. Die Zirkulation schließt sich, indem eine ausgleichende Luftbewegung vom Meer zum Land (Seewind) aufkommt. Dieser kann direkt an der Uferlinie entstehen (Seewind 1. Art). Häufig ist jedoch zu beobachten, daß bei schwach ablandiger großräumiger Strömung der Seewind mit einer Seewindfront verbunden ist. Er entsteht dann über See und dringt böig und unter Erzeugung leichten Seegangs zum Land hin vor. Die Wirkungen sind Unterbrechung der normalen Tagesgänge, Abkühlung, Feuchte- und Windzunahme. Selbst die Wassertemperatur reagiert in Ufernähe auf dieses tagesperiodische Zirkulationssystem. Die nächtliche Umkehr der Zirkulation ist schwach ausgebildet und wird selten beobachtet. Die Zirkulation ist in den mittleren Breiten nur wenige 100 m hochreichend. Die Ausdehnung ist variabel, sie kann bis ca. 50 km in das Landinnere betragen (s. auch Abschnitt 7.3).

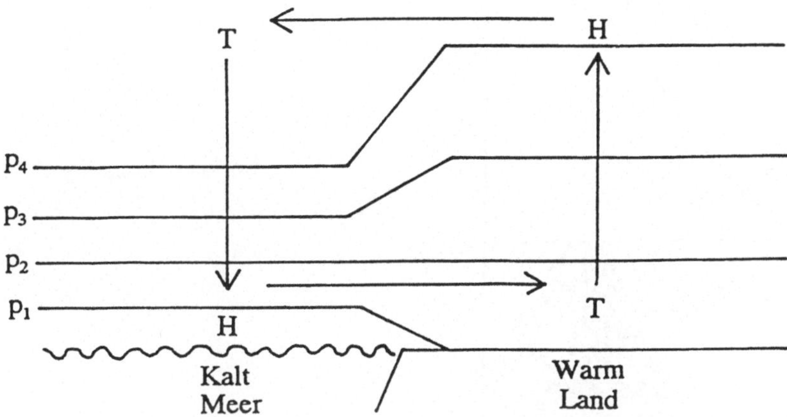

Abbildung 2.21: Schematische Darstellung der Ausbildung der Seewind-Zirkulation

Entsprechend der komplizierten Reliefstruktur von Gebirgen entwickelt sich die Berg-
und Talwindzirkulation in vielfältigen Formen. Entscheidend sind die sich aus-
bildenden Temperaturunterschiede zwischen den unterschiedlich geneigten und
exponierten Hängen und Tälern. Die Zirkulation äußert sich tagsüber in dem Hang-
aufwind und nachts in dem Talabwind.
Der Flurwind verdankt seine Entstehung der Ausbildung urbaner Wärmeinseln und
ist vom Umland in die Stadt gerichtet. Die Bewegung ist häufig sehr schwach. Die
Bebauung führt zu Richtungsabweichungen, so daß die Erscheinung in reiner Form
nur selten beobachtet werden kann. Diese tagesperiodische Zirkulation kann dennoch
durch eine geschickte Stadtbebauung ausgenützt werden, um die städtischen Klimaverhältnisse zu verbessern (s. Kap. 7).

2.2.4   Einfluß der Vegetation

Die in der Regel vorhandene Vegetation beeinflußt die Ausbildung lokaler und
regionaler Klimaunterschiede. Die Absorption der Solarstrahlung verteilt sich auf
den Bereich der Vegetationshöhe. Die Reflexion der Strahlung hängt vom Jahresgang
der Vegetation und von ihrer Struktur ab. Es kommt zu Mehrfachreflexionen. Die
geringere resultierende Erwärmung setzt die langwellige Ausstrahlung von vegeta-
tionsbesetzten Gebieten herab. Für diese ist die Strahlungsbilanz bei Anwesenheit
von Vegetation verändert (Flemming und Hupfer 1991). Während der fühlbare und
der Bodenwärmestrom in Abhängigkeit von der Vegetation herabgesetzt sind,
vergrößert sich der latente Wärmestrom. Ursache ist die Transpiration der Pflanzen-

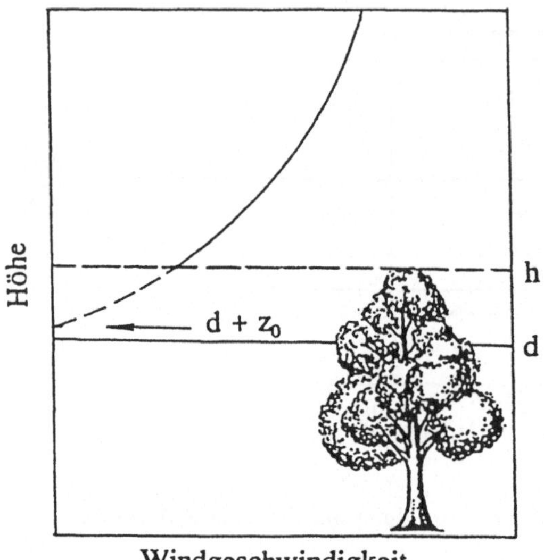

Abbildung 2.22: Die Ausbildung des vertikalen Windprofils bei Baumbesatz der Höhe h. Die Höhe d wird als Verschiebungshöhe oder Verdrängungsdicke bezeichnet

decke. Die Gesamtverdunstung, die sich aus dieser und der Verdunstung vom Boden (Evaporation) zusammensetzt, wird als Evapotranspiration bezeichnet. Für sie gibt es zahlreiche Bestimmungsmethoden (Schrödter 1985).
Existenz und Art der Vegetation verändern auch das Windklima eines Gebietes. Während innerhalb der Vegetationsschicht meist geringe Windgeschwindigkeiten herrschen, bilden sich die für die Oberfläche typischen Verhältnisse (Abschnitt 2.2.3) erst in der oberen Vegetationsschicht aus (Abb. 2.22).

2.2.5 Besonderheiten von Gewässern

Die Gewässeroberflächen unterscheiden sich hinsichtlich des Energiehaushaltes in einigen Punkten grundlegend von den festen Oberflächen.
Die Globalstrahlung wird nicht in unmittelbarer Oberflächennähe absorbiert, sondern dringt in das Gewässer mehr oder weniger tief unter selektiver Absorption ein. Die Eindringtiefe wird durch das Transmissionsvermögen des Wassers bestimmt, das vor allem von der Menge suspendierter Partikel im Wasser abhängt. Dadurch wird die Erwärmung von Gewässern durch Strahlungsabsorption von vornherein auf eine größere Schicht verteilt, und extreme Erwärmungen werden vermieden. Die mittlere Albedo von Wasseroberflächen ist relativ gering, sie unterliegt aber einem starken Tagesgang. Diese Größe kann durch den Seegang, besonders bei brechenden Wellen

beeinflußt werden. Der Wärmetransport in die Tiefe oder im Gewässer nach oben erfolgt im Gegensatz zu den Verhältnissen der festen Erdoberfläche turbulent, er ist somit um Größenordnungen effektiver als der molekulare Bodenwärmestrom. Für den latenten Wärmestrom steht stets genügend Wasser zur Verdunstung zur Verfügung, so daß die Verdunstungsbedingungen der Luft diese Größe bestimmen (potentielle Verdunstung). Wegen der turbulenten Vermischungsfähigkeit des Wassers bleibt der fühlbare Wärmestrom von Ausnahmen abgesehen gering. Die Ausnahmen betreffen die Fälle von Kaltluftadvektion über warme Gewässeroberflächen. Im Frühjahr kann dieser Wärmestrom (in wenig effektiver Weise) bei Warmluftadvektion über kalte Gewässer von der Atmosphäre zum Wasser gerichtet sein.

Die unterschiedlichen Eigenschaften von Wasser und festem Land hinsichtlich der Umsetzung der einfallenden solaren Strahlungsenergie führen zur Ausbildung der klimatischen Unterschiede zwischen Land und Meer (maritimes und kontinentales Klima), die auch im kleinräumigen Bereich auftreten, so im Bereich von Meeresufern (s. Abschnitt 7.3.) oder in den Randzonen größerer Seen (Ausbildung der Land-Seewind-Zirkulation).

3   Das Klima in globaler Betrachtungsweise

Wenn vom Klimaproblem unserer Zeit gesprochen wird, so ist das Interesse zunächst auf das Klima der Erde im Ganzen gerichtet. Das globale Klima, das eine entscheidende Existenzbedingung der Menschheit darstellt, wird im *Klimasystem* erzeugt, aufrechterhalten und entsprechend den gegebenen Bedingungen auch verändert. Das Verständnis der Wirkungsweise dieses komplexen und in hohem Maße nichtlinear reagierenden Systems ist Voraussetzung für die Beurteilung von Klimaschwankungen und deren Auswirkungen auf Mensch und Natur. Das Klimasystem umfaßt die gesamten planetarischen Umweltbedingungen des Menschen. Deren Verschiedenheiten und inhomogene Verteilung auf der Erde rufen eine Vielfalt räumlicher Klimaunterschiede hervor. Ihre Grundzüge werden in den Klimaklassifikationen erfaßt.

3.1   Das globale Klimasystem

Der Begriff des *Klimasystems* ist in den siebziger Jahren eingeführt worden und wird jetzt in der Klimatologie allgemein verwendet. Eine schematische Darstellung enthält Abb. 3.1. Angesichts der massiven Eingriffe des Menschen in das Klimasystem enthält das Bild auch eine anthropogene Komponente. Die Einprägung dieses Schemas bringt den Vorteil mit sich, daß die Faktoren der Klimagenese und die Ursachen von Klimaschwankungen in den Grundzügen beurteilt werden können.

3.1.1   Einige Systemeigenschaften

Das Klimasystem ist sehr komplex. Es besteht aus Komponenten oder Teilsystemen, die zum Teil untereinander in ausgeprägten Wechselwirkungen und Rückkoppelungen stehen. Große Teilsysteme sind die Atmosphäre, die Hydrosphäre, die Kryosphäre,

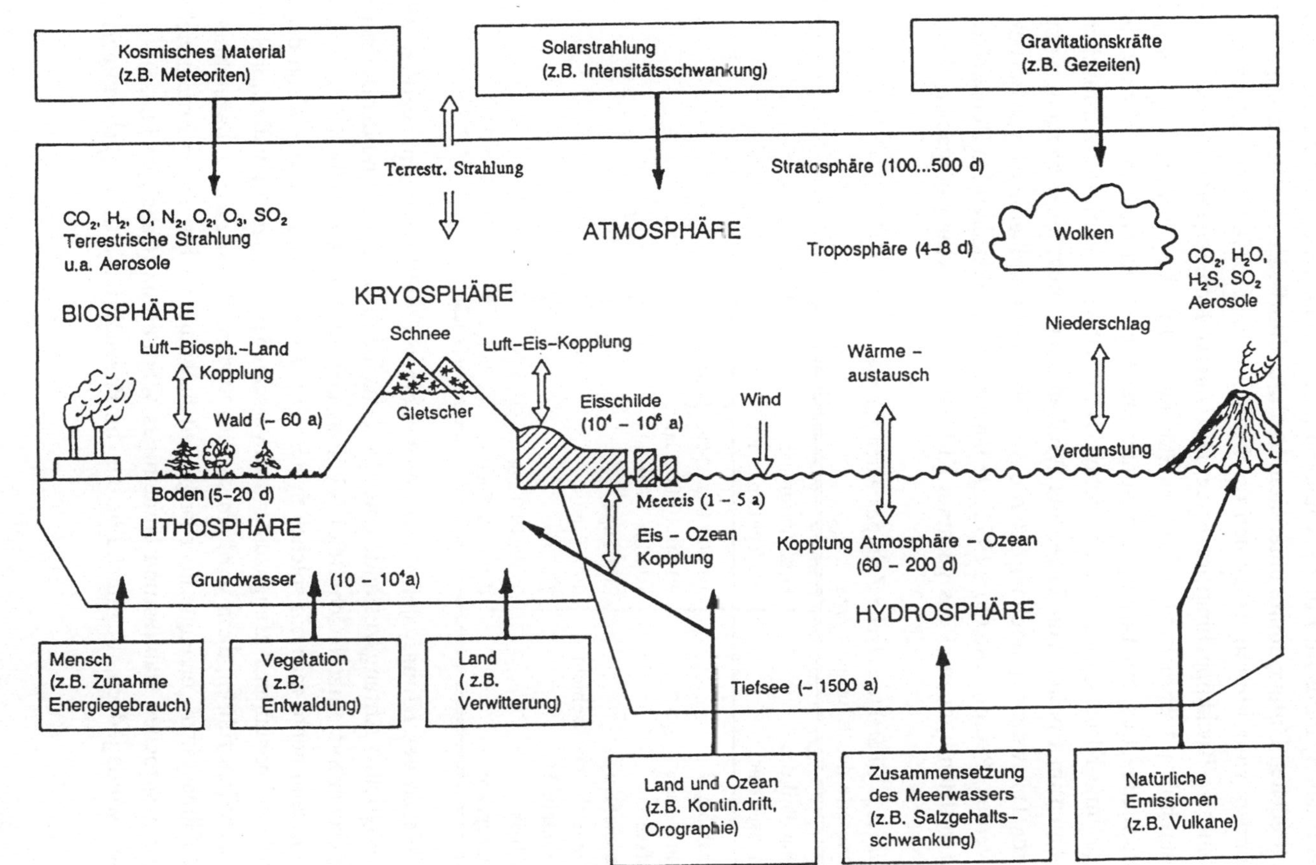

Abbildung 3.1: Das Klimasystem der Erde, nach verschiedenen Autoren

die Lithosphäre sowie die Biosphäre. Im Hinblick auf den Energieaustausch wird das globale Klimasystem ingesamt als ein offenes System, aber als ein geschlossenes System in Bezug auf den Stoffaustausch angesehen. Durch die Klimaelemente (s. Abschnitt 1.5) und einige zusätzliche Größen kann der thermohydrodynamische Zustand des Systems im Prinzip vollständig beschrieben werden. Dadurch, daß die verschiedenen Untersysteme untereinander durch Stoff-, Energie- und Impulsflüsse verbunden sind, kommt es zu den für das Klima außerordentlich wichtigen, meist nichtlinearen Rückkoppelungsprozessen. Die Untersysteme unterscheiden sich wesentlich durch ihre Ansprechzeit auf äußere Störungen (Tab. 3.1). Aufgrund dieser großen Unterschiede ist es zur Lösung bestimmter Fragestellungen nicht erforderlich, immer das gesamte Klimasystem einzubeziehen. Beispielsweise kann die Atmosphäre für Zeitskalen im Bereich von Tagen bis Wochen allein untersucht werden, wobei die anderen Teilsysteme jedoch als externe Antriebe oder Randbedingungen berücksichtigt werden (Peixoto und Oort 1992). Je länger die interessierenden Zeitskalen sind, desto vollständiger muß das gesamte Klimasystem Forschungsgegenstand sein.

Tabelle 3.1: Charakteristische Zeitkonstanten für die
Bestandteile des Klimasystems

Bestandteil des Klimasystems	Größenordnung der Zeitkonstante
Eisschilde	10 000 bis 1 Mio. Jahre
Grundwasser	10 bis 10 000 Jahre
Tiefsee	100 bis 1000 Jahre
Stratosphäre	100 Tage
Ozeanische Deckschicht	100 Tage
Bodenschicht	10 Tage
Treibeis	1 bis 10 Tage
Troposphäre	1 bis 10 Tage

Das Wesen des Klimasystems kann nach Lorenz (1969) bestimmt werden. Wenn alle möglichen Anfangszustände eines Systems letztlich zu ein- und demselben Satz statistischer Systemeigenschaften (= Klima, ausgedrückt durch die Klimaelemente) führen, dann nennt man ein solches System *ergodisch* oder *transitiv*. Wenn dagegen ein relativ konstanter Anfangszustand zu verschiedenen Sätzen statistischer Systemeigenschaften führen, dann wird ein solches System als *intransitiv* bezeichnet. Das reale Klimasystem erzeugte über lange Zeitabschnitte der bisherigen Erdentwicklung ein ausgesprochen stabiles und eindeutiges Warmklima (transitive Phase).
Dieses wurde jedoch, beginnend bereits im Präkambrium, in unregelmäßiger Folge

durch *relativ* kurze Zeitabschnitte (Eiszeitalter) unterbrochen, in denen ganz andere Klimaverhältnisse vorherrschten. Dem Vorschlag von Lorenz (1969) folgend, kann das Klimasystem der Erde daher als *fast intransitiv* bezeichnet werden.

Unter den Wechselwirkungen zwischen den Teilen des Klimasystems sind für die Erhaltung und Veränderung des Klimas die Rückkoppelungen von entscheidender Bedeutung. Von einer *positiven Rückkoppelung* wird gesprochen, wenn die Wechselwirkungsprozesse dazu führen, daß sich eine entstandene klimatische Anomalie immer weiter verstärkt (Selbstverstärkungseffekt). Wenn dagegen eine einmal entstandene Anomalie im Klimasystem Vorgänge auslöst, die sie wieder eliminiert, so spricht man von einer *negativen Rückkoppelung* (Selbstregulierungseffekt). Die Stabilität des Klimasystems wird durch negative Rückkoppelungsprozesse aufrechterhalten. Treten Umstände ein, die positiven Rückkoppelungen einen ungestörten Ablauf ermöglichen, kann das Klima letztlich aus einem Gleichgewichtszustand in einen anderen gelangen. Im neuen Gleichgewichtszustand gewährleistet das Vorherrschen negativer Rückkoppelungen die relative Stabilität des Klimas.

Es sind schon zahlreiche Rückkoppelungs-Schleifen bekannt. Besondere Träger solcher Prozesse sind die Kryosphäre (hohe Albedo!) sowie der Wasserdampf und die Wolken. Beispielsweise führt die anthropogene Verstärkung des Treibhauseffektes der Atmosphäre zu deren Erwärmung. Damit wird die Möglichkeit geschaffen, daß mehr Wasserdampf in die Atmosphäre gelangen kann (Clausius-Clapeyronsches Gesetz). Wasserdampf ist aber das wirksamste Treibhausgas und fördert die weitere Erwärmung. Diese Tendenz zu einer positiven Rückkoppelung wird jedoch dadurch unterbrochen, daß mit zunehmendem Wasserdampfgehalt der Atmosphäre die Wahrscheinlichkeit zunimmt, daß zusätzliche (Wasser-) Wolken entstehen, die infolge der hohen Albedo ihrer Oberseite und der Strahlungsabsorption abkühlend wirken. Die Rückkoppelungsprozesse im Klimasystem sind wegen ihrer Kompliziertheit bei weitem noch nicht alle bekannt oder gar verstanden. Sie können daher in der Klimamodellierung noch nicht hinreichend berücksichtigt werden, was zu der noch vorhandenen Unsicherheit von Aussagen über die Zukunft des Klimas beiträgt.

Infolge der in Wechselwirkung stehenden, höchst unterschiedlichen Teilsysteme und der damit verbundenen Existenz von Rückkoppelungen ist das Klimasystem der Erde hochkomplex und nichtlinear. Diese Tatsache muß stets berücksichtigt werden, wenn es um die Erklärung von Klimaschwankungen und deren Auswirkungen geht. Letztere betreffen nicht zuletzt das Klimasystem selbst, was wiederum zu Rückkoppelungen führt.

Zu weiteren Einzelheiten zum Klimasystem s. Hantel et al. (1987), Peixoto und Oort (1992) und Flemming et al. (1991).

3.1.2   Der Hauptantrieb

Der Antrieb für die im Klimasystem ablaufenden Vorgänge erfolgt primär durch den Eintrag elektromagnetischer Strahlungsenergie von der Sonne. Während im Kap. 2 der Weg der Solarstrahlung vom Außenrand der Atmosphäre bis zur Erdoberfläche bereits verfolgt wurde, soll hier vor allem die Frage der zeitlichen Konstanz des solaren Antriebes im Mittelpunkt der Betrachtung stehen.

Den wichtigsten Prozeß beschreibt der Begriff der *Solarkonstanten*, deren Größe mit $I_o = 1368{,}0 \pm 0{,}7 \ \text{W·m}^{-2}$ angenommen werden kann. Die Solarkonstante ist definiert als die Strahlungsflußdichte der Sonne, die auf eine Einheitsfläche senkrecht zur Strahlrichtung und bei mittlerer Entfernung Erde-Sonne einfällt. Kontinuierliche Satellitenmessungen der Solarkonstanten haben ergeben, daß diese Größe kürzer- und längerperiodischen Schwankungen unterliegt. Während aus Satellitenmessungen ein Wert von $1371{,}50 \pm 0{,}17 \ \text{W·m}^{-2}$ ermittelt wurde, liegt der Wert der Solarkonstanten aus bodengebundenen Messungen bei $1367{,}50 \pm 0{,}39 \ \text{W·m}^{-2}$. Dieser Sachverhalt führte u.a. dazu, daß in den verschiedenen Büchern und Veröffentlichungen häufig etwas unterschiedliche Werte der Solarkonstanten angegeben werden. Allerdings kann man davon ausgehen, daß alle mitgeteilten Werte innerhalb eines Unsicherheitsbereiches von 0,5 % liegen. Genau berechenbare Änderungen des Betrages der Solarkonstanten erfolgen bei wechselndem Abstand Sonne-Erde im Laufe des Jahres ($\pm 3{,}3$ %). Ebenfalls berechenbar sind die langfristigen *Änderungen der Erdbahnparameter*, die mit Schwankungen der Einstrahlung bzw. Variationen der Verteilung der Strahlung an der Erdoberfläche verbunden sind. Das sind die Parameter, die Milankovich (1941) im Rahmen seiner astronomischen Theorie der Klimaschwankungen berechnet hat. Dabei handelt es sich um die Schwankungen der ersten numerischen *Exzentrizität* der Erdumlaufbahn (Periode 110 000 Jahre), der *Neigung der Erdachse* zwischen 22 und 24,5° (Periode 18 800 Jahre) und des *Datums von Perihel und Aphel* (Periode 23 000 Jahre). Diese langperiodischen Schwankungen spielen eine nicht unbedeutende Rolle bei der Aufrechterhaltung des Wechsels von Kalt- und Warmzeiten innerhalb von Eiszeitaltern (s. Kap. 4).

Die Frage, ob und in welchem Umfang kürzerperiodische Klimaschwankungen durch Variationen der Solarstrahlung hervorgerufen oder beeinflußt werden, kann gegenwärtig nicht abschließend beantwortet werden. Man kann davon ausgehen, daß Schwankungen der Solarkonstanten mit Veränderungen der *Solaraktivität* verbunden sind. In Form von Beobachtungen der *Sonnenflecken* liegen Informationen über die Solaraktivität schon seit dem 16. Jahrhundert vor, wenngleich wie bei anderen Elementen die älteren vorhandenen Daten nur mit gewissen Einschränkungen interpretiert werden können.

Hinsichtlich der klimatischen Bedeutung der solar-terrestrischen Variabilität und weiterer damit verbundener Prozesse kann auf Schönwiese et al. (1990b), Schröder und Legrand (1992) und Nesme-Ribes (1994) verwiesen werden. Versuche, eine Beziehung zwischen der mittleren Solarkonstanten und den Sonnenfleckenrelativzahlen aufzustellen, gelangen bisher nicht eindeutig. Die Sonnenfleckenrelativzahlen (R) werden nach der Beziehung

$$R = 10\,g + f \tag{3.1}$$

bestimmt, wobei g die Anzahl der Fleckengruppen und f die Anzahl der Einzelflecken ist. Den vieljährigen Verlauf der R-Werte zeigt die Abb. 3.2. Man erkennt die bekannte quasi-elfjährige Periode, der allerdings weitere Schwingungen überlagert sind. Viele Arbeiten wurden dem Problem des Zusammenhanges zwischen Solaraktivität, ausgedrückt durch die R-Zahlen, und Klimaabläufen gewidmet. Die meisten der erzielten Ergebnisse erwiesen sich jedoch nicht als tragfähig im Hinblick auf die Bestimmung des solaren Einflusses auf das Klima. Ein methodisch neuartiges Herangehen dokumentiert Abb. 3.3 nach Stellmacher und Mende (1992). Dargestellt sind die Variationen der Periode der Sonnenfleckenzyklen ("Sonnenmelodie"). Wie zu sehen ist, korreliert der zeitliche Verlauf dieser Größe gut mit den Anomalien der mittleren nordhemisphärischen Lufttemperatur in dem Sinne, daß große Zykluslängen negativen Temperaturanomalien und kleine positiven Temperaturanomalien entsprechen. Sofia und Fox (1994) kommen in ihrer Untersuchung zu dem Ergebnis, daß die Sonnendurchmesserschwankungen wahrscheinlich mit der Abstrahlung korreliert sind. Schönwiese et al. (1994) finden, daß die solaren Effekte auf das Klima in den letzten ca. 100 Jahren mit einem Temperatureffekt von 0,2 - 0,3 K im globalen Mittel als eher gering anzusehen sind.

3.1.3 Untersystem Atmosphäre

3.1.3.1 Zusammensetzung der Atmosphäre

Während die Zusammensetzung der Atmosphäre hinsichtlich der Hauptkomponenten (vgl. Tab. 1.1) als konstant angesehen werden kann, vollziehen sich gegenwärtig in der Konzentration der *strahlungsaktiven Spurengase* starke Veränderungen. Diese ≥ 3atomigen Gase bewirken zusammen mit dem Wasserdampf den Treibhauseffekt (s. Abschnitt 2.1.2), der für das gegenwärtige Klima im störungsfreien Fall mit 30 ± 5 K anzusetzen ist.

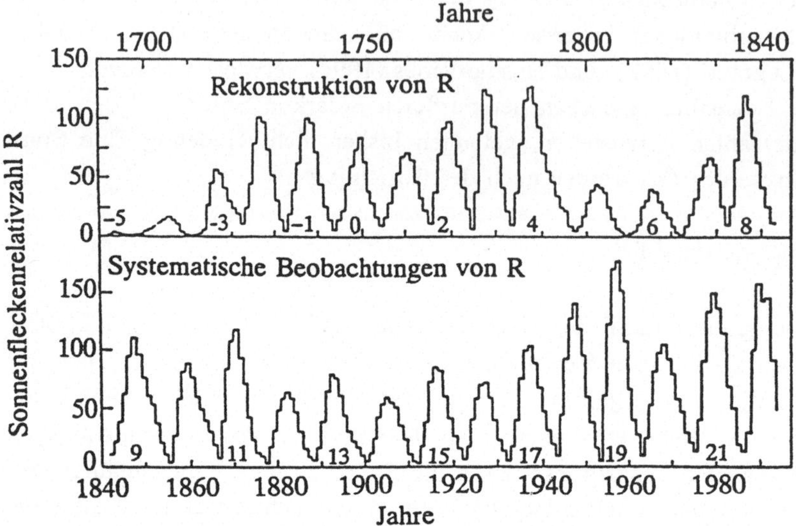

Abbildung 3.2: Vieljähriger Verlauf der Sonnenfleckenrelativzahlen R, nach Lauter (1984), ergänzt bis 1993

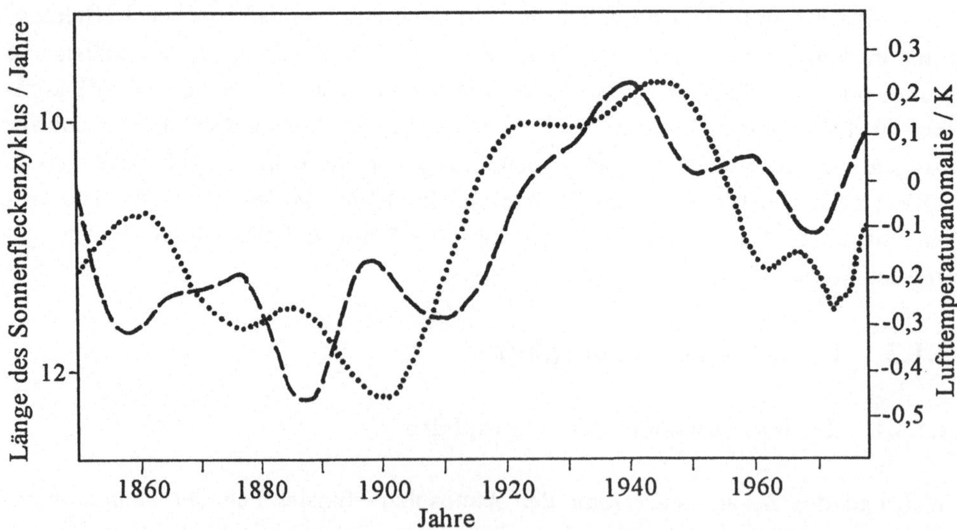

Abbildung 3.3: Geglätteter Verlauf der Länge des Sonnenfleckenzyklus und der nordhemisphärischen mittleren Lufttemperaturanomalien zwischen 1851 und 1977, nach Stellmacher und Mende (1992). Dicke Linie = Lufttemperaturanomalie, dünne Linie = Länge des Sonnenfleckenzyklus

Die anthropogene Zunahme dieser Spurengase verursacht eine Verstärkung des natürlichen Treibhauseffektes (*anthropogener* oder *zusätzlicher Treibhauseffekt*).

Es gibt eine große Anzahl (> 80) in minimalen Konzentrationen vorkommender Spurengase in der Atmosphäre, die im langwelligen Strahlungsbereich absorbieren und emittieren. Nur fünf dieser Bestandteile der Atmosphäre bewirken allein etwa 98 % des natürlichen Treibhauseffektes. Dabei handelt es sich um den Wasserdampf (ca. 21 K Beitrag zum natürlichen Treibhauseffekt), das Kohlendioxid (ca. 7 K), das Methan (ca. 1 K), das Distickstoffoxid (ca. 1,5 K) und das troposphärische Ozon (ca. 2,4 K). Ein Rest wird durch eine Anzahl weiterer Gase in der Atmosphäre bewirkt, zu dieser gehören auch die Fluorchlorkohlenwasserstoffe (FCKW), die besonders durch ihre zerstörende Wirkung auf das stratosphärische Ozon bekanntgeworden sind. Die genannten Gase sind gegenwärtig infolge anthropogener Emissionen in einem beträchtlichen Anstieg ihrer Konzentration begriffen (IPCC 1994). Sie besitzen in Abhängigkeit von ihrer molekularen Struktur ein unterschiedliches Potential ihres Beitrages zum Treibhauseffekt, d.h., es gibt zwischen Konzentration und diesem Beitrag keine lineare Beziehung (s. Tab. 3.2). Das wichtigste und bekannteste Spurengas dieser Art ist das Kohlendioxid (CO_2). Die am Observatorium Mauna Loa (Hawaii) gemessenen Konzentrationen gelten als charakteristische globale Werte.

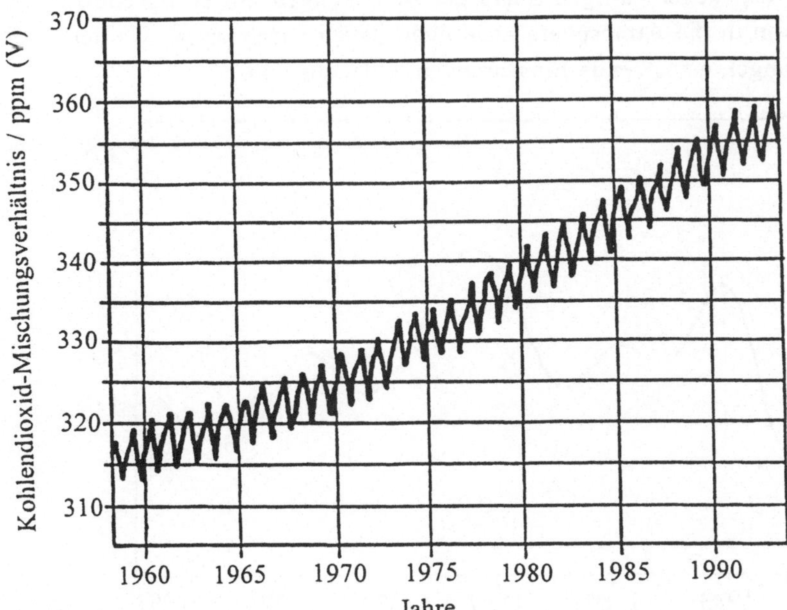

Abbildung 3.4: Monatliche mittlere CO_2-Gehalte der Luft in ppm (V), Mauna Loa, Hawaii, 1958-1993

In Abb. 3.4 sind die Meßergebnisse seit Aufnahme dieser Messungen im Jahre 1958 dargestellt. Der ausgeprägte Jahresgang ist der Wechselwirkung des CO_2 mit der Vegetation zuzuschreiben.

Die Vegetation nimmt dieses Gas bei der Photosynthese auf und gibt es bei der Respiration ab, weiterhin wirkt sich der Jahresgang der Temperatur aus. Die Amplitude, die eine deutliche Tendenz zur Zunahme zeigt, beträgt gegenwärtig 6-7 ppm (V).

Man erkennt auf der Abbildung einen andauernden Anstieg der Konzentration, die 1995 im Mittel zu etwa 360 ppm (V) anzusetzen ist. Allerdings ist der Anstieg nicht stetig. Die Schwankungen der globalen Wachstumsrate seit 1981 zeigt Abb. 3.5. In diesem Zeitraum ist zwar eine ständige Zunahme des CO_2-Gehaltes zu verzeichnen gewesen, diese hat aber zwischen 0,3 und 2,6 ppm(V)$\cdot$a^{-1} geschwankt. Es kann angenommen werden, daß Änderungen der anthropogenen Emissionen dafür nicht ausschlaggebend waren, denn das Isotopenverhältnis $^{13}C/^{12}C$, das von dem fossilen Kohlenstoff beeinflußt wird, hat sich nicht verändert. Daher ist die Ursache in Schwankungen der Flüsse im biogeochemischen Kreislauf des Kohlenstoffes zu suchen. Das betrifft die Aufnahme von CO_2 durch Pflanzen, Böden und den Ozean. Es sind keine Vorgänge in der Natur bekannt, die die Wachstumsrate bei gleichbleibenden anthropogenen Emissionen dauerhaft senken könnten. Nach dem gegenwärtigen Stand der Bemühungen um eine Reduzierung der CO_2-Emission in die Atmosphäre kann nicht davon ausgegangen werden, daß diese Schwankungen einsetzende Einsparungen widerspiegeln.

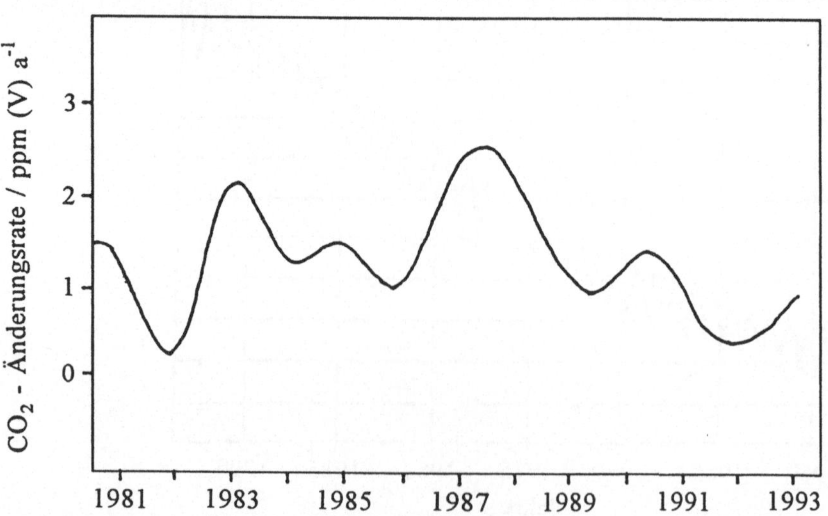

Abbildung 3.5: Wachstumsrate des CO_2-Gehaltes der Luft in ppm (V)$\cdot$a^{-1}, Mauna Loa, Hawaii, ab 1981, nach Tans und Conway (1994)

Tabelle 3.2: Eigenschaften einer Auswahl klimawirksamer atmosphärischer Spurengase (aus verschiedenen Quellen zusammengestellt)

Gas	Mischungs-verhältnis ($\approx$ 1995) ppm(V)	Tendenz %/Jahr	Abklingzeit Jahre	Treibhaus-potential, bezogen auf CO_2 *)
Kohlen-dioxid CO_2	360	$\approx$ 0,5 schwankend	120	1
Methan CH_4	1,75	0,7 schwankend	11	25-30
Distickstoff-oxid N_2O	0,32	0,25	150	200
troposph. Ozon O_3	0,03 räuml. variabel	1 unterschiedlich	0,1-0,3	< 2 000
FCKW 12 CCl_2F_2	0,000484	4	130	7 300
FCKW 11 CCl_3F	0,000280	4	65	3 500
Halon 1301 $CBrF_3$	0,000002	15	110	5 800

*) Das Treibhauspotential ist bezogen auf die gleiche Masse CO_2 (kg), integriert über einen Zeitraum von 100 Jahren

Der Anstieg der globalen CO_2-Konzentration setzte mit dem Beginn der Industrialisierung in der ersten Hälfte des 19. Jahrhunderts ein, wobei die Zuwachsraten besonders nach dem 2. Weltkrieg stark zunahmen.

Die gegenwärtige mittlere Zunahme des CO_2-Gehaltes der Atmosphäre von etwa 1,6 ppm $(V) \cdot a^{-1}$ entspricht einer Zunahme des Kohlenstoffgehaltes von 3,4 Gt $C \cdot a^{-1}$. Zahlen zur Entwicklung des Kohlenstoffkreislaufes enthält Tab. 3.3.

Die Zunahme in der Atmosphäre ist somit kleiner als die Kohlenstoffemission aus fossilen Energieträgern, die zur Zeit bei ca. 5 $\pm$ 0,5 Gt $C \cdot a^{-1}$ liegt, zuzüglich der CO_2-Freisetzung aus Landoberflächenprozessen (insbesondere Brandrodung tropischer Regenwälder), die mit ca. 2 $\pm$ 1,0 Gt $C \cdot a^{-1}$ angenommen wird.

Die Differenz spiegelt das Selbstregulationsvermögen des globalen Kohlenstoffkreislaufes wider. Dieser ist mit neueren Zahlen in Abb. 3.6 enthalten.

Die Biosphäre scheint ein Gegenspieler bezüglich der anthropogenen Verstärkung des Treibhauseffektes zu sein, indem sie als eine Senke fungiert. Die prinzipiellen Ursachen der festgestellten Zunahme des CO_2/O_2-Verhältnisses in der Atmosphäre liegen in den biologischen Prozessen, die Kohlendioxid aus der Atmosphäre aufneh-

Tabelle 3.3: Zahlen zum Kohlenstoffkreislauf (Stand 1994), nach Alexiou (1994)

Reservoir	Prozeß/Zustand	Mischungs-verhältnis ppm (V)	Speicherung, Eintrag Gt	Änderungs-rate $Gt \cdot a^{-1}$
Atmosphäre	Präindustrieller Kohlen-dioxid-Gehalt	280		
	Präindustrieller Kohlen-stoff		600	
	Anthropogener Kohlen-stoffeintrag 1860-1989		345	
	Kohlenstoffakkumulation 1860-1989		138	
	Kohlendioxid-Gehalt 1990 Mauna Loa	358		
	Kohlenstoff 1990		765	3,4
Ozean	Präindustrieller Kohlenstoff		39 700	
	Kohlenstoff 1990		39 820	2,0
Festlands-oberfläche	Kohlenstoff Land-biomasse u. Böden vor 1860		2 170	
	1990		2 050	~ 0

men und während der Photosynthese Sauerstoff freigeben. Beziehungen dieser Art haben zu der in den siebziger Jahren von Lovelock aufgestellten *Gaja-Hypothese* geführt. Sie besagt, daß die Umweltprozesse an der Erdoberfläche und auch die Atmosphäre durch biologische Aktivitäten im Sinne eines Rückkoppelungsmechanismus kontrolliert und reguliert werden (Lovelock 1979, 1991). Ein vielzitiertes einfaches Beispiel für diese Hypothese betrifft die stabile "Gänseblümchenwelt" (*daisy world*), deren Klima nur durch die Temperatur und die Albedo dieser Vegetation bestimmt wird. Das Pflanzenwachstum ist eine Funktion der Temperatur, wie sie aus Beobachtungen hergeleitet werden kann. Das Modell erlaubt die Reproduktion des Verhaltens einer pflanzenfreien Welt oder Welten, die mit weißen, schwarzen oder beiden Arten von Gänseblümchen bedeckt sind. Die jeweilige Albedo erweist sich als eine wichtige Größe. Dadurch erfolgt eine Beeinflussung der globalen Mitteltemperatur. Bei Änderung der äußeren Einflußgrößen auf das Klima (so der Sonnenstrahlung) reagiert die Vegetation innerhalb gewisser Grenzen so, daß das Klima stabil bleibt (s. auch Henderson-Sellers und McGuffie 1987).

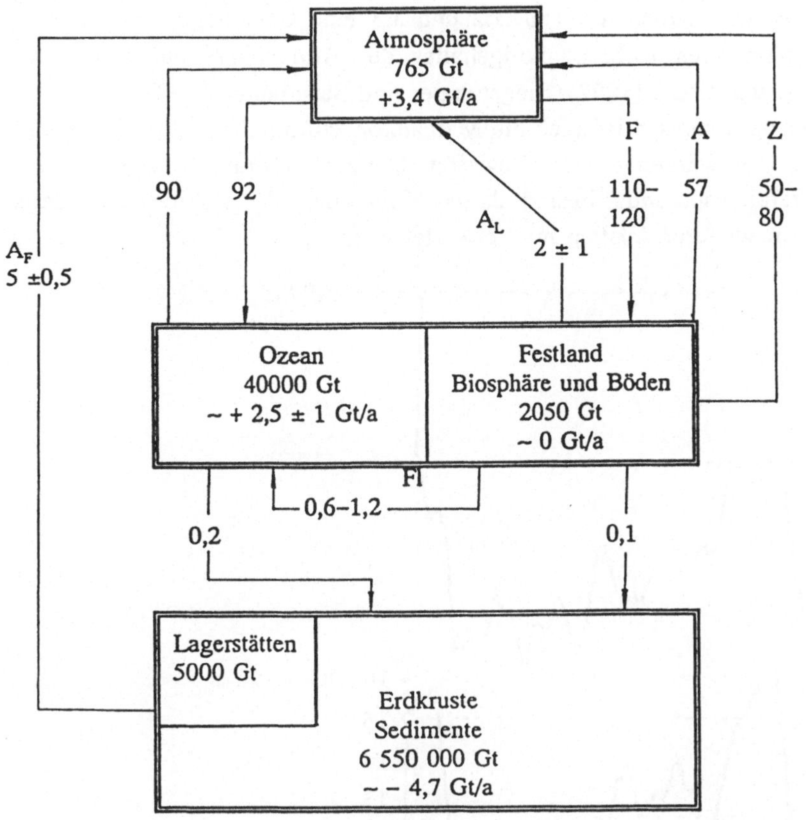

Abbildung 3.6: Kohlenstoff-Kreislauf, nach verschiedenen Autoren zusammengestellt. A_F = anthropogener Eingriff in den Kohlenstoffkreislauf durch Gebrauch fossiler Brennstoffe, A_L = anthropogener Kohlenstofffluß infolge Veränderungen der Landnutzung, Fl = Kohlenstofftransport durch Flüsse, F= Photosynthese, A= Atmung, Z= Zersetzung organischen Materials an der Erdoberfläche. Flüsse in Gt $C \cdot a^{-1}$

Der CO_2-Gehalt der Atmosphäre ist in der Vergangenheit mit den Klimaschwankungen in dem Sinn verbunden gewesen, daß warme Klimaabschnitte mit einem erhöhten und kalte Perioden meist mit einem erniedrigten CO_2-Gehalt einhergingen. Dieser Zusammenhang muß jedoch unter Berücksichtigung der Genauigkeit der Reproduktion dieser Größen gesehen werden. Weiterhin ist zu beachten, daß sich der CO_2-Gehalt im Laufe der Evolution (s. Kap. 1) stark erniedrigt hat (Kap. 1) und erst während des Mesozoikums Werte erreichte, die den heutigen vergleichbar sind (s. Abb. 1.1). Der Zusammenhang zwischen den langfristigen Temperaturänderungen in der Erdvergangenheit und den sich ändernden CO_2-Mischungsverhältnissen kann aus den Kurven in Abb. 3.7 ersehen werden.

Weiterhin bilden die Zahlen der Tab. 3.2 und 3.3 eine Grundlage, um die Auswirkung des steigenden Kohlendioxidgehaltes der Atmosphäre auf das Klima abzuschätzen, s. u.a. IPCC (1992), Siegenthaler und Sarmiento (1993).

Neben anderen Spurengasen ist auch die Methankonzentration der Atmosphäre (s. Abb. 3.8 und 3.9) in starkem Anstieg begriffen. Die Zuwachsrate dieses Gases, das ein höheres Treibhauspotential besitzt als das Kohlendioxid, ist dem dieses Gases vergleichbar, ein weiterer Anstieg muß erwartet werden.

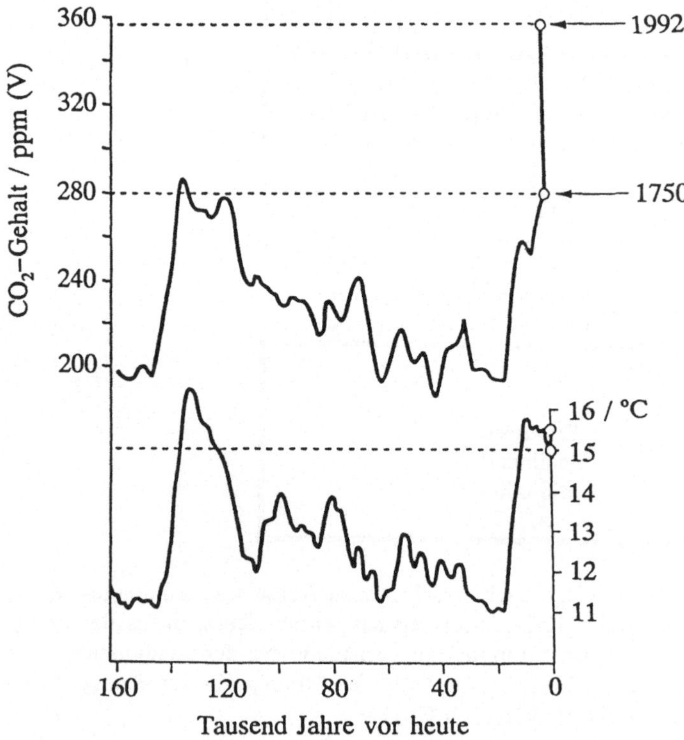

Abbildung 3.7: Der CO_2-Gehalt der Atmosphäre (oben) und der globale Lufttemperaturverlauf (unten) nach Daten des Eisbohrkerns der Antarktisstation Vostok. Die Temperaturbestimmung erfolgte mit der Deuteriummethode, nach Gassmann (1992)

Es gibt zahlreiche natürliche Methan-Quellen, die durch den Menschen verstärkt werden (Naßreisanbau, Wiederkäuerhaltung u.a.).

An den Abbauvorgängen dieses Gases in der Atmosphäre sind vor allem OH-Radikale beteiligt (s. Tab. 3.11). Als Folgeprodukte entstehen mit Kohlendioxid, Wasserdampf und Ozon wiederum Treibhausgase (indirekte Methan-Effekte). CH_4-induzierter Wasserdampf kommt in der Stratosphäre vor, wo polare stratosphärische Wolken nicht nur den Treibhauseffekt verstärken, sondern auch in die dortigen Ozon-

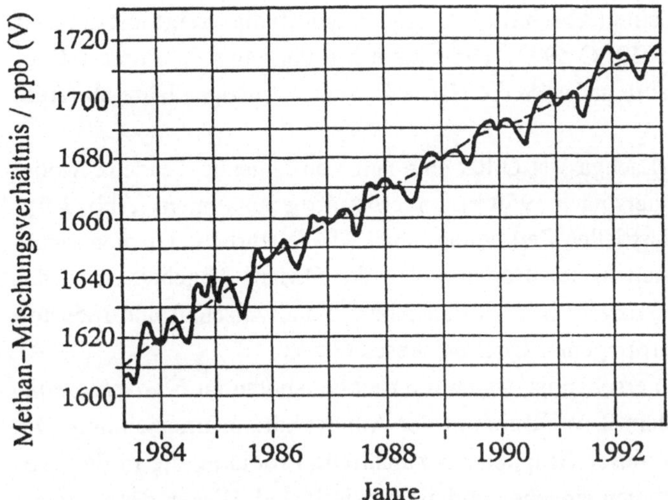

Abbildung 3.8: Global gemittelte zweiwöchig gemessene Methan-Mischungsverhältnisse in ppb (V), nach Ergebnissen des Meßnetzes der NOAA/CMDL Kohlenstoffkreislaufgruppe. Die gestrichelte Linie zeigt die Entwicklung nach Eliminierung des Jahresganges.
ppb (V) = 1 Teil auf 10^9 Teile, auf das Volumen bezogen

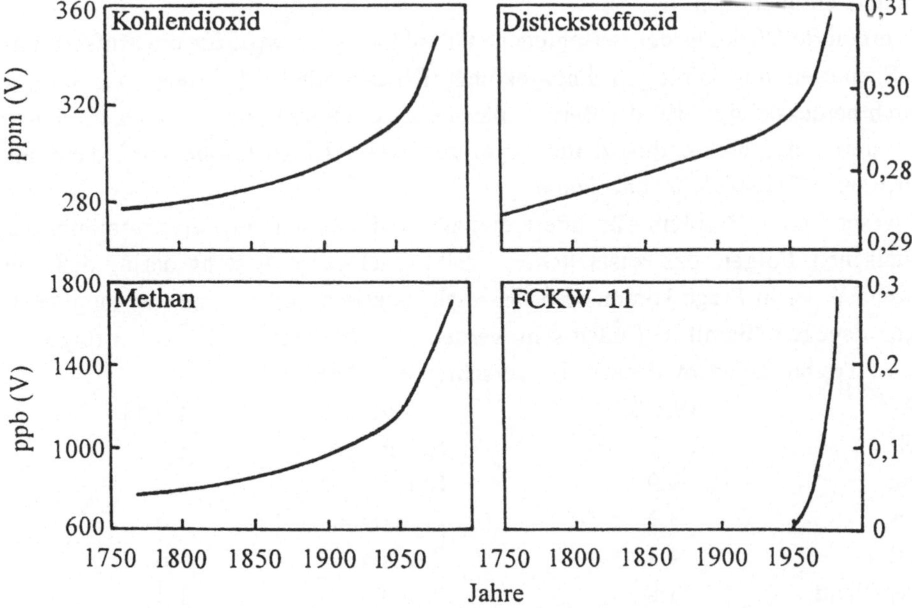

Abbildung 3.9: Veränderungen der Mischungsverhältnisse von Kohlendioxid, Methan, Distickstoffoxid und Fluorkohlenwasserstoff 11 seit 1750, nach IPCC (1990)

abbauprozesse einbezogen sind (Abschnitt 3.1.3.2). Auch Methan zeigt mit der Zeit schwankende Zuwachsraten (IPCC 1992). Die Rate nahm von etwa 0,02 ppm (V)·a^{-1} gegen Ende der siebziger Jahre auf etwa die Hälfte Ende der achtziger Jahre ab (Abb. 3.8).

Auch das Distickstoffoxid (Lachgas) N_2O hat eine lange ansteigende Tendenz, wobei die Wachstumsraten besonders nach 1950 besonders kräftig zunahmen (Abb. 3.9). Der Anstieg seit der vorindustriellen Zeit beträgt etwa 9 %. Natürliche Quellen dieses Gases sind Mikroorganismen in den Böden sowie der Ozean. Abgebaut wird das Gas durch photochemische Prozesse in der Stratosphäre. Landwirtschaft und Industrie sind die wesentlichen anthropogenen Quellen dieses Gases.

Wie aus Abb. 3.9 weiter zu ersehen ist, traten die treibhauspotenten *Fluorchlorkohlenwasserstoffe* erst nach dem 2. Weltkrieg in der Atmosphäre in Erscheinung. Die zahlreichen Verbindungen dieser Gruppe sind künstliche Produkte, die in der Troposphäre keinerlei Verbindungen eingehen und nichttoxisch sind. Wegen der Kenntnis der Zerstörung der stratosphärischen Ozonschicht (Abschnitt 3.1.3.2) lag die weltweite Anwendung der FCKW 11, 12 und 113 schon zu Beginn der neunziger Jahre unter 40 % des Niveaus von 1986, d.h. unter den gemäß des Montrealer Protokolls von 1987 genehmigten Mengen. Diese Entwicklung verdeutlicht, daß die Rolle dieser Gruppe für die Verstärkung des Treibhauseffektes im Laufe der Zeit abnehmen wird. Wegen seiner besonderen Bedeutung wird auf das *Ozon* im Abschnitt 3.1.3.2 gesondert eingegangen.

Die vereinigte Wirkung der verschiedenen Treibhausgase wird für die Aufstellung von Szenarien der künftigen Entwicklung, Klimamodellrechnungen u.a. häufig dadurch berücksichtigt, daß der Beitrag aller Gase so umgerechnet wird, als ob dieser allein durch das Kohlendioxid hervorgerufen wäre. Diese Größe wird dann als *äquivalenter CO$_2$-Gehalt* bezeichnet.

Ein wesentliches Problem für internationale Maßnahmen zur Eindämmung der klimatischen Folgen des zusätzlichen Treibhauseffektes besteht darin, daß die Emissionen der in Frage kommenden Gase sehr ungleich verteilt sind, die möglichen Folgen dagegen überall zu finden sein werden. Für das Jahr 1991 wurden folgende relative Treibhausgasemissionen der verschiedenen Länder bekannt:

USA	19,1 %	Indonesien	1,9 %
GUS	13,6	Italien	1,7
China	9,9	Irak	1,7
Japan	5,1	Frankreich	1,6
Brasilien	4,3	Kanada	1,6
Deutschland	3,8	Mexiko	1,4
Indien	3,7	Polen	1,2
Großbritannien	2,4		

Tabelle 3.4: Anthropogene Ursachen für den Konzentrationsanstieg der Treibhausgase, nach Enquetekommission des Deutschen Bundestages (1992) aus Heinloth (1993)

Ursache	Anteile	Aufteilung auf die Spurengase	Ursachen
Energiewirtschaft einschließlich Verkehr, Industrie	50 %	40 % CO_2 10 % CH_4 und O_3 (O_3 wird u.a. durch die Vorläufersubstanzen NO_x und CO gebildet)	Nutzung fossiler Energieträger Kohle, Erdöl und Erdgas in allen Bereichen der Wirtschaft sowie in den Haushalten
Chemische Produkte (FCKW, Halone u.a.)	20 %	20 % FCKW, Halone u.a.	Emissionen der FCKW, Halone u.a.
Vernichtung der tropischen Regenwälder	15 %	10 % CO_2 5 % andere Spurengase, insbes. N_2O, CH_4 und CO	Emissionen durch Verbrennung und Verrottung tropischer Wälder einschließlich verstärkter Emissionen aus dem Boden
Landwirtschaft und andere Bereiche (Mülldeponien u.a.)	15 %	15 % in erster Linie CH_4, N_2O und CO_2	Emissionen aufgrund von: - anaeroben Umsetzungprozessen (CH_4 durch Rinderhaltung, Reisanbau u.a.) - Düngung (N_2O) - Mülldeponien (CH_4) - Zementherstellung (CO_2) u.a.

Die mittlere globale Pro Kopf-Emission betrug im Jahr 1990 4,2 t CO_2. Nach dem Jahresbericht 1993 des Umweltbundesamtes (UBA 1994) ist ein weiterer Anstieg des CO_2-Ausstoßes in den Industrieländern bis zum Jahr 2005 um 25 % und in den Entwicklungsländern sogar um 115 % wahrscheinlich. In Deutschland selbst war die Tendenz in den letzten Jahren rückläufig. Bei einer Konstanz der Emission in Westdeutschland betrug die infolge des drastischen Rückganges der Industrieproduktion eingetretene Reduzierung in Ostdeutschland 49 %. Anfang 1995 wurde von wieder wachsenden Emissionswerten berichtet.

Eine stark zunehmende Bedeutung für die Anreicherung der Atmosphäre mit klimawirksamen Spurenstoffen spielt der Flugverkehr (Schumann 1995).

Bei einer Verdoppelung des CO_2-Gehaltes der Atmosphäre oder des die anderen Treibhausgase berücksichtigenden Äquivalentes ergäbe sich im Tropopausenniveau eine Erhöhung der Strahlungsbilanz um 4,3 $W \cdot m^{-2}$. Diese zusätzliche Energiezufuhr entspricht einer Temperaturerhöhung um 1,2 K. Bei Berücksichtigung der vielfältigen Rückkoppelungsmechanismen (Temperaturabhängigkeit des Wasserdampfgehaltes als des wirksamsten Treibhausgases, Rückwirkungen auf Menge und Art der Wolken u.a.) fällt jedoch die real zu erwartende Erwärmung um den Faktor 2 bis 4 höher aus.

3.1.3.2 Zum Ozonproblem

Ozon ist ein dreiatomiges toxisches Gas, dessen lebenswichtige Funktion in der Stratosphäre darin besteht, daß es Solarstrahlung der Wellenlängen $\leq$ 0,3 µm absorbiert. Zur Beurteilung der Ozonentwicklung als einem der gravierendsten globalen Umweltprobleme ist zwischen dem Anteil in der Stratosphäre (Ozonschicht in 15 bis > 30 km Höhe) und dem in der Troposphäre zu unterscheiden. Während das stratosphärische Ozon eine Tendenz zur Abnahme (im Extremfall bis zum Auftreten eines "Ozonloches") zeigt, unterliegt das treibhauswirksame troposphärische Ozon infolge anthropogener Einflüsse auf der Nordhalbkugel einer tendenziellen Zunahme. Abb. 3.10 zeigt den vertikalen Verlauf des Ozonmischungsverhältnisses und des Ozonpartialdruckes nach Messungen in Mitteleuropa (Meteorologisches Observatorium Lindenberg) im Zeitraum 1988 bis 1992. Das Maximum des Partialdruckes liegt in ca. 21 km Höhe, das des Mischungsverhältnisses dagegen wesentlich höher.

Hinsichtlich des *stratosphärischen Ozons*, das im ungestörten Fall ein Konzentrationsmaximum in Höhen zwischen 16 und 25 km zeigt, wurde 1985 bekannt, daß der Ozongehalt im antarktischen Frühjahr einer vorübergehenden starken Abnahme unterworfen ist. Damit wurde nach Ort und Intensität der Erscheinung klar, daß infolge der anthropogenen Emission bestimmter Gase die UV-Filterfunktion des oberen Ozons gefährdet ist.

Das Ozon wird in einem atmosphärischen Kreislauf ständig neu gebildet und zerstört (Fabian 1992). Durch die Einwirkung kurzwelliger UV-C-Strahlung werden Sauerstoffmoleküle in atomaren Sauerstoff zerlegt. Diese lagern sich bei Anwesenheit eines Neutralgases M (so N_2) an Sauerstoffmoleküle an und bilden so Ozon:

$$O_2 \xrightarrow{h\nu} O + O \qquad\qquad \text{bei}\ \ \lambda \leq 0,24\ \mu m\,.$$

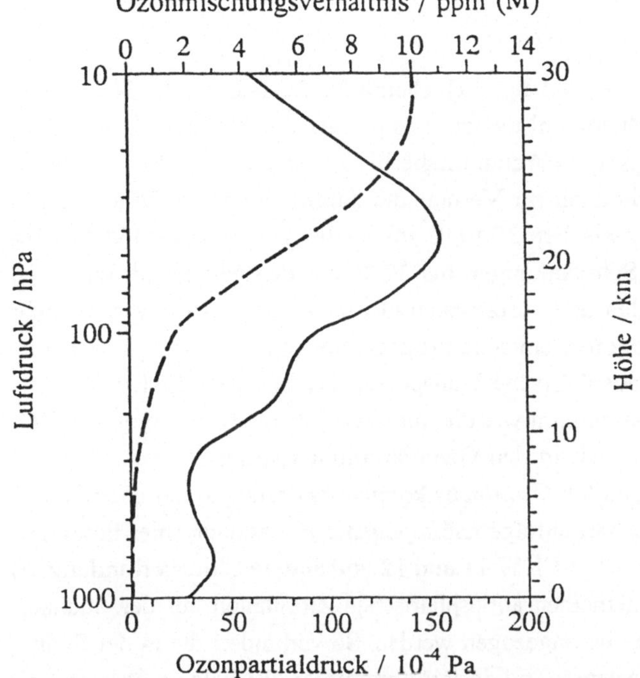

Abbildung 3.10: Höhenänderung des Ozonmischungsverhältnisses (----) und des Ozonpartialdruckes (——) in Lindenberg (Meteorologisches Observatorium des Deutschen Wetterdienstes) für den Zeitraum 1988 bis 1992, unter Verwendung von Daten aus Günther (1994). 1 ppm (M) = 1 Teil auf 10^6 Teile, auf die Masse bezogen

$$O_2 + O + M \rightarrow O_3 + M.$$

Die Nettobeziehung berücksichtigt, daß die Stoßreaktion doppelt, die Spaltreaktion dagegen einfach verläuft:

$$3 O_2 \xrightarrow{h\nu} 2 O_3.$$

Das Gas wird unter dem Einfluß der längerwelligen UV-B-Strahlung wieder gespalten:

$$O_3 \xrightarrow{h\nu} O + O_2.$$

Mit der Stoßreaktion

$$O_3 + O \rightarrow O_2 + O_2$$

ergibt sich netto

$$2O_3 \xrightarrow{h\nu} 3O_2.$$

In geringerem Umfang erfolgt der Abbau durch chemische Reaktionen. Im Normalfall variiert der Gesamtozongehalt sowohl mit der geographischen Breite von etwa 260 DU (Dobson-Einheit, s. Glossar) in Äquatornähe bis zu etwa 380 DU in mittleren und subtropischen Breiten als auch im Verlauf der Jahreszeiten. In Mitteleuropa werden im ungestörten Fall zwischen 300 DU im Herbst bis zu etwa 440 DU im Frühling beobachtet, wobei Schwankungen bis 20 % um den Mittelwert auftreten können. Die mittleren vertikalen und horizontalen Ozonkonzentrationen werden nicht nur durch Einstrahlung und photochemische Prozesse bestimmt, sondern in erheblichem Umfang auch durch atmosphärische Transportvorgänge. Spezielle Erscheinungen der atmosphärischen Zirkulalation wie die quasizweijährige Schwingung (QBO, s. Abschnitt 2.1.6.1) spiegeln sich in den Ozonvariationen wider.

Für das Entstehen des sogenannten *Ozonlochs* können Änderungen der chemischen Zusammensetzung der Atmosphäre infolge anthropogener Emissionen (hier besonders die Fluorchlorkohlenwasserstoffe FCKW 11 und 12 und andere Chlorverbindungen) sowie Besonderheiten der allgemeinen atmosphärischen Zirkulation auf der Südhalbkugel im Winter zur Erklärung herangezogen werden. So verhindert die in der Südhemisphäre besonders starke Ausprägung des zirkumpolaren Wirbels im Winter (mit Temperaturen $< -80\ ^\circ$C) den seitlichen Austausch von Luftmassen zwischen dem Wirbelinneren und den benachbarten Regionen. Infolge dieser Abschirmung des meridionalen Großaustausches spielt der mächtige zirkumpolare Wirbel die Rolle eines Reaktionsgefäßes, in dem die chemischen Prozesse des Ozonabbaus stattfinden können. Normale Zirkulationsverhältnisse stellen sich nach dem Ende der Polarnacht wieder ein. Zwischen der Süd- und der Nordhemisphäre bestehen dabei gravierende Unterschiede. So ist der nördliche zirkumpolare Wirbel in den betreffenden Höhen nicht nur schwächer ausgebildet, sondern um 10 bis 15 K wärmer (vgl. Abschnitt 2.1.6, Fabian 1992).

Auf die stratosphärischen Ozonverhältnisse wirken die hochreichenden Vulkaneruptionen durch Einbringung von Chlorverbindungen ein. Die chemischen Abläufe in der Stratosphäre werden auch durch die solare Teilchenstrahlung beeinflußt.

Chemisch gesehen ist der weltweit nachgewiesene Rückgang des stratosphärischen Ozons eindeutig auf zusätzliche katalytische Abbauprozesse zurückzuführen. Der Rückgang der Ozonschicht über Antarktika wird gewöhnlich im frühen September nach dem Ende der Polarnacht beobachtet. Es beginnen photochemische Prozesse abzulaufen, innerhalb derer Chlorionen primär photolytisch aus FCKW-Molekülen erzeugt werden. Anhaltend niedrige Temperaturen führen zur Bildung polarer stratosphärischer Eiswolken, die durch Dehydration und Denitrifikation die Ozonzerstörung begünstigen. Die chlorhaltigen Spurengase, insbesondere FCKW, werden durch Reaktionen an Eis- und Salpetersäure-Eisteilchen aktiviert. Das hat zur Folge, daß bei wiederbeginnender Sonneneinstrahlung der Ozonabbau einsetzen kann (Sonnemann 1992). In vereinfachter Form kann dieser stratosphärische Ozonabbau zunächst durch die Chlorfreisetzung durch Photolyse der anthropogenen FCKW beschrieben werden:

$$CFCl_3 \;\overset{h\nu}{\rightarrow}\; Cl\bullet + CFCl_2.$$

Mit den Radikalen $Cl\bullet$ und $ClO\bullet$ erfolgt der katalytische Reaktionsablauf:

$$Cl\bullet + O_3 \;\rightarrow\; ClO\bullet + O_2,$$
$$ClO\bullet + O \;\rightarrow\; Cl\bullet + O_2,$$

so daß netto

$$O_3 + O \;\overset{h\nu}{\rightarrow}\; O_2 + O_2$$

folgt.

Die Chlorkonzentration scheint über den Polarregionen ähnlich zu sein. Nach der fortschreitenden Erwärmung durch die Sonne verliert der Polarwirbel an Intensität, was die Advektion ozonreicherer und wärmerer Luft fördert und die ozonzerstörenden Reaktionen beendet. Wenn sich auch die Konzentrationszunahme der FCKW 11 und 12 verringert, ist sie mit etwa $2\ \%\ a^{-1}$ gegenwärtig immer noch hoch.

Die aktuelle Entwicklung verläuft durchaus dramatisch. Die stratosphärischen Ozonwerte über Antarktika im Herbst 1995 waren die niedrigsten seit Aufnahme der Satellitenmessungen dieses Gases (s. WMO Ozon-Report 1994). Werte des Gesamtozons unter 100 DU wurden über einer sehr großen Region (etwa 25 Mill. Quadratkilometer) über und um den antarktischen Kontinent beobachtet (dagegen betrug das Oktobermittel 1977 etwa 300 DU). Das "Ozonloch" entwickelte sich früher und schneller als je zuvor, und es bestand länger. In den Höhen zwischen 12 und 20 km war so gut wie kein Ozon vorhanden.

Von dieser Entwicklung blieb auch die Nordhemisphäre nicht verschont. So ergaben Messungen während des Winters und des Frühjahrs 1993 gegenüber den Normalwerten um 9-20 % erniedrigte Gesamtozonwerte. Über Teilen des europäischen Kontinents verringerte sich der Ozongehalt auf 200 bis 220 DU. Minimalwerte des Gesamtozons über 45 bis 65° N stellten sich während des Winters 1992/93 ein. Damit setzte sich die schon 1992 eingeleitete Entwicklung fort. Eine Anzahl von Tagen mit sehr niedrigem Ozongehalt kann aus Zirkulationsbesonderheiten erklärt werden. Die Winter 1991/92 und 1992/93 waren über Europa durch eine relativ kalte niedrige

Stratosphäre und einen intensiven horizontalen und vertikalen Transport von ozon-
armer Luft aus den subtropischen Regionen charakterisiert. Im Frühjahr 1993 wurde
eine erhebliche Reduktion der Ozonkonzentration in den mittleren Breiten der
Nordhemisphäre beobachtet. Dazu haben auch Aerosole vom Mt. Pinatubo beigetra-
gen, wenngleich ihr Einfluß als relativ gering zu veranschlagen ist. Ein Jahr später,
im Frühjahr 1994, wurde vor allem in Sibirien sowie in West- und Mitteleuropa der
stärkste Ozonrückgang beobachtet. Insgesamt ist im Norden wegen der Zirkulations-
und Temperaturverhältnisse nicht mit einem so dramatischen Ozonrückgang wie im
Südpolargebiet zu rechnen. Die Ozonmessungen über Europa im Spätwinter 1996
ergaben allerdings bis über 20 % unter den Mittelwerten der Vorjahre liegende
Beträge, was den Tiefststand zu Beginn der Jahre 1993 und 1995 noch unterbietet.
Global zeigt der Gesamtozongehalt überall mit Ausnahme der Tropen eine abnehmende Tendenz. In Abb. 3.11 erkennt man die sich unter Schwankungen vollziehende
erhebliche Abnahme des Ozons in mehreren Höhen der Stratosphäre auch in
Mitteleuropa. Tab. 3.5 enthält Daten des Ozonpartialdruckes über Lindenberg
(südöstlich von Berlin), die die allgemeine Ozonentwicklung - Zunahme in der
Troposphäre und stärkere Abnahme in der Stratosphäre - gut widerspiegeln.

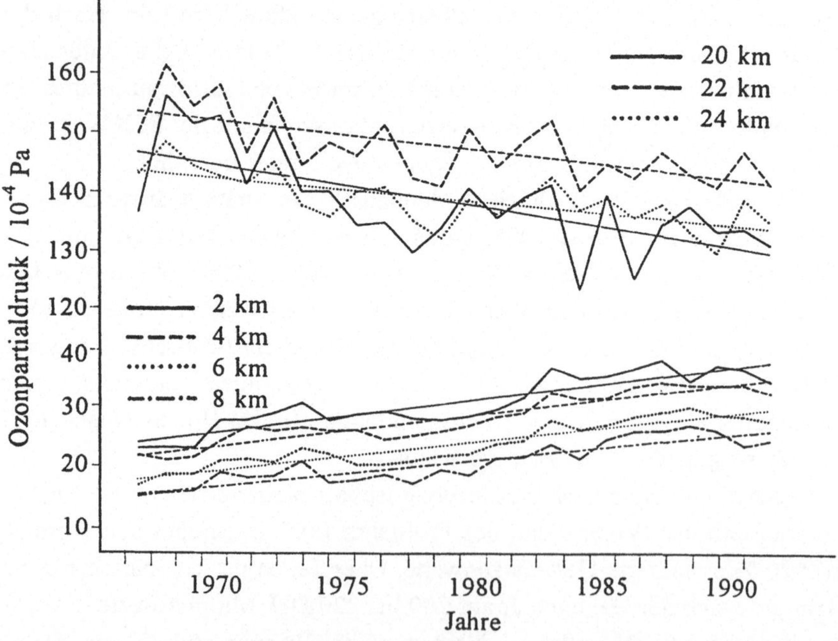

Abbildung 3.11: Entwicklung des Ozonpartialdruckes am Meteorologischen Observatorium
Hohenpeißenberg des Deutschen Wetterdienstes, nach Wege und Vandersee (1992)

Tabelle 3.5: Ozonpartialdruck über Lindenberg in 10^{-4} Pa, Daten nach Spänkuch und Döhler (1975), ergänzt durch Günther (1994)

Jahreszeit	Vergleichs-zeiträume	1,9 km Höhe (800 hPa)	9,2 km Höhe (300 hPa)	22 km Höhe (40 hPa)
Ozonwinter (Januar bis etwa 15. April)	1967/71 1988/92	25 40	50 30	185 157
Ozonsommer (etwa 15. April bis 28. August)	1967/71 1988/92	30 46	35 34	159 145
Ozonherbst (29. August bis Dezember)	1967/71 1988/92	30 41	25 23	145 129

Wie aus dem WMO Ozon-Report (1994) hervorgeht, haben Messungen an der Erdoberfläche besonders in Antarktika und im Südteil Südamerikas eine Erhöhung der UV-Strahlung während der Dauer des Auftretens des "Ozonloches" ergeben. Episodisch konnte dieser Effekt auch auf der Nordhalbkugel nachgewiesen werden. Mit den stratosphärischen Ozonverringerungen ist in diesen Höhen eine Abkühlungstendenz eingetreten, wodurch weniger langwellige Strahlung die Troposphäre und die Oberfläche erreicht. Damit wirkt sich die Ozonabnahme in der Stratosphäre vermindernd, die Ozonzunahme in der Troposphäre dagegen verstärkend auf den Treibhauseffekt der Atmosphäre aus.

Die aus dem rapiden Abbau des Ozons, besonders in der südpolaren Stratosphäre, resultierende Besorgnis führte inzwischen zu mehreren internationalen Abkommen, die vorsehen, daß Produktion und Gebrauch von FCKW bis zum Beginn des neuen Jahrtausends eingestellt werden. Allerdings wird der Prozeß des Ozonabbaus in der Stratosphäre mit der Einstellung der FCKW-Nutzung nicht schlagartig aufhören. Eine weitere Abnahme des Ozons um bis zu 20 % muß innerhalb der nächsten Jahrzehnte erwartet werden.

Wie Abb. 3.11 und die Zahlen der Tab. 3.5 zeigen, ist für das in viel geringerer Konzentration auftretende *troposphärische Ozon* eine Zunahme festzustellen. Dieses Spurengas kommt entweder bei entsprechender Einmischung aus der Stratosphäre nach unten oder wird photochemisch aus organischen Spurengasen und Stickoxiden gebildet. Auch bei Gewittern entsteht Ozon. In den mittleren und höheren Breiten der Nordhemisphäre steigt das troposphärische Ozon gegenwärtig mit $> 1\ \% \ a^{-1}$ an. Mit dieser Zunahme ist der Begriff des *Sommersmog* verbunden. Unter den Bedingungen einer starken Sonneneinstrahlung treten dabei erhöhte Konzentrationen von Photooxidantien auf, zu denen besonders Ozon und Peroxyacetylnitrat (PAN) gehören. Vorläuferstoffe sind vor allem Kohlenwasserstoffe und Stickoxide. Erste globale quantitative Analysen der Stickoxidkonzentration in der Troposphäre bestätigen die Annahme, daß Industrie und Autoverkehr die Hauptstickoxidquellen darstellen. Zusätzlich beruht die Stickoxidkonzentration der oberen Troposphäre zu 30 % auf Flugzeugemissionen. Diese tragen in der darüberliegenden Stratosphäre hingegen zur Ozonzerstörung bei. Die photochemische Ozonproduktion beschränkt sich nicht nur auf urbane Areale, sondern ist infolge der Oxidation von Methan und anderen natürlichen Kohlenwasserstoffen auch in Reinluftgebieten möglich. Die Zunahme des troposphärischen Ozons erhöht wesentlich den anthropogenen Treibhauseffekt (Tab. 3.2).

3.1.3.3 Bedeutung der Wolken

Die Erscheinung der Wolken ist mit fundamentalen Prozessen im Klimasystem verbunden. Die verschiedenen Wolkenarten entstehen als Folge dynamischer und thermodynamischer Prozesse in der Atmosphäre und befinden sich in Wechselwirkung mit den kurz- und langwelligen Strahlungsströmen. Sie sind sichtbarer Ausdruck des atmosphärischen Teiles des Wasserkreislaufes. In Zusammenhang mit der Wolkenbildung und -auflösung erfolgt eine ständige Neuverteilung von fühlbarer und latenter Wärme. Mit der Erscheinung der Wolken sind Rückkoppelungsprozesse im Klimasystem verbunden, die bisher nur zum Teil verstanden sind. Eine sehr wichtige Rolle spielen die Wolken für die Strahlungsbilanz der Erdoberfläche. Sie beeinflussen die Albedo, den Absorptionsgrad und die Transmission der einfallenden Sonnenstrahlung. Viele der Wolkeneigenschaften, die sich aus der Mikrophysik der Wolkentröpfchen ergeben, sind für die verschiedenen Wolkengattungen unterschiedlich. Nach IPCC (1992) variieren die Albedowerte der Oberränder bei mittleren Sonnenhöhen in Abhängigkeit von Art und Mächtigkeit der Wolken. So weisen Nimbostratuswolken hohe Albedowerte um 70 % auf, während die Werte für vertikal mächtigen Stratus 60-70 % und für dünnen Stratus etwa 30 % betragen. Mit etwa 20 % haben Eiswolken wie die Cirren niedrigere Werte. Die Reflexion kurzwelliger Strahlung an den Wolkenoberrändern verringert die Strahlungsbilanz und damit die bodennahe Lufttemperatur. Innerhalb der Wolken wird die solare Strahlungsflußdichte vor allem durch die Streuung vermindert. Die Strahlungsabsorption erfolgt an Tropfen, Eiskristallen und Wasserdampf. Im langwelligen Strahlungsbereich sind Wolken wirksame Absorber der terrestrischen Ausstrahlung. Sie tragen damit zum Treibhauseffekt der Atmosphäre erheblich bei. Langwellige Strahlung kann Wolkenschichten kaum passieren. Diese Eigenschaften wirken sich unmittelbar auf die Lufttemperatur in Bodennähe aus. Selbst dünne Cirrus-Schichten können infolge der zusätzlichen Gegenstrahlung von den Wolken den nächtlichen Temperaturabfall verringern oder umkehren.

Die kennzeichnenden Größen für die beiden Strahlungsregime, Albedo und Emissionsvermögen, hängen bei Wasser- und Mischwolken vom Flüssigwassergehalt ab. Dabei besteht zwischen der Änderung des Reflexions- und des Emissionsvermögens ein wichtiger Unterschied. Das Emissionsvermögen erreicht seinen Maximalwert bei einem deutlich niedrigeren Flüssigwassergehalt als das bei dem Reflexionsvermögen der Fall ist. Für das Klimasystem bedeutet das, daß optisch dickere Wolken stärker zur Abkühlung und optisch dünnere (hohe) Wolken zur Erwärmung an der Erdoberfläche führen können. Für niedrige und mittelhohe Wolken übersteigt der Albedoeffekt den zusätzlichen Treibhauseffekt, während für hohe dünne Wolken ein umgekehrtes Verhältnis gilt. Diese Verhältnisse wurden klimatologisch von Ramanathan (1987) quantifiziert.

Der energetische Effekt im langwelligen Strahlungsbereich wird bestimmt aus der langwelligen Bilanz bei wolkenlosen Verhältnissen F_0(wolkenlos) abzüglich derselben Bilanz unter den gegebenen Bewölkungsverhältnissen F_0.

Die Differenz ist der langwellige energetische Wolkeneffekt C_L:

$$C_L = F_0(\text{wolkenlos}) - F_0. \tag{3.2}$$

Der Wert von C_L beträgt im globalen Mittel ca. 20 $W \cdot m^{-2}$ mit maximalen Werten am Äquator und geringen über den Polargebieten.

Analog ergibt sich aus der Differenz der Werte der planetaren Albedo α_p (wolkenlos) und α_p (real) mit der mittleren Einstrahlung am Oberrand der Atmosphäre S_0 der kurzwellige energetische Wolkeneffekt C_K:

$$C_K = S_0 \left\{ \alpha_P (\text{wolkenlos}) - \alpha_p(\text{real}) \right\}. \tag{3.3}$$

Dieser Wert liegt im globalen Mittel bei - 47 $W \cdot m^{-2}$, wobei die größten negativen Werte im äquatorialen Bereich und Werte um Null über den Polen liegen.

Resultierend (20 - 47 = - 27 $W \cdot m^{-2}$) ist die globale Bewölkung also mit einem Abkühlungseffekt verbunden. Aus Satellitenmessungen kann die aktuelle Verteilung der C-Werte bestimmt werden (Abb. 3.12). Wolken sind extrem wichtig für die ständige Regulierung der strahlungsbedingten Erwärmung und Abkühlung und damit für das Klima. Nach Ardanuy et al. (1989) können kleine Änderungen in der Menge, dem Typ, der Höhe und im Ort Strahlungsströme, die mit dem anthropogenen Treibhauseffekt verbunden sind, verstärken oder kompensieren. Veränderungen der Wolkenmenge und der Wolkeneigenschaften können zu Temperaturänderungen an

Abbildung 3.12: Der langwellige (oben) und kurzwellige (unten) energetische Wolkeneffekt für April 1985 nach Satellitenmessungen ERBS/NOAA9 im Rahmen des *Earth Radiation Budget Experiment,* nach Ramanathan et al. (1989). Werte in $W \cdot m^{-2}$

der Erdoberfläche führen, die in ihrer Größenordnung der Veränderung des Treibhauseffektes entsprechen.

Daher sind Bewölkungsklimatologien auf der Basis von Boden- und Satellitenbeobachtungen für die Klimaforschung sehr wichtig. Diese liegen bisher erst in Anfängen vor. Neben der Auswertung des Bedeckungsgrades im Hinblick auf seine statistischen Eigenschaften und Veränderungen kommt auch der Kenntnis der raumzeitlichen Veränderung der verschiedenen Wolkenarten eine erhebliche Bedeutung zu. Dem stehen jedoch methodische und datenbedingte Schwierigkeiten entgegen. Der Flugverkehr bewirkt über die Kondensstreifen eine Bewölkungsveränderung. Diese kann eine tendenzielle Erwärmung in der Troposphäre und eine Abkühlung darüber hervorrufen.

Weiterhin tragen die Wolken entscheidend zum atmosphärischen Wassertransport bei. Bei den damit verbundenen Phasenänderungen des Wassers wird die entsprechende latente Energie umgesetzt. Energiefreisetzung und Energieentzug beeinflussen wiederum die Energetik der allgemeinen Zirkulation der Atmosphäre und damit Luftbewegungen und Transportvorgänge. Bei all diesen Vorgängen ist die Wolkenmikrophysik für den Mechanismus der Niederschlagsentstehung ausschlaggebend. Zu weiteren Einzelheiten s. Laube und Höller (1988) und Liou (1992).

3.1.3.4 Zur Rolle der Aerosole

Aerosole sind Suspensionen von flüssigen oder festen Partikeln in der Luft mit Ausnahme von Wolkentröpfchen und Niederschlag. Der Radius der vielfältigen Aerosolpartikel reicht von etwa 10^{-4} bis 10 µm, in Extremfällen auch darüber (Jaenicke 1987).

Abb. 3.13 zeigt die charakteristischen Größen und Konzentrationen der Aerosole. Innerhalb dieses Spektrums bewirken die größten Teilchen die Trübung (Dunstigkeit) der Atmosphäre. Für das Klima ist nur der mit etwa 10 % an der Gesamtzahl der Teilchen beteiligte Bereich ab einem Radius von 0,1 µm von Bedeutung.

Die Aerosolkonzentrationen sind gewöhnlich über den Kontinenten größer als über den Ozeanen. Die Aitkenkern-Konzentration reicht von Werten von 150 000 cm^{-3} in Städten bis zu 400 cm^{-3} über den Ozeanen (marine Reinluft 50-200 cm^{-3}). Die luftmassenabhängigen Konzentrationen der größten Aerosolteilchen sind viel geringer als die der Aitkenkerne. Aerosol wird entweder direkt in die Atmosphäre eingebracht (primäres A.) oder entsteht in Prozessen der Gas-Partikel-Konversion durch chemische Reaktionen in der Atmosphäre (sekundäres A.).

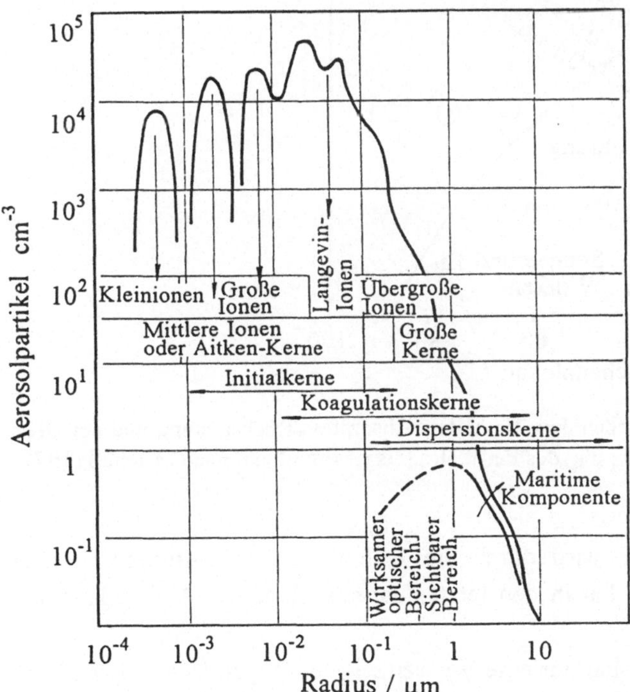

Abbildung 3.13: Größenspektrum der Aerosole, nach verschiedenen Autoren

Für das Aerosol bestehen zahlreiche Oberflächen-, Raum- und Punktquellen. So wirkt der Ozean als große Flächenquelle für Meersalzaerosol und gasförmige Schwefelverbindungen, die in der Atmosphäre (Raumquelle) umgewandelt werden. Von den Landoberflächen werden Staub- und Rußpartikel in die Atmosphäre eingebracht, aber auch verschiedene biogene Komponenten. Anthropogenes Aerosol beeinflußt zunehmend das Klima. Ausgesprochene Punktquellen für das Aerosol stellen die Vulkaneruptionen dar. In den letzten Jahren hat sich die Produktion von Aerosolteilchen aus verschiedenen Quellen deutlich erhöht. Infolge der Verbrennung fossiler Energieträger wird die anthropogene Schwefelemission jetzt auf etwa $100 \cdot 10^6 \ \mathrm{t \cdot a^{-1}}$ geschätzt, das ist das Doppelte der natürlichen Freisetzung. Daher ist die Konzentration von Schwefelsäureteilchen in der Atmosphäre stark angestiegen, besonders in der Nordhemisphäre.

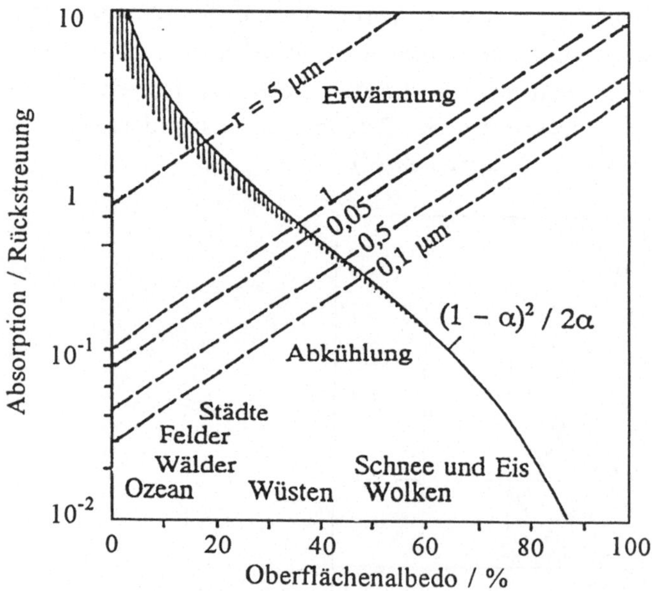

Abbildung 3.14: Beziehung zwischen dem Verhältnis Absorption/Rückstreuung und der Oberflächenalbedo unter Berücksichtigung des Partikelradius r, vereinfacht nach Mitchell (1971). α = Reflexionskoeffizient

Die Masse dieses Aerosols wird durch die Aufnahme von Ammoniak noch vergrößert. Diese Aerosolart hat in den letzten Jahren verstärkte Aufmerksamkeit hervorgerufen.

Das troposphärische Aerosol hat nur eine Verweilzeit von Tagen (bis Wochen) und ist somit eine von der lokalen bis regionalen Quellensituation abhängige veränderliche Größe. Das stratosphärische Aerosol, zu dem als wesentlicher Bestandteil die vulkanogenen Komponenten gehören, hat dagegen eine Verweilzeit von Monaten bis Jahren. Es ist damit global im Klimasystem wirksam (s. Abschnitt 3.1.7.1).

Aerosole können in der Atmosphäre sowohl zur Erwärmung als auch zur Abkühlung führen. Die Klimawirkung des Aerosols hängt von dem Verhältnis Absorption/Rückstreuung der jeweiligen Aerosolart, von der Albedo der Oberfläche und von der Aerosolgröße ab (Abb. 3.14). So wird das Aerosol des in Frage kommenden Größenbereichs, welches nur wenig absorbiert und eine starke Rückstreufähigkeit besitzt, über dem Ozean (geringe Albedo) zu einer deutlichen Abkühlung führen. Die Abhängigkeit von der Bodenalbedo rührt daher, daß je nach Größe der Teilchen die effektive Weglänge der Strahlung variiert.

In der wolkenfreien Atmosphäre kann die Aerosolzunahme in Abhängigkeit von der Oberflächenalbedo sowie optischen Aerosoleigenschaften eine Verringerung oder Vergrößerung der planetaren Albedo hervorrufen. Bei Anwesenheit von Wolken nimmt die planetare Albedo dagegen im Fall vertikal mächtiger Wolken ab und für dünne Wolkenschichten zu. Da die meisten troposphärischen Aerosole über Land vorkommen, entspricht dort der Gesamteffekt einer leichten Erwärmung. In Zusammenhang mit der vertikalen Verteilung der Aerosole können diese die Stabilitätsverhältnisse der Atmosphäre und das Auftreten konvektiven Niederschlages beeinflussen. Im langwelligen Strahlungsbereich weist das Aerosol nur geringe Effekte auf. Neben der direkten Wirkung auf die Strahlung und Strahlungsbilanz haben die Aerosole eine wichtige Klimawirkung durch ihre Eigenschaft als *Kondensations- und Sublimationskerne*. Die Mikrophysik der Wolken wird von der Konzentration, Löslichkeit und Größe der Teilchen beeinflußt. Daher hängen die Wolkenbildung, die Entstehung von Niederschlag sowie die optischen Wolkenparameter direkt von Art und Menge des Aerosols ab. Für das Klima von Bedeutung ist, daß sich umso mehr Wolkentröpfchen (allerdings mit immer kleinerem Radius) bilden, je mehr Wolkenkondensationskerne vorhanden sind. Durch diesen Prozeß erhöht sich die Albedo der Wolken.

Neue Aspekte zu den atmosphärischen Aerosolen ergaben sich im Hinblick auf die Sulfataerosole, die zum größten Teil aus industriellen Prozessen stammen. Eine natürliche Quelle bildet der Ozean. Hier wird Dimethylsulfid (DMS) erzeugt und an die Atmosphäre abgegeben (Charlson et al. 1987, Georgii 1990, Charlson und Wigley 1994). Es entsteht aus dem Phytoplankton über Dimethylsulfoniumpropionat (DMSP) sowie durch bakterielle Zersetzung außerhalb der Algenzellen. Die DMS-Abgabe vom Ozean an die Atmosphäre ist räumlich und zeitlich variabel, sie hängt von biochemischen Abläufen im Ozean und von der Wassertemperatur ab. In ähnlicher Weise gelangen auch noch die im Schwefelkreislauf befindlichen Gase Schwefelkohlenstoff (CS_2, etwa 1 % des DMS-Flußes) sowie Schwefelwasserstoff (H_2S) in die Atmosphäre. Von Meerwasser, Böden und anthropogenen Quellen wird

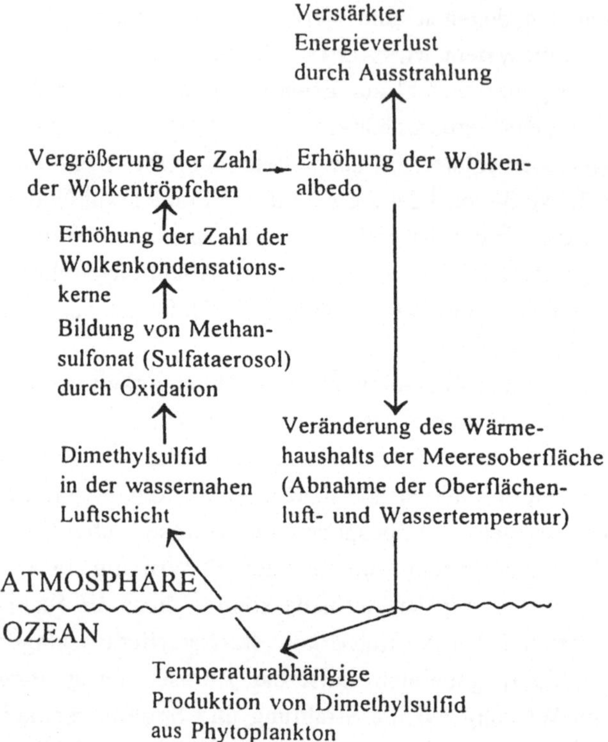

Abbildung 3.15: Wirkung von Sulfataerosol auf das Klima, nach Georgii (1990)

schließlich auch Carbonylsulfid (COS) in die Atmosphäre emittiert. Die Verweilzeit der zuerst genannten Gase in der unteren Atmosphäre ist kurz (DMS 1 Tag, H_2S 3 bis 4 und CS_2 12 Tage). Aus diesen Gasen entsteht durch Oxidation Schwefeldioxid (SO_2) und als Endprodukt dann das verbreitete Sulfat- bzw. Schwefelsäureaerosol. Dagegen verhält sich Carbonylsulfid (COS) träger und besitzt eine Verweilzeit von mehreren Jahren, sein Abbau erfolgt vor allem in der Stratosphäre. Schwefelgasemissionen stammen jedoch in weit stärkerem Maße auch aus anthropogenen Aktivitäten. Die Bedeutung dieser noch in Erforschung befindlichen Bestandteile des Schwefelkreislaufes für das Klima liegt darin, daß besonders die so entstehenden Sulfataerosole die Zahl der maritimen Kondensationskerne spürbar erhöhen. Damit können mehr Wolkentröpfchen erzeugt werden, was mit einer Verkleinerung des mittleren Radius und einer Albedoerhöhung einhergeht. Da die DMS-Produktion mit zunehmender Temperatur wächst, besteht hier eine negative Rückkopplung in dem Sinne, daß bei Erwärmung mehr DMS erzeugt wird, das zur Abkühlung in der Atmosphäre (und damit zur Bremsung der anthropogenen Erwärmung) führt. In Abb. 3.15 ist die DMS-Einwirkung auf das Klima schematisch dar-

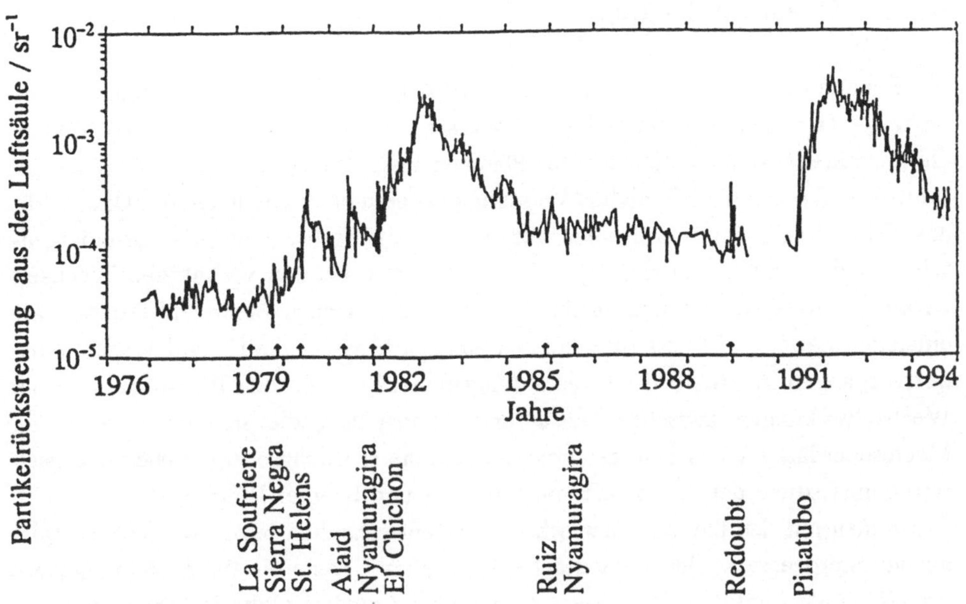

Abbildung 3.16: Zeitliches Verhalten der stratosphärischen Aerosolschicht über Garmisch-Partenkirchen nach Lidarmessungen. Dargestellt ist die integrale Rückstreuung auf der Wellenlänge 694,3 nm in der Schicht zwischen Tropopause und der Höhe von etwa 30 km, nach Jäger (1994 a,b). Die Pfeile markieren starke Vulkanausbrüche

gestellt. Die Primärproduktion des Ozeans hat somit ein beachtliches Rückkoppelungspotential. Das langlebige COS bildet über SO$_2$ in der Stratosphäre Schwefelsäure und verstärkt die Aerosolschicht (*Junge-Schicht*). Man erkennt in Abb. 3.16 sowohl den Einfluß von Vulkaneruptionen als auch eine leicht ansteigende Tendenz der Hintergrundkonzentration (Georgii 1990). Diese könnte eine Widerspiegelung der infolge der Temperaturerhöhung verstärkten Freisetzung von COS sein, dessen Aerosol-Folgeprodukte abkühlend wirken. Es ist abgeschätzt worden, daß die verschiedenen Kühleffekte etwa von derselben Größenordnung wie der erwärmende Effekt des anthropogen verstärkten Treibhauseffektes sind. Eine Ungleichheit zwischen beiden Prozessen besteht darin, daß die Konzentrationserhöhungen der Treibhausgase global und langanhaltend sind, während die Wirkung der Aerosole im allgemeinen regional unterschiedlich ist und hinsichtlich ihrer Stärke von der jeweiligen Quellenergiebigkeit abhängt. So spielen die Aerosole eine wichtige Rolle im Klimasystem. Die Gesamtwirkung tendiert hinsichtlich der bodennahen Lufttemperatur zu einer Abkühlung, was die Wirkungen des zusätzlichen Treibhauseffektes der Atmosphäre herabsetzt.

3.1.4 Ozean und Klima

Die Bedeutung des Ozeans für das Klima wird allein aus der Tatsache deutlich, daß
mehr als 71 % der Erdoberfläche von Wasser bedeckt sind. Damit ist das Wasser
die charakteristische Oberfläche des Planeten Erde. Im Ozean sind 97 % der gesamten im Kreislauf befindlichen Wassermenge enthalten. Die Rolle des Ozeans für
das Klima ergibt sich zum einen aus den physikalisch-chemischen Grundeigenschaften des Wassers (Tab. 3.6) und zum anderen aus den vielfältigen Wechselwirkungsprozessen, die sich an der Grenzfläche zwischen Meer und Atmosphäre
einstellen (Abb. 3.17) und zum anderen aus den Wasser-, Stoff- und Wärmetransportvorgängen innerhalb des Ozeans (Augstein 1991). Zu den Basisprozessen der
Wechselwirkungen zwischen Ozean und Atmosphäre, die sich im Bereich der
Meeresoberfläche vollziehen, gehören zunächst die strahlungsenergetischen Wechselwirkungen sowie der Austausch von fühlbarer und latenter Wärme.
Zusammen mit den thermodynamischen Grundeigenschaften bewirken diese Energieaustauschprozesse an der Grenzfläche Atmosphäre/Ozean die für die Klimagenese
grundlegende Funktion des Ozeans als oberflächennaher globaler *Wärmespeicher*.
Die turbulente Durchmischung der ozeanischen Deckschicht mit der damit verbundenen effektiven vertikalen Wärmeübertragung sowie die verzögerte Erwärmung
und Abkühlung bedingen die Entstehung des *maritimen Klimas*, das sich thermisch
durch die geringen Amplituden und die Phasenlagen des Tages- und Jahresganges
der oberflächennahen Lufttemperatur auszeichnet. Der ozeanische Wärmespeicher
ist allerdings begrenzt auf die *Warmwassersphäre*. Deren Grenze ist konventionell
durch den Verlauf der 8-10 °C-Isothermen gegeben. Diese schneiden die Oberfläche
im Bereich der auf beiden Hemisphären vorhandenen *ozeanischen Polarfronten* als
den Grenzzonen zwischen den subpolaren und den temperierten Wassermassen der
gemäßigten Breiten (in 50-60° Breite). Die größte Tiefe dieser Isothermen liegt aus
dynamischen Ursachen im Bereich der Subtropen bei $\geq$ 500 m. Den zonal gemittelten
Verlauf der Isothermen der Wassertemperatur zeigt Abb. 3.18. Die ozeanischen
Gebiete polwärts und unterhalb der Grenzisothermen gehören der *Kaltwassersphäre*
an. Deren Größe übersteigt die der Warmwassersphäre um ein Mehrfaches. Die den
Wärmespeicher Ozean bildende Warmwassersphäre liegt wie eine dünne Linse auf
der mächtigen Kaltwassersphäre. Das Weltmeer ist mit einer mittleren Temperatur
von 3,8 °C relativ kalt.
Die mittlere Verteilung der Oberflächenwassertemperatur ist dadurch zu charakterisieren, daß 35 % der Oberfläche Temperaturen von $\geq$ 25 °C aufweisen. Dabei
besteht in den Tropen und Subtropen eine starke thermische Asymmetrie zwischen
den Osträndern (kühl) und Westrändern (warm) der Ozeane. Auf mehr als 53 %

Tabelle 3.6: Auswahl von physikalischen Grundeigenschaften des Wassers

Gebiet	Eigenschaft	Betrag und Charakterisierung	Bedeutung in der Natur
Thermodynamik	Spezifische Wärme	$4{,}18 \cdot 10^3$ J·kg^{-1}·K^{-1} Maximaler Wert aller Flüssigkeiten und Festkörper mit Ausnahme von flüssigem Ammoniak	Verhinderung extrem. Temperaturschwankungen, effektiver Wärmetransport durch Strömungen
	Gefrier- und Schmelzwärme	$3{,}33 \cdot 10^5$ J·kg^{-1}·K^{-1} Einer der höchster Werte von allen Stoffen	Thermostatischer Effekt in der Nähe des Eispunktes durch Wärme-gewinn oder -verlust
	Verdampfungswärme	$2{,}25 \cdot 10^6$ J·kg^{-1} Höchster Wert aller Stoffe	Wärme- und Wassertransport in der Atmosphäre, Begrenzung des Wasserumsatzes
	Thermische Ausdehnung	Temperatur des Dichtemaximums (4 °C) sinkt mit zunehmendem Salzgehalt	Mechanismus der Eisbildung von Süß-und Meerwasser
	Wärmeleitfähigkeit	$0{,}58$ W·m^{-1}·K^{-1}	Molekulare und biologische Prozesse
Mechanik	Oberflächenspannung	$72{,}75 \cdot 10^{-3}$ N·m^{-1} Höchster Wert aller Flüssigkeiten	Oberflächeneigenschaften, Zellphysiologie
	Innere Reibung	10^{-3} Ns·m^{-2} Minimaler Wert aller Flüssigkeiten bei vergleichbaren Temperaturen	Horizontale Druckdifferenzen werden durch Strömungen leicht ausgeglichen
Optik	Transparenz	relativ hoch	Eindringen der Solarstrahlung in das Wasser, Farbe der Gewässer
Chemie	Lösungsfähigkeit	Wasser löst mehr Substanzen als alle anderen Flüssigkeiten	Zusammensetzung des Meerwassers, biologische Vorgänge
	Dielektrizitätskonstante	87 bei 0 °C, sehr hoher Wert	Dissoziationskraft des Meerwassers

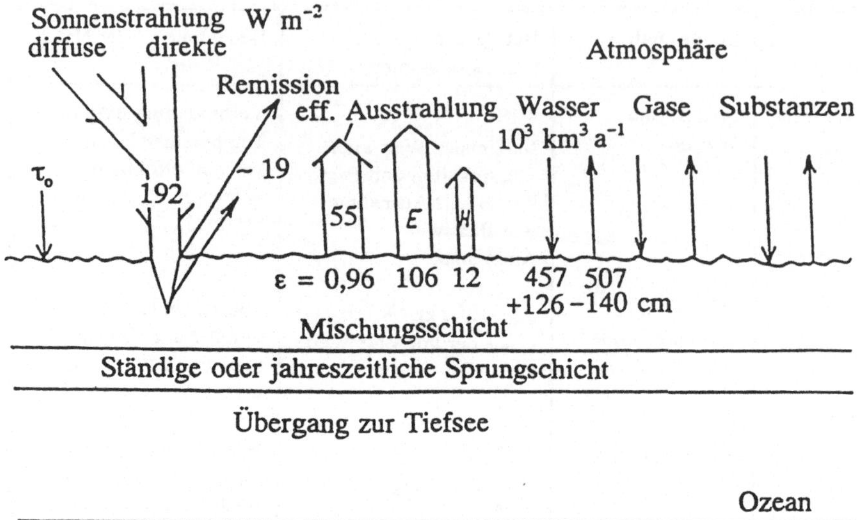

Abbildung 3.17: Wechselwirkungsprozesse an der Grenzschicht Meer/Atmosphäre

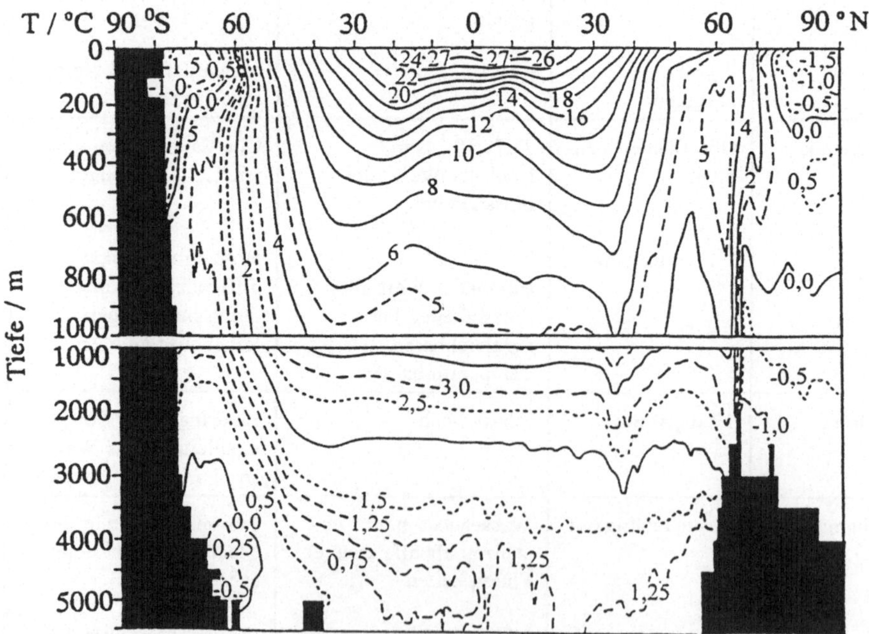

Abbildung 3.18: Zonal-gemittelter Schnitt der Jahresmittel der Wassertemperatur für die Tiefenbereiche 0-1000 m und 1000-5500 m Tiefe, nach Levitus (1982)

der Oberfläche liegen die Wassertemperaturen über 20 °C. Ebenfalls als Folge von Strömungen bestehen entgegengesetzte Unterschiede in der Oberflächentemperatur zwischen den östlichen und westlichen Teilen des Nordatlantik und des Nordpazifik. Gegenüber einer nur mit Festland bedeckten Erde ruft der Ozean eine deutliche Milderung der klimatischen Extreme selbst dann hervor, wenn der meridionale Wärmetransport unberücksichtigt bleibt, die Ozeane somit nur als "Schwamm" fungieren.

Ein klimawirksamer und für das Leben auf der Erde unerläßlicher Austauschprozeß an der Meeresoberfläche (Abb. 3.17) betrifft den *Austausch von Wasser*. Der globale Wasserhaushalt wurde bereits in Abschnitt 2.1.5 behandelt. Dieser wird immer wieder von den starken ozeanischen Verdunstungsgebieten (*Nährgebiete des Wasserkreislaufes*) in den Subtropen angeregt und aufrechterhalten. Diese zeichnen sich großflächig durch hohe, die Gebiete mit Niederschlagsüberschuß (*Zehrgebiete des Wasserkreislaufes*) durch kleinere Werte des Oberflächensalzgehaltes aus. Der resultierende Hauptwasserkreislauf geht vom Ozean zum Ozean, der kleinere kontinentale Kreislauf ist über die Atmosphäre und den Abfluß mit diesem verbunden. In Abhängigkeit von der Größe der Verdunstungsgebiete tragen die Ozeane unterschiedlich zur Wasserversorgung der Kontinente bei. So ist der Atlantische Ozean im Gegensatz zum Pazifik nicht von hohen Randgebirgen umsäumt, so daß sich seine feuchten Luftmassen relativ ungestört über große Kontinentgebiete ausbreiten können. Die Ozeane haben eine unterschiedliche Wasserbilanz (Tab. 3.7).

Tabelle 3.7: Die mittlere Wasserbilanz der Ozeane (Größen in cm·a^{-1}), Zahlen nach Baumgartner und Reichel (1975)

Ozeane	Niederschlag N	Verdunstung V	V - N	Abfluß A	Bilanz N + A - V
Atlantik	76	113	37	20	-17
Pazifik	129	120	-9	7	16
Indik	104	129	25	7	-18
Nördl. Polarmeer	10	5	-5	31	36

Der Atlantik weist bei einer maximalen mittleren Differenz V-N einen negativen Bilanzwert auf. Ähnlich verhält sich der Indik. Der Pazifik ist infolge des hohen Niederschlages ein Wasserüberschußgebiet. Der Ausgleich erfolgt vor allem über den die drei Ozeane verbindenden antarktischen Wasserring. Der negative Wasserhaushalt des Atlantiks trägt zu der beobachteten Besonderheit des dort über alle Breiten nordwärts setzenden meridionalen Wärmestromes bei (s. unten).

Von teilweise erheblicher Bedeutung ist der *Substanzaustausch zwischen Ozean und Atmosphäre*. Es geht hier um den wechselseitigen Übergang von Aerosol in Hydrosol. Der Übergang von Substanzen in das Meer vollzieht sich als Trocken- oder Naßdeposition. Die in das Wasser gelangenden Teilchen beteiligen sich je nach ihrer Art an den ozeanischen Stoffumsätzen. Es sei darauf hingewiesen, daß der Ozean die bedeutendste Senke für Luftverunreinigungen darstellt. In umgekehrter Richtung geht vor allem Meersalz in die Atmosphäre über. Dieser Vorgang erfolgt besonders bei Seegang, wenn in die Luft gesprühte Wassertröpfchen bei entsprechend hohen Windgeschwindigkeiten verdunsten und das verbleibende Salz Bestandteil der Luft wird. Auf diesem Weg wird das am häufigsten vorkommende maritime Aerosol erzeugt (s. Abschnitt 3.1.3.4). Geochemisch gesehen, gibt es einen globalen Kreislauf derartiger Stoffe, die man als *zyklisches Salz* bezeichnet. Nach Bezborodov und Ermeev (1984) verläßt auf diese Weise eine Masse von etwa 2 $Gt \cdot a^{-1}$ den Ozean. Durch den Niederschlag gelangen Meersalzbestandteile in einer Rate von 1,68 $Gt \cdot a^{-1}$ in den Ozean zurück. Der Kreislauf wird dadurch geschlossen, daß mit dem Abfluß die verbleibendenen 0,32 $Gt \cdot a^{-1}$ auch wieder dem Meer zugeführt werden. Zu den ausgetauschten Substanzen gehören neben Salzen auch Metalle, organische Kohlenstoffe und weitere Substanzen.

Im Hinblick auf das Problem der Klimaschwankungen infolge der anthropogenen Veränderung des Treibhauseffektes der Atmosphäre ist die Tatsache von entscheidender Bedeutung, daß Ozean und Atmosphäre in einem ständigen *Gasaustausch* stehen.

Die atmosphärischen Gase unterliegen dabei unterschiedlichen Löslichkeitsbedingungen. So ist die Löslichkeit von CO_2 im Wasser bedeutend größer als die von Stickstoff und Sauerstoff. Generell nimmt die Löslichkeit eines Gases mit Zunahme von Temperatur und Salzgehalt ab und mit zunehmendem Druck zu. Bei einem Gleichgewicht an der Meeresoberfläche sind die Gasdiffusionsraten in beiden Richtungen dieselben. Die Ursache für die besondere Rolle des CO_2 liegt darin, daß dieses Gas im Meer dem Massenwirkungsgesetz unterliegt, was zu verschiedenen Carbonat- und Hydrogencarbonatgleichgewichten führt. Das ist von großer Bedeutung für die Beurteilung des aktuellen Klimaproblems. Die atmosphärischen Hauptgase Stickstoff und Sauerstoff kommen dagegen nur in physikalisch gelöster Form im Meerwaser vor. Die Diffusionsraten von wichtigen Gasen enthält die Tab. 3.8. Man kann davon ausgehen, daß die anthropogene Kohlenstoffemission gegenwärtig das atmosphärische Kohlenstoffreservoir um 3.4 $\pm$ 0,1 $Gt \, C \cdot a^{-1}$ erhöht, während etwa 2 $Gt \, C \cdot a^{-1}$ der Ozean aufnimmt (Abb. 3.6). Der Rest der anthropogenen Emission in Höhe von > 1 $Gt \, C \cdot a^{-1}$ wird wahrscheinlich durch gesteigerte Raten der terrestrischen Photosynthese verbraucht (s. auch Abschnitt 3.1.3.1).

Der Betrag des atmosphärischen CO_2, der vom Ozean aufgenommen wird, kann durch folgende chemische Reaktionen beschrieben werden:

$$CO_2 \text{ (Atm.)} \rightleftharpoons CO_2 \text{ (gelöst)}$$

$$CO_2(\text{gelöst}) + H_2O \rightleftharpoons HCO_3^- + H^+$$

$$HCO_3^- \rightleftharpoons H^+ + CO_3^{--}$$

$$CaCO_3 \text{ (gelöst)} \rightleftharpoons Ca^{++} \text{ (gelöst)} + CO_3^{--} \text{ (gelöst)}$$

Hinsichtlich des vom Ozean aufgenommenen Teiles ist es üblich, von *Kohlenstoffpumpen des Ozeans* zu sprechen. Die erste von diesen Pumpen ist die einfache Löslichkeit von CO_2, die umso größer ist, je kälter das Wasser ist (Abb. 3.19). Zu diesem Teil gehört auch die Abhängigkeit der Löslichkeit vom Druck, die unterhalb der Deckschicht wirksam wird, indem bei zunehmendem Druck mehr CO_2 gelöst wird.

Tabelle 3.8: Rezenter Gasdurchsatz durch die Meeresoberfläche, nach verschiedenen Quellen

G a s	Diffusionsrate 10^{13} g·a^{-1}	Diffusionsrichtung
Schwefeldioxid	15	Meer
Distickstoffoxid	12	Luft
Kohlenmonoxid	4,3	Luft
Methan	0,32	Luft
Methyljodid	0,0027	Luft
Dimethylsulfid	4,0	Luft

Die organische Kohlenstoffpumpe geht von der Kohlenstoffaufnahme durch Organismen (beginnend mit Photosynthese) aus. Der biologisch gespeicherte Kohlenstoff wird in tieferen Schichten remineralisiert und wird dann in Auftriebsgebieten wieder in Oberflächennähe gebracht. Diese biologische Pumpe ist für die Aufnahme von anthropogenem CO_2 von geringerer Bedeutung. Als dritte Kohlenstoffpumpe im Ozean verbleibt die Calciumcarbonat-"Gegenpumpe". Sie nimmt ihren Anfang in der Bildung von Kalkschalen mariner Lebewesen. Die Produktion von Carbonat in der Oberflächenschicht vermindert die Alkalinität. Das hat dieselbe Wirkung wie die Zufügung von gelöstem CO_2. Der gesteigerte CO_2-Druck führt zum Übergang von CO_2 in die Atmosphäre. In der Tiefsee kommt es zu Wiederauflösung des abgesunkenen Calciumcarbonats und Zunahme der Alkalinität. In Gebieten mit aufsteigender Wasserbewegung (kaltes Auftriebswasser) kann dann atmosphärisches

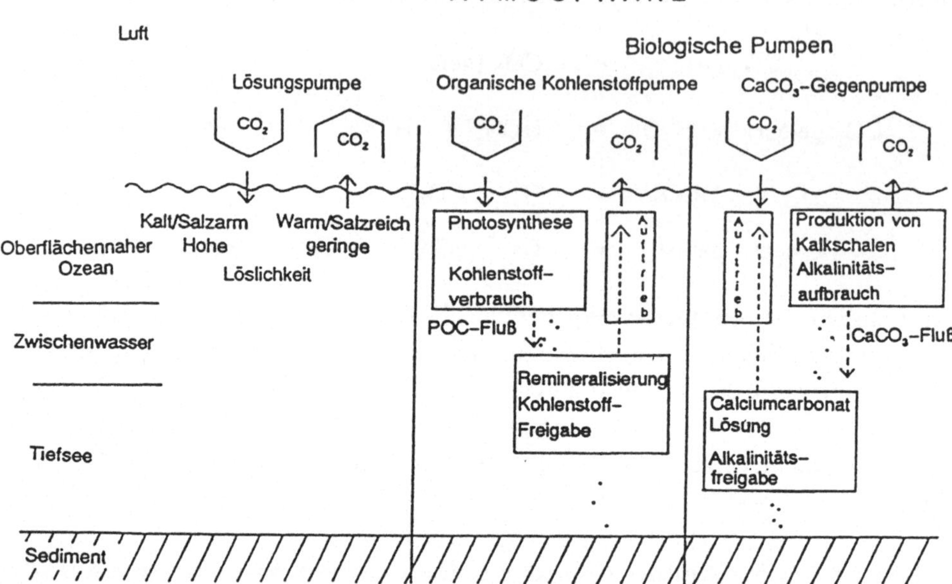

Abbildung 3.19: Kohlenstoffpumpen des Ozeans, nach Heinze (1990). POC = Partikulärer organischer Kohlenstoff

CO_2 nach der Lösung wieder gebunden werden (Maier-Reimer und Hasselmann 1987). So bestehen zwischen Klima und Kohlenstoffhaushalt des Ozeans komplizierte Rückkoppelungsprozesse. Im Fall einer Erwärmung kann weniger CO_2 gelöst werden, im Ozean kommt es zur Ausgasung. Die bei einer Erwärmung eintretende Abnahme der Boden- und Tiefenwasserbildung in den polnahen Seegebieten führt dann zu einer Verringerung des Gastransportes in tiefere Schichten. Bei Erwärmung der Deckschicht werden die mit dem Kohlenstoffumsatz verbundenen Lebensprozesse gesteigert (Respiration, Primärproduktionsrate, Freisetzung klimawirksamen Dimethylsulfids, s. Abschnitt 3.1.3.4). Ein anderer Effekt wärmeren Wassers ist die Erhöhung der Stabilität der Dichteschichtung des Ozeans, was die vertikale Vermischung von Nährstoffen erschwert. Während die so reduzierte Zufuhr von Nährstoffen zur Abnahme der biologischen Produktivität führt, würde der Gesamteffekt eine Verringerung des gelösten CO_2 sein. Änderungen in den Wärmeumsätzen der Organismen und in der Nährstoffversorgung würden auch die Rate der CO_3^{--}-Produktion und damit die Bildung von Primärmaterial für die Korallen- und Schalenbildung verändern (biologische "Gegenpumpe", Abb. 3.19). Die Abnahme der ozeanischen Alkalinität würde andererseits die Lösung von Calciumcarbonat in der Tiefsee verstärken, wodurch CO_2 im Sinne einer negativen Rückkoppelung wiederum von der Atmosphäre aufgenommen würde. Der Nettoeffekt dieser und anderer Prozesse läßt dem Ozean in Abhängigkeit von horizontalen und vertikalen dynamischen Prozessen in ihm verschiedene Möglichkeiten, den atmosphärischen CO_2-Gehalt zu verändern. Die Dissoziation von CO_2 im Meerwasser in freies CO_2, Hydrogencarbonationen und Carbonationen in ihrer Abhängigkeit vom pH-Wert und dem Salzgehalt (Abb. 3.20) erweist sich nach Erreichen des Gleichgewichtszustandes als wichtigste CO_2-Senke der Atmosphäre. Auf diese Art kann bei hinreichend langsamer Emission ein großer Teil des zusätzlichen atmosphärischen CO_2 (85 %) vom Ozean infolge seines Pufferungsvermögen aufgenommen werden. Allerdings bestimmen Geschwindigkeit und Umfang des Austausches zwischen oberflächennahen Wassermassen und dem Tiefenwasser, wie lange es dauert, bis der Gleichgewichtszustand erreicht ist.

In diesem Zusammenhang wurde abgeschätzt, daß bei einer sehr langen Angleichzeit (10^4 bis 10^5 Jahre) infolge der Auflösung des Calziumcarbonatsediments fast das gesamte anthropogene CO_2 (ca. 95 %) durch den Ozean aufgenommen werden kann (Maier-Reimer 1994). Durch IPCC wurden geeignete Stabilisierungs-Szenarien (so Gleichbleiben des CO_2-Gehaltes entweder bei 450 ppm (V) im Jahr 2100 oder bei 650 ppm (V) im Jahr 2200) entwickelt. Für diese können die Verteilungen der industriellen Kohlenstoffemissionen auf die Atmosphäre, die Biosphäre und den Ozean für die Zukunft berechnet und Schlußfolgerungen für die Klimapolitik gezogen werden. So ergibt sich aus derartigen Berechnungen, daß der möglichst zeitige Beginn von Einschränkungen der Emission strahlungsaktiver Spurengase gegenüber anderen Überlegungen vorzuziehen ist.

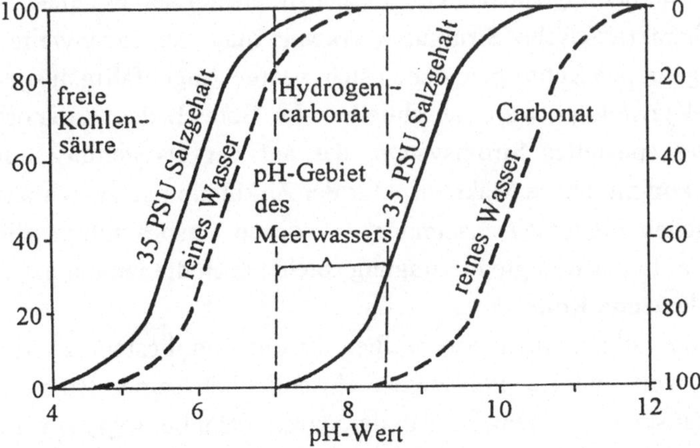

Abbildung 3.20: Prozentuale Verteilung der Bindungsarten der Kohlensäure in reinem Wasser und in Meerwasser in Abhängigkeit vom pH-Wert, nach Wattenberg (1943). PSU = Practical Salinity Unit (auf der Leitfähigkeit des Meerwassers beruhende Einheit für den Salzgehalt, entspricht etwa Promille)

Weiterhin sei erwähnt, daß auch enorme Mengen von *Methan* in den Ozeansedimenten als Methanclathrate gebunden werden. Klimaschwankungen könnten dazu führen, daß dieses Methan wieder der Atmosphäre zugeführt wird. Damit würde die Klimaschwankung im Sinne einer positiven Rückkoppelung verstärkt werden.

Ein erheblicher Teil der maritimen Wolkenkondensationskerne stammt von Sulfaten, die der atmosphärischen Oxidation von *Dimethylsulfid* entstammen. Dieses Gas wird in einem temperaturabhängigen Prozeß biologisch in der euphotischen Zone des Ozeans produziert. So hat die biologische Produktivität des Ozeans ein bedeutendes Rückkopplungspotential im Klimasystem (s. Abschnitt 3.1.3.4).

Von großer Bedeutung für die Herausbildung des bestehenden Klimas und seiner Veränderungen ist die dynamische Koppelung der Kontinua Atmosphäre und Ozean. Diese Koppelung erfolgt vor allem über die dem Quadrat der Windgeschwindigkeit proportionale *tangentiale Windschubspannung* an der Meeresoberfläche. Diese erzeugt mittels des Ekman-Prozesses (s. bspw. Defant 1961) die Neigung der isobaren Flächen im Meer (einschließlich der Meeresoberfläche) und damit die Ausbildung von Gradientströmungen (geostrophisches Gleichgewicht). Die Prozesse des marinen Wärme- und Wasserhaushaltes lassen über räumliche Unterschiede des von Temperatur und Salzgehalt bestimmten Massenfeldes ebenfalls Neigungen der Druckflächen im Meer entstehen.

Das Feld der *Oberflächenströmungen* (wobei diese auch eine beträchtliche vertikale Mächtigkeit besitzen können) spiegelt unter Berücksichtigung der Existenz und Lage der Kontinente sowie bestimmter dynamischer Gesetzmäßigkeiten (wie die Intensivierung der Westrandströmungen) das mittlere Windfeld an der Meeresoberfläche wider. Das generalisierte Bild der allgemeinen Oberflächenzirkulation des Weltmeeres zeigt Abb. 3.21. Als charakteristische Strukturen erkennt man die ozeanweiten antizyklonalen Stromringe in den Subtropen, denen sich weniger augenfällig ausgebildete zyklonale Wirbel jeweils polwärts anschließen. Im Bereich des Äquators existiert ein ausgeprägtes spezielles Stromsystem, das auf der Darstellung nur teilweise zum Ausdruck kommt. Diese Makrostruktur der Zirkulation setzt sich aus kleinerskaligen dynamischen Prozessen zusammen, zu denen insbesondere die mesoskalen Wirbel zählen. In der Energieübertragung spielen auch die langen ozeanischen Wellen eine bedeutende Rolle.

Die globale Funktion der allgemeinen ozeanischen Zirkulation besteht in der ständigen Neuverteilung von Energie und Wasser einschließlich seiner Beimengungen. Von hoher klimatischer Effizienz ist, daß der Ozean dazu beiträgt, Wärme aus den Gebieten mit positiver Wärmebilanz in die Breiten zu transportieren, in denen aus dem Wärmehaushalt im Mittel ständig eine Abkühlung resultiert. Dieser Wärmeausgleich zur Aufrechterhaltung des gegenwärtigen klimatischen Gleichgewichts wird von Atmosphäre und Ozean in vergleichbarer Größenordnung bewirkt.

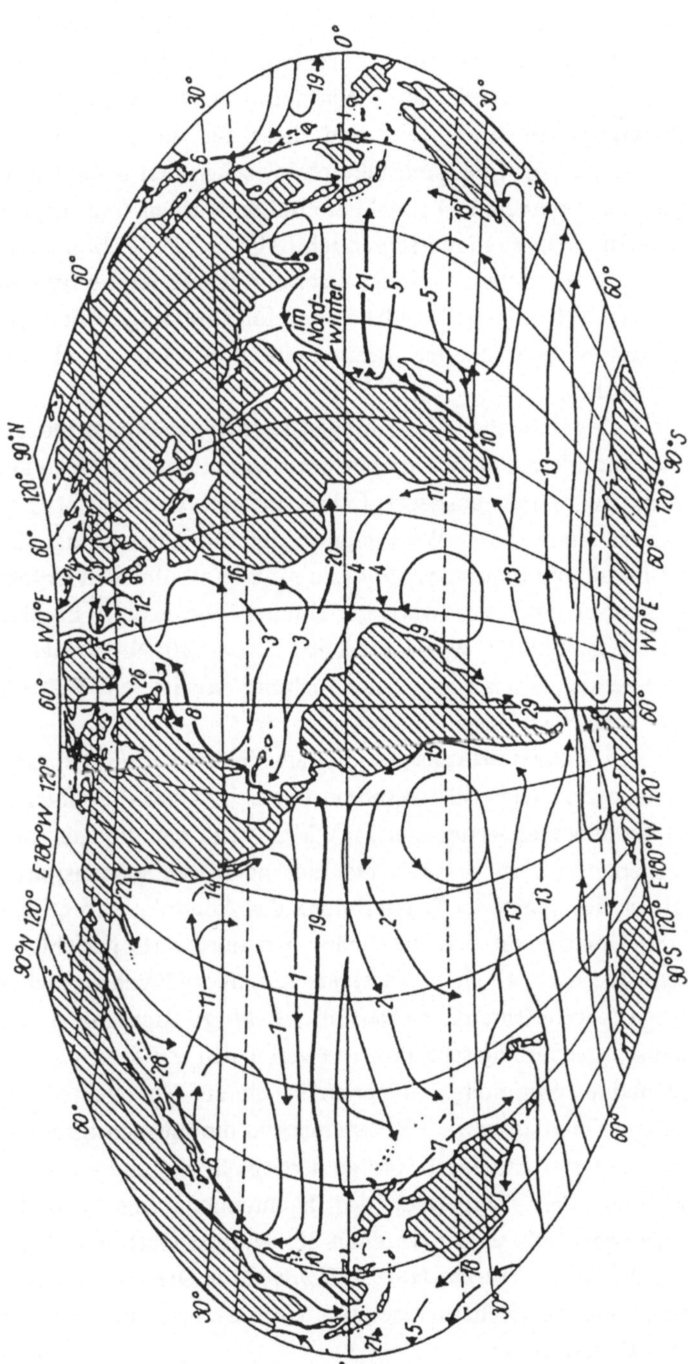

Abbildung 3.21: Schematische Darstellung der oberflächennahen ozeanischen Zirkulation, nach Dietrich und Ullrich (1968). 1,3 Nordäquatorialstrom, 2,4,5 Südäquatorialstrom, 6 Kuroshio(system), 7 Ostaustralstrom, 8 Golfstrom(system), 9 Brasilstrom, 10 Agulhas- strom, 11 Nordpazifischer Strom, 12 Nordostatlantischer Strom, 13 Südliche Westwindrift, 14 Kalifornischer Strom, 15 Humboldt-Strom, 16 Kanarenstrom, 17 Benguelastrom, 18 Westaustralstrom, 19, 20, 21 Äquatorialer Gegenstrom, 22 Alaskastrom, 23 Norwegischer Strom, 24 Spitzbergenstrom, 25 Ostgrönlandstrom, 26 Labradorstrom, 27 Irmingerstrom, 28 Oyashio, 29 Falklandstrom. Äquatorübergreifend verändert sich das Stromfeld im nördlichen Teil des Indischen Ozeans mit der atmosphärischen Monsunzirkulation

In Abb. 3.22 ist zu sehen, daß im globalen Mittel dieser Wärmetransport sowohl im Ozean als auch in der Atmosphäre auf jeder Halbkugel polwärts gerichtet ist, die maximalen Transporte werden zwischen 30 und 40°N bzw. etwa 40°S erreicht. Zu beachten ist die für beide Hemisphären erkennbare Aufteilung zwischen Atmosphäre und Ozean. Während die Maxima des ozeanischen Wärmetransports zwischen den Subtropen und den gemäßigten Breiten liegen, sind diese für die Atmosphäre ebenfalls auf beiden Hemisphären im Übergangsbereich zwischen den gemäßigten und den subpolaren Breiten zu erkennen. Die zonal gemittelten Kurven sind für den Weltozean und für die einzelnen Ozeane unterschiedlich (Abb. 3.22). Während nur die Pazifik-Kurve dem global gemittelten Verlauf entspricht, ist die Kurve für den Indischen Ozean durch die Land-Meer-Verteilung bestimmt. Eine auffällige Anomalie zeigt der Atlantische Ozean, indem in allen Breiten ein nordwärts gerichteter Wärmestrom angetroffen wird.

Die in den Abb. 3.22 und 3.23 enthaltenen Verteilungen unterliegen einem Jahresgang in dem Sinne, daß die meridionalen Wärmetransporte vor allem im Ozean auf der jeweiligen Winterhalbkugel stärker ausgeprägt sind (Peixoto und Oort 1992). In einer detaillierten Untersuchung dieser Wärmetransporte für jeden Monat des Jahres 1988 kommen Trenberth und Solomon (1994) zu prinzipiell gleichen Ergebnissen. So stellen sie im Atlantik einen nordwärts gerichteten Wärmestrom in allen Breitenzonen fest, wobei die maximalen Werte zwischen 20 und 30°N den Betrag von $(1{,}1 \pm 0{,}2) \cdot 10^{15}$ W erreichten. Nach dieser Untersuchung existiert ein Wärmestrom vom Pazifik in den Indischen Ozean.

In Kartenform zeigt Abb. 3.23 Jahreswerte des meridionalen Wärmestromes zusammen mit der Verteilung des meridionalen Süßwassertransportes im Ozean (ergibt sich aus den Differenzwerten Verdunstung - Niederschlag). Man sieht, daß die Richtung der Wärmeströme entgegengesetzt zu der des resultierenden Wassertransportes verläuft. Mit dem Ausgleich der negativen Wasserbilanz des Atlantiks erfolgt eine Wärmezufuhr, so daß die Ursache für den durchgängigen nordwärts gerichteten Wärmetransport in diesem Ozean vor allem in Wasseraustauschvorgängen zu suchen ist. Mit diesen ozeanischen Nettowärmetransporten in polwärtige Richtungen sind verschiedene ozeanographisch-meteorologische Prozesse verbunden. Zu diesen zählen insbesondere die thermo-halinen Strömungskomponenten, die auf Unterschiede im Massenhaushalt zurückgehen. Oberflächennahe Wassermassen, die mit den Strömungen in polnahe Gewässer gelangen, unterliegen infolge der Abkühlung und einer entsprechenden Dichtezunahme (die Temperatur des Dichtemaximums liegt bei Ozeanwasser unterhalb des ebenfalls vom Salzgehalt abhängigen Gefrierpunktes). Es kommt zur gravitationsbedingten *thermo-halinen Konvektion*. Diese Konvektion führt zur Bildung von Boden- und Zwischenwasser, d.h. Tiefseewassermassen, deren Bewegung die *Tiefseezirkulation* bildet.

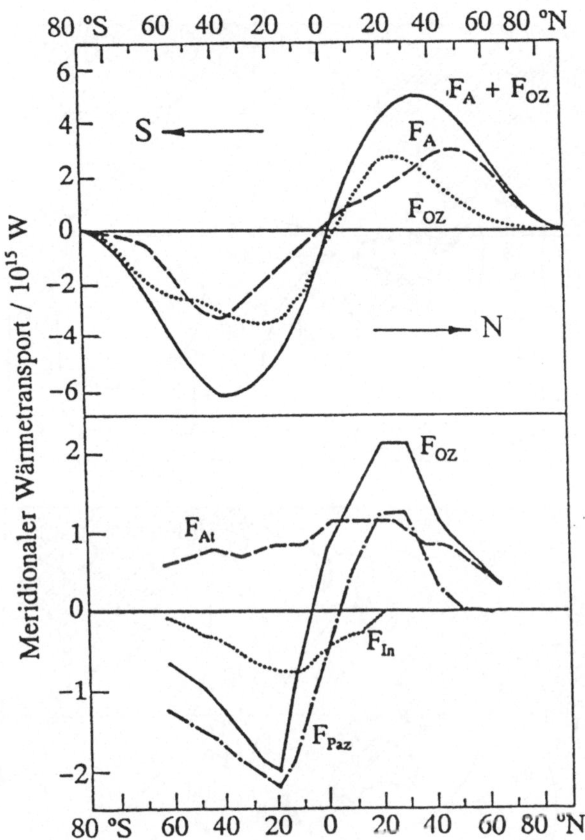

Abbildung 3.22: Zonale Jahresmittelwerte des meridionalen Wärmetransportes des Ozeans F_{OZ} und der Atmosphäre F_A (oben) in 10^{15} W, nach Peixóto und Oort (1984). Im unteren Teil sind entsprechende Werte für den Atlantischen (F_{At}), den Indischen (F_{In}) und den Pazifischen Ozean (F_{Paz}) mit F_{OZ} zum Vergleich (unten) dargestellt, nach Hastenrath (1982). Positive Werte bedeuten Transport nach Norden, negative Werte dagegen Transport nach Süden

Die neueren Erkenntnisse besagen, daß tiefgreifende Konvektion nur in bestimmten ozeanischen Arealen vorkommt. Dazu zählen Teile des subpolaren Nordatlantiks sowie die Wedellsee in der Antarktis. Die schematische Darstellung in Abb. 3.24 zeigt, welche generelle Vorstellung gewonnen wurde. Das vor allem im nördlichen Nordatlantik abgesunkene Wasser breitet sich in der Tiefe im dargestellten Sinn im Weltmeer aus und wird von der Wedell-See als einer Art "Zwischenpumpstation" verstärkt. Im Indischen und nördlichen Pazifischen Ozean gelangt das Wasser wieder an die Oberfläche, wo es im Resultat der ozeanischen Zirkulation wieder den Ausgangspunkt erreicht. Die Zykluszeit dürfte in der Größenordnung der Zeitkon-

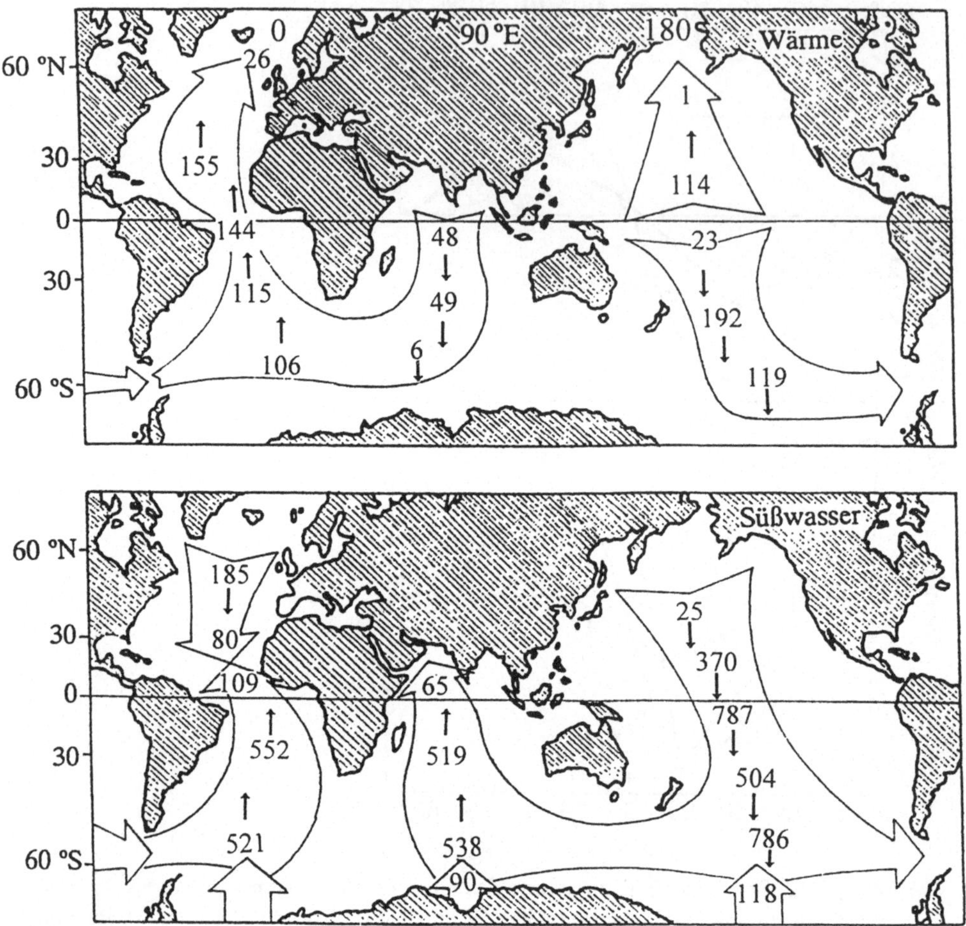

Abbildung 3.23: Globale meridionale Transporte von (a) Wärme in 10^{13} W und (b) Süßwasser in 10^3 t·s⁻¹, nach Stommel aus Open University (1991). Die von Antarktika ausgehenden Wasserzufuhren bezeichnen den Wassergewinn durch abdriftendes Meereis

stante der Tiefsee im Klimasystem von 10^2 bis 10^3 Jahren liegen (vgl. Tab. 3.1). Die den Kreislauf auslösende Konvektion ist klimaabhängig, das absinkende Wasser bewahrt diese Informationen bis zum Wiedereintritt in die Wechselwirkung mit der Atmosphäre. Dieses "Fließband" läuft also nicht gleichförmig. Besonders die klimatische Variabilität auf der Zeitskala von Dekaden bildet einen wichtigen Antriebsmechanismus für die thermohalinen Prozesse. Diskutiert wird die Möglichkeit abrupter Klimaänderungen innerhalb weniger Jahre infolge stärkerer Fluktuationen dieses besonderen Zirkulationsregimes. Die entsprechenden Modellergebnisse sind, von ihren Voraussetzungen abhängend, uneinheitlich, deuten aber auf eine eher geringe Wahrscheinlichkeit starker Änderungen hin. Die durchgeführten Beobachtungen ergaben, daß es gerade in der nordatlantischen Absinkregion in diesem zeitlichen Maßstab infolge des komplexen Zusammenwirkens ozeanischer, atmosphärischer und kryosphärischer Prozesse zu ausgeprägten *Besonderheiten in der Klimavariabilität* kommt, die sich auch auf die nordhemisphärischen Mitteltemperaturen auswirkt. Zu nennen ist die Abkühlung nach der um 1940 kulminierten "Erwärmung der Arktis" (vgl. Abschnitt 4.3). Sie führte im nördlichen Teil des Nordatlantiks im Zeitraum 1950/86 verbreitet zu negativen Anomalien sowohl der Luft- als auch der Oberflächenwassertemperatur. Dabei lag der Schwerpunkt im Raum Island/Grönland.

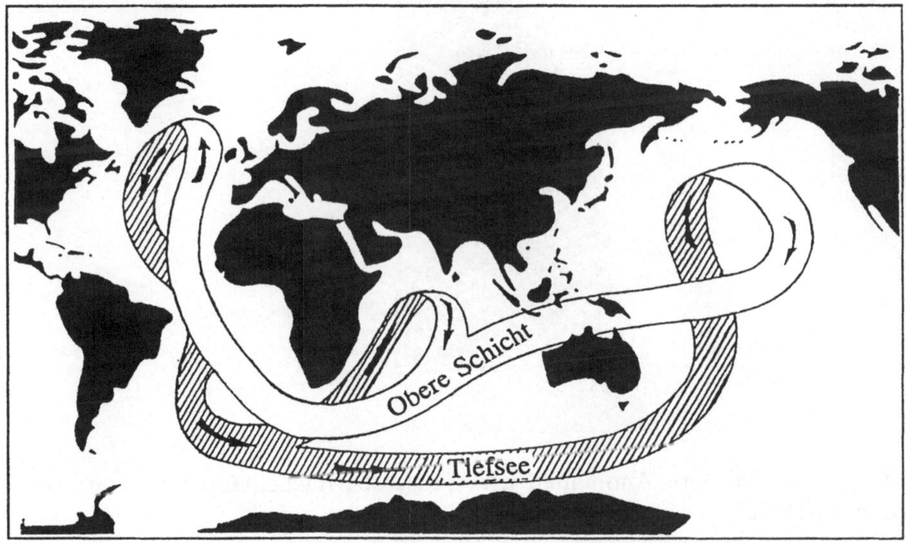

Abbildung 3.24: Thermo-haliner Wasserkreislauf im Ozean, der in der Art eines "Fließbandes" (*oceanic conveyor belt*) mit Absink- und Aufstiegsregionen verläuft, hier nach Grassl (1991), verändert

Innerhalb dieses Zeitraumes existierte zwischen 1968 und 1982 in diesem Raum eine Salzgehaltsanomalie in den oberen 500-800 m. Dickson et al. (1988) sprechen von der "am ausgeprägtesten persistenten und extremen Anomalie im globalen Ozeanklima in diesem Jahrhundert", von der anzunehmen ist, daß an ihrer Entstehung neben einer Niederschlagszunahme vor allem eine möglicherweise quasi-periodisch ablaufende Änderung des Zustromes von Eis und relativ salzarmen Wasser beteiligt gewesen ist. Dadurch kam es zu einer Hemmung der Konvektion, korrespondierender Abkühlung sowie zu einer Verringerung der Tiefenwasserbildung. An diesem Beispiel wird deutlich, daß Rückkoppelungsprozesse, die verschiedene Komponenten des Klimasystems erfassen, auch Klimaänderungen entgegen den allgemeinen Erwartungen bewirken können. Neuere Untersuchungen haben ergeben, daß in den letzten 40 Jahren die Arktis, besonders im Herbst und im Winter, tatsächlich einer Abkühlung als Folge von Wechselwirkungen zwischen Ozean, Kryosphäre und atmosphärischen Zirkulation unterlag. Die erste globale Erwärmung dieses Jahrhunderts, die um 1940 kulminierte, war dagegen gerade durch eine wärmeres Nordpolargebiet gekennzeichnet (vgl. Abschnitt 4.3).

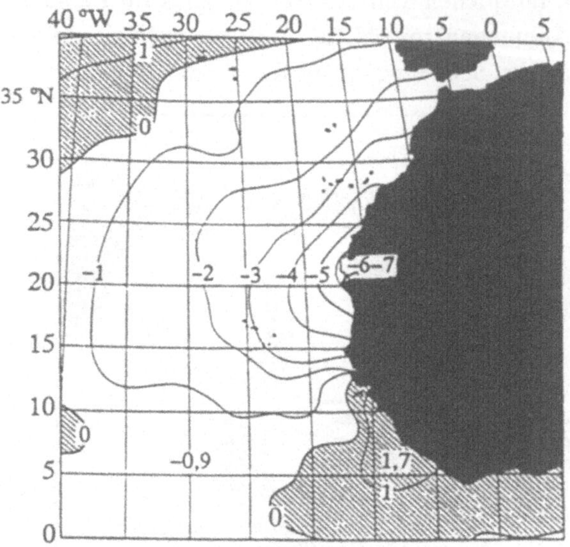

Abbildung 3.25: Mittlere Anomalien der Wasseroberflächentemperatur vor NW-Afrika, nach Defant (1961)

Einen weiteren Naturvorgang zur Verringerung des Wärmeüberschußes in den Tropen und Subtropen bilden die küstennahen *Auftriebsprozesse* des Weltmeeres. Unter dem Einfluß des ablandig bis küstenparallel wehenden Passates kommt es im Bereich von tropischen und subtropischen Ostrandküsten der Ozeane zum Aufquellen (*upwelling*). Es handelt sich um den Auftrieb kühleren Wassers aus einigen hundert Meter Tiefe. Die betroffenen küstennahen Meeresgebiete sind auch von kalten, äquatorwärts setzenden Meeresströmungen (den Ostrandströmungen) erfaßt, wodurch die negativen Wassertemperaturanomalien verstärkt werden. In Abb. 3.25 wird am Beispiel des nordwestafrikanischen Auftriebsgebietes Intensität und Ausmaß des Effekts gezeigt. Entsprechende weitere Auftriebsgebiete befinden sich vor Namibia, vor Kalifornien, vor Peru/Chile sowie vor Westaustralien. Es handelt sich dabei um einen veränderlichen Prozeß, am stärksten sind die interannuellen Schwankungen vor der Westküste Südamerikas ausgeprägt, die mit dem Begriff el niño verbunden sind (Abschnitt 3.1.7.2).

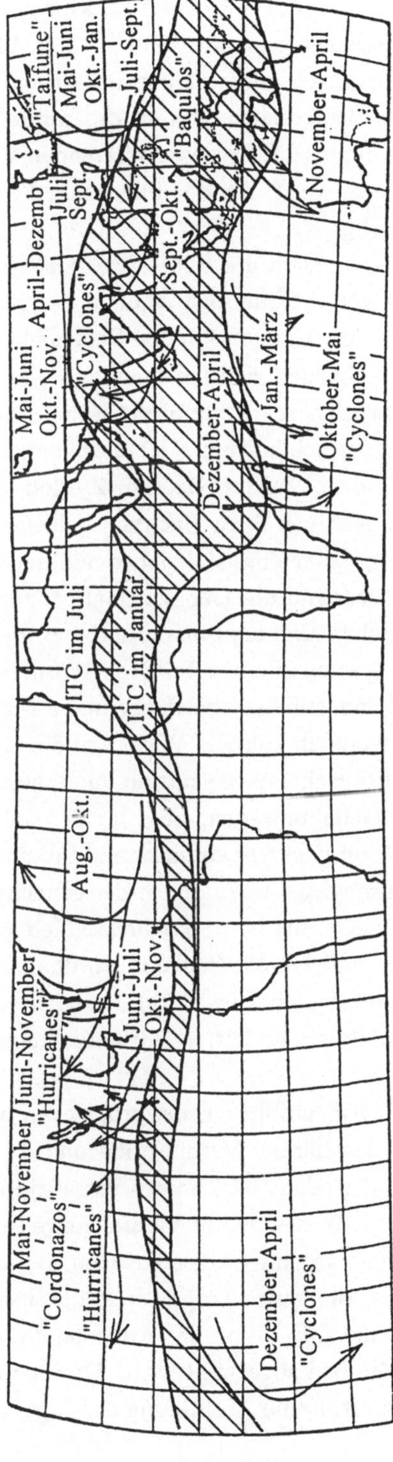

Abbildung 3.26: Auftreten von tropischen Wirbelstürmen sowie die Juli- und Januar-Lage der Innertropischen Konvergenzzone, nach Rudloff und Kaufeld (1991)

Die Auftriebsprozesse sind eindrucksvoller Ausdruck der klimatischen Variabilität und der damit verbundenen Fernwirkungen (s. Abschnitt 3.1.7.2). Infolge von Divergenzen im Stromfeld entstehen Auftriebsgebiete auch im küstenfernen tropischen Meer. Diese variieren im Laufe der Jahreszeiten, was im Zusammenhang mit entsprechenden Schwankungen des Windfeldes und korrespondierenden Verlagerungen des Stromfeldes bezüglich des Äquators steht. An der Energetik dieser Prozesse sind lange ozeanische Wellen mitbeteiligt.

Zum Abtransport von Wärme tragen auch die *tropischen Wirbelstürme* bei. Diese bilden sich außerhalb einer Zone von ± 5° um den Äquator (zu geringe ablenkende Kraft der Erdrotation in der Nähe des Äquators) in den Seegebieten mit maximalen Oberflächenwassertemperaturen. Es handelt sich um thermisch getriebene Zirkulationen, zu deren Auslösung eine präexistierende atmosphärische Störung erforderlich ist. Die Wirbelstürme, die in den verschiedenen Gebieten ihres Auftretens unterschiedliche Bezeichnungen (Hurrikan, Taifun, Baguio, Zyklon, Mauritius-Orkan, Willy-Willy u.a.) tragen, bewegen sich von ihren Ursprungsgebieten auf gekrümmten Bahnen polwärts, wobei sie entlang einer Zugbahn ziehen, auf der sie ihren Energiebedarf optimal decken können. Das sind die Gebiete relativer maximaler Wassertemperatur. In ihren Einflußbereichen sind die Flüsse fühlbarer und latenter Wärme um Größenordnungen verstärkt, was zu einem effektiven Wärmeverlust im betroffenen Gebiet beiträgt. Ihre Wirkung auf das oberflächennahe Meer besteht u.a. in einer Auflösung der Schichtung, wodurch kühleres Wasser an die Oberfläche gelangt. Die Beobachtungstatsache, daß tropische Wirbelstürme innerhalb einer Saison sich nicht wiederholt auf derselben Bahn bewegen, liegt an der anhaltenden "kalten Schleppe", die sie hinterlassen. Beim Übertritt auf das Land füllen sie sich rasch auf. Jährlich gehen mehrere dieser Sturmwirbel in Zyklonen der gemäßigten Breiten über. Das Auftreten der tropischen Wirbelstürme ist stark jahreszeitlich geprägt; die größte Häufigkeit wird im Spätsommer und Herbst (auf der Nordhalbkugel August und September, auf der Südhalbkugel Januar bis März) beobachtet. Die tropischen Wirbelstürme rufen in den von ihnen berührten Küstengebieten häufig größere Schäden hervor.

Ein weiterer Mechanismus der Wärmeabfuhr aus den tropischen und subtropischen Meeren hat seinen Ursprung in der starken Verdunstung und damit verbundenem Wärmeentzug unter dem Einfluß der relativ beständigen Passatwinde. Mit dem Nordost- bzw. Südostpassat wird die mit Wasserdampf angereicherte Luft in den Bereich der Innertropischen Konvergenzzone geführt, wo sie aufsteigt. Bei der Kondensation, die mit der Bildung oft mächtiger, die ganze Troposphäre durchsetzender Cumulonimben verbunden ist, wird Wärme frei, die in der Atmosphäre verteilt wird bzw. von den Wolkenoberflächen nach oben abgestrahlt wird. Dieser Vorgang ist für die atmosphärische Energetik und damit für die Ausbildung der allgemeinen Zirkulation der Atmosphäre von grundlegender Bedeutung. Störungen dieser Prozesse können Klimafluktuationen nach sich ziehen.

Die genannten Prozesse der Klimawirkung und der Wechselwirkung des Ozeans mit anderen Teilen des Klimasystems existieren nicht unabhängig voneinander. Sie bedingen sich vielmehr gegenseitig und erzeugen so die komplexe und in vielen Einzelheiten noch nicht bekannte Rolle des Ozeans für die Stabilität, aber auch für die Veränderungen des Klimas.

3.1.5   Landoberflächen und Vegetation im Klimasystem

Die Landoberflächen, die in großer Vielfalt auf der Erde vorkommen, unterscheiden sich in ihrem Einfluß auf das großräumige Klima und damit in ihren Wechselwirkungen mit der Atmosphäre stark von der global dominierenden Wasseroberfläche des Ozeans. Die verschiedenen Kategorien dieser Wechselwirkung zwischen jeweiliger Oberfläche und Atmosphäre gemäß Abb. 3.17 bleiben erhalten. Jedoch verschiebt sich die Bedeutung der verschiedenen Teilprozesse.

Die Landoberflächen zeichnen sich durch einige allgemeine Eigenschaften aus. Zunächst sind die unterschiedlichen Höhenverteilungen mit entsprechenden Neigungen der Erdoberfläche und damit die *Existenz von Gebirgen* unterschiedlichen Ausmaßes zu nennen. Diese Randbedingung unterliegt in geologischen Zeitmaßstäben (auch klimawirksamen) Veränderungen. Jedoch kann sie für die hier besonders interessierenden Zeitskalen als unveränderlich angesehen werden.

Die globale klimatologische Bedeutung der Hochgebirge liegt in ihrer Eigenschaft, als Hindernis für die Luftbewegungen zu wirken. Das ist ein *planetarischer Effekt*, der im Lee großer Gebirgszüge zur Bildung quasi-stationärer Tröge im troposphärischen Geopotential- und Strömungsfeld mit meridionalen Transporten von Impuls, Wärme und Wasserdampf führt. Diese Zirkulationseffekte können in den Klimamodellen realistisch erfaßt werden.

Die Bedeckung der Oberfläche mit ihren nach physikalischen, chemischen und biologischen Eigenschaften unterschiedlichen *Böden* sowie mit der ebenfalls mannigfaltigen *Vegetation* ist eine weitere allgemeine Eigenschaft. Die landschaftlichen Charakteristiken unterliegen häufig ausgeprägten jahreszeitlichen Veränderungen. Diese Einflüsse sind relativ leicht bestimmbar und zu modellieren.

Die *Boden- und Oberflächenfeuchte* sowie die *Zusammensetzung der bodennahen Luft* sind für die Wechselwirkung zwischen Landoberflächen und Klima besonders wichtig. Diese Größen sind unregelmäßig in Raum und Zeit verteilt und am schwierigsten der globalen Berechnung zugänglich.

3.1.5.1 Energetische Wechselwirkungen

Die klimawirksamen Eigenschaften von vegetationsfreien Festlandsoberflächen sind in Tab. 3.9 verzeichnet. Unter der Randbedingung der breitenabhängigen solaren Einstrahlung erweisen sich die Oberflächen- und Bodenparameter als sehr wichtig. Eine Schlüsselgröße ist die *Albedo* (s. Abschnitt 2.2.1), die für die meisten Landgebiete höher ist als für den Ozean. Die Absorption der verbleibenden Strahlung erfolgt bei baren Böden unmittelbar an der Oberfläche, ganz im Gegensatz zu Gewässern, in die nicht nur die Globalstrahlung eindringen kann, sondern auch die turbulente Durchmischung für einen effektiven Wärmetransport in die Tiefe sorgt. Dazu im Gegensatz erwärmt sich die Bodenoberfläche sehr stark, der *Wärmefluß im Boden* (Bodenwärmestrom) wird durch die wenig effektive molekulare Wärmeleitung reguliert. Dadurch können die tägliche und und die jährliche Wärmewelle in Abhängigkeit von der Bodenart nur bis in geringe Tiefen vordringen. Die Folge ist ein extremes thermisches Verhalten im Bereich der Bodenoberfläche, das wiederum den fühlbaren Wärmestrom steuert. Dieser ist über baren Landflächen größer als über dem Ozean und variiert in der Regel unter Vorzeichenwechsel stark zwischen Tag und Nacht sowie Winter und Sommer. Der mit der Verdunstung verbundene latente Wärmestrom ist wegen der häufig eingeschränkten Verfügbarkeit von Wasser an der vegetationsfreien Bodenoberfläche kleiner als der über Gewässern.

Die langwelligen Strahlungsflüsse werden durch das Emissionsvermögen der Oberfläche modifiziert, als charakteristischer Wert kann $\varepsilon = 0{,}95$ angenommen werden. Dieser unterscheidet sich nur wenig von dem Emissionsvermögen von Wasser.

Hinsichtlich der Besonderheiten des Wärmehaushaltes der permanenten und temporären Schneedecken wird auf den Abschnitt 3.1.6 verwiesen.

Das kontinentale Verhalten und die Besonderheiten der Wärmehaushaltskomponenten führt zu den Grundzügen des kontinentalen Klimas mit den starken thermischen Kontrasten im Tages- und Jahresgang der Lufttemperatur.

Zu den energetischen Wechselwirkungen zwischen Landoberflächen und Atmosphäre gehört auch die Dissipation kinetischer Energie der Atmosphäre, der *Impulsaustausch*. Er hängt von der aerodynamischen Rauhigkeit der Landoberflächen ab. Diese Eigenschaft wird durch die Rauhigkeitshöhe z_0 beschrieben, die in einem breiten Wertebereich zwischen $\leq 0{,}0001$ (größere Gewässer) und > 2 m (hohe Bebauung) variiert. Das "Windklima" einer Region wird durch die tangentiale Schubspannung des Windes an der Erdoberfläche bestimmt. Im Windbereich zwischen 10 und 20 m·s^{-1} liegt diese Größe zwischen 0,1 und 0,3 N·m^{-2} (Flemming und Hupfer 1991).

Tabelle 3.9: Klimawirksame Größen für ebene Festlandsflächen ohne Vegetation, nach Carson (1987)

Größengruppe	Strahlung	Thermodynamik	Hydrologie	Dynamik
Externe Anregung	Global- und Gegenstrahlung		Flüssiger und fester Niederschlag	
Atmosphärische Größen		Lufttemperatur	Spezifische Luftfeuchte	Windgeschwindigkeit
Oberflächenparameter	Reflexions- und Emissionsvermögen		Feuchteverfügbarkeitsfunktion	Rauhigkeitshöhe
Oberflächengrößen	Oberflächentemperatur	Oberflächentemperatur	Spezifische Luftfeuchte an der Oberfläche, Wasseräquivalent von Schnee	
Oberflächenflüsse	Strahlungsbilanz	Fühlbarer, latenter und Bodenwärmestrom	Verdunstung, Schneeschmelzrate, Versickerung, Abfluß	Tangentiale Schubkraft des Windes
Bodenflüsse		Wärmestrom im Boden	Nettowasserfluß in den Boden	
Bodenparameter		Wärmeleitfähigkeit und -kapazität	Hydraulische Leitfähigkeit des Bodens, Tiefe der Oberflächenschicht	
Bodeneigenschaften		Bodentemperatur	Bodenfeuchte	Bodenwasserströmungsgeschwindigkeit

3.1.5.2 Einfluß der Vegetation

Die Vegetationsdecke, die die feste Erdoberfläche in ihrem größten Teil überzieht, wirkt sich einerseits auf das Klima aus, andererseits ist die Vegetation in ihrer Mannigfaltigkeit und Menge vom Klima abhängig (s. u.a. Walter 1970, Monteith 1975/76, Lovelock 1979, 1991, Woodward 1987). Die globalen Wechselwirkungen zwischen Klima und Vegetation werden besonders deutlich bei den Übergängen von einem Klimazustand in den anderen (Kap. 4). Effektive Klimaklassifikationen stützen sich auf die Beziehungen zwischen Pflanzenwelt und Klima (Abschnitt 3.2). Der Zusammenhang zwischen Lufttemperatur und Niederschlag auf der einen und der Ausdehnung wichtiger Vegetationsformen auf der anderen Seite ist in Abb. 3.27 dargestellt.

Was die Besonderheiten des Wärmehaushaltes angeht, so bestimmt bei Vegetationsdecken mit geringer vertikaler Ausdehnung (Gras) noch der Boden die Größe der Albedo und damit die Strahlungsbilanz. Wegen der wärmeisolierenden Funktion dieser Vegetation verringert sich der Bodenwärmestrom gegenüber unbewachsenen Oberflächen bei gleichen Bodenparametern. Der fühlbare Wärmestrom verringert sich ebenfalls. Der latente Wärmestrom wird dagegen größer, da zur Evaporation des Bodens nun die Transpiration des Grases hinzukommt. Der Begriff der Verdunstung erweitert sich zu dem der Evapotranspiration.

Mit zunehmender Höhe der Pflanzen wird die scharfe Grenze zwischen Atmosphäre und Boden dadurch aufgelöst, daß die Vegetation eine Zwischenschicht schafft (Hindernisschicht, canopy layer). Albedo und Strahlungsbilanz hängen von der Art und damit von Farbe und Helligkeit der Pflanzen ab.

Die verdunstende Oberfläche erhöht sich entsprechend der Gesamtblattfläche, so daß die reale Verdunstung die bei Wassersättigung eintretende potentielle Verdunstung der Oberfläche sogar übertreffen kann. Je nach Klimagebiet besitzen die Pflanzen Anpassungsmechanismen, um einer Austrocknung zu begegnen.

Nicht nur zur Anwendung in den globalen Klimamodellen ist es erforderlich, die Wechselwirkungen zwischen Boden, Vegetation und Atmosphäre zu modellieren. Die Berücksichtigung der Vegetation ist am einfachsten möglich, wenn entsprechend veränderte Albedo- und Rauhigkeitswerte als Randbedingung am Boden für Klimamodelle vorgegeben werden. Das stößt bereits auf Schwierigkeiten, da sich die räumliche Veränderlichkeit der Vegetation und die (in der Regel noch ziemlich grobe) Auflösung der globalen Klimamodelle nicht entsprechen. Die einfachen Verfahren können auch deshalb nicht befriedigen, weil die energetisch wichtige Größe der Transpiration der Pflanzen wesentlich komplizierteren Abhängigkeiten gehorcht. Die Pflanze verfügt über eigene Regelmöglichkeiten, um Streß-Situationen zu überstehen.

In den *Big Leaf-Modellen* wird die potentielle Verdunstung von Pflanzenbeständen berechnet, für die der "Widerstand" für die Verdunstung vorgegeben werden muß, der sich aus dem wasserbedarfsgesteuerten Öffnen und Schließen der Stomata ergibt. Am weitesten entwickelt sind die *SVAT-Modelle (Soil-Vegetation-Atmosphere-Transfer)*, die den Energieaustausch berechnen. Diese Modelle werden erweitert durch die Berücksichtigung des Gasaustausches in diesem Bereich. Modelliert werden die trockene Deposition bzw. die Exhalationsflüsse solcher Gase wie Ozon, Stickoxide,

Ammoniak u.a. Diese vertikalen Austauschprozesse genügen denselben Gesetzmäßigkeiten wie die, die den Austausch von fühlbarer und latenter Wärme sowie Impuls in der Bodenschicht der Atmosphäre bestimmen. Chemische Reaktionen der Spurengase können dabei berücksichtigt werden (Kramm 1995).

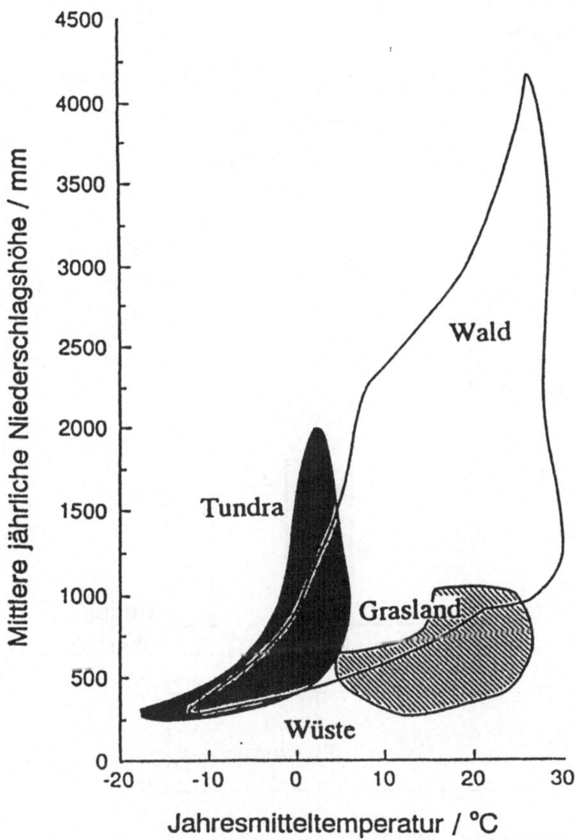

Abbildung 3.27: Verteilungen von Wald, Grasland, Tundra und Wüste als Funktion der Jahresmitteltemperatur und der mittleren jährlichen Niederschlagshöhe, nach Lieth (1975)

In Abb. 3.28 ist schematisch der Aufbau eines eindimensionalen energetischen SVAT-Modells nach Blümel (1992) dargestellt. Das Modell enthält mehrere Schichten, die eine detaillierte Bestimmung der interessierenden Größen zulassen. Für die verschiedenen Größen existieren Berechnungsvorschriften. Das Modell besteht aus einem Grenzschichtmodell, einem Vegetationsmodell und einem Bodenmodell. Diese Teilmodelle sind durch die Flüsse von Energie und Masse miteinander verbunden und stehen so in einer aktiven Wechselwirkung. Die SVAT-Modelle können durch chemische Modelle ergänzt werden.

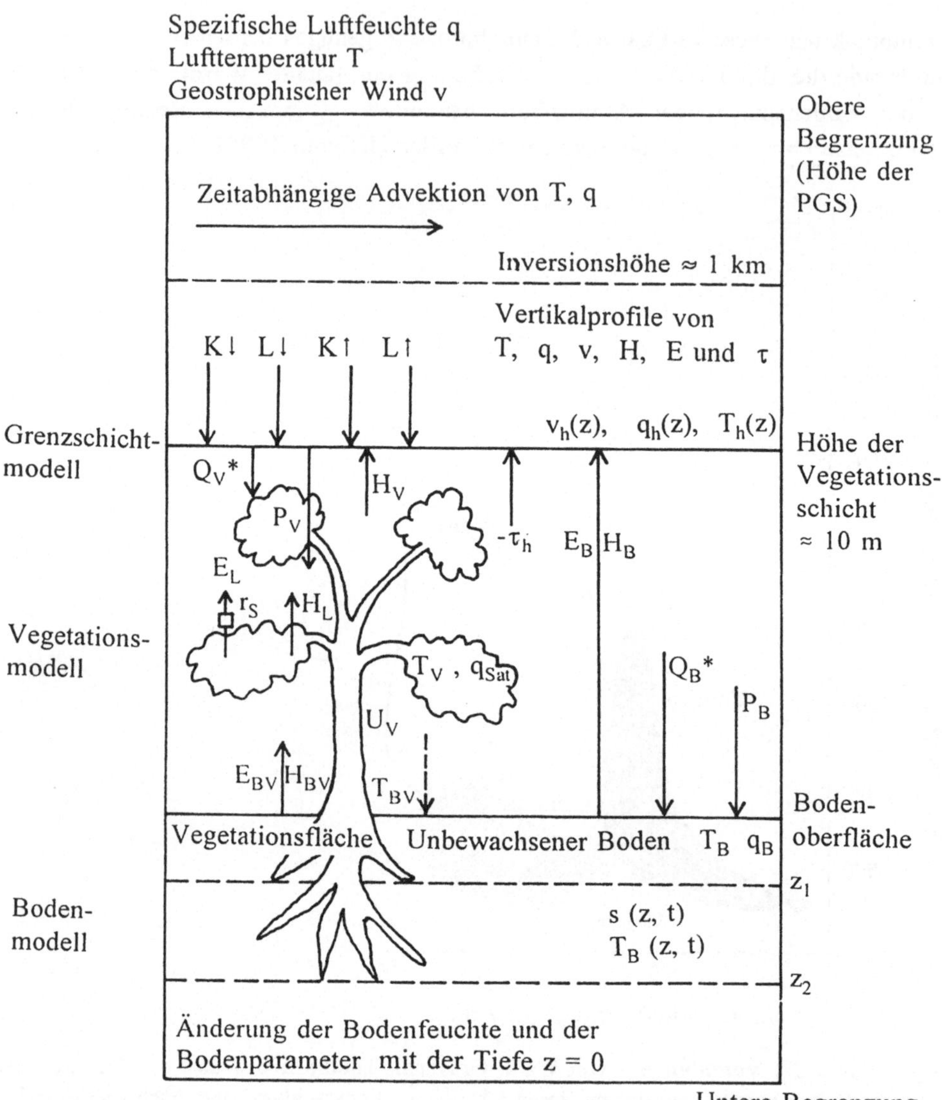

Abbildung 3.28: Schema eines eindimensionalen SVAT-Modells (Soil-Vegetation-Atmosphere-Transfer-Model), in Anlehnung an Blümel (1992). PGS = planetarische Grenzschicht, H = fühlbarer Wärmestrom, E = latenter Wärmestrom, τ = Impulsfluß, K↓ = einfallende kurzwellige Strahlung, L↓ = einfallende langwellige Strahlung, K↑ = ausgehende kurzwellige Strahlung, L↑ = ausgehende langwellige Strahlung, Q* = Strahlungsbilanz, r_s = Stomatawiderstand, P = Niederschlag, q_{Sat} = Sättigungswert der spezifischen Luftfeuchte, U_V = Windgeschwindigkeit im Bestand, s = Bodenfeuchte, z = Tiefe im Boden, t = Zeit. Index h: bezogen auf den Oberrand der Vegetationsschicht, Index V: bezogen auf die Vegetationsschicht, Index L: bezogen auf die Blätter, Index BV: bezogen auf den Raum zwischen Boden und Vegetation, Index B: bezogen auf den Boden

3.1.5.3 Gasaustausch

Wie bereits aus Abschnitt 3.1.3.1 hervorgegangen ist, spielen Landoberflächen und Vegetation eine wichtige Rolle in den biogeochemischen Stoffkreisläufen, insbesondere im Kohlenstoffkreislauf.

Die bekannte Zunahme des CO_2-Gehaltes der Atmosphäre (Abb. 3.4) ist dadurch gekennzeichnet, daß dem Trend ein ausgeprägter Jahresgang überlagert ist. Dessen Ursache ist der jahreszeitliche Wechsel der Vegetation vor allem auf der Nordhalbkugel. Die Schwankungsbreite dieses Jahresganges hat in den letzten Jahrzehnten zugenommen. Wie aus Abb. 3.6 hervorgeht, sind für die terrestrischen Austauschraten des Kohlenstoffes mit der Atmosphäre noch erhebliche Spannen angegeben. Um zu genaueren Abschätzungen zu kommen, sind *globale Biosphärenmodelle* entwickelt worden, die eine hohe räumliche und zeitliche Auflösung haben. Zu nennen ist als Beispiel das auch in die globale Klimamodellierung des Deutschen Klimarechenzentrums übernommene Biosphärenmodell von Esser (1986). Seine Auflösung liegt bei $0,5°·0,5°$, die Nettoprimärproduktion wird aus der Korrelation mit den Hauptklimaelementen Niederschlag und Lufttemperatur ermittelt. Mit Hilfe hochaufgelöster Vegetations- und Bodenkarten kann jedem Gitterpunkt ein Vegetations- und Bodentyp als Grundlage für die Berechnungen zugeordnet werden.

Die terrestrische Primärproduktion kann auch unter Nutzung der *photosynthetisch aktiven Strahlung* (PAR) aus dem Vegetationsindex mittels Satellitenmessungen bestimmt bzw. überwacht werden (Blümel et al. 1989). Dieser wird aus den spektralen Reflexionswerten der Vegetation bestimmt.

Die Kohlenstoffreservoire der festländischen Vegetation und Böden enthält Tab. 3.10.

Als Beispiel für einen weiteren natürlichen anthropogen beeinflußten Kreislauf sei der von *Methan* genannt. Gemäß den Angaben in Tab. 3.11 beläuft sich die Differenz zwischen Quellen und Senken auf 30 Mio. Tonnen/Jahr, die den beobachteten Anstieg dieses Gases in der Atmosphäre hervorrufen.

Durch *Brände* werden beträchtliche Mengen von CO_2 in die Atmosphäre emittiert. Auf diesem Weg gelangen auch Kohlenmonoxid, Kohlenwasserstoffe, Stickoxide und Schwefelverbindungen in die Atmosphäre. Dadurch wird der troposphärische Ozongehalt erhöht (Abb. 3.29). Goldammer (1994) weist darauf hin, daß Modellrechnungen zufolge bei einem sofortigen Wegfall der durch Vegetationsbrände in die Atmosphäre gelangenden Aerosole die Solarstrahlung an der Erdoberfläche um $2 \ W·m^{-2}$ erhöht würde, was einen merklichen Temperaturanstieg zur Folge hätte. Dieser Betrag entspricht in der Größenordnung der zu erwartenden Erhöhung der Strahlungsbilanz im Fall der Verstärkung des Treibhauseffektes infolge der anthropogenen Emission strahlungsaktiver Spurengase.

Tabelle 3.10: Kohlenstoffgehalt in Vegetation und Böden, nach Jackson (1990) aus Binkley und Koten (1994)

Vegetationstyp	Fläche 10^8 ha	Kohlenstoff in der Vegetation Gt	Kohlenstoff im Boden Gt	Gesamt-Kohlenstoff Gt	Gesamte primäre Netto-kohlenstoff - produktion 10^9 g C·a^{-1}
Trop. Regenwald	10,4	156,0	138,7	294,7	8,3
Trop. Trockenwald	7,7	49,7	45,8	95,5	4,8
Temperierter Wald	9,2	73,3	104,3	177,6	6,0
Borealer Wald	15,0	143,0	181,9	324,9	6,4
Trop. Waldland und Savannen	24,6	48,8	129,6	178,4	11,1
Temperierte Steppe	15,1	43,8	149,3	193,1	4,9
Wüste	18,2	5,9	84,0	89,9	1,4
Tundra	11,0	9,0	191,8	200,8	1,4
Feuchtland	2,9	7,8	202,4	210,2	3,8
Kultiviertes Land	15,9	21,5	167,5	189,0	12,1
Felsen und Eis	15,2	0	0	0	0
Globale Summe	145,2	558,8	1 395,3	1 954,1	60,2

Tabelle 3.11: Globaler Methanhaushalt, nach Jackson (1994). Die Zahlen haben die Dimension 10^6 t·a^{-1}

Quellen: 490	Fossile Brennstoffe: 80 Viehhaltung: 80 Emission aus Feuchtgebieten und Tundren > 50° N: 35 Deponien: 50 Tropische Sümpfe: 40 Reisanbau: 95 Verbrennung von Biomasse: 60 Termiten: 50
Senken: 460	OH-Oxidation in der Atmosphäre: 450 Aufnahme in Böden: 10

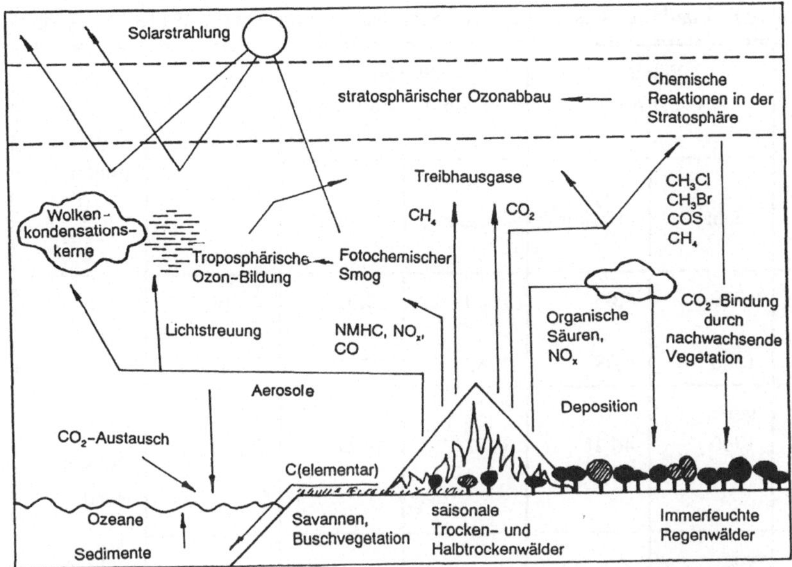

Abbildung 3.29: Die Auswirkung natürlicher und angelegter Feuer auf die Atmosphäre, nach Goldammer (1994)

3.1.5.4   Änderungen der Landnutzung

Die oben erwähnte Frage des Einflußes von Bränden auf die Atmosphäre macht bereits deutlich, daß gegenwärtig beträchtliche Änderungen der Landnutzung vor sich gehen, die aus globaler Sicht nicht ohne Folgen auf das Klima bleiben. Aus Tab. 3.12 ist zu ersehen, daß in den letzten 200 bis 300 Jahren beträchtliche Änderungen in der Nutzung der festen Erdoberfläche abgelaufen sind. Während sich die landwirtschaftliche Nutzfläche erweitert hat, sind insbesondere die Waldflächen zurückgegangen.

Zu den globalen Problemen zählt die *Desertifikation*, die fortschreitende Wüstenbildung. Der Anteil der Wüsten an der festen Landoberfläche (außer Antarktika) beträgt gegenwärtig ca. 7 %. In den gefährdeten Gebieten können schon vergleichsweise geringe klimatische Schwankungen die Vegetation nachhaltig schädigen, zumal durch Überweidung und ungenügende Wasserbewirtschaftung die Empfindlichkeit ohnehin gesteigert ist. Die gegenwärtige Wüstenbildungsrate wird auf ca. 60 000 $km^2 \cdot a^{-1}$ geschätzt.

Veränderungen der Landoberfläche gehen auch infolge der *Versalzung* von Feldflächen vor sich. Versalzte Flächen machen gegenwärtig etwa 0,44 % der Festlandsoberfläche aus, der jährliche Zuwachs beträgt ca. 15 000 km^2.

Tabelle 3.12: Weltweite Landnutzungsänderungen, nach Meyer und Turner II (1990), ergänzt

Landnutzung	Fläche früher		Fläche nahe heute		Änderung %	Gegenwärtige Veränderungen 10^3 km²·a⁻¹
	Jahr	10^6 km²	Jahr	10^6 km²		
Landwirtschaft	1700	2,65	1980	15,01	+ 466	Wald→ Feld:
Landwirtschaft, bewässert	1800	0,08	1989	2,00	+ 2400	100-200
Wald, dicht	vor 1700	46,28	1983	39,27	- 15,1	Feld→ Wüste: ≈ 60
Wald, offen	vor 1700	61,51	1983	52,37	- 14,9	Feld→ Salzfläche: ≈ 15
Weideland	1700	68,00	1980	67,88	- 0,2 *)	Feld→ Stadt: ≈ 20
Städte			1985	2,47	-	

*) Diese Änderungen betragen in Europa und Nordamerika je -27 %, in Südostasien -26 %, in Afrika + 10 % und in Lateinamerika + 26 %.

Ökologisch besonders gefährlich ist die *Entwaldung*, durch die vorzugsweise Feldflächen entstehen. Zur Zeit sind noch etwa 30 % der Festlandsoberfläche bewaldet, der Waldrückgang vollzieht sich räumlich und zeitlich sehr unterschiedlich. Der Übergang von Wald zu Feld oder Savanne erfolgt in den Tropen bei einer Gesamtfläche des Tropenwaldes von ca. $7 \cdot 10^6$ km².

Dieser bedeutende Eingriff in die Natur ist von erheblichen Folgen auch für die Atmosphäre begleitet. Im globalen Maßstab wirkt sich vor allem der Eingriff in den Kohlenstoffkreislauf und eine damit verbundene Verstärkung des zusätzlichen Treibhauseffektes aus.

Regional und lokal ist die Zunahme der Windgeschwindigkeit in Bodennähe zu nennen, verbunden mit der Verstärkung der Bodenerosion und von Staubaufwirbelungen. Von den Wärmehaushaltskomponenten erhöhen sich die Albedo und der fühlbare

Wärmestrom, während latenter Wärmestrom und Strahlungsbilanz abnehmen. Die Niederschlagsverhältnisse und der Bodenwasserhaushalt unterliegen ebenfalls Veränderungen. Diese Tendenzen werden durch Modellrechnungen bestätigt (Henderson-Sellers und McGuffie 1987). Es sei darauf hingewiesen, daß auch die borealen Wälder, insbesondere Sibiriens, eine hohe Rückgangsrate aufweisen.

Eine gleichfalls klimatisch bedeutende Veränderung der Landnutzung vollzieht sich durch die fortschreitende *Ausbreitung der Stadtflächen* (Urbanisierung). Um das Jahr 2000 wird die Stadtbevölkerung etwa die Hälfte der Gesamtbevölkerung ausmachen, während ihr Anteil um 1900 noch bei 14 % lag. Neben dem relativen Anwachsen der Stadtbevölkerung ist es vor allem der sich sehr schnell entwickelnde Trend zu riesigen Stadtagglomeraten (um 2000 zu erwarten: Mexico-City etwa 26 Mill. Einwohner!), der den Inhalt des Begriffes der Urbanisierung prägt (Zimm 1994). Die Zunahme der städtischen Flächen liegt bei etwa 20 000 km^2/Jahr. Die klimatologische Bedeutung der Urbanisierung ist insbesondere in der Entwicklung des Stadtklimas (s. Kap. 7) zu sehen.

3.1.6 Kryosphäre und Klima

Die gegenwärtigen Druck- und Temperaturverhältnisse an der Erdoberfläche erlauben das Vorkommen von Wasser in allen drei Aggregatzuständen. Die Gesamtheit des Vorkommens von Eis im Bereich der Erdoberfläche wird als Kryosphäre bezeichnet. Sie enthält etwa 2 % des gesamten im Kreislauf befindlichen Wassers. Die Kryosphäre kann als ein Produkt des Klimas charakterisiert werden, das seinerseits auf das Klima zurückwirkt. In der Erdgeschichte existierte eine Kryosphäre nur während der Eiszeitalter (wir leben gegenwärtig in dem als Quartär bezeichneten Eiszeitalter), deren Zeitdauer klein (etwa 10 % der Gesamtzeit) im Vergleich zu den Warmzeiten angenommen werden kann. Im heutigen Klimageschehen spielt die Kryosphäre eine wichtige Rolle für das Klima und die Auslösung von Klimaschwankungen infolge der besonderen physikalischen Eigenschaften von Schnee und Eis. Ihre einzelnen Bestandteile haben sehr unterschiedliche Zeitkonstanten. Für das globale Klima sind vor allem die Teile der Kryosphäre mit Zeitkonstanten $\geq 10^2$ Jahren von entscheidender Bedeutung. Den aktuellen Stand der Erforschung der Eissphäre der Erde in Bezug auf das Klimasystem gibt Peltier (1993). Bestandteile und Volumina der gegenwärtigen Kryosphäre vermittelt Tab. 3.13.

Eis und Schnee unterscheiden sich von anderen Unterlagen der Atmosphäre wesentlich durch:

- ihre starke Reflexion der Solarstrahlung,
- ihre Strahlungseigenschaften im Bereich der terrestrischen Strahlung (hohes Emis-

sionsvermögen),
- ihre Bedeutung als Wärmesenke infolge der hohen Schmelzwärme und im Mittel
großen Albedowerten,
- ihre geringe Wärmeleitfähigkeit (Isolatorwirkung) sowie
- die für Landoberflächen herabgesetzten Werte der aerodynamischen Rauhigkeit.
Diese Eigenschaften lösen Rückkoppelungsprozesse (so die Schnee-Eis-Albedo-Rückkoppelung) aus, die eine fortschreitende Abkühlung bewirken können. Dieser sind
jedoch infolge des Einsetzens negativer Rückkoppelungen (so über die Zirkulation)
Grenzen gesetzt.

Das *Meereis* besteht aus gefrorenem Meer- oder Flußwasser mit charakteristischen
Zeitkonstanten von Monaten bis Jahren, die hauptsächlich auf die großen latenten
Wärmemengen, die bei Gefrieren und Schmelzen umgesetzt werden, zurückzuführen
sind. Meereis kommt auf etwa 7 % der Fläche des Ozeans vor. Die Bildung von
Meereis ist eng mit der vom Salzgehalt des Meerwassers abhängigen Verschiebung
der Temperaturen des Gefrierpunktes und des Dichtemaximums verbunden. Unter
ozeanischen Verhältnissen liegt die Temperatur des Dichtemaximums unterhalb des
Gefrierpunktes, so daß bei Abkühlung die thermische Konvektion, die zur Bildung
von Boden- und Tiefenwassermassen führt, bis zur Erreichung des Gefrierpunktes
in der gesamten Wassersäule nicht unterbrochen wird. Die sich dann in der Wassersäule bildenden Eisteilchen steigen auf und bilden an der Oberfläche zunächst einen
Eisbrei, der zu einem amorphen Eis zusammenfriert. Dieses zerbricht durch den Seegang wieder und bildet so Eisschollen. Unter bestimmten Bedingungen können sich
auch Festeisdecken sowie Packeis bilden.
Die mit der Eisbildung und -schmelze verbundenen Salzgehaltsschwankungen sind
wegen der durch sie bewirkten Verstärkung bzw. Abschwächung der thermohalinen
Konvektion äußerst klimawirksam (s. auch Abschnitt 3.1.4). Infolge der verschiedenen Bildungsmöglichkeiten und Umwandlungsprozesse gibt es zahlreiche Eisarten
im Meer (Scharnow 1978). Die nahezu geschlossene Decke des mehrjährigen Treib-
und Packeises in der inneren Arktis verdankt ihre Beständigkeit der Einschichtung
ausgesüßten und kalten Wassers von den sibirischen Flüssen (ca. 3 300 km$^3 \cdot$a^{-1}),
das der oberen Wasserschicht eine starke Stabilität verleiht und das Eis wirksam von
den tieferen wärmeren Wassermassen im Nordpolarbecken trennt.
Meereis steht in Wechselwirkung mit der auf ihm lagernden Schneedecke (wenn
vorhanden), mit dem darunterliegenden Wasser und der darüber befindlichen Atmosphäre. Sowohl der Austausch von Strahlungs- und Wärmeenergie zwischen Meer
und Atmosphäre als auch die windbedingte Durchmischung des oberflächennahen
Wassers werden bei Eis stark modifiziert oder ganz unterbunden. Das nordpolare
Meereis unterliegt auch langsamen Bewegungen in Form einer antizyklonalen
Bewegung in der Beaufortsee und einer über den Pol verlaufenden Eisbewegung

von der sibirischen Küste her.

Das Eis fließt dann zwischen Grönland und Spitzbergen entlang der ostgrönländischen Küste in den Nordatlantik, ein Prozeß, der offenbar mit einer bestimmten niederfrequenten Zyklizität (mehrere Jahrzehnte, s. auch Abschnitt 3.1.4) zu Salzgehaltsanomalien in den Hauptabsinkgebieten des Nordatlantiks führt.

Tabelle 3.13: Charakteristische Angaben zur gegenwärtigen Kryosphäre, zusammengestellt nach verschiedenen Quellen und ergänzt nach Untersteiner (1984)

Teil der Kryosphäre	Bestandteile	Fläche 10^6 km^2	Volumen 10^4 km^3	Zeitliches Verhalten
Meereis	Südlicher Ozean	max. 20,0	3,0	Ausgeprägter
		min. 2,5	0,5	Jahresgang,
	Nordpolarmeer	max. 15,0		kleine Zeitkon-
		min. 8,4		stante
Kontinentales Eis	Schnee		gering	Starker Jahres-
	Eurasien	30		gang, kleine
	Amerika	17		Zeitkonstante
	Permafrostboden		20-50	Starker Jahres-
	ständig	8		gang
	temporär	21		
	Gebirgsgletscher	0,55	11	Zeitkonstante 10^2 bis 10^3 a
Inlandeis	Antarktika	12	3010	Zeitkonstante
	Grönland	1,7	295	bis 10^5 a

Die Meereisverhältnisse unterliegen erheblichen zeitlichen Veränderungen, unter denen der Jahresgang eine große Schwankungsbreite aufweist. Die jahreszeitlichen Veränderungen sind im Südpolargebiet stärker ausgeprägt als im Norden. Interannuelle und mehrjährige Schwankungen der Eisbedeckung können immer beobachtet werden (vgl. Helbig 1991a). Langzeitbeobachtungen der Meereisbedeckung durch Satelliten zeigen diese Eigenschaften ebenso wie Langzeitänderungen, die sich in einer abnehmende Tendenz der mit Eis bedeckten Meeresfläche auf der Nordhalbkugel äußern (Abb. 3.30).

Die Bildung, Umwandlung und Auflösung von Meereis erfassen Meereismodelle, die in die Globalen Zirkulations-Modelle zur Klimamodellierung einbezogen werden (s. bspw. Hibler III und Flato 1992).

Schnee zeichnet sich durch eine relativ kurze Zeitskala (Tage bis Monate) sowie einen breiten Albedobereich (30 bis 90 %) aus. Der Wert hängt von Korngröße, Flüssigwassergehalt und Reinheit des Schnees sowie von Jahres- und Tageszeit, aber auch von dem Verhältnis der diffusen Himmelsstrahlung zur direkten Sonnenstrahlung ab. Das Emissionsvermögen beträgt $\varepsilon = 0,95$ bis $0,998$, die Wärmeleitfähigkeit liegt je nach Schneedichte zwischen $0,08$ bis 2 $W{\cdot}m^{-1}{\cdot}K^{-1}$ (Abb. 3.31). Die im Mittel durch einen Wert der Rauhigkeitshöhe $z_o = 10^{-4}$ m charakterisierte aerodynamisch glatte Oberfläche prägt das Windfeld über Schnee (relativ hohe Geschwindigkeiten bis nahe an die Oberfläche, die Verhältnisse sind ähnlich denen über Gewässern).

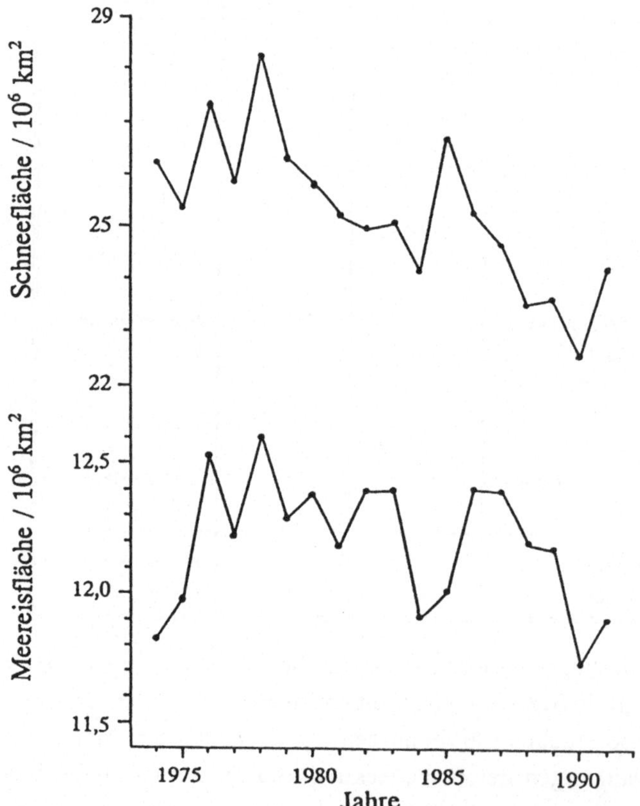

Abbildung 3.30: Aus Satellitenbeobachtungen abgeleitete Entwicklung der Schnee- und Meereisflächen der Nordhemisphäre im Zeitraum 1958-1992, nach Gruber und Arkin (1992)

Schneedecken befinden sich in Wechselwirkung mit dem Substrat und mit der Atmosphäre. Die lokale Klimabeeinflussung ergibt sich aus der im Vergleich zum schneefreien Boden geringeren Strahlungsbilanz, wodurch sich eine Abnahme der Oberflächentemperatur einstellt. Die effektive Ausstrahlung und die kleinen Werte des

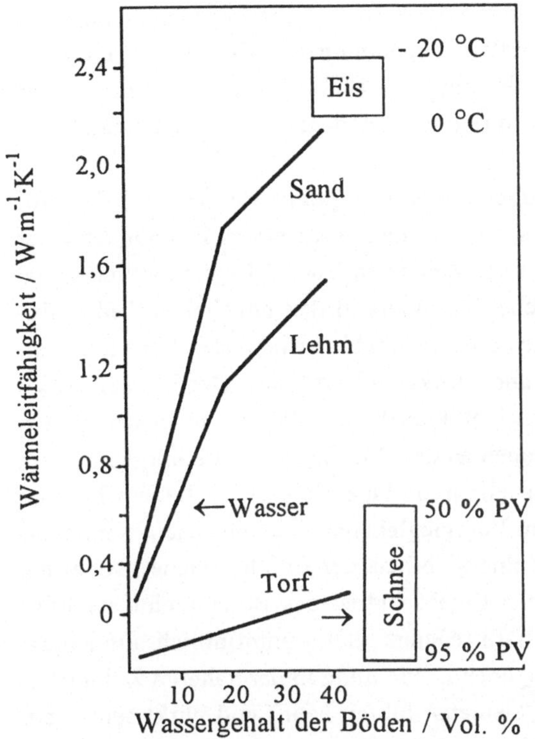

Abbildung 3.31: Wärmeleitfähigkeit von Schnee, Eis sowie Sand, Lehm und Torf nach DeVries aus Loth (1991). PV = Porenvolumen

fühlbaren Wärmestromes bedingen eine Abkühlung der über der Schneedecke lagernden bodennahen Luftmasse, verbunden mit der Entstehung von Bodeninversionen. Infolge der hohen Schmelzwärme ($3,33 \cdot 10^5$ J·kg⁻¹·K⁻¹) bleibt der abkühlende Effekt länger als über schneefreien Gebieten erhalten. Das Schmelzwasser erhöht die Bodenfeuchte (bei nichtgefrorenem Boden) und damit den latenten Wärmestrom. Die Schnee-Albedo-Rückkoppelung (je ausgedehnter und geschlossener die Schneedecke, desto größer ist der mit der Albedo verbundene Wärmeverlust und damit die Voraussetzung für eine weitere Abkühlung) bewirkt eine fortschreitende Abkühlung der Atmosphäre sowie den damit verbundenen Einfluß auf die atmosphärische Zirkulation mit der Tendenz zur Vergrößerung der Schneefläche. Zur Simulation der Entstehung, der Veränderung und des Vergehens von Schneedecken existieren Modelle (s. Loth 1991).

Die Schneedecken sind mit Fernwirkungen im Klimasystem verbunden. So wurden Zusammenhänge zwischen der Schneedecke Eurasiens im Frühjahr und der Stärke des indischen Monsunregimes auf dem Weg der Klimamodellierung nachgewiesen

(Barnett et al. 1991). Wie Satellitendaten ausweisen, hat die nordhemisphärische Schneedecke unter Schwankungen deutlich abgenommen (Abb. 3.30). Es kann angenommen werden, daß der Anstieg der mittleren Lufttemperatur, der im Winter ausgeprägter als im Sommer erfolgt, mit dieser Reduzierung der Schneefläche zusammenhängt (Kap. 4).

Wenn die Bodentemperaturen nicht über den Gefrierpunkt steigen und das Bodenwasser dadurch ständig gefroren ist, spricht man von *ewigem Frostboden* oder *Permafrostboden* (Helbig 1991a). Wie die Zahlen in Tab. 3.13 verdeutlichen, ist davon ein großer Teil der Erdoberfläche, besonders in den nördlichen Teilen Eurasiens und Nordamerikas, betroffen. Es bestehen erhebliche jahreszeitliche Schwankungen in der räumlichen Verbreitung und vertikalen Verteilung. Der Permafrostboden dringt in Sibirien 1300-1500 m, in Nordkanada nur 400-600 m in den Boden ein. Im Laufe des Jahres kann ein Auftauen an der Oberfläche bis zu einigen Metern Tiefe erfolgen. Das Phänomen, das vor allem ein Überbleibsel der letzten Kaltzeit darstellt, verdankt seine Erhaltung dem Energiegleichgewicht zwischen dem Wärmestrom aus dem Erdinneren und der Energiebilanz der Erdoberfläche, wobei der Bodenwassergehalt und die thermischen Eigenschaften des Bodens eine wichtige Rolle spielen. Dieser Teil der Kryosphäre reagiert relativ empfindlich auf Klimaschwankungen (was bei einer anthropogenen Erwärmung in der näheren Zukunft zu ernsten Problemen in den betroffenen Gebieten führen kann) und wirkt seinerseits auf die Klimavariabilität ein. Das erfolgt über die Veränderung des Bodenwasserhaushaltes (Unterbindung der Grundwasserneubildung und -bewegung im Frostboden, Verdunstung/Latenter Wärmestrom, Beschleunigung des Oberflächenabflusses). Auch die Begrenzung der Vegetationsentwicklung wirkt auf das Klima.

Von geringerer Bedeutung für das globale Klima sind die *Gebirgsgletscher* (Tab. 3.13), die aber wegen ihrer relativ raschen Reaktion auf Klimaschwankungen empfindliche Klimaindikatoren sind. Die Gletscher entstehen in Gebirgen dort, wo mehr fester Niederschlag fällt als durch die Prozesse der Ablation wieder beseitigt wird. Gletscher unterscheiden sich von einer lange anhaltenden Schneeansammlung durch ihre Dynamik, die zu dem klimaabhängigen Vorrücken (als Reaktion auf eine Klimabkühlung) oder Zurückziehen (als Reaktion auf Erwärmungsphasen) führt. Neben der Temperatur bedingen insbesondere die Variabilität der Winterniederschläge sowie das Auftreten sommerlicher Schneefälle die Gletscherreaktion (Oerlemans und van der Veen 1984, Oerlemans 1989).

Den auf langen Zeitskalen klimatisch wirksamsten Teil der Kryosphäre bilden die *Eisschilde Antarktikas und Grönlands*. Sie erstrecken sich bis zu Höhen von etwa 3000 m in Grönland und über 4000 m über NN in Antarktika. Diese Eisvolumina haben mit 10^4 bis 10^6 Jahren die größten Zeitkonstanten im Klimasystem. Im Falle von Klimaschwankungen benötigt das antarktische Inlandeis, besonders der Landteil des Eisschildes im Osten des Kontinents, mindestens 10^3 Jahre, um sein Volumen merklich zu verändern.

In Tab. 3.14 sind verschiedene Kennzahlen der beiden Eisschilde und von Gebirgsgletschern in Ergänzung zu Tab. 3.13 aufgeführt.

Tabelle 3.14: Einige Charakteristiken des Inlandeises und der Gebirgsgletscher, nach IPCC (1990)

Parameter	Antarktika	Grönland	Gebirgs-gletscher
Fläche $/10^6$ km^2	11,97	1,68	0,55
Volumen $/10^6$ km^3 Eis	29,33	2,95	0,11
Mittlere Dicke /m	2 488	1 575	200
Mittlere Erhebung über NN /m	2 000	2 080	
Meeresspiegeläquivalent /m	65	7	0,35
Akkumulation /km^3·a^{-1}	2 700	535	-
Ablation /km^3·a^{-1}	15-16	280	-
Kalbung /km^3·a^{-1}	2 200	255	-
Mittlere Höhe der Firnlinie /m	-	950	0-6 300
Massen-Umsatzzeit /a	ca. 15 000	ca. 50	50-100

Die großen Eisschilde stellen vor allem durch ihre hohe Albedo gewaltige Wärmesenken dar. Die dadurch entstehenden tiefen Temperaturen an der Gletscheroberfläche wirken sich auf den Massenhaushalt aus, da kaum Schmelzen an der Oberfläche stattfindet. So setzt sich die Massenbilanz Antarktikas gegenwärtig aus den Komponenten Akkumulation (infolge von Niederschlägen und Sublimation) und Ablation (äußerst geringes Schmelzen, Werte in Tab. 3.14), basales Schmelzen (450 km^3·a^{-1} infolge hohen Druckes an der Sohle), Eisbergproduktion (2 200 km^3·a^{-1}) und Schneetreiben (vom Inlandeis auf das Meer gerichtet, 20 km^3·a^{-1}) zusammen. Auch unter Berücksichtigung der Ungenauigkeit dieser (hier nach Helbig 1991a zitierten) Zahlen dürfte die daraus resultierende Aussage, daß der Massenhaushalt Antarktikas derzeit leicht positiv bis ausgeglichen ist, korrekt sein. Die mittlere Massenbilanz von Grönland ist von den Umsätzen her wesentlich kleiner und gegenwärtig ebenfalls etwa ausgeglichen.

Die Eisschilde wirken direkt (infolge Abkühlung, hinsichtlich der Klimaschwankungen besonders im Hinblick auf die langen Zeitskalen) und indirekt (Meeresspiegeländerungen, Meereis, Salzgehaltsänderungen) auf das Klima. Letzteres gilt auch für die relativ kurzperiodischen Klimafluktuationen, wie sie sich in den letzten Jahrzehnten durch das Zusammenspiel von Kryosphäre, Atmosphäre und Ozean im Nordatlantik ergeben haben (Abschnitte 3.1.4 und 4.3). Unter dem antarktischen Inlandeis befindet sich eine bis zu 10 m mächtige Schicht, die aus Eis, Wasser und Bodenmaterial besteht. Eine derartige Schicht verleiht den beiden großen Eisschilden und in kleinerem Maßstab auch den Gebirgsgletschern die Fähigkeit zum plastischen Gleiten. Dabei hängt die Deformierbarkeit dieser Unterschicht von der Temperatur und vom Druck des gebildeten Wassers ab. Als Wärmequelle ist hier der Erdwärmestrom in der Größenordnung 10^{-2} $W \cdot m^{-2}$ entscheidend. Mit diesem basalen Gleiten sind die schnellen Gletscherbewegungen (*surging*) verbunden, die wahrscheinlich bei Überschreiten einer kritischen Mächtigkeit des Eises auftreten. Wilson (1964) hat auf dieser Grundlage seine Hypothese entwickelt, nach der der quartäre Zyklus von Kalt- und Warmzeiten mit solchen gewaltigen Gleitprozessen des antarktischen Inlandeises verbunden ist. Im Ergebnis dieser gelangen danach große Eismengen in das Gebiet des antarktischen Wasserringes und bilden eine ausgedehnte Kühlfläche, von der die globale Abkühlung ausgehen soll. Diese und andere Fragen der Klimawirkung der großen Eisschilde sollen Kryosphärenmodelle klären helfen (Oerlemans und van der Veen 1984, Herterich 1991, van der Veen 1992).

3.1.7 Störungen und Fernwirkungen

3.1.7.1 Vulkanismus und Klima

Bei starken, explosionsartigen Vulkanausbrüchen können feste Stoffe, Flüssigkeiten und Gase bis in die Stratosphäre gelangen. Besonders die plinianischen Vulkane (Rast 1987, Schmincke 1986, Graf 1991a) zeichnen sich durch hohe Eruptionssäulen und eine starke Entgasung aus. Je nach Stärke eines Vulkanausbruches kann die ausgeschleuderte Materie in die Stratosphäre oder Troposphäre eingebracht werden (Abb. 3.32).
Dem Wesen nach handelt es sich dabei um die stoffliche Koppelung des Erdinneren und der Atmosphäre. Für das globale Klima ist die vulkanogene Verstärkung der stratosphärischen Aerosolschicht (der *Junge-Schicht*) in einer Höhe von 20-25 km wirksam (s. Abb. 3.33).
Das Aerosol dieser Schicht besteht aus winzigen Tröpfchen wäßriger Schwefelsäure sowie Silikatteilchen. Als besonders wirksam erweisen sich die in großen Massen vorkommenden schwefelhaltigen Gase, die sich in wäßrige Schwefelsäure umwandeln. Diese feinsten Teilchen können einige Jahre in der Stratosphäre verbleiben und durch ihre Wirkung auf den Strahlungshaushalt und die luftchemischen Vorgänge Einfluß auf das Klima nehmen.
Die Klimawirkung wird u.a. von Umfang und Geschwindigkeit der Ausdehnung der vulkanogenen Aerosolschicht bestimmt, die wiederum von der geographischen Lage

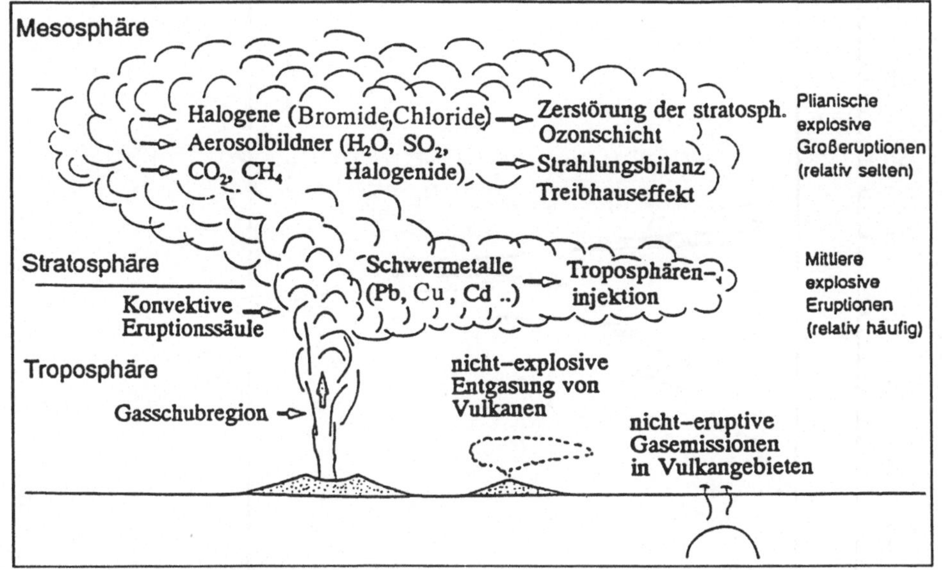

Abbildung 3.32: Eintrag vulkanischer Bestandteile in Troposphäre und Stratosphäre, verändert nach Schmincke (1986)

des ausgebrochenen Vulkans abhängig sind. Eruptionen in den Tropen sind hinsichtlich der Klimafolgen offenbar effektiver als die Ausbrüche in den höheren Breiten (s. jedoch Graf 1986). Die vulkanischen Exhalationen enthalten eine Vielzahl von Stoffen wie Bromide, Chloride, Wasser, Schwefeldioxid, Kohlendioxid, Methan und verschiedene Schwermetallanteile wie Blei, Kupfer, Kadmium und weitere (Abb. 3.32). Die einfallende solare Strahlung wird von den infolge der Vulkaneruption bis in die Stratosphäre geschleuderten Aerosolteilchen gestreut und absorbiert. Die damit verbundene Absorption von kurzwelliger, aber auch langwelliger Strahlung kann in charakteristischer Weise zur Erwärmung der Stratosphäre und im Mittel zur Abkühlung in der unteren Atmosphäre sowie am Erdboden führen. Besonders auf die Massen von Schwefeldioxid, die sich rasch von der Gegend der Eruption aus global ausbreiten, sind die eindrucksvollen Rotfärbungen des Himmels in der Dämmerung zurückzuführen. Die "schönen Sonnenuntergänge" sind ein deutliches Zeichen für bestehenden Vulkaneinfluß auf die Atmosphäre. Vergleichende Untersuchungen zwischen dem relativ schwefelarmen Ausbruch des Mt. St. Helens (Nordamerika) im Jahre 1980 und den schwefelreichen Ausbrüchen des El Chichon (Mexiko) im Jahre 1982 und des Mt. Pinatubo (15.6.1991 auf den Philippinen) haben ergeben, daß für die klimatischen Konsequenzen offenbar gerade der Schwefelanteil, weniger der Staub- oder Ascheanteil, maßgeblich ist. Der starke Ausbruch des Mt. Pinatubo

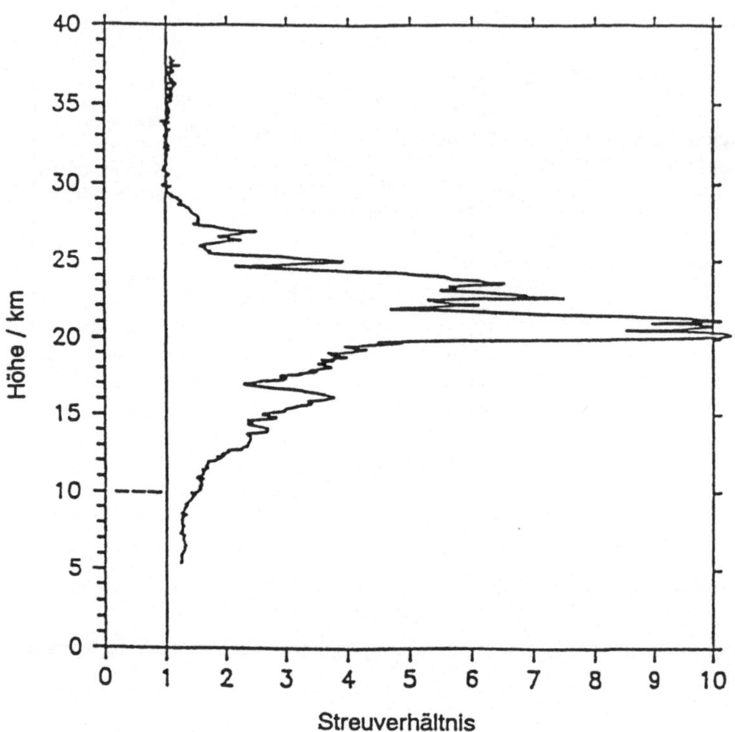

Abbildung 3.33: Vertikalprofil des am Institut für Atmosphärische Umweltforschung in Garmisch-Partenkirchen mit Lidar (0,532 μm) gemessenen Rückstreuverhältnisses (gesamte gemessene Rückstreuung/berechnete Rückstreuung einer Rayleigh-Atmosphäre), 19.2.1992, nach Jäger et al. (1994)

auf den Philippinen brachte gewaltige Gas- und Partikelmassen in die Atmosphäre. Der Aerosolgehalt in der Stratosphäre stieg rapid an.

Die Registrierung des Pinatubo-Aerosols mit Hilfe eines Lidarmeßsystems in Garmisch-Partenkirchen enthält Abb. 3.33. Dieses gerade in der stärksten Ausprägung erfaßte Aerosol besteht aus feinsten H_2SO_4-Tröpfchen. Die Registrierung deutet auf die Existenz zahlreicher Einzelschichten hin, die sich nicht oder nur geringfügig miteinander vermischen (Jäger et al. 1994). Bei plinianischen Eruptionen gelangen auch große Mengen Wasserdampf in die Atmosphäre und werden damit in den globalen Wasserkreislauf eingeführt (juveniles Wasser). Zu den eruptierten Bestandteilen gehört weiterhin das an der kontinuierlichen Entgasung beteiligte CO_2. Dessen Masse ist jedoch klein gegenüber den anthropogenen Emissionen dieses Gases. Die vulkanischen Stoffeinträge beeinflussen die stratosphärische Ozonschicht insbesondere durch die Bildung von Chlor- und Bromradikalen, die sich durch photolytische Prozesse bilden und katalytisch in verschiedenen Reaktionsweisen Ozon abbauen

(s. auch Abschnitt 3.1.3.2). Mit Hilfe verschiedener Indizes kann man die Eruptions-
stärke und die Auswirkungen von Vulkanausbrüchen vergleichen. Es hat sich jedoch
gezeigt, daß zwischen der Stärke eines Vulkanausbruchs und der Größe der nachfol-
genden Klimaanomalien kein linearer Zusammenhang besteht.

Die Auswirkungen des verstärkten Aerosoleintrages in die Stratosphäre über den
Strahlungshaushalt auf das Klima entsprechen der Wirkung des stratosphärischen
Aerosols im allgemeinen (s. Abschnitt 3.1.3.4). Eine nicht unumstrittene Aussage
vermittelt Abb. 3.34. Nach Kondrat'ev (1985) sind hier die Jahresmittelwerte der
atmosphärischen Trübung, dargestellt als optische Dicke (die Strahlung bestimmter
Wellenlänge, die durch die Atmosphäre hindurchdringt, wird um den Faktor $e^{-\tau}$ ge-
schwächt, wobei τ die optische Dicke bezeichnet) in ihrem zeitlichen Verlauf seit
1880 aus Observatoriumsmessungen aufgezeichnet. Man erkennt, daß offenbar eine
inverse Korrelation zur nordhemisphärischen Lufttemperaturanomalie besteht. So wird
ersichtlich, daß der Vulkaneinfluß bzw. der stratosphärische Aerosolgehalt auf das
Klima im Laufe der Zeit je nach Vulkanaktivität unterschiedlich war. Mit Hilfe von
hochauflösenden Radiometern kann man heute von Satelliten aus die aerosolbedingte
optische Dicke der Atmosphäre bestimmen. So konnte durch den Satelliten NOAA-11
die Änderung der optischen Dicke vom quasi-ungestörten Zustand zu den Verhältnissen nach einer starken Vulkaneruption (Mt. Pinatubo Juni 1991) ermittelt werden.
Zunächst zeigte sich eine Konzentration des stratosphärischen Aerosols über den
Tropen. In den darauffolgenden Monaten breitete sich das Aerosol zuerst über der
südlichen, danach über der nördlichen Hemisphäre aus. Etwa ein Jahr später wurde
die Ausgangssituation wieder erreicht. Es kam zu einem auffälligen Rückgang der
Durchlässigkeit der Atmosphäre für die direkte Sonnenstrahlung in Zusammenhang
mit den Ausbrüchen des El Chichon und Mt. Pinatubo.

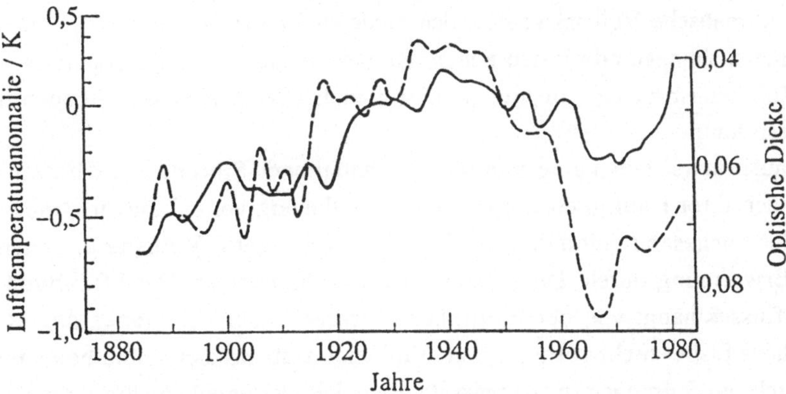

Abbildung 3.34: Fünfjährig gleitend gemittelte Abweichungen der Temperatur der Nordhemisphäre vom langjährigen Mittel und der optischen Dicke, nach Kondrat'ev (1985)

Eine zurückreichende Rekonstruktion des Vulkaneinflusses ist aus der Kenntnis der Säuregehaltmaxima in Eisbohrkernen, die mit dem vulkanischen Aerosolgehalt korreliert sind, möglich.

Die Wirkung einzelner Vulkanausbrüche auf die meteorologischen Verhältnisse in der Nähe des Erdbodens läßt sich empirisch nur schwierig und nicht eindeutig nachweisen (s. Graf 1991a). Es zeigt sich jedoch im Mittel eine Abkühlung in der Nähe der Erdoberfläche von einigen Zehntel Kelvin. Diese Anomalien sind aber in den Jahreszeiten sowie in den verschiedenen Regionen infolge von Albedovariationen unterschiedlich, wobei sie sogar ihr Vorzeichen ändern können. Tab. 3.15 zeigt Beispiele für die Beziehungen zwischen Vulkaneigenschaften und den nordhemisphärischen Lufttemperaturanomalie am Erdboden. Der in der Tabelle verzeichnete stärkste Ausbruch des Tambora 1815 ist dadurch besonders bekannt geworden, daß er in weiten Teilen der Welt ein "Jahr ohne Sommer" nach sich zog. Wie man der Tab. 3.15 entnehmen kann, entsprechen die vulkanogenen Lufttemperaturanomalien in der Nähe der Erdoberfläche der Größenordnung den globalen Temperaturänderungen der letzten 100 bis 150 Jahre. So hat der Ausbruch des Mt. Pinatubo den in den letzten Jahren registrierten globalen Temperaturanstieg deutlich unterbrochen (s. Abb. 4.6).

Wie Robock und Liu (1994) gezeigt haben, kann man mit Hilfe von Klimamodellen den Einfluß von Vulkaneruptionen auf das Klima gut simulieren. Unter anderem wurde festgestellt, daß nordhemisphärische Vulkaneruptionen mit einer Abkühlung vor allem in den Tropen bis ca. 3 Jahre nach Ausbruch verbunden sind. Es ergab sich weiter, daß mit erheblichen Anomalien in den hohen Breiten wegen der Schnee-Eis-Albedo-Rückkoppelung sowie mit veränderten Niederschlags- und Bewölkungsmustern, auch hier besonders in den Tropen, gerechnet werden muß. Da in den mittleren Breiten die natürliche Klimavariabilität wesentlich höher ist als in den Tropen, ist das klimatische Vulkansignal in den niederen Breiten besser zu erkennen. Diese Modelluntersuchungen erbrachten keinen Hinweis darauf, daß stratosphärisches Aerosol aus Vulkanausbrüchen in niederen Breiten ENSO-Ereignisse (Abschnitt 3.1.7.2) triggern kann.

Starke Vulkanausbrüche stellen eine spürbare und anhaltende Störung des Klimasystems dar. Je nach ihrer Häufigkeit tragen sie zur Auslösung von Klimavariationen bei. Wegen der insgesamt abkühlenden Wirkung verringern Vulkaneruptionen zeitweise die Erwärmung durch den zusätzlichen Treibhauseffekt. Die Effektivität des Vulkaneinflusses hängt von der Häufigkeit entsprechender Eruptionen ab. Allerdings sind diese bisher nicht vorhersagbar. Vulkaneinfluß auf das Klima bedeutet daher, daß es sich um Störungen im Klimasystem handelt, die unregelmäßig auftreten und die in den Feldern der Klimaelemente jeweils über einige Jahre verfolgt werden können.

Tabelle 3.15: Einige klimawirksame Vulkanausbrüche des 19. und 20. Jahrhunderts, ihre Eigenschaften und Temperatureffekte, nach Weather Bureau Newslettter, Pretoria 1993 / DWD (1993)

Vulkan	Jahr des Ausbruchs	Magma-auswurf km^3	Stratosphärischer Aerosoleintrag 10^9 kg		Lufttemperatur-anomalie NHK K
			NHK	SHK	
Tambora 8° S (Indonesien)	1815	50	150	150	-0,4 bis -0,7
Krakatau 6° S (Sundastraße)	1883	10	30-38	55	-0,3
Santa Maria 15° N (Guatemala)	1902	9	9	22	-0,4
Katmai 58° N (Aleuten)	1912	15	0	< 30	-0,2
Agung 8° S (Bali)	1963	0,6	30	20	-0,3
Mt. St. Helens 46° N (Nordw. USA)	1980	0,35	0	-	0 bis -0,1
El Chichon 17° N (Mexiko)	1982	< 0,3	< 8	12-30	-0,2
Mt. Pinatubo 15° N (Philippinen)	1991	≈ 5	-	20-30	-0,5

3.1.7.2 Fernwirkungen

In den verschiedenen Regionen der Erde können klimatische Variationen und Anomalien auf der Zeitskala von Wochen bis Jahren beobachtet werden, deren auslösende Ursache räumlich weit entfernt gefunden wird. In diesem Sinn werden signifikante simultane oder zeitverschobene Korrelationen zwischen zeitlichen Fluktuationen der Klimaelemente an weit auseinanderliegenden Punkten auf der Erde als *Fernwirkungen* (teleconnections) bezeichnet. An ihrer Entstehung sind Zirkulationsprozesse in der Atmosphäre und im Ozean ebenso wie der Energieaustausch zwischen und in diesen Teilen des Klimasystems maßgeblich beteiligt.

Zu den schon länger bekannten Indikatoren für solche Fernwirkungen gehören ausgewählte Luftdruck- bzw. Geopotentialdifferenzen, die statistisch signifikante Korrelationen mit den großräumigen Feldverteilungen dieser Größen wie auch verschiedener Klimaelemente aufweisen (Wallace und Gutzler 1981).

Am bekanntesten sind die *Nordatlantik Oszillation* (NAO) und die *Nordpazifik Oszillation* (NPO). Die NAO (NPO analog für den Nordpazifik) ist definiert als die Druck- bzw. Geopotentialdifferenz zwischen Islandtief und Azorenhoch, dividiert durch den Abstand zwischen der jeweiligen Lage dieser Zentren. Die NAO zeigt beispielsweise eine signifikante negative Korrelation zwischen der Winterstrenge in der Grönland-Labrador-Region und in Nordwesteuropa (je stärker die Zonalzirkulation, desto milder die europäischen Winter).

Während diese Größen durch Nord-Süd-Schwingungen in bestimmten Längenbereichen im Sinne von stehenden Wellen mit dem Knotenpunkt nahe 50° N charakterisiert sind, existieren auch im zonalen Mittelwert negativ korrelierte Druckschwankungen zwischen den polaren und den gemäßigten Breiten (zonal-symmetrische Druckschaukel). Ferner sei noch auf die *Pazifik-Nordamerika-Druckverteilung* (PNA) hingewiesen. Dieser Index beschreibt, daß die die Zonalzirkulation blockierenden Situationen (hohe Druck- bzw. Geopotentialwerte) entlang der nordamerikanischen Westküste in einem statistischen Zusammenhang mit ausgeprägten negativen Anomalien dieser Felder im mittleren Pazifik nahe 45° N und über dem Südosten der USA stehen. Diese und andere Telekonnektions-Indikatoren, deren Effektivität von der jeweiligen Jahreszeit abhängt, werden für längerfristige Witterungsvorhersagen genutzt.

Die bekanntesten und am meisten untersuchten Fernwirkeffekte im Klimasystem sind globaler Natur und mit den Begriffen *el niño* und *Südliche Oszillation* (Southern Oscillation, SO), oft kombiniert zu *ENSO*, verbunden (Philander 1990, Glantz und Katz 1991). Unter dem Begriff el niño (span., gemeint ist das Christkind) haben die Anwohner der Küsten Nordperus und Südekuadors die jährlich um die Weihnachtszeit zu beobachtende Abschwächung des küstennahen Kaltwasserauftriebes (s. Abschnitt 3.1.4) bezeichnet. Es handelt sich dabei um die mit der jahreszeitlich geringsten Ausprägung des Südostpassates einhergehende Ausbreitung von warmem Wasser des Nordäquatorialstromes bis zu einigen Grad südlicher Breite. Im hier interessierenden Sinn ist der Begriff eingeschränkt auf die Bezeichnung der besonders starken Ereignisse, die in unregelmäßiger Folge vorkommen. Nach einer bei Schönwiese (1994) wiedergegebenen Aufstellung sind 63 derartige Ereignisse seit dem Jahr 1541 bekannt geworden (entspricht einem mittleren Abstand von ca. 7 Jahren). Das letzte sehr starke el niño-Ereignis war 1982/83.

Bei el niño verläuft der Gradient der Oberflächenwassertemperatur in zonaler Richtung gerade entgegengesetzt zum Normalfall. Die mittleren Anomalien der Oberflächenwassertemperatur, zusammengefaßt für sechs el niño-Ereignisse, sind aus Abb. 3.35 ersichtlich. Eine beherrschende Struktur ist die weitgreifende Ausbreitung des warmen Wassers in den Küstenregionen und in einem breiten Streifen um den Äquator im Pazifik.

Zeitreihen der Oberflächenwassertemperatur zwischen 1976 und 1994 in küstennahen Bereichen sowie entlang des Äquators enthält Abb. 3.36. Eindrucksvoll erscheinen die Anomalien des starken el niño-Ereignisses 1982/83, aber auch des von 1987.

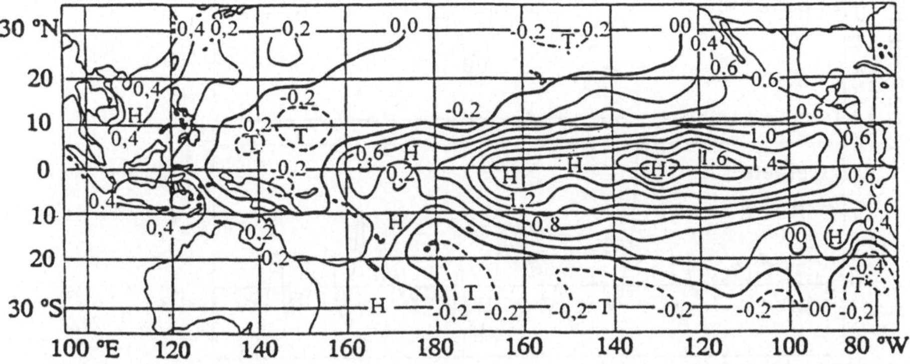

Abbildung 3.35: Verteilung der aus sechs el niño-Ereignissen gemittelten Anomalien der Oberflächenwassertemperatur in K, nach Rasmusson und Carpenter (1982). H = maximale positive Anomalien, T = maximale negative Anomalien

Es fällt auf, daß in den Jahren 1990-1994 quasi-permanente el niño-Bedingungen herrschten. Episoden mit besonders ausgeprägten negativen Wassertemperatur-anomalien werden in der Literatur gelegentlich als *la niña* bezeichnet. Die sich erheblich nach Süden ausdehnenden el niño-Ereignisse haben eine große Bedeutung für die angrenzenden Gebiete. Während unter den normalen Kaltwasserauftriebs-bedingungen und entsprechend stabiler Schichtung der Atmosphäre Niederschlagsar-mut und im Hinterland unfruchtbare, wüstenartige Verhältnisse vorherrschen, kommt es bei el niño-Ereignissen zu heftigen und ergiebigen Niederschlägen. Der Jahres-abfluß kann um das 40- bis 50fache gesteigert sein (Abb. 3.37).

Die küstennahen Auftriebsregionen an den tropischen und subtropischen Osträndern der Ozeane zählen zu den fruchtbarsten Meeresgebieten, das warme Wasser der Nord-äquatorialströmungen dagegen ist nährstoffarm. Bei el niño wandern die Fische und andere Lebewesen ab oder gehen ein. Das ist mit tiefgreifenden wirtschaftlichen Kon-sequenzen für die Wirtschaft der betroffenen Küstenbereiche verbunden (bspw. Endlicher et al. 1988/89, Glynn 1990). Diese unregelmäßig eintretenden Naturereig-

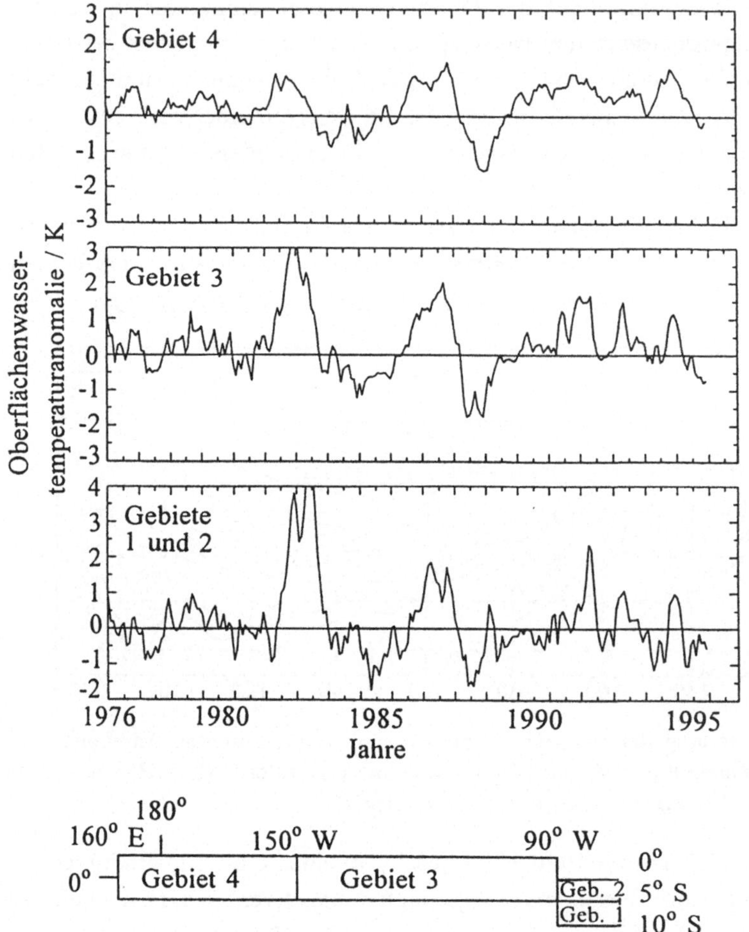

Abbildung 3.36: Zeitreihen der auf den klimatologischen Mittelwert bezogenen Anomalien der Oberflächenwassertemperatur in den el niño-Gebieten 1 bis 4 im äquatorialen Pazifik, nach Climate Diagnostics Bulletin (NOAA, NMC) No. 1995/12. SST = sea surface temperature (Meeresoberflächentemperatur)

nisse sind eng mit einem erstrangigen Telekonnektions-Indikator verbunden, der *Südlichen Oszillation*. Darunter versteht man die Luftdruckdifferenz zwischen der nordaustralischen Station Darwin und Tahiti im Südostpazifik (manchmal werden im letzteren Gebiet auch andere geeignete Stationen herangezogen). Die zeitliche Entwicklung der auf die Standardabweichung normierten SOI (bedeutet Südlicher Oszillations-Index) und des Luftdruckes an den genannten Stationen enthält Abb. 3.38. Durch Vergleich mit der Darstellung in Abb. 3.36 ist unschwer zu erkennen, daß niedrige Werte des SOI mit el niño-Ereignissen verbunden sind. Auch auf dieser

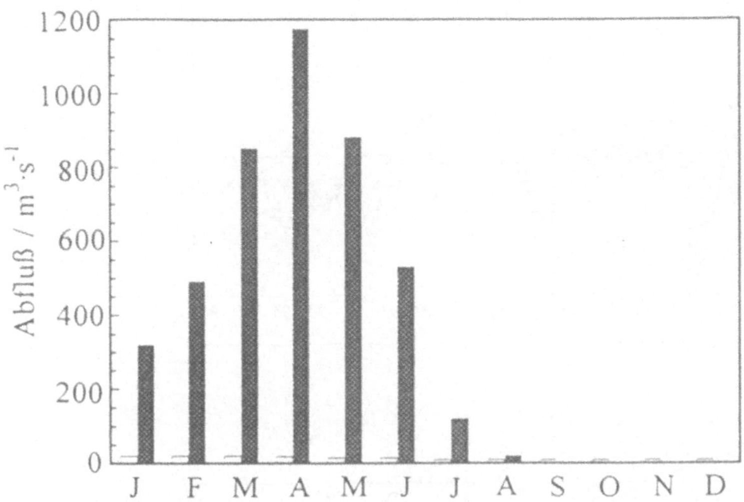

Abbildung 3.37: Mittlerer monatlicher Abfluß des Rio Piura (Peru) im Vergleich der Jahre 1980 (weiße Säulen) und 1983 (dunkle Säulen), nach Endlicher et al. (1988/89)

Darstellung sieht man die anhaltende el niño-Neigung 1990/94.

Von den mit der SOI verbundenen weltweiten Zusammenhängen erhält man aus Abb. 3.39 einen Eindruck. Es zeigt den Zusammenhang zwischen der monatlichen Luftdruckanomalie in Djakarta und weltweit verteilten Stationen im Nordsommer. Der Oszillationscharakter des SOI kommt in dieser Darstellung gut zum Ausdruck. Somit erweist sich der übergeordnete Begriff ENSO als ein beide Hemisphären erfassender klimafluktuationsbildender Prozeß im Klimasystem, der in der Atmosphäre und im Ozean abläuft. Die innere Abfolge eines ENSO-Ereignisses läßt sich nach Befunden von Wyrtki (1975), Graf (1986, 1991b), Trenberth (1991) u.a. in seinen allgemeinen Zügen charakterisieren. Als Ausgangspunkt kann eine charakteristische Zonalwindanomalie über dem westlichen Pazifik sowie die im allgemeinen dann eintretende Abschwächung der Passatzirkulation angesehen werden. Damit kann warmes, im Normalfall unter der Wirkung der Passate am Westrand des tropischen Pazifik aufgestautes Wasser über die Ausbildung ozeanischer, am Äquator geführter langer Ozeanwellen in die zentralen und östlichen Teile des Stillen Ozeans gelangen. Die Wasserstände am Westrand nehmen ab. Damit verbunden sind Änderungen im Stromsystem, die mit einem Absinken der Temperatursprungschicht im östlichen Teil des Pazifik einhergehen. Es kommt zur el niño-typischen Erwärmung des Oberflächenwassers und der Luft bis in die zentralen Teile des Ozeans. In der Atmosphäre wird die zwischen Ozean und Festland in zonaler Richtung sich ausbildende Walker-Zirkulation verändert. Die Ausbildung der negativen SOI-Phase ist mit einer Ver-

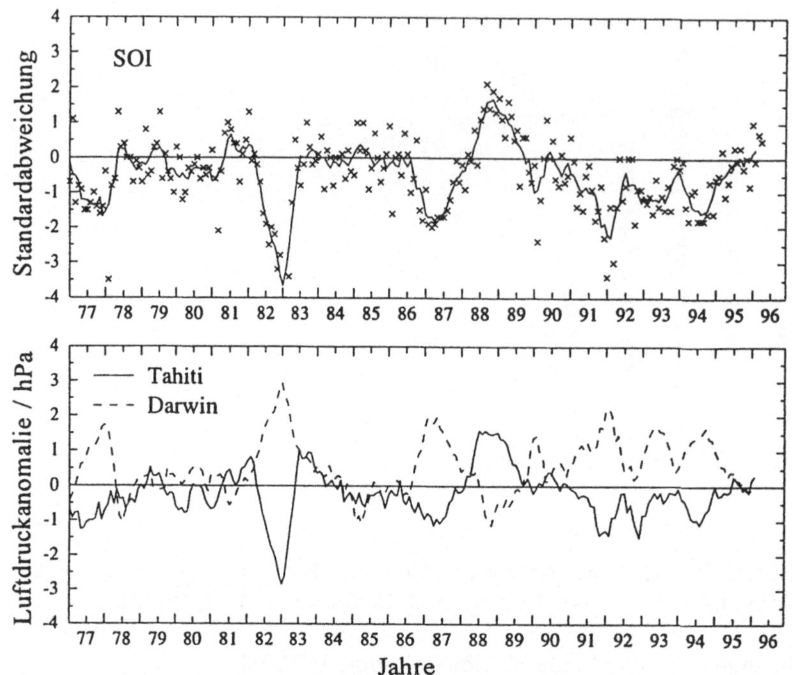

Abbildung 3.38: Fünfmonatlich übergreifend gemittelte Werte der auf die mittlere jährliche Standardabweichung bezogenen Anomalien des Südlichen Oszillations-Index (SOI, oben) und der Luftdruckanomalien in Darwin und Tahiti (unten), nach Climate Diagnostics Bulletin (NOAA, NMC) No. 1996/4. Die Bezugsperiode in beiden Darstellungen ist 1951/80

stärkung des Subtropenstrahlstroms sowie mit zahlreichen klimatologischen Anomalien (insbesondere des Niederschlages) in der Tropenzone verbunden. Damit sind die Voraussetzungen gegeben, daß von dem eigentlichen ENSO-Raum im äquatorialen Pazifik Wirkungen in andere Regionen, die auch außerhalb der Tropen liegen können, ausgehen. Nach Henning (1991) können dazu die tendenzielle Trockenheit in Vorderindien während der Monsunzeit sowie im Nordosten Südamerikas in der Zeit von Juli und März und in Südostafrika zwischen November und Mai gerechnet werden. Hohe Niederschläge werden dagegen u.a. in den USA zwischen April und Oktober im Raum Nevada und West-Utah sowie zwischen Oktober und März in den Südstaaten beobachtet. In den mittleren Breiten der Nordhalbkugel sind ENSO-Auswirkungen bisher nicht mit Sicherheit nachgewiesen worden, während Anregungen von dort angenommen werden können.

Nach Graf (1986, 1991b) können für die Auslösung ("Triggerung") von ENSOs mindestens drei Ursachen auf der globalen oder hemisphärischen Skala angeführt werden:

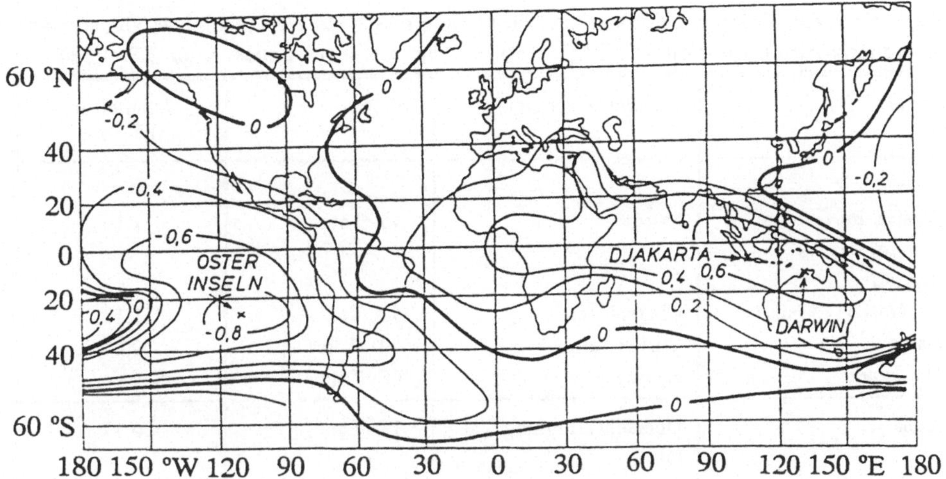

Abbildung 3.39: Gleichzeitige Korrelation der mittleren monatlichen Luftdruckanomalie von Djakarta (Indonesien) mit weltweit verteilten Stationen, nach Berlage (1966) aus Graf (1988)

1. Globale Erwärmung und Abschwächung der allgemeinen Zirkulation der Atmosphäre, verbunden mit der Abnahme des mittleren meridionalen Temperaturgradienten. Das führt zu schwächeren Passaten und damit zur Möglichkeit des Überganges in den ENSO-Status.

2. Erwärmung der Südhemisphäre, besonders im Südpolargebiet. Das würde zu einer Abschwächung des Südostpassates führen. Dadurch kann die Ostkomponente des bodennahen Windes abgeschwächt und der Auftrieb kalten Tiefenwasser am Äquator unterbrochen werden.

3. Abkühlung der Nordhemisphäre bei gleichzeitiger Verstärkung des nordhemisphärischen meridionalen Temperaturgradienten. Damit verbunden ist die Verlagerung des nordpazifischen Hochdruckgebietes in Richtung Äquator. Der Nordostpassat wird intensiviert und kann im Grenzfall sogar auf die Südhalbkugel übergreifen. Die dynamische Wirkung dieser Windverhältnisse auf den äquatorialen Ozean besteht dann in einer Umkehr der normalen Verhältnisse, d.h., daß der Auftrieb von kaltem Wasser durch Absinken warmen Wassers abgelöst wird. Eine Möglichkeit für die Realisierung dieses Falles sind Vulkaneruptionen in höheren Breiten der Nordhalbkugel mit ihren Auswirkungen auf das Klimasystem (s. Abschnitt 3.1.7.1). In diesem Zusammenhang spielt die Schnee-Albedo-Temperatur-Rückkoppelung eine wichtige Rolle, wenn im nordasiatischen Raum ausgedehnte Schneedecken auftreten.

Auf dem Weg von Modelluntersuchungen haben Barnett et al. (1991) festgestellt, daß ausgedehnte Schneeflächen in Eurasien zu einem schwach, unternormale Schnee-

Tabelle 3.16: Auswirkungen des starken ENSO-Ereignisses 1982/83 (nach Nat. Oceanic and Atmospheric Administration d. USA, veröff. in *The New York Times* vom 2.8.1983)

Region	Schadenserscheinung	Opfer	Schaden in 10^9 US $
USA: Staaten im Gebirge und am Pazifik	Stürme	45 Tote	1,10
Staaten am Golf v. Mexiko	Überschwemmung	50 Tote	1,10
Hawaii	Wirbelsturm	1 Toter	0,23
Nordosten	Stürme	66 Tote	-
Kuba	Überschwemmung Dürre	15 Tote	0,17
Mexiko-Mittelamerika	Überschwemmung	-	0,60
Equador-Nordperu	Dürre	600 Tote	0,65
Südperu-Westbolivien	Überschwemmung	-	0,24
Südbrasilien, Nordargentinien, Ostparaquay	Überschwemmung	170 Tote, 600 000 Evakuierte	3,00
Bolivien	Überschwemmung	50 Tote, 26 000 Obdachlose	0,30
Tahiti	Wirbelsturm	1 Toter	0,05
Australien	Dürre, Feuer	71 Tote, 8 000 Obdachlose	2,500
Indonesien	Dürre	340 Tote	0,500
Philippinen	Dürre	-	0,450
Südchina	Nasses Wetter	600 Tote	0,600
Südliches Indien, Sri Lanka	Dürre	-	0,150
Nahost, vor allem Libanon	Kälteeinbruch, Schnee	65 Tote	0,050
Südafrika	Dürre	Krankheiten, Hunger	1,000
Iberische Halbinsel, Nordafrika	Dürre	-	0,200
Westeuropa	Überschwemmung	25 Tote	0,200

flächengrößen dort dagegen zu einem stark entwickelten Monsun führen. Entsprechende Zusammenhänge bestehen auch zu ENSO-Ereignissen. Sowohl die entsprechenden Feldforschungen als auch die klimadiagnostischen Untersuchungen und Modellierungen haben zu dem Ergebnis geführt, daß nunmehr die Möglichkeit der Vorhersage der wichtigsten ENSO-Phasen über mehrere Monate im voraus besteht. ENSO-Ereignisse sind nicht nur an den betroffenen Küstenabschnitten des Pazifiks (insbesondere Rückgang der Fischerei), sondern auch in anderen Regionen Verursacher erheblicher Schäden und Opfer. In Tab. 3.16 sind Schäden des starken ENSO-Ereignisses 1982/83 enthalten (s.a. Glynn 1990).

Der Ablauf von ENSO-Ereignissen mit ihrem Fernwirkpotential beschränkt sich auf den Pazifik. Als Ursache dafür, daß zwischen Atlantik und Atmosphäre keine derartigen komplexen Wechselwirkungsabläufe beobachtet werden, wird angeführt, daß im Atlantik die innerjährliche Variabilität (Jahresgang) um ein Mehrfaches größer als die zwischenjährlichen Variationen ist. Unter Berücksichtigung der Reaktionszeit des Atlantiks auf atmosphärische Einwirkungen, die höchstens im Maßstab der Jahreszeiten anzusetzen ist, kann angenommen werden, daß die auftretenden interannuellen Variationen auf entsprechende Schwankungen des Jahresganges zurückgeführt werden können (Michelchen 1989). Gleichwohl konnten für die Variationen des Auftriebes von kaltem Tiefenwassers enge Beziehungen zu ENSO-Abläufen statistisch belegt werden.

3.2   Zur Vielfalt der erzeugten Klimate

Die Ausführungen in diesem Kapitel haben deutlich gemacht, daß die einfachen und zusammengesetzten Klimaelemente im gegenseitigen konsistenten Zusammenhang weite und variable Wertebereiche einnehmen können. Das heißt, daß im Klimasystem zahlreiche Klimatypen existieren. Diese können Klimazonen zugeordnet werden, die primär durch die Breitenabhängigkeit der Solarstrahlung entstehen. Um zu einer Übersichtlichkeit zu kommen, müssen systematische Ordnungen in angemessener räumlicher Auflösung erarbeitet werden, die dem Wesen des Klimasystems entsprechen. Die Beschreibung des Klimas ist Gegenstand der *regionalen Klimatologie*. Als Beispiele für die Herangehensweisen an solche Klimadarstellungen seien neben der von Landsberg herausgegebenen *World Survey of Climatology* nur die neueren Abhandlungen von Hantel (1987), Martyn (1992) und Heyer (1993) erwähnt. Auf den Kenntnissen der regionalen Klimatologie fußen die Klimaklassifikationen, die die Verteilung der Klimate in einem Raum systematisch bestimmen und ordnen.

3.2.1   Prinzipien der Klimaklassifikation

So wie das Klima in verschiedenen räumlichen Maßstabsbereichen existiert, gibt es auch maßstabsbezogene Klimaklassifikationen. Hier werden nur globale Klassifikationen behandelt, deren Aufgabe nach Hendl (1991) darin besteht, die örtlichen Einzelklimate nach geeigneten Gesichtspunkten zu typisieren und die Verbreitung der ermittelten Klimatypen auf der Erdoberfläche darzustellen. In den letzten ca. 100 Jahren haben zahlreiche Autoren Klimaklassifikationen vorgestellt, die jedoch nur zum Teil den Anforderungen genügen. Zusammenfassende Darstellungen findet man u.a. bei Knoch und Schulze (1952), Schneider-Carius (1961), Hendl (1991) und Heyer (1993). Klimaklassifikationen entspringen nicht nur der Grundlagenforschung, sondern orientieren sich oft an ausgesprochen praktischen Gesichtspunkten. So gibt es Gliederungen, die zur Unterstützung der Vegetationsökologie, der Bodenkunde und Geomorphologie, der Hydrologie, der Bioklimatologie und Medizinmeteorologie, der Landwirtschaft, des Klimaschutzes technischer Güter und anderer Gebiete aufgestellt worden sind.

Die diesen verschiedenen Herangehensweisen entspringenden Ordnungen müssen die Existenz verschiedener Klimatypen objektiv widerspiegeln. Das heißt, daß in der Natur vorhandene klimatische Grenzbereiche in allen Klassifikationsansätzen sichtbar werden müssen. So sind objektiv begründbare *Grenzdefinitionen zwischen Klimazonen und -typen* eine entscheidende Voraussetzung für solche Klimaeinteilungen. Dabei muß jedoch beachtet werden, daß eine möglichst optimale Zahl von Klimatypen berücksichtigt wird. Diese soll (nach Hendl 1991) die Zahl 25 nicht übersteigen, damit die Übersichtlichkeit der kartographischen Darstellung nicht gefährdet wird. Gut aufgestellte Klimaklassifikationen können ein wichtiges Werkzeug für die Untersuchung von Klimaschwankungen und ihrer Auswirkungen sein. So können die Verteilung der Klimatypen in verschiedenen Zeitabschnitten verglichen und Schlußfolgerungen für eingetretene klimatische Veränderungen gezogen werden. Das setzt allerdings voraus, daß derartige Klassifikationen immer auf Daten einer bestimmten Referenzperiode beruhen, was aber bei den meisten infolge der Datenlage bis jetzt nicht der Fall ist. Wirkungen von Klimaschwankungen (Kap. 6) sind mit Veränderungen der räumlichen Lage und Ausdehnung von Klimatypen verbunden. Methodisch haben sich zwei Hauptrichtungen der Klimaklassifikation entwickelt. Die eine Richtung orientiert sich an den Wirkungen des Klimas auf Naturbereiche, insbesondere auf die Vegetation und ihre Grenzgebiete. Die Klassifikation selbst erfolgt mit Hilfe der Klimaelemente, ihrer gegenseitigen Verknüpfung, regulären Variationen und wirkungsbezogenen Schwellenwerten. Dieses Herangehen führt zu den *effektiven Klimaklassifikationen*, die die Mehrzahl der vorhandenen Gliederungen ausmachen. Die andere Richtung geht von klimagenetischen Faktoren aus. In den wenigen bisher vorgeschlagenen *genetischen Klimaklassifikationen* werden die atmosphärische Zirkulation oder auch die Luftmassendynamik als genetische Merkmale herangezogen, nur in geringem Umfang die Komponenten des Wasser- und Wärmehaushaltes der Erdoberfläche. In den folgenden Abschnitten soll je eine repräsentative Klassifikation dieser Richtungen kurz vorgestellt werden.

3.2.2   Effektive Klimaklassifikation

Eine der ältesten und zugleich eine der besten effektiven Klimaklassifikationen ist die von W. Köppen (1846-1941), s. Hendl (1991). Nach Köppens Worten handelt es sich bei dieser ab der Jahrhundertwende publizierten Klassifikation um eine solche, die "*die Tatsachen und ihre Wirkung auf die Natur zu einem möglichst klaren Bild zusammenfassen will*". In der Folge wurde diese Klassifikation in Teilen modifiziert (s. Rudloff 1981). Köppen führte auch eine sinnvolle Buchstabenkennzeichnung der Klimate ein ("Klimaformel"). Insgesamt zeichnet sich diese Klassifikation durch eine klare Durcharbeitung, gute Berücksichtigung der Landschaftszonen (Tundra, Wald, Steppe, Wüste) aus, so daß sie in vielen Ländern Verwendung fand und findet. Die Mängel bestehen in der Unvollkommenheit der Trockenheitskriterien, die auf einer Abhängigkeit der Trockenheit von Temperatur und Niederschlag beruhen. Höhenlagen werden nur über die Temperatur berücksichtigt, was gelegentlich dazu führt, daß tropische Höhenklimate wie polare Klimate klassifiziert werden. Eine wesentliche Verbesserung des Köppenschen Systems legte Trewartha (1968) vor. Diese Klassifikation soll hier unter Berücksichtigung der Modifikationen von Rudloff (1981) vorgestellt werden (Tab. 3.17, Abb. 3.40). Zur Darstellung wird bemerkt, daß die Gebirgsklimate hinsichtlich der Temperatur als eine höhenlagebedingte Modifikation benachbarter Tieflandsklimate aufgefaßt werden. Sie tragen daher gleiche Signaturen. Die formelmäßige Klimabezeichnung wird durch die Kennbuchstaben G (bei Höhen > 500 m) und H (bei Höhen > 2500 m) ergänzt.

3.2.3   Genetische Klimaklassifikation

Als Beispiel für diese Art der Gliederung des globalen Klimas wird die von Hendl ab 1960 (s. Hendl 1991) publizierte Klassifikation herangezogen. Auf der Grundlage der Erkenntnis, daß die atmosphärische Zirkulation das Klassifikationselement mit einem hinreichend großen klimagenetischen Potential ist, werden die Klimatypen aus den Werten der folgender Größen bestimmt:

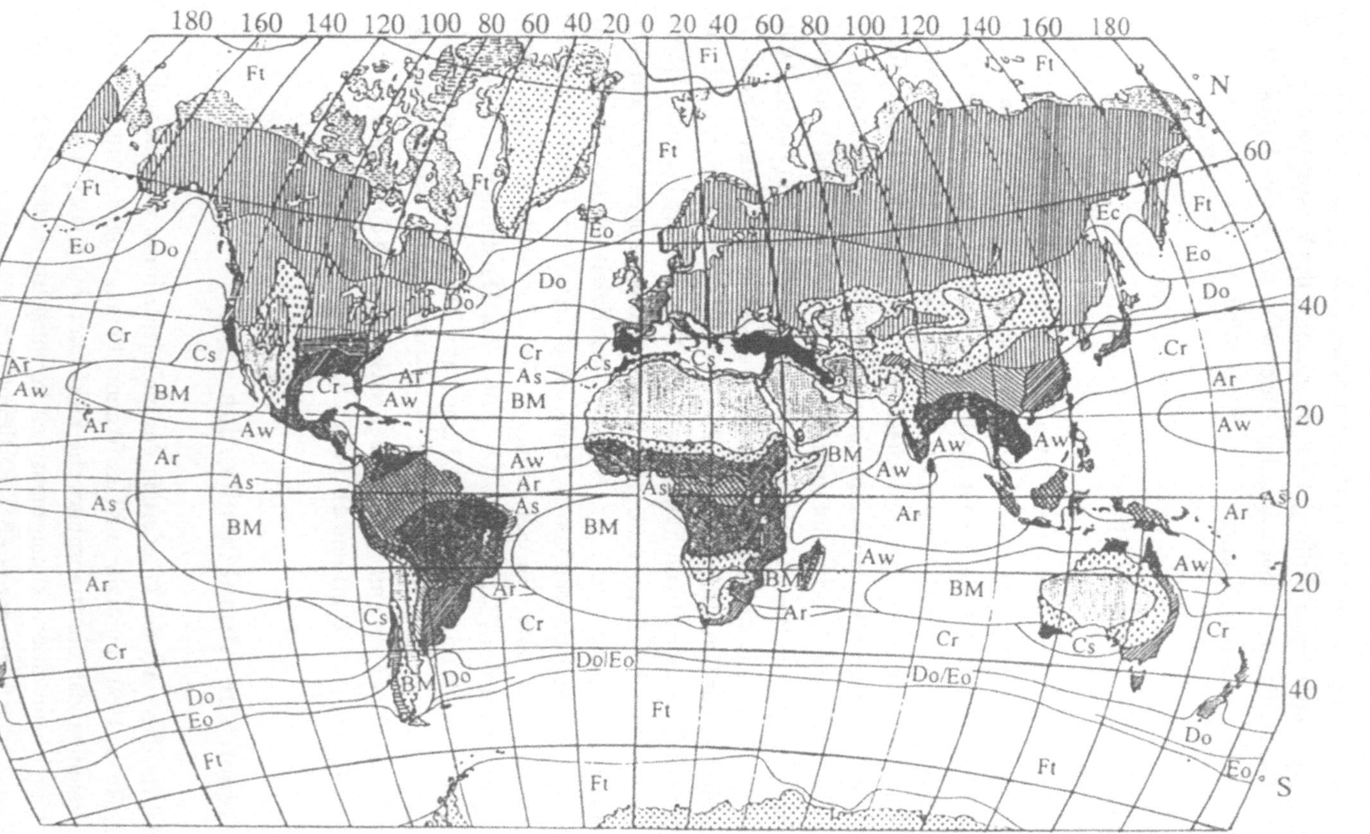

Abbildung 3.40: Die Klimaklassifikation nach Köppen mit den Ergänzungen von Trewartha (1968) in der Fassung von Rudloff (1981) und nach einer Überarbeitung von Hendl (1991). Signaturen s. Tab. 3.17

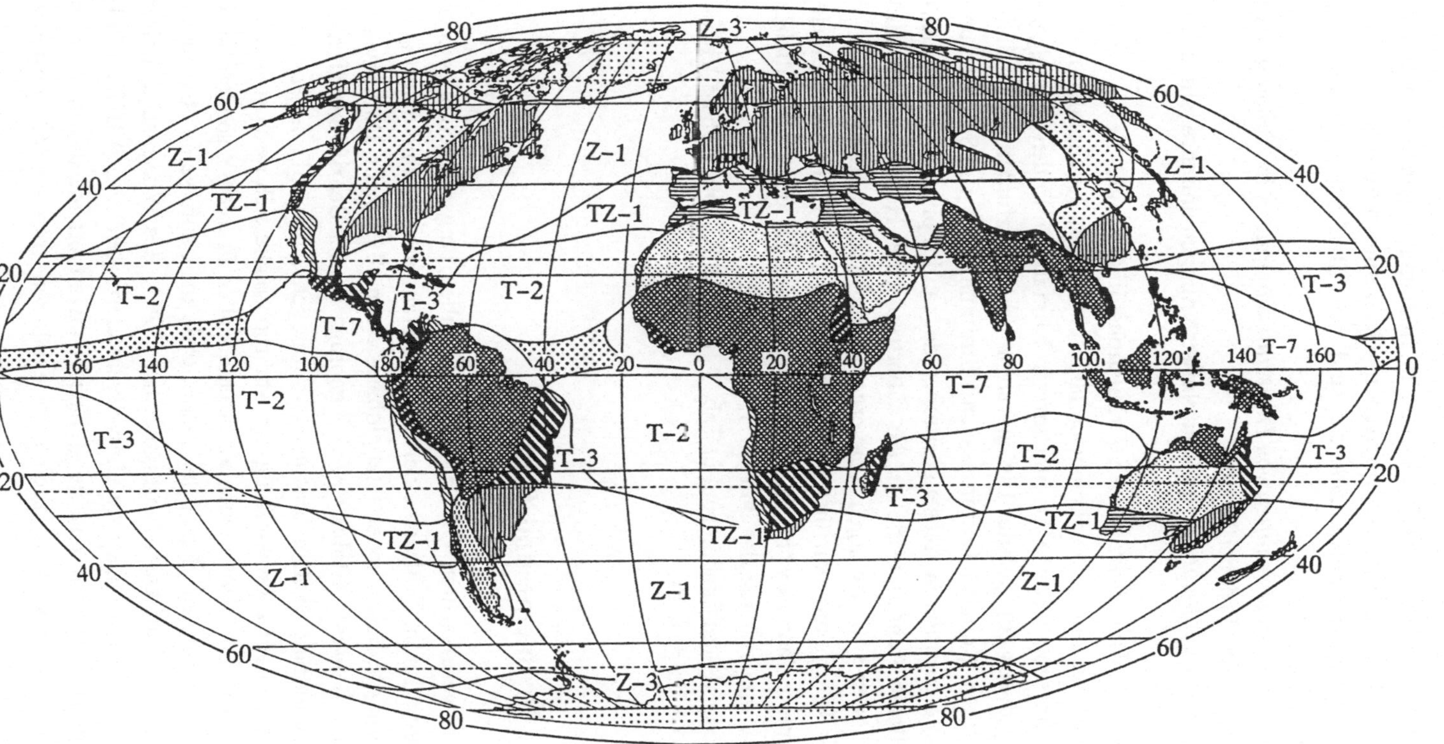

Abbildung 3.41: Die genetische Klimaklassifikation nach Hendl (1963), hier aus Z.f. Erdkundeunterricht (Berlin) 36(1984)11 und Hendl (1991). Signaturen s. Tab. 3.18

Strukturformen der atmosphärischen Zirkulation in Bodennähe, ganzjährige oder jahreszeitlich beschränkte Andauer von tropischen Großraumströmungen;
Hauptarten der zyklonalen Wirbelsysteme, das sind die Polarfront- und die Arktik(Antarktik)frontalzyklonen;
thermische und hygrische Eigenschaften von Hauptluftströmungen in Abhängigkeit von der Beschaffenheit der Erdoberfläche;
thermodynamische Vertikalschichtung der Hauptluftströmungen und ihre jahreszeitliche Variabilität;
orographische Lee- und Staueffekte in den Zirkulationsgliedern und die
autochthone Klimagestaltung auf orographisch abgeschlossenen Hochplateaus.
Die ermittelten 4 Klimazonen sowie die zugehörigen Klimatypen finden ihre gegenseitige Abgrenzung durch ein globales Liniensystem, das Grenzfunktionen enthält:
1. Linien im mittleren globalen Luftdruck- und Strömungsfeld für Sommer und Winter, das sind (a) die mittleren Achsenpositionen der randtropischen Hochdruckzellen, (b) die mittleren Achsenpositionen der außertropischen Höhentröge und (c) die mittleren Positionen von wichtigen Konvergenzlinien und Fronten.
2. Linien gleicher Häufigkeit von thermodynamisch wichtigen Strömungseigenschaften für bestimmte Jahresabschnitte, so die 50%-Linie der durchschnittlichen Häufigkeit von Stabilitätswerten der unteren Troposphäre.
Die Klimatypen dieser Klassifikation sind in Tab. 3.18 enthalten. Die globale Verteilung ist in Abb. 3.41 dargestellt.

3.3   Globale Probleme und Klima

Die vom Menschen verursachten Umweltprobleme haben längst ihr lokales oder regionales Ausmaß verloren. Zahlreiche der Umweltveränderungen und damit auch der Umweltschädigungen haben schon jetzt globales Ausmaß erreicht. Dafür wurde der Begriff *Globaler Wandel* (Global Change) geprägt. Dieser Begriff enthält aber nicht nur die auf die globale Skala gebrachten anthropogenen Veränderungen in der Natur und die mit der rasanten Entwicklung der Anthroposphäre sich rasch stellenden neuen sowie die in größeren Dimensionen auftretenden alten Probleme, sondern auch die natürlichen Veränderungen, denen der Planet Erde im Laufe seiner Evolution schon immer ausgesetzt war. Dem Jahresgutachten 1993 des Wissenschaftlichen Beirates der Bundesregierung "Globale Umweltveränderungen" (s. WBGU 1993) folgend, kann festgestellt werden, daß die globalen Umweltveränderungen in enger Verbindung und in Wechselwirkung zueinander existieren. Inbesondere bestehen

Tabelle 3.17: Klimaklassifikation nach Köppen-Trewartha mit teilweiser Berücksichtigung der Ergänzungen von Rudloff (1981) nach Hendl (1991). Die Signaturen beziehen sich auf Abb. 3.40

A   **Tropische Feuchtklimate:**   Absolute Frostfreiheit in kontinentalen Bereichen. $T_{Monat.Min} \geq 18°C$ in ozeanischen Gebieten

Klimatypen:

Tropisches immerfeuchtes Klima Ar
P_{Monat} von höchstens 2 Monaten < 60 mm

Tropisches wechselfeuchtes Klima mit extremer Feuchtperiode Am
P_{Monat} von mehr als 2 Monaten < 60 mm. Kompensation der Trockenperiode durch hohen Regenzeit-Niederschlag,
wenn $P_{Jahr} \geq 25(100 - P_{Monat.Min})$

Tropisches wechselfeuchtes Klima mit trockener Winterperiode Aw
P_{Monat} von mehr als 2 Wintermonaten < 60 mm

Tropisches wechselfeuchtes Klima mit trockener Sommerperiode As
P_{Monat} von 2 Sommermonaten < 60 mm

B   **Trockenklimate** $P_{Jahr} < 20(T_{Jahr} - 10 + 0,3\ PS)$

Klimatypen:

Steppenklima (Semiarides Klima) **BS**
$P_{Jahr} \geq 10\ (T_{Jahr} - 10 + 0,3\ PS)$

Wüstenklima (Arides Klima) **BW**
$P_{Jahr} < 10(T_{Jahr} - 10 + 0,3\ PS)$

Marines Trockenklima BM
$P_{Jahr} < 20(T_{Jahr} - 10 + 0,3\ PS)$

C   **Subtropische Klimate** $T_{Monat.Min} < 18\ °C$, T_{Monat} von 8-12 Monaten $\geq 10\ °C$

Klimatypen:

Subtropisches wintertrockenes Klima Cw
$P_{Monat.Max}$ im Sommer $\geq 10\ P_{Monat.Min}$ im Winter

Subtropisches sommertrockenes Klima Cs
$P_{Monat.Max}$ im Winter $\geq 3\ P_{Monat.Min}$ im Sommer mit $P_{Monat.Min}$
im Sommer < 30 mm und $P_{Jahr} < 890$ mm

Subtropisches immerfeuchtes Klima Cr
Geringere Niederschlagsdifferenzen zwischen den extremen Monaten als in den Cw- und Cs-Bereichen

---

Fortsetzung nächste Seite

Fortsetzung *Tabelle 3.17*:

D	**Temperierte Klimate**	T_{Monat} von 4-7 Monaten ≥ 10 °C
	Klimatypen:	
	Ozeanisches temperiertes Klima Do	
	$T_{Monat.Min} \geq 0$ °C	
	Kontinentales temperiertes Klima Dc	
	$T_{Monat.Min} < 0$ °C	
E	**Boreales Klima**	T_{Monat} von 1-3 Monaten ≥ 10 °C
	Klimatypen:	
	Ozeanisches Typ Eo	
	$T_{Monat.Min} \geq -10$ °C	
	Kontinentaler Typ Ec	
	$T_{Monat.Min} < -10$ °C	
F	**Polare Klimate**	$T_{Monat.Max} < 10$ °C
	Klimatypen:	
	Tundrenklima Ft	
	$T_{Monat.Max} > 0$ °C	
	Eisklima Fi	
	$T_{Monat.Max} \leq 0$ °C	

Abkürzungen: T_{Monat}: Monatsmitteltemperatur, $T_{Monat.Min}$: Monatsmitteltemperatur des kältesten Monats, $T_{Monat.Max}$: Monatsmitteltemperatur des wärmsten Monats, T_{Jahr}: Jahresmitteltemperatur, P_{Monat}: mittlere monatliche Niederschlagshöhe, $P_{Monat.Min}$: mittlere monatliche Niederschlagshöhe des Monats mit dem geringsten Niederschlag, $P_{Monat.Max}$: mittlere monatliche Niederschlagshöhe des Monats mit dem maximalen Niederschlag, P_{Jahr}: mittlere jährliche Niederschlagshöhe, PS: relativer Niederschlagsanteil in den Sommermonaten April bis September in Prozent

zwischen den globalen Klimaprozessen sowie -veränderungen und den anderen Umweltveränderungen, die die geophysikalischen und biologischen Voraussetzungen für eine *nachhaltige Entwicklung* (sustainable development) der belebten Natur und der menschlichen Gesellschaft beinhalten, enge Zusammenhänge.

In diesem Kapitel wurde gezeigt, daß die Atmosphäre hinsichtlich ihrer Zusammensetzung, aber auch in Bezug auf ihre Unterlage seit mehr als 100 Jahren zunehmenden massiven anthropogenen Einflüssen ausgesetzt ist. Wenn auch die Veränderungen der Zusammensetzung quantitativ gering erscheinen mögen, so beeinflussen sie doch den Strahlungshaushalt und indirekt alle weiteren Prozesse im Klimasystem

Tabelle 3.18: Klimatypen der Klassifikation nach Hendl (1963, 1991).
Die Signaturen beziehen sich auf Abb. 3.41

Zonenklima	Klimatyp	Signatur
Tropisches Zonenklima	Kontinentales Kernpassatklima T - 1	
	Maritimes Kernpassatklima T - 2	
	Kernpassat-Wechselklima mit sommerlicher maritimer Randpassat-Witterung T - 3	
	Äquatoriales Passatkonvergenzklima T - 4	
	Maritimes Luvseiten-Passatklima T - 5	
	Maritimes Leeseiten-Passatklima T - 6	
	Monsunklima T - 7	
	Luvseiten-Monsunklima mit sommerlicher Stauniederschlagsperiode T - 8	
	Luvseiten-Monsunklima mit winterlicher Stauniederschlagperiode T - 9	
Subtropisches Zonenklima	Kernpassat-Wechselklima mit winterlicher Zyklonalwitterung TZ - 1	
	Kernpassat-Wechselklima mit winterlicher Luvseiten-Zyklonalwitterung TZ-2	
Außertropisches Zonenklima	Temperiertes Zyklonalklima Z - 1	
	Subpolares Zyklonalklima Z - 2	
	Polares Zyklonalklima Z - 3	
	Monsunales Zyklonalklima Z - 4	
	Luvseiten-Zyklonalklima Z - 5	
	Leeseiten-Zyklonalklima Z - 6	
Parautochthones Plateauklima	ohne Unterteilung P	

so, daß die Wahrscheinlichkeit einer tiefgreifenden Klimaänderung in den nächsten Jahrzehnten hoch ist. Weitere Veränderungen in der Natur infolge neuer und rücksichtslos angewandter Landnutzungstechniken steigen an Bedeutung für die Zusammensetzung der Atmosphäre. Es kann nicht mit Sicherheit vorhergesagt werden, wie bekannte Selbstregulationsmechanismen auf die Entwicklung reagieren werden und wie hoch die Schwellenwerte sind, jenseits derer das Klima einem neuen Gleichgewichtszustand zustrebt.

Die Situation wird dadurch verschärft, daß die den Treibhauseffekt der Atmosphäre verstärkenden Spurengase selbst bei entschiedenen Maßnahmen zur Verringerung ihrer Emission aufgrund ihrer Eigenschaften noch lange in der Atmosphäre verbleiben und wirken werden. Das trifft auch auf die vor dem Hintergrund einer erheblichen natürlichen Variabilität sich vollziehenden stratosphärischen Ozonkonzentrationsänderungen zu, ein Problem, das längst nicht nur den südlichen Teil der Südhemisphäre betrifft, sondern zunehmend auch den Norden. Die Erkenntnis, daß mit hoher Wahrscheinlichkeit tiefgreifende und spürbare Veränderungen der atmosphärischen Umwelt eintreten werden, wird früher oder später jeden Bereich in Natur und Gesellschaft angehen (Kap. 6).

Wie weiter oben gezeigt worden ist, hat die Atmosphäre im globalen Wasserkreislauf eine wichtige Verteilerfunktion. Die *Verfügbarkeit von Wasser* für Natur und Menschen ist eine unerläßliche Voraussetzung für die nachhaltige Entwicklung. Die Hydrosphäre wird durch menschliche Aktivitäten direkt und indirekt affiziert. Letzteres erfolgt über die möglichen anthropogenen Klimaschwankungen. Ozean und Atmosphäre bilden ein gekoppeltes System von Kontinua, in dem Änderungen in dem einen Medium in entsprechenden Variationen im anderen zum Ausdruck kommen und wieder zurückwirken. Die direkte Beeinflussung ist gegeben durch die immer noch erfolgende Nutzung der Meere als Vorfluter für Verunreinigungen, wobei der Ozean allerdings auch die bedeutendste Senke für die Luftverunreinigungen darstellt. Störungen der marinen Umwelt, die bspw. auch durch die Förderung mineralischer Rohstoffe vom Tiefseeboden erfolgen können, sind potentiell in der Lage, die sensiblen Wechselwirkungen zwischen Ozean und Atmosphäre zu beeinträchtigen. Wie oben ausgeführt, betreffen diese nicht nur den Austausch von Energie, sondern auch den von Wasser, Gasen und anderen Substanzen.

Die kontinentalen, sich in den oberflächennahen Bereichen immer wieder erneuernden Wasservorräte, die eine Existenzbedingung der Menschheit darstellen, hängen von der raum-zeitlichen Verteilung der Niederschläge ab, also von den sich wandelnden klimatischen Bedingungen. Die Abhängigkeit wird besonders gravierend in den Gebieten, in denen das Wasser ohnehin der limitierende Faktor der Entwicklung ist. Das ist besonders in den ariden und semi-ariden Gebieten der Fall.

Auch ohne den Einfluß von Klimaänderungen wird in Abhängigkeit von der Bevöl-

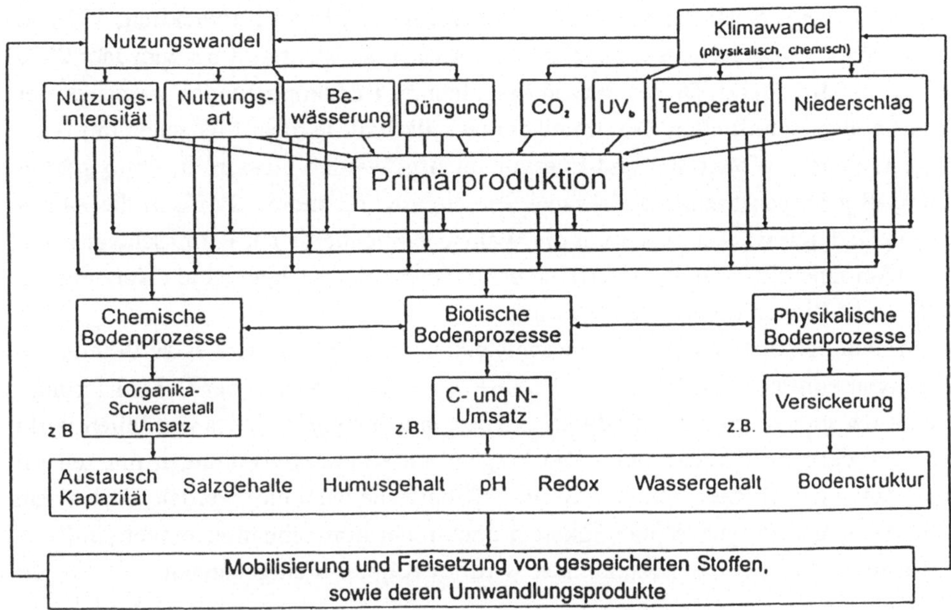

Abbildung 3.42: Einfluß des Klima- und Nutzungwandels auf Stoff-Freisetzungen in Böden, nach WBGU (1993)

kerungszunahme, die den Wasserbedarf exponentiell steigert, dieses globale Problem an Schärfe zunehmen.

Erhebliche, mit dem Klimaproblem im Zusammenhang stehende Veränderungen zeichnen sich auf den *Landoberflächen einschließlich ihrer Biosphäre* ab. Die Wandlungen betreffen den anhaltend starken Rückgang der Waldflächen, der durch das Stichwort Abbau des tropischen Regenwaldes gegeben ist. Weitere Veränderungen betreffen die Übergänge von Bodenflächen in Wüste, in Salzböden und in urbane Gebiete.

Den Klimaeinfluß auf den Stoffhaushalt der Böden zeigt Abb. 3.42 (s. auch WBGU 1994, Rounsevell und Loveland 1994).

Als *Biosphäre* wird die Gesamtheit der terrestrischen und marinen Ökosysteme verstanden, die untereinander sowie mit dem Boden und dem Klima in Wechselwirkung stehen (Boyle und Boyle 1994).

Veränderungen der Vegetation sind unmittelbar mit regionalen klimatischen Änderungen verbunden. Großräumig wirken sie auf den Kohlenstoffhaushalt sowie auf den Energie- und Wasserhaushalt. Schadstoffeinträge aus der Luft können Arten vernichten, zur Mutation veranlassen oder verdrängen, wodurch sich ergibt, daß die atmosphärischen Prozesse an der Reduzierung der Artenvielfalt beteiligt sind. Intensive Wechselwirkungen mit der Natur kennzeichnen das rapide *Anwachsen der*

Erdbevölkerung. Nach der UN-Konferenz Bevölkerung und Entwicklung 1994 in Kairo kann damit gerechnet werden, daß die Anzahl der Menschen bis zum Jahr 2050 auf ca. 10 Mrd. steigt. Dieser Prozeß beschleunigt Rückkoppelungen zwischen der (anthropogen beeinflußten) Natur und der Gesellschaft. Je mehr Menschen mit Nahrung, Kleidung, Wohnraum und Energie versorgt werden müssen, in desto stärkerem Maß gelangen treibhauswirksame Spurengase und andere Stoffe in die Atmosphäre. Dadurch wächst wiederum die Wahrscheinlichkeit einer Klimaschwankung. Hinzu kommen Effekte der intensiven und manchmal unsachgerechten Nutzung der Böden, der Biosphäre und des Wassers.

Wenn räumlich differenzierte Klimaschwankungen eintreten, wird es zu Wanderbewegungen kommen. Das führt u.a. zu einer weiteren Zunahme der Urbanisierung. Keines der großen globalen Problem existiert unabhängig, in jedes von ihnen wirkt das veränderliche Klima hinein. Die Folgen von Klimaschwankungen müssen für die verschiedenen Regionen und Wirtschaftsbereiche bestimmt werden, auch wenn viele der gegenseitigen Abhängigkeiten noch nicht hinreichend erforscht sind.

Auf Folgen von Klimaschwankungen wird im Kapitel 6 eingegangen.

4 Klimaschwankungen

Die Definition des Begriffes *Klimaschwankung* leitet sich aus der im Kap. 1 gegebenen Klimadefinition her. Danach liegt eine Klimaschwankung bzw. Klimaänderung immer dann vor, wenn sich die *statistischen Eigenschaften eines oder mehrerer Klimaelemente* signifikant ändern. Da die statistischen Größen im allgemeinen nur für größere Datenkollektive bestimmbar sind, können Klimaänderungen aus den Differenzen statistischer Eigenschaften in verschiedenen Zeitabschnitten bestimmt werden. International wurden schon 1935 dreißigjährige *"Normal"- oder Referenzperioden* eingeführt. Bei Klimaschwankungen handelt es sich nicht nur um Veränderungen der Mittelwerte, sondern ebenso um entsprechende Veränderungen der Streuung, höherer statistischer Momente, Häufigkeitsverteilungen sowie der Extremwerte. Von Klimaschwankungen kann man auch sprechen, wenn innerhalb einer betrachteten Periode der durch die Variabilität der Klimaelemente gekennzeichnete Prozeß nicht stationär ist, sondern sich vielmehr die kennzeichnenden Parameter mit der Zeit ändern. Klimaschwankungen treten in verschiedenen Ausprägungen auf, man unterscheidet hier die Begriffe Trend, periodisches Verhalten, Sprünge u.a.

Die Analyse von Klimaschwankungen auf der Grundlage gemessener (oder nach bestimmten Vorschriften beobachteter) Daten verlangt wegen der im allgemeinen kleinen Signal/Rauschverhältnisse (dabei entspricht "Signal" der Klimaschwankung, "Rauschen" der natürlichen Variabilität, die Kennzeichen der *statistischen Gesamtheit* der Klimaelemente ist) die kritische Anwendung fortgeschrittener statistischer Verfahren (s. u.a. Olberg und Stellmacher 1991, Schönwiese 1992, Sneyers 1992). Die Trennung von Signal und Rauschen in beobachteten und mit Hilfe von Modellen simulierten Daten ist die Grundaufgabe der *Klimadiagnostik* (v. Storch 1994b). Hinsichtlich der Begriffsbildung unterscheiden v. Storch und Hasselmann (1995) die Begriffe *Klimaschwankung* und *Klimavariabilität*. Letztere verdankt ihre Entstehung natürlichen Ursachen, sie ist unabhängig vom Menschen. Der Begriff der Klimaschwankung wird nach dieser Auffassung den Klimaveränderungen vorbehalten, die auf menschliche Aktivitäten zurückzuführen sind. Allerdings gab es in der Vergangenheit Klimaänderungen, deren Ausmaß mit dem Begriff Klimavariabilität nicht hinreichend bezeichnet werden kann.

Da regulär bestimmte Klimadaten für globale Betrachtungen erst seit ca. 150 Jahren (s. Jones et al. 1993), für einzelne Stationen sogar mehr als 300 Jahre zurück (v. Rudloff 1967) vorliegen, muß man sich für die Diagnostik des Klimas und seiner Schwankungen in der vorinstrumentellen Periode und in der geologischen Vergangenheit Informationen verschiedener Art ("Proxydaten") sowie mit Hilfe zahlreich entwickelter Methoden rekonstruierter Klimadaten bedienen. Die Paläoklimaforschung ist in den letzten Jahrzehnten weit fortgeschritten und in der Lage, die Grundzüge des Klimas, in bestimmten Fällen auch Einzelheiten, in den verschiedenen Phasen der Erdentwicklung zu bestimmen.

4.1   Zum allgemeinen Klimaverlauf in der Erdgeschichte

Mit der Entwicklung der Erdatmosphäre (Kap. 1) begann im Präkambrium (vor über 500 Mill. Jahren) auch die Klimageschichte. Für das *primordiale Klima* gibt es nur wenig Klimazeugen (Bildung der ältesten Sedimente vor etwa $3,7 \cdot 10^9$ Jahren, älteste Fossilien etwa $3,35 \cdot 10^9$ Jahre zurück), so daß alle Angaben aus der frühesten Zeit mit erheblichen Unsicherheiten behaftet sind. Die zeitliche Auflösung des Klimaablaufes muß deshalb sehr grob bleiben. Die Entwicklung umfangreicher und genauer paläoklimatologischer Verfahren (s. u.a. Schwarzbach 1988, Eißmann und Hänsel 1991, Eddy und Oeschger 1993, Duplessy und Spyridakis 1994), auf die hier nicht eingegangen werden kann, gestattet es heute, für die gesamte Erdgeschichte einen Klimaüberblick zu geben. Was die jüngste Erdgeschichte, insbesondere die pleistozänen Klimaoszillationen, anbetrifft, so liegen detaillierte Untersuchungsergebnisse vor. Zur Beurteilung paläoklimatologischer Befunde ist es wichtig zu bedenken, daß sich der Klimaablauf in gegenüber heute gravierend veränderten Klimasystemen und damit ganz anderen Naturverhältnissen einstellte.

In Abb. 4.1 ist der vermutliche Klimaablauf vom Präkambrium bis zur Gegenwart anhand relativer Schwankungen der Lufttemperatur und des Niederschlages dargestellt. Aus dem Bild können grundlegende Schlußfolgerungen gezogen werden. Zu allen Zeiten hat das Klima ausgeprägte Schwankungen durchlaufen, was sich in der Abfolge wärmerer und kühlerer sowie trockener und feuchterer Zeitabschnitte ausdrückt. Der *fast-intransitive* Charakter des Klimas (relativ schneller Wechsel zwischen sonst stabilen Zuständen, s. Abschnitt 3.1.1) wird dadurch deutlich, daß

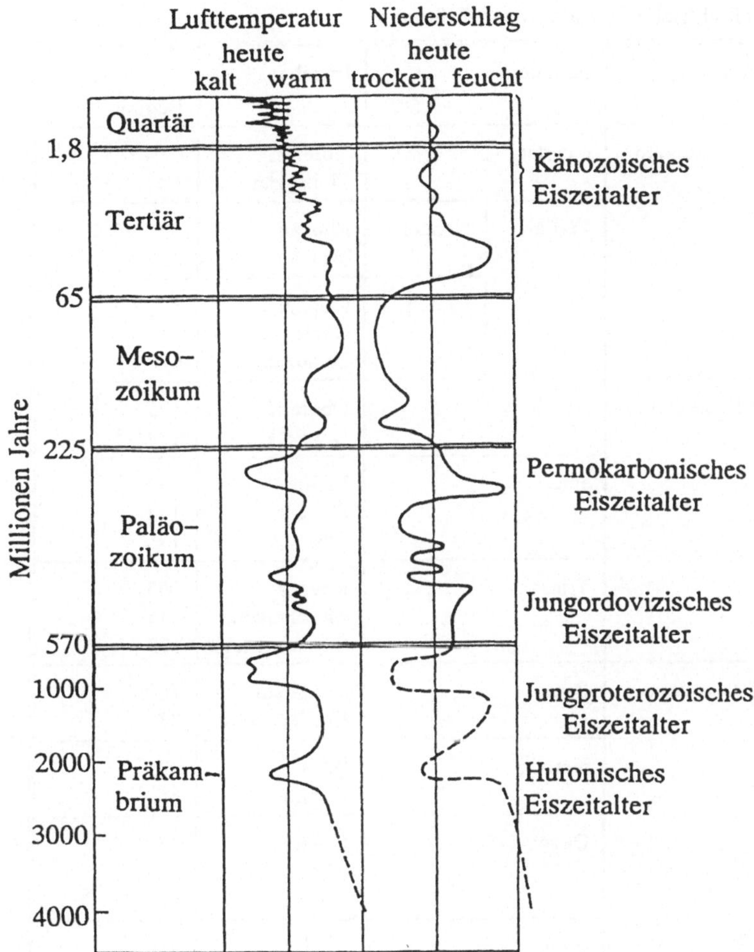

Abbildung 4.1: Verlauf der relativen Abweichungen der Lufttemperatur und des Niederschlags für die gesamte Erdgeschichte, nach Frakes (1979) aus Eißmann und Hänsel (1991)

die *Warmzeiten in der Erdgeschichte* bei weitem überwiegen und als das charakteristische Klima für den Planeten Erde angesehen werden müssen.

Aber bereits seit dem Präkambrium wird das Warmklima durch das Auftreten der *Eiszeitalter* unterbrochen (Abb. 4.1). Diese tiefgreifenden Klimaübergänge sind global oder zumindest hemisphärisch ausgeprägt gewesen. Desgleichen kann davon ausgegangen werden, daß die Eiszeitalter der Erdgeschichte in ähnlicher Weise in eine Abfolge von Kalt- und Warmzeiten gegliedert waren wie es in der rezenten Periode, dem Quartär, der Fall ist. Die Eiszeitalter als eine alternative Möglichkeit eines stabilen Klimazustandes sind relativ kurz und können als Störung des perma-

Tabelle 4.1.: Erdgeschichtliche Zeittafel, nach Eißmann

Äon	Ära	Periode		Epoche	Alter / 10^6 a Beginn
Phanerozoikum	Känozoikum	Quartär		Holozän	0,015
				Pleistozän	1,5
		Tertiär	Neogen	Pliozän	10
				Miozän	25
			Paläogen	Oligozän	37
				Eozän	58
				Paläozän	67
	Mesozoikum	Kreide		Obere K.	105
				Untere K.	137
		Jura		Malm	157
				Dogger	172
				Lias	195
		Trias		Keuper	205
				Muschelkalk	215
				Buntsandstein	225
	Paläozoikum	Perm		Zechstein	240
				Rotliegendes	285
		Karbon		Siles	325
				Dinant	350
		Devon		Oberes D.	359
				Mittleres D.	370
				Unteres D.	405
		Silur			440
		Ordovizium			500
		Kambrium		Oberes K.	515
				Mittleres K.	540
				Unteres K.	570
Riphäikum					1250
Proterozoikum					2000
Archaikum					2870
Katarchaikum	Wahrscheinliches Alter / 10^9 a: Erdkruste 4,8 Erde 4,9 Sonnensystem 5,0				

nenten Warmzeitklimas angesehen werden.

Das mesozoische Warmzeitalter, das bis in den mittleren Teil des Tertiärs hineinreicht, ist mit ca. $160 \cdot 10^6$ Jahren Andauer bestimmend für das dem Quartär vorausgehende Klima. Dieser Abschnitt wird durch die im Tertiär langsam einsetzende Abkühlung bestimmt.

Es erfolgte der Übergang des relativ einheitlichen Warmklimas zu einem für Eiszeitalter typischen oszillierenden Temperaturregime. Zeitabschnitte höheren und geringeren Niederschlages wechselten einander ab, wobei jedoch eine eindeutige Zuordnung zu den Temperaturanomalien anscheinend nicht gegeben ist.

Der Übergang vom mesozoischen Warmzeitklima zum Eiszeitalter des Quartärs hängt vor allem mit der Kontinentaldrift und Gebirgsbildungsprozessen zusammen. In der Folge gelangte die antarktische Scholle und damit Land mit hohen Gebirgen in den Südpolarbereich. Das ermöglichte dort feste Niederschläge und die nachfolgende Bildung von Gletschern und schließlich des mächtigsten Eisschildes der Erde. Der Aufbau dieser Senke im Wärmehaushalt bewirkte den Klimaumschwung mit dem Übergang zu einer globalen Abkühlung.

Die Klimaentwicklung im Quartär ist am besten erforscht. Eine Vorstellung über den Stand vermittelt der Atlas von Frenzel et al. (1992). In dieser Periode ist das Klima durch quasiperiodische Schwankungen der Lufttemperaturen und damit verbunden der anderen Elemente gekennzeichnet (Abb. 4.2).

Wenn auch innerhalb der bisherigen Gesamtdauer des Quartärs von (1,5 - 2) Mio. Jahren nur etwa 100 000 Jahre ($\geq$ 5 % der Zeit) durch starke Eisvorstöße und entsprechende Temperaturerniedrigung gekennzeichnet waren, so bildet dies doch das bestimmende Merkmal im Quartär (Eißmann und Hänsel 1991). Die Zahl der quartären Klimaoszillationen ist nach in Mitteldeutschland erhobenen Befunden bei mindestens sieben ausgeprägten Kaltzeiten mit einem tiefgreifenden Klimawechsel anzusetzen, wozu noch mehr als 20 Klimadepressionen (nach Eissmann) niederen Ranges kommen.

Die Grundabfolge im Pleistozän, die hemisphärisch nachweisbar ist, setzt sich wie folgt zusammen.

Die *Elster-Kaltzeit* (andere Namen sind Mindel, Kansan) fällt in die Zeit zwischen 440 000 und 230 000 Jahren vor heute (v.h.), d.h. sie hatte eine Dauer von 210 000 Jahren. Die jährlichen Mitteltemperaturen im Mitteleuropa lagen zwischen ca. 3 und -7 °C. Es gab starke und ausgedehnte Vereisungen mit mehreren eingelagerten Erwärmungsphasen (Alz, Amper, Atter, Biber, Donau, Günz, Mindel).

Es folgte die *Holstein-Warmzeit* (Mindel/Riß, Yarmouth) im Zeitraum von 230 000 bis 200 000 Jahren v.h. In dieser relativ kurzen Periode von 30 000 Jahren Dauer betrug die Jahresmitteltemperatur in Mitteleuropa etwa 11 °C.

Die *Saale-Kaltzeit* (Riß, Illinoian) liegt zwischen 200 000 und 130 000 Jahren v.h.

(Dauer 70 000 Jahre). In diesem Vereisungsstadium, für das das Jahresmittel zwischen 3 und -8 °C angesetzt werden kann, kam es wiederum zu starken, ausgedehnten Vereisungen, die allerdings durch mindestens zwei Erwärmungsphasen unterbrochen waren.

Die letzte Zeit wärmeren Klimas war die *Eem-Warmzeit* (Riß/Würm, Sangamon), die 35 000 Jahre andauerte und zwischen 95 000 und 130 000 Jahre v.h. zeitlich zugeordnet werden kann. Die mitteleuropäische Jahresmitteltemperatur kann zu etwa 11 °C abgeschätzt werden. Es ist ein Ergebnis der Paläoklimaforschung, daß für diesen warmen Abschnitt abrupte und relativ kurz anhaltende Schwankungen nachgewiesen wurden (Berger und Labeyrie 1985). Der Übergang zur jüngsten Kaltzeit beanspruchte etwa 3000 bis 4000 Jahre.

Die letzte Eiszeit war die *Weichsel-Kaltzeit* (Würm, Wisconsin) mit einer Gesamtdauer von 80 000 Jahren zwischen 90 000 und 10 000 Jahren v.h. Wie in der Saale-Kaltzeit sind die Jahresmitteltemperaturen in Mitteleuropa bei 3 bis -8 °C anzusetzen. Diese vorerst letzte Kaltzeit ist ebenfalls durch starke Vereisungen und mindestens neun eingelagerte Erwärmungsperioden (Interstadiale) gekennzeichnet. Aus dieser Zeit sind viele Einzelheiten bekannt, die die Rekonstruktion des Klimas ermöglichen (Eißmann und Hänsel 1991, Bard und Broecker 1992, Eddy und Oeschger 1993).

Die gegenwärtige Epoche ist das *Holozän*, wie die Nacheiszeit und gegenwärtige Warmzeit bezeichnet wird. Dieser Abschnitt erstreckt sich von etwa 10 000 Jahren v.h. bis zur Gegenwart. Mit mittleren jährlichen Lufttemperaturen im mitteleuropäischen Raum zwischen 8,8 und 11 °C wird der gegenwärtige Wertebereich erreicht. Im Holozän traten klimatische Schwankungen geringerer Amplitude auf (s. Abschnitt 4.2).

Diesen hier genannten Hauptphasen der pleistozänen Klimaentwicklung gingen bereits zahlreiche Abschnitte mit Erwärmungs- und Abkühlungsperioden voraus. Eine Übersicht über den jüngsten Klimaverlauf der Erdgeschichte enthält Abb. 4.2. Für das Pleistozän konnte die Existenz schneller und tiefgreifender Klimaveränderungen innerhalb der oben aufgeführten Abschnitte nachgewiesen werden. Die Analyse vergangener Klimate erlaubt Rückschlüsse auf Eigenschaften des Klimasystems, die in der kurzen Zeit seit Vorliegen von Beobachtungen nicht erfaßt werden konnten. Mit solchen Entdeckungen bekommen paläoklimatologische Forschungsergebnisse hohe Aktualität im Hinblick auf mögliche Eigenschaften des Klimas der Zukunft. Über schnelle Umgestaltungen des Klimas im Pleistozän ist man vor allem aus der Untersuchung von Eisbohrkernen aus Grönland und aus Antarktika informiert. In diesen sind Luftbläschen, Spurenstoffe, Staub und Vulkanasche eingeschlossen. Aus Sauerstoffisotopenmessungen und auch aus der Größenverteilung der Eiskörner können die Temperaturverhältnisse abgeleitet werden.

Im Rahmen der Untersuchungen zum *Greenland Ice Core Project* (GRIP, 1989-1992) konnte ein 3028 m mächtiger Eiskern gewonnen werden. Das Eis, das bis in große Tiefen ungestört abgelagert wurde, ist bis über 200 000 Jahre alt.

In dieser Zeit haben je zwei Warm- und Kaltzeiten stattgefunden, deren Ablauf reproduziert werden kann. Vor ca. 100 000 Jahren, in der Eem-Warmzeit, gab es offenbar mehrere rasch ablaufende Klimaschwankungen erheblicher Schwankungsbreite. Innerhalb von 2 Jahrzehnten nahmen die damaligen Eisoberflächentemperaturen am Untersuchungsort in Grönland von ca. -28 bis zu ca. -42 °C ab. Das niedrige Niveau blieb über Jahre hinweg erhalten und ging dann wiederum so schnell, wie die Temperaturabnahme verlaufen war, auf den Ausgangswert zurück. Die Befunde geben räumlich jedoch kein einheitliches Bild.

Wenn diese Ergebnisse im Hinblick auf ihre Verallgemeinerung noch nicht frei von Widersprüchen sind, so geben sie doch einen völlig neuen Einblick in das Schwankungspotential des Klimasystems.

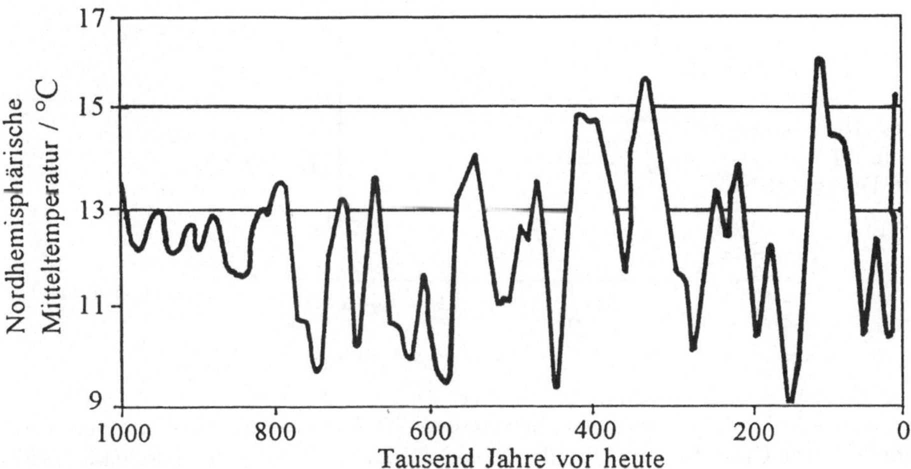

Abbildung 4.2: Ablauf der Klimaschwankungen im Quartär. Dargestellt sind die Schwankungen der nordhemisphärischen Mitteltemperatur, Auszug nach Schönwiese (1979), verändert

4.2 Zur Klimaentwicklung nach der letzten Kaltzeit

Die letzte Phase der Weichselkaltzeit in Mitteleuropa kann auf den Zeitraum 20 000 bis 18 000 v.h. angesetzt werden. Die mittlere globale Lufttemperatur an der Erdober-

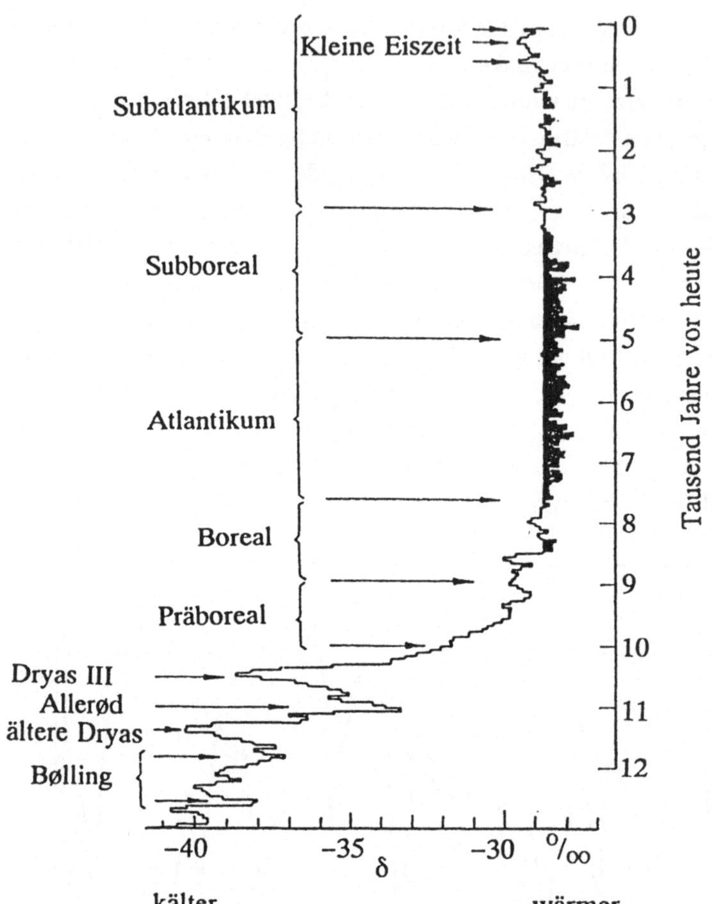

Abbildung 4.3: Profil der temperaturabhängigen ^{18}O-Abreicherung (δ-Werte) in einem Eisbohrkern von Camp Century (Grönland), nach Dansgaard (1980) aus Bernhardt (1991). Die schwarz gekennzeichneten Teile der Kurve liegen über der heutigen Mitteltemperatur

fläche lag etwa 5 K unter dem Wert für das gegenwärtige Klima. In den von der Vereisung betroffenen Gebieten war die mittlere Lufttemperatur wesentlich niedriger, so in Westeuropa etwa um 9 - 11 K, in Osteuropa sogar um 10 bis 15 K. Infolge des Eisvolumens und der niedrigen Ozeantemperaturen lag der Meeresspiegel 80 bis 130 m niedriger als heute. Den Übergang zum Holozän zeigt Abb. 4.3. Für diesen Abschnitt ist die Klimarekonstruktion sehr detailliert möglich. Es existiert ein durchgehender Baumringkalender. Der Übergang zwischen der letzten Kaltzeit und dem Holozän wird in Revision bisheriger Auffassungen auf die Zeit um 10 970 Jahren vor 1950 gelegt. Auf der Grundlage der grönländischen Eisbohrkernanalysen ist der Übergang innerhalb weniger Jahrzehnte erfolgt, jedoch variieren solche Angaben räumlich sowie in Abhängigkeit von den angewendeten Methoden.

Der Übergang, der durch die *finale Erwärmung* markiert wird, ist als *Beginn des Holozäns* bestimmt worden.

Die Übergangszeit ist durch mehrere Fluktuationen erheblicher Amplitude gekennzeichnet. Es gibt verschiedene Hinweise, daß sich der Übergang von der ältesten kalten Tundrenzeit (14 000 - 13 000 Jahre v.h., Dryas I) zum Bølling-Interstadial (13 000 - 12 000 v.h.) und über die kalte Dryas II-Phase (12 000 - 11 800 v.h.) zum Alleröd-Interstadial (11 800 - 11 000 v.h.) und zur kalten jüngeren Tundrenzeit (Dryas III, 10 300 - 10 000 v.h.) möglicherweise örtlich und regional unterschiedlich innerhalb von nur Jahrzehnten bis Jahrhunderten vollzogen hat. Die Erwärmung ging unter Schwankungen weiter, bis vor etwa 8000 Jahren etwa die gegenwärtige Mitteltemperatur erreicht wurde. Die bisher höchsten Lufttemperaturen im Holozän traten im *Atlantikum* (etwa 8000-5000 mit Schwerpunkt um 6000 v.h.) auf. In dieser Zeit lagen die Jahresmitteltemperaturen ca. 1-2 K höher als heute. Das europäische Klima war mild und niederschlagsreich. Die Sommer waren wärmer als heute (Flohn und Fantechi 1984, Bernhardt 1991).

Dem Atlantikum schließt sich ebenfalls unter erheblichen Schwankungen ein weiterer Temperaturrückgang an, der von zunehmender Trockenheit begleitet ist (*Subboreal*, 5000 - 3000 Jahre v.h.). Auch die jüngste Klimaperiode, das *Subatlantikum*, ist durch klimatische Fluktuationen geprägt. Solche Entwicklungen sind durch mit der Zeit nach Menge und Qualität zunehmend vorhandene Proxy-Daten belegt, die direkt oder indirekt schon von den Menschen stammen. Der ständig vorhandene Wechsel zwischen wärmeren und kühleren, kontinentaleren und maritimeren sowie feuchteren und trockeneren Abschnitten hat die Entwicklung der menschlichen Gesellschaft begleitet.

Daher erscheint es gerechtfertigt, Abschnitte unterschiedlichen Klimas danach zu bezeichnen, wie die Wirkung auf die Menschen angenommen werden kann. Man unterscheidet daher in diesem Sinne zwischen *Optima* (Perioden mit einem für den Menschen günstigen Klima) und *Pessima* (Perioden mit einem für den Menschen ungünstigen Klima), s. Tab. 4.2.

Diese Klimaphasen erschienen regional unterschiedlich. So hatte das *Mittelalterliche Optimum* in West-, Mittel- und Nordeuropa seinen Höhepunkt zwischen ungefähr 1150 und 1300, in anderen Gebieten traten zeitliche Verschiebungen auf. Mit Beginn des 14. Jahrhunderts erhöhte sich wieder die Klimavariabilität, wobei sich die inter- und intraannuellen Unterschiede verstärkten, was mit einer Zunahme der Häufigkeit des Auftretens von Wetterextremen einherging. So änderte sich der mittlere jahreszeitliche Ablauf der Witterung, was sich insbesondere auf die damalige Landwirtschaft auswirkte (Flohn und Fantechi 1984, Pfister 1985, Lamb 1989, Bradley und Jones 1992, Hughes und Diaz 1994). In der Neuzeit erwies sich vor allem die *Kleine Eiszeit* als eine Periode unterschiedlicher klimatologischer Charakteristika (Schönwiese 1994). Der längere Übergang vom vorausgegangenen Optimum vollzog sich offenbar zeitlich in den verschiedenen Gebieten unterschiedlich und vom Wetterablauf wohl unübersehbar. Von der Mitte des 16. Jahrhunderts war dann die Kleine Eiszeit voll entfaltet.

Sie zeichnete sich durch strenge Winter in verschiedenen Unterabschnitten und zeitweise auch durch kühle Sommer aus. Diese Verschlechterung des Klimas, die in der Literatur detailliert belegt ist, war von verschiedenen Folgen begleitet. Am markantesten erscheinen hier wohl die sich ausbreitenden Gebirgsgletscher. Deren stärkste Ausprägung in den Schweizer Alpen um 1850 markiert sogleich den Abschluß dieses Klimaabschnittes (Abschnitt 6.2.3). Von da erfolgt in einer Zeit, die durch die rasch zunehmende Industrialisierung gekennzeichnet ist, der Übergang in den gegenwärtigen Klimaabschnitt, der wärmer ist und auch im Vergleich mit der jüngsten Klimageschichte als Optimum zu bezeichnen ist.

Eindrücke von der Klimaentwicklung in diesem Jahrtausend zeigen Abb. 4.4 und 4.5. In Abb. 4.4 sind für einen Zeitraum von mehr als 1000 Jahren aus dendrochronologischen Analysen abgeleitete Anomalien der Lufttemperaturen dargestellt.

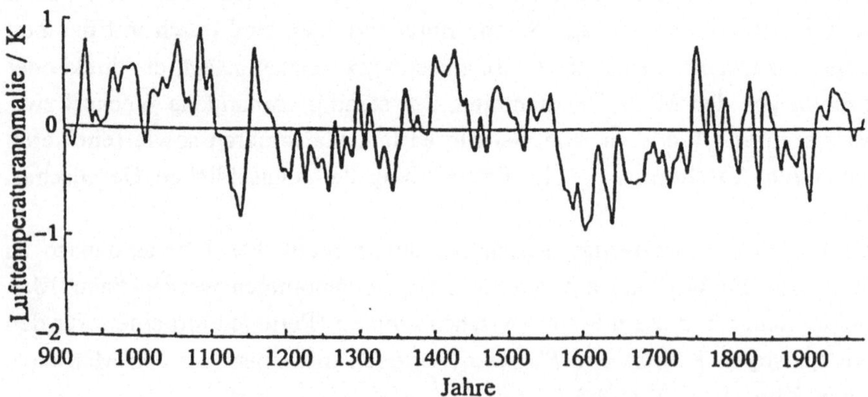

Abbildung 4.4: Abweichungen der mittleren Lufttemperatur vom Langzeitmittel in K für den Zeitraum April-August für Nordfennoskandien (nach dendrochronologischen Befunden rekonstruiert), nach Briffa et al. (1991)

Es handelt sich um die Differenzen zum Langzeitmittelwert für den Jahresabschnitt April-August in Nordfennoskandien. Man erkennt, daß sich die Anomalien im Bereich ± 1 K bewegen, d.h., die Mittelwerte der Lufttemperatur im Sommer und Frühjahr zeigen keine bedeutenden Schwankungen. Ferner sieht man die starke interannuelle Variabilität, aber auch Zeitabschnitte mit einheitlichen Vorzeichen der Anomalien. So wird zu Beginn des Zeitraums das Mittelalterliche Optimum gut wiedergegeben, ebenso auch der differenzierte klimatische Charakter der Kleinen Eiszeit, deren Höhepunkt nach dieser Darstellung im 17. Jahrhundert lag. Warme Perioden traten von 870-1120 und 1150-1200 auf, dazwischen lag ein deutlich kälterer Abschnitt. Insgesamt erfolgte die Abkühlung mehr durch die häufigen kalten Winter als durch das Auftreten kühler Sommer. Den Verlauf der sommerlichen Trockenheit und der Winterstrenge für England seit 1100 zeigt Abb. 4.5.

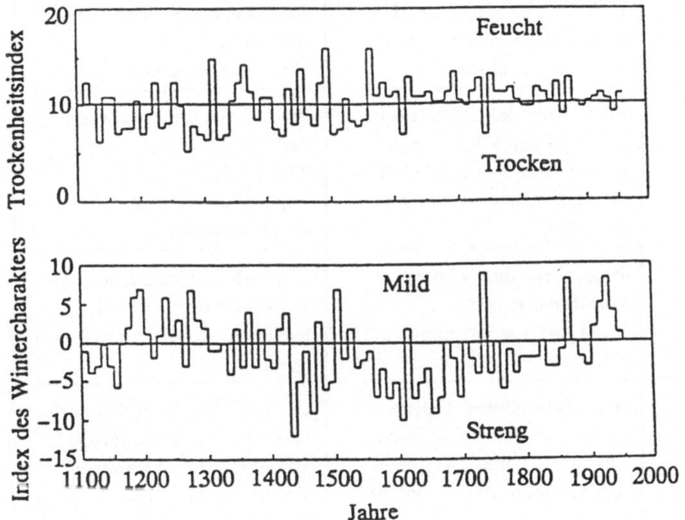

Abbildung 4.5: Langzeitverlauf von Indizes der Trockenheit (oben) und der Winterstrenge (unten) in England, nach Lamb (1965)

Man erkennt die starke Variabilität des Klimas. Hinsichtlich der Sommertrockenheit ist die Amplitude der Schwankungen in den letzten Jahrhunderten zurückgegangen, d.h., der Prozentsatz der trockenen Monate nahm ab, was auf eine ausgeglichenere Wasserzufuhr schließen läßt. Strenge Winter traten vor allem nach 1430 auf. Die Periode der Kleinen Eiszeit wird hier am ehesten deutlich. Starke Vulkanausbrüche beeinflußten das Klima, so der des Tambora 1815 mit dem darauffolgenden "Jahr ohne Sommer" 1816 in vielen Teilen der Welt. Auch der Ausbruch des Krakatau 1883 wirkte sich auf die Klimaabläufe aus. Zusammen mit dem klimatischen Charakter der Kleinen Eiszeit kam es so zu der durch Beobachtungen belegten Tatsache, daß einer der kältesten Klimaabschnitte des 2. Jahrtausends in die zweite Hälfte des 19. Jahrhunderts fiel. Dieser Umstand ist ebenso wie die ganze holozäne Klimageschichte wichtig für die Beurteilung der Klimaentwicklung im 20. Jahrhundert. Der Einfluß des Menschen darauf war bis zum Beginn der breiten Industrialisierung gering.

Tabelle 4.2: Klimaoptima und -pessima in Europa (Kurzfassung nach Angaben in Schönwiese 1979 und Lamb 1989)

Ungefährer Zeitraum	Klimaabschnitt	Klimarelevante geschichtliche Ereignisse
1200 bis 600 v.d.Z.	**Subatlantik-Pessimum** Ausgeprägt kalte Periode, mitteleuropäische Temperaturen 1-2 K niedriger als heute, besonders kühle Sommer, niederschlagsreich	750-550 Kolonisation durch die Griechen im Mittelmeerraum, 1200 bis nach 1000 Große Indogermanische Völkerwanderung
200 v.d.Z. bis 380 n.d.Z.	**Optimum der Römerzeit** Jahresmittel 1-1,5 K höher als heute, meist sehr niederschlagsreich, erst 300-400 trockener	98-117 Größte Ausdehnung des Römischen Reiches, 218 v.d.Z Alpenüberquerung durch Hannibal
380 bis 750	**Pessimum der Völkerwanderungszeit** Kühl und niederschlagsreich, verbreitet Gletschervorstöße	375-568 Germanische Völkerwanderung, 410 Einnahme Roms durch die Westgoten
950 bis 1250	**Mittelalterliches Optimum** Jahresmittel 1-1,5 K höher als heute, zunächst niederschlagsreich, dann trockener	ca. 800-1000 Seefahrten der Normannen, Besiedlung Islands und Grönlands, Weinanbau bis nach NW-Europa
Um 1250	**Klimawende** mit ausgeprägter Abkühlung, viele Niederschläge, Stürme	
1250 bis 1850	**Kleine Eiszeit** Jahresmittel ca. 1 K niedriger als heute, bes. strenge Winter, starke Schwankungen, am Ende trocken	1492 Beginn des Zeitalters der Entdeckungen und Auswanderungen, 1525 Bauernkriege, 1618/48 Dreißigjähriger Krieg, 1789 Französische Revolution
Ab erste Hälfte des 20. Jahrhunderts	**Modernes Optimum** mit erstem Maximum der globalen Lufttemperatur um 1940, verstärkter Temperaturanstieg seit Beginn der siebziger Jahre, relativ trocken	

4.3 Klima- und Zirkulationsschwankungen im 19. und 20. Jahrhundert

4.3.1 Die globale Entwicklung

Die Datenlage erlaubt die Ableitung globaler Mittelwerte der bodennahen Lufttemperaturen bzw. deren Anomalien auf der Grundlage von Messungen seit etwa der Mitte des 19. Jahrhunderts. Wenngleich Datendichte und -qualität erst mit der Zeit zunahmen und einen befriedigenden Stand erreichten (eine ausführliche kritische Darlegung dazu findet man in IPCC 1992), so kann doch die in Abb. 4.6 dargestellte Temperaturentwicklung als im wesentlichen real angesehen werden (Jones et al. 1993, Schönwiese 1995). Die Abweichungen vom Mittelwert des Zeitraums 1951/80 zeigen bis 1936 fast ausschließlich negative Werte bis 0,45 K Abweichung von der Referenzperiode. In diesem "global kalten" Abschnitt schwankte die Mitteltemperatur erheblich.

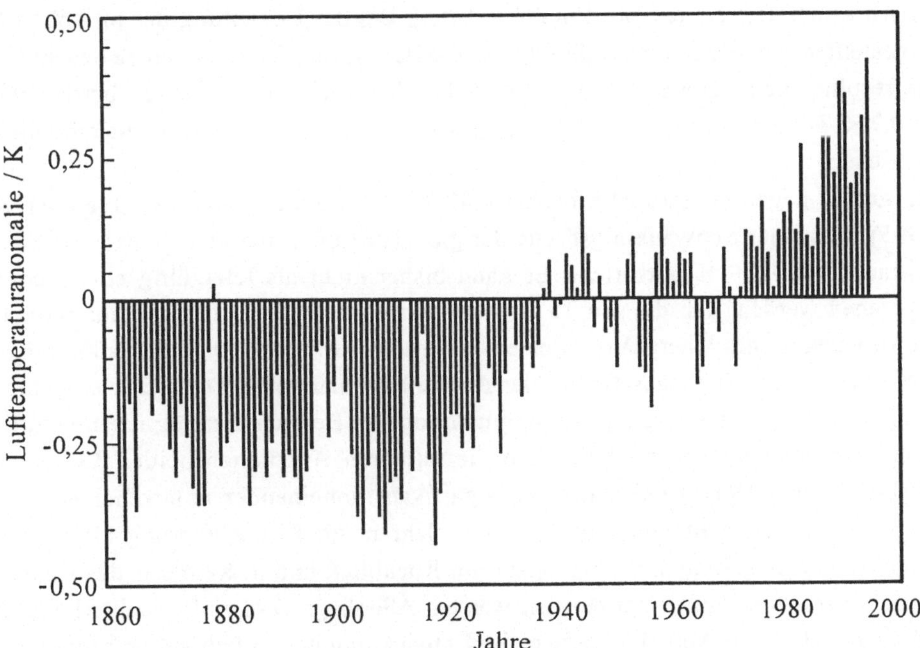

Abbildung 4.6: Zeitliche Entwicklung der Anomalien der Jahresmittelwerte der global gemittelten Lufttemperatur in der Nähe der Oberfläche zwischen 1861 und 1995 (Bezugszeitraum 1951-1980), nach IPCC (1992), ergänzt

Besonders seit Beginn des 20. Jahrhunderts weisen die negativen Anomalien eine Tendenz zur Abnahme auf, und im Jahr 1937 kam es erstmals zu einer positiven Abweichung vom gewählten Mittel. In der ersten Hälfte der vierziger Jahre kulminierte die beobachtete erste Erwärmung in diesem Jahrhundert.

Dieses globale Temperaturmaximum war in den verschiedenen Teilen der Welt unterschiedlich entwickelt, hauptsächlich aber wurde es schon damals unter dem Stichwort "Erwärmung der Arktis" bekannt. Mit der Erforschung dieser auch von den begleitenden Folgen unübersehbaren klimatischen Schwankung begann das Interesse an den rezenten Klimaschwankungen zu steigen. Im globalen Maßstab war die Zeit zwischen dem Ende der vierziger Jahre bis in die siebziger Jahre durch unterschiedliche, überwiegend jedoch negative Abweichungen der globalen Lufttemperatur gekennzeichnet. Daher erscheint dieser Abschnitt im wesentlichen als eine Unterbrechung der Erwärmungstendenz. Ab 1972 kamen bis zum Ende der Darstellung (1995) ausschließlich positive Anomalien vor, wenn auch in unterschiedlichen Beträgen. Bisher waren im globalen Maßstab die Jahre 1990, 1991 und 1995 die wärmsten seit Vorliegen von Beobachtungen. An den geringeren positiven Anomalien der Jahre 1992 und 1993 hat neben der im Klimasystem intern erzeugten Variabilität der Ausbruch des Vulkan Mt. Pinatubo Anteil. Bei der Bewertung der in Abb. 4.6 dargestellten Temperaturentwicklung sind die Beträge der Änderungen zu beachten. Die resultierende Temperaturzunahme in den dargestellten 135 Jahren beträgt 0,6 bis 0,7 K. Dieser Wert ist angesichts der starken Datenkomprimierung als erheblich anzusehen.

Die größte negative Anomalie betrug 0,48 K (1917), die größte positive 0,41 K (1995), was einer Schwankungsbreite der globalen Lufttemperatur im dargestellten Zeitraum von 0,89 K entspricht. Es kann bisher nicht als letztgültig entschieden angesehen werden, daß die seit 1977 anhaltenden positiven Lufttemperaturanomalien den Beginn des Übergangs zu einem wärmeren Klima als Folge der anthropogenen Zunahme des Treibhauseffektes der Atmosphäre markieren. Die bisher erreichten Anomalien liegen statistisch gesehen immer noch im Bereich der möglichen natürlichen Schwankungen, wenngleich sich die mittleren Anomalien beider Zeiträume 1861-1930 und 1931-1995 statistisch signifikant voneinander unterscheiden. Die Frage, ob in den achtziger und neunziger Jahren die Klimaänderung tatsächlich eingeleitet wurde, kann wohl erst später im Rückblick und in Kenntnis des statistischen Prozesses endgültig entschieden werden. Allerdings wird es für wahrscheinlich gehalten, daß die in Abb. 4.6 dargestellte Entwicklung wesentlich auf anthropogene Einflüsse zurückgeführt werden kann (IPCC 1995).

Kritischen Einwänden, daß die dargestellte globale Temperaturentwicklung durch lokale Klimaeffekte (so durch Urbanisierung) vorgetäuscht ist, kann entgegengehalten werden, daß eine getrennte Darstellung der über Land und Ozean gemessenen Tem-

peraturen wie auch der Entwicklungen auf der Nord- und Südhemisphäre grundsätzlich das gleiche strukturelle Ergebnis erbringt (IPCC 1992). Auch die in verschiedenen Zentren erarbeiteten globalen Datensätze der Lufttemperatur zeigen in den
Grundzügen Übereinstimmung.

Argumente dafür, daß die globalen Lufttemperaturänderungen in der Nähe der
Erdoberfläche tatsächlich Anzeichen einer beginnenden Klimaänderung enthalten,
liefern Analysen der Temperaturentwicklung in der freien Atmosphäre. Allerdings
ist das Datenkollektiv hier viel kleiner, und eine Auswertung liegt erst ab Ende der
fünfziger Jahre vor (Angell 1990). Insgesamt zeigt sich, daß seit Anfang der siebziger
Jahre in der Troposphäre der Nordhalbkugel ein sich unter Schwankungen voll-
ziehender Anstieg beobachtet wird, wobei die resultierende Erwärmung sogar größer
zu sein scheint als an der Erdoberfläche. Die Erwärmung der nordhemisphärischen
Troposphäre zeigt Abb. 4.7 am Beispiel der Vergrößerung der Schichtdicke zwischen
den 500 und 1000 hPa-Flächen für den Zeitraum 1977 bis 1993. In dieses Bild fügen
sich Ergebnisse von Flohn und Mitarbeitern über die Wasserdampf- und Temperaturzunahme in der tropischen Troposphäre ein (Flohn et al. 1992). Demgegenüber zeigt
die Temperatur in der Stratosphäre entsprechend den Erwartungen bei einer Treib-
hauseffektverstärkung eine abnehmende Tendenz (s. auch Taubenheim et al. 1990).

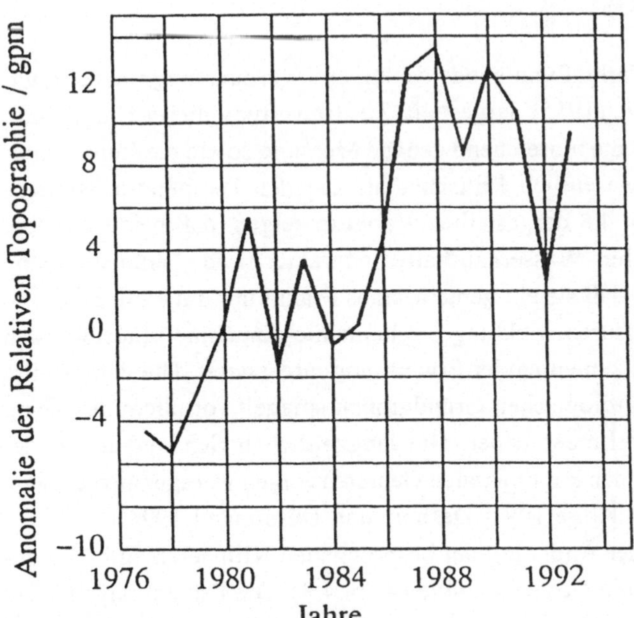

Abbildung 4.7: Anomalien, bezogen auf den Mittelwert 1977/86, der Relativen Topographie
500/1000 hPa der Nordhalbkugel (15° N bis 90° N) zwischen 1977-1993, nach Rosenhagen
(1993). gpm = geopotentielles Meter

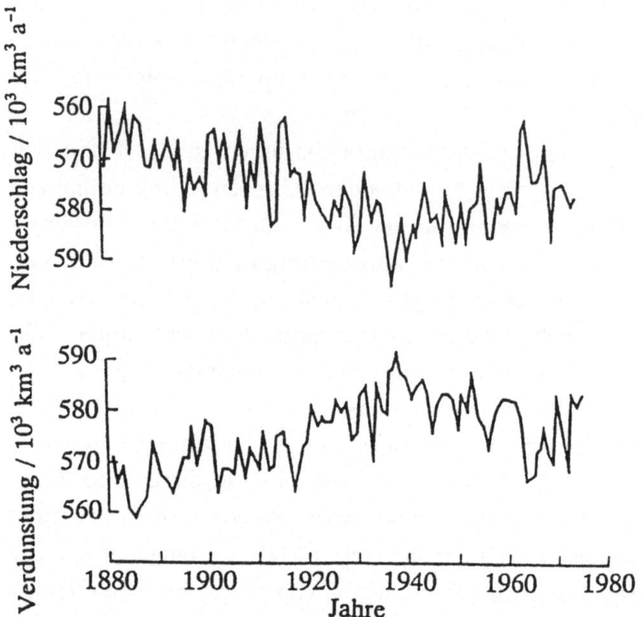

Abbildung 4.8: Zeitlicher Gang des globalen Niederschlages (oben) und der globalen Verdunstung (unten), nach Klige (1985)

In Abb. 4.8 ist der globale Verlauf von Niederschlag und Verdunstung im Zeitraum von 1880 bis 1980 nach Klige (1985) dargestellt. Zur Bewertung dieser Darstellung muß festgestellt werden, daß die hinreichend genaue Messung sowie die Repräsentativität solcher Messungen wesentlich kritischer als die der Temperatur beurteilt werden müssen. Die in Abb. 4.8 dargestellten Verläufe zeigen, daß beide Größen, die den Zustand des globalen Wasserhaushaltes charakterisieren, eine deutliche Änderung dadurch erfahren, daß sie ein gemeinsames Maximum um 1940 besitzen. Verglichen mit der Temperaturentwicklung erscheint die Annahme plausibel, daß sich der Wasserkreislauf mit zunehmender Erwärmung intensiviert. Die dargestellte globale Entwicklung der hydrologischen Grundgrößen spiegelt vor allem den Gang dieser Größen über dem Weltmeer wider. Die langzeitlichen Schwankungen der hydrologischen Größen über den kontinentalen Gebieten zeigen weniger ausgeprägte Veränderungen (Hupfer und Klige 1991, Desbois und Désalmand 1994).
Zur *räumlichen Verteilung* der Änderung der besprochenen Klimaelemente übergehend, ergeben sich interessante Gesichtspunkte (Abb. 4.9). Die Darstellung für den Winter enthält nördlich von 40° N insbesondere für das nördliche Nordamerika und die anschließende Arktis, für Grönland sowie für Nordosteuropa und die dort angren-

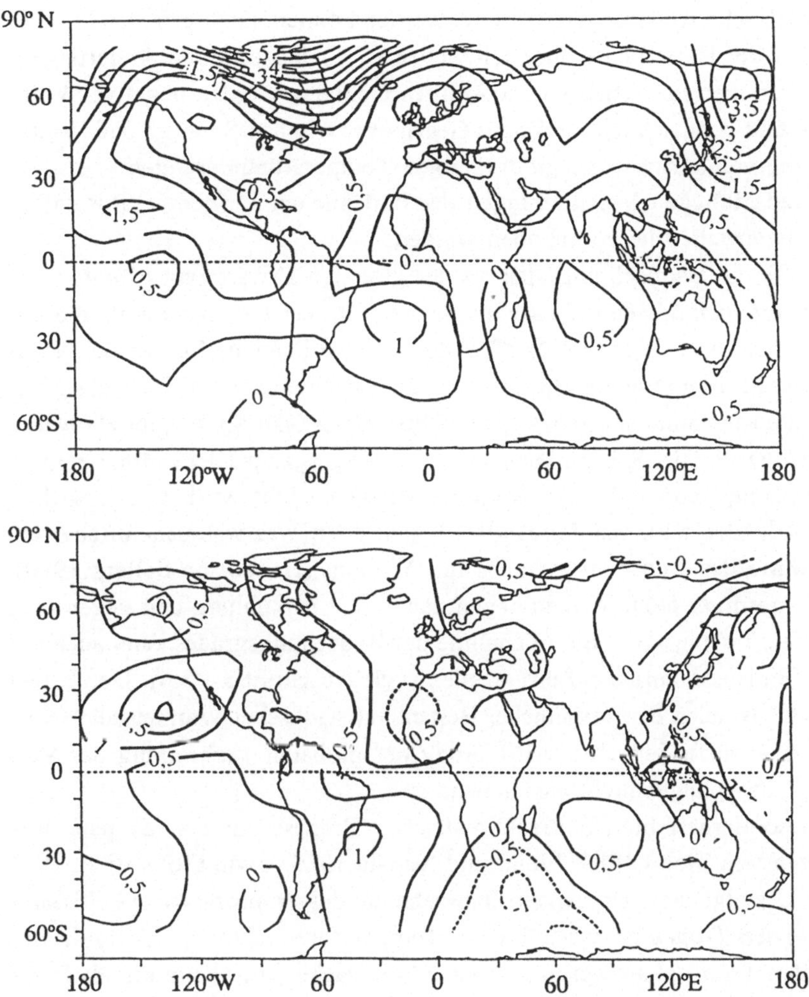

Abbildung 4.9: Globale Verteilung der Veränderungen der Lufttemperatur im Winter (DJF, oben) und im Sommer (JJA, unten) im Zeitraum 1890-1985 in K, nach Hansen und Lebedeff (1989)

zende Arktis hohe, bis 5 K reichende Trendbeträge. Sonst sind die Änderungen gering und überschreiten 1 K kaum, es gibt auch Gebiete mit Änderungen $\leq$ 0 K. Wir können damit eine starke räumliche Inhomogenität der Temperaturänderung feststellen. Eine derartige Struktur der Klimaänderungen wird auch von den Klimamodellen vorhergesagt (s. Kap. 5). Eine weitere Inhomogenität betrifft die unterschiedliche Entwicklung in den Jahreszeiten (s. Vinnikov 1986, Hupfer und Klige 1991). Ferner ist die für 1890-1985 resultierende Temperaturänderung für den Sommer dargestellt. Da die Analyse die hohen südlichen Breiten, in denen wie im

Nordwinter erhebliche Änderungen vermutet werden können, nicht erfassen konnte, erkennt man auf der Karte keine über 1 K/Zeitraum hinausgehenden Änderungen. Geringere Änderungen herrschen vor; in einigen Gebieten werden negative Werte bemerkt. Es besteht demnach ein markanter Gegensatz zwischen Sommer und Winter in Bezug auf die vieljährigen und großräumigen Temperaturänderungen.

Zu den großmaßstäblichen Veränderungen der bodennahen Lufttemperatur sollen noch *drei Besonderheiten* hervorgehoben werden:

Die *erste* betrifft die Beobachtung, daß an der globalen Erwärmung offenbar die *Zunahme der täglichen Minima der Lufttemperatur* stärker beteiligt ist als die der Maxima (Karl et al. 1991, IPCC 1992). Über den meisten Landoberflächen der Nordhalbkugel ist die Minimumtemperatur seit den fünfziger Jahren etwa dreimal so viel gestiegen wie die Maximumtemperatur (0,84 K gegenüber 0,28 K). Es gibt Hinweise, daß diese Verringerung der Schwankungsbreite des Tagesganges der Lufttemperatur zu allen Jahreszeiten und auf allen Kontinenten beobachtet wird. Die Ursachen können sowohl in der stärkeren Aerosollast liegen oder, was wahrscheinlicher ist, in einer Zunahme des Bedeckungsgrades mit Wolken (Henderson-Sellers 1990). Wasserwolken geringer Höhe wirken gegen nächtliche Abkühlung und gegen eine zu starke Aufheizung tagsüber. Eine Zunahme des Bedeckungsgrades kann auch auf anthropogene Einflüsse zurückgeführt werden (vgl. Abschnitt 3.1.3.4). Der Effekt "warmer Nächte" ist auch ein wesentlicher Bestandteil städtischer Wärmeinseln (Kap. 7), diese Ursache dürfte jedoch zur Erklärung der globalen Verbreitung der Verringerung des Tagesganges nicht ausreichen.

Die *zweite* Besonderheit betrifft die klimatischen Prozesse in den Tropen. Wie Untersuchungen von Flohn 1989, Flohn und Kapala 1989 sowie Flohn et al. 1992 ergeben haben, steigt seit den letzten Jahrzehnten der *troposphärische Wasserdampfgehalt in den Tropen* an, was mit einer Temperaturzunahme in der tropischen und äquatorialen Troposphäre verbunden ist. Als Ursache dafür kann die als Folge gestiegener Oberflächenwassertemperaturen vergrößerte Verdunstung angesehen werden. Diese Größe nahm im Zeitraum 1949/89 im Bereich der wärmsten ozeanischen Gebiete um 0,58 K zu. Damit erhöhte sich der Feuchtegradient in der wassernahen Luftschicht. An der in diesem Gebiet um mehr als 21 % gesteigerten Verdunstung ist die ebenfalls angestiegene Windgeschwindigkeit mit beteiligt. Die stärkere Konzentration des Treibhausgases Wasserdampf in der tropischen Troposphäre führt zur Verstärkung des meridionalen Temperaturgradienten, der die Ausbildung der Zirkulation bestimmt. Die deutliche Zunahme der Zonalzirkulation in den mittleren Breiten in den letzten Jahrzehnten kann ihre Ursache in diesen Prozessen haben.

Die *dritte* Besonderheit betrifft die Tatsache, daß die starke Erwärmung der polnäheren Gebiete im Winter nicht für die gesamte Periode vorherrschend gewesen ist. Vielmehr kam es gegen Ende der sechziger Jahre im isländischen Raum und benachbarten Meeresgebieten zu drastisch anmutenden *Temperaturrückgängen* im Herbst und Winter bis zum Anfang der achtziger Jahre. Die Ursachen dafür liegen in einem Salzgehaltsrückgang infolge einer verstärkten Drift von Polareis in die betroffenen Gebiete (Dickson et al. 1988). Die so erschwerte Konvektion des Oberflächenwassers verringerte die Bildung von Boden- und Zwischenwasser. Damit verbunden verlangsamte sich offenbar das ozeanische "Fließband" (vgl. Abschnitt 3.1.4, Abb. 3.24), das den meridionalen Wärmetransport in die hohen Breiten gewährleistet, so daß es zum verbreiteten Temperaturrückgang kam (s. auch Malberg und Frattesi 1995). Abnahmen der nordpazifischen Luft- und Wassertemperaturen traten in dieser Periode ebenfalls auf, was auf eine Mitbeteiligung atmosphärischer Zirkulationsschwankungen am Ablauf dieser Anomalien hindeutet (Schönwiese 1990 a, b). Die stärkere Entwicklung des Zirkumpolarwirbels schränkte den meridionalen Luftmassen-austausch ein.

Die diskutierten Besonderheiten der großmaßstäblichen Temperaturänderungen in verschiedenen Zonen machen deutlich, daß die Struktur der rezenten Klimaschwankungen durch erhebliche räumliche und zeitliche Inhomogenitäten gekennzeichnet ist.

Über Beträge und Verteilung von *Niederschlagsänderungen* im globalen Maßstab können Aussagen über die seit Vorliegen von Messungen eingetretenen Veränderungen nur bedingt gemacht werden. Die Messung des Niederschlages ist mit zahlreichen Fehlermöglichkeiten verbunden. Dieses Klimaelement zeigt ohnehin starke räumliche Unterschiede und weist eine hohe zeitliche Variabilität auf. Breitenmittelwerte des Niederschlages auf der Nordhalbkugel deuten darauf hin, daß die Jahreswerte im südlichen Teil (5 - 35°N) etwa seit Mitte dieses Jahrhunderts abnehmen und die im nördlichen Teil (35 - 70°N) korrespondierend dazu zunehmen (Bradley et al. 1987). Diese Tendenz ist auch in Europa vorhanden.

Übersichten zu den Schwankungen des Klimas und Eigenschaften des Klimasystems seit der 2. Hälfte des 19. Jahrhunderts geben u.a. Flohn (1985), Elsaesser et al. (1986), Schönwiese (1987, 1995) sowie Hupfer und Klige (1991).

4.3.2   Atlantisch-europäischer Raum

4.3.2.1   Atmosphärische Zirkulation

Betrachtet man die klimatischen Veränderungen in einem Teilgebiet der Welt wie Europa, so ist es zweckmäßig und logisch, in der Reihenfolge der zu erörternden Prozesse von der atmosphärischen Zirkulation auszugehen.

Die im globalen Maßstab regionale und jahreszeitliche Ungleichheit der Temperaturänderungen ist mit Zirkulationsschwankungen verbunden. Zu deren Beurteilung ist
es nicht ausreichend, von den meridionalen Temperaturgradienten in Bodennähe
auszugehen, entscheidend sind vielmehr die sich in der Troposphäre und unteren
Stratosphäre einstellenden Unterschiede, über die aus Datengründen jedoch noch
keine hinreichenden langen Zeitreihen vorliegen. Großräumige horizontale Temperaturdifferenzen wirken sich über korrespondierende Luftdruckänderungen auf die
Zirkulationsverhältnisse aus. Diesen kommt somit im nichtglobalen bzw. -hemisphäri-
schen Maßstab die Rolle eines sehr wichtigen Klimafaktors zu.

Im regionalen Maßstab sind die Änderungen der atmosphärischen Zirkulations-
parameter als die wichtigste Ursache für die lokalen Änderungen der Klimaelemente
überhaupt anzusehen.

Eine einfache Methode zur Beschreibung der Stärke der Zonalzirkulation ist die
Bestimmung von Zonalindizes (s. Abschnitt 2.1.6.2). Beispiele sind die vom Deutschen Wetterdienst in *Die Großwetterlagen Europas* regelmäßig veröffentlichten
Indexwerte. Der *Hemisphärische Zonalindex* (HZI) wird aus dem mittleren Luftdruck
auf $30°\,$N minus mittlerer Luftdruck auf $65°\,$N berechnet (Emmrich 1991). Er erlaubt
einen Einblick in die Fluktuationen der Zonalzirkulation am Boden in dem untersuchten Breitenbereich. Der HZI in der normierten Darstellung "(Aktueller Wert
minus Mittelwert 1899-1988)/Standardabweichung" ist für das Winter- (Oktober-
März) und Sommerhalbjahr (April-September) in Abb. 4.10 dargestellt. Die Entwicklung im Winterhalbjahr bestimmt auch den Gang der Jahreswerte, da im Sommer
keine stärkeren Veränderungen beobachtet worden sind. Bei einer erheblichen
Streuung dieses normierten HZI erkennt man, daß die Zonalzirkulation innerhalb des
Beobachtungszeitraums eine etwa 80jährige Schwingung durchlaufen hat, die auch
der vieljährige Gang anderer Größen besitzt (Olberg und Stellmacher 1991). Hohen
Werten der Zonalität in den ersten beiden Jahrzehnten dieses Jahrhunderts stehen
relativ niedrige zwischen 1950 und 1970 gegenüber, während danach diese Größe
auf maximale Werte angestiegen ist. Im Sommer ist die Zonalzirkulation dagegen
wesentlich schwächer ausgeprägt. Prinzipiell gleichartige Schlußfolgerungen erlaubt
die Analyse der *Nordatlantischen Oszillation* (Luftdruckdifferenz (Azorenhoch-
Islandtief)/Abstand, s. Abschnitt 2.1.6.2), die eine Erhöhung der Zonalzirkulation
im Winter seit den 60er Jahren sowie eine enge Korrelation zu den europäischen
Wintertemperaturen anzeigt (IPCC 1990, Hupfer und Klige 1991). Ein weiterer Beleg
für die im Winter zugenommene Zonalzirkulation am Boden geben die in den letzten
Jahrzehnten eingetretenen *Bodenluftdruckänderungen* im Nordatlantik und den angrenzenden kontinentalen Gebieten (s. Abb. 2.11). Die festgestellte Druckerniedrigung
nördlich $45\text{-}50°\,$N und die Druckerhöhung südlich davon beweisen die Verstärkung
der winterlichen Zonalzirkulation in den letzten Jahrzehnten.

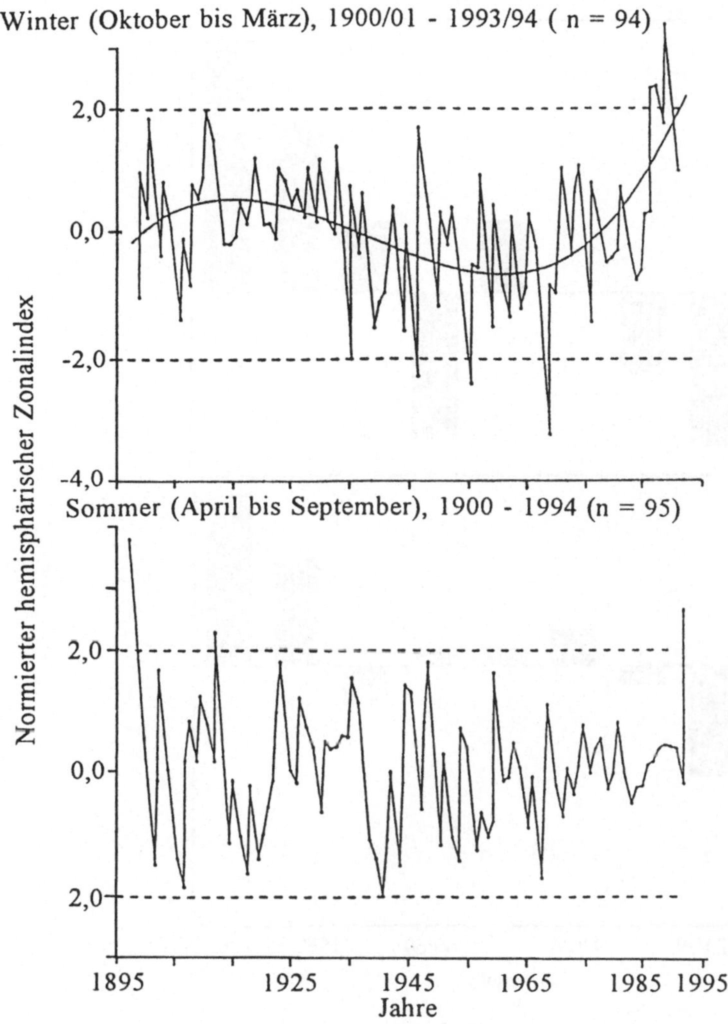

Abbildung 4.10: Verlauf des auf die Standardabweichung normierten Hemisphärischen Zonal-index im Winterhalbjahr (Oktober-März, oben) von 1900/01 bis 1993/94 und im Sommerhalbjahr (April-September, unten) von 1900 bis 1994, nach Emmrich (1991), ergänzt

In diese Befunde fügen sich die Änderungen der Häufigkeit des Auftretens von *Starktiefs und Sturmzyklonen* (Schinke 1993) gut ein. Abb. 4.11 zeigt die Entwick-lung der Zahl der im nordatlantisch-europäischen Raum (30 bis 90° N, 60° W bis 60° E) in diesem Jahrhundert im Winter (DJF) ermittelten Häufigkeit von Extremtiefs (Kerndruck $\leq$ 950 hPa), die stets mit Starkwindfeldern verbunden sind. Zu dieser Zeitreihe ist kritisch zu bemerken, daß die bis zum Ende des 2. Weltkrieges festgestellten Häufigkeiten wegen der geringen Anzahl zur Verfügung stehender syn-

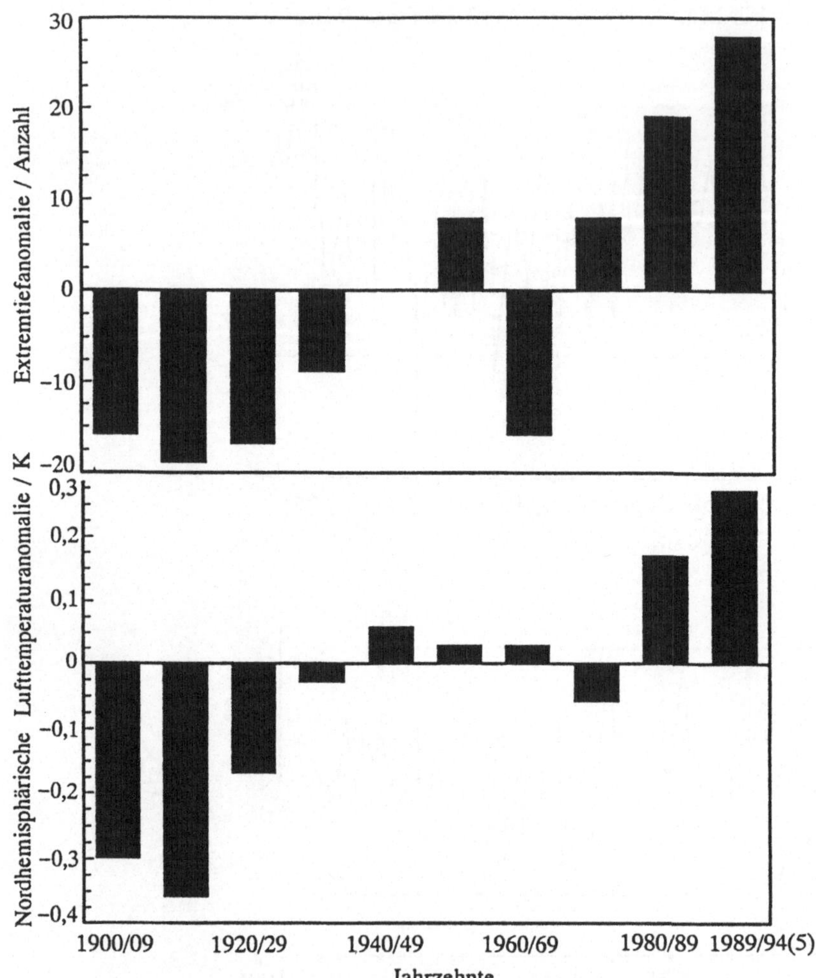

Abbildung 4.11: Dekadenmittelanomalien der im europäisch-atlantischen Raum im Winter (DJF) festgestellten Extremtiefs (Daten nach Schinke 1993, oben) und der nordhemisphärischen Temperaturanomalien (Jones et al. 1993, unten), Bezugsperiode 1951/80

optischer Daten und damit ungenauer Wetterkarten Unsicherheiten aufweisen können. Dagegen ist das rezente Anwachsen der Zahl der Sturmtiefs als real anzusehen. Ihre Zahl ist vom Zeitraum 1951/70 zu 1971/90 auf mehr als das Doppelte angestiegen. Diese Zunahme ist eine Folge der im Winter gesteigerten Zonalzirkulation. Zum Vergleich ist im unteren Teil der Abb. 4.11 der Verlauf der Jahrzehntemittel der nordhemisphärischen Temperaturanomalie dargestellt. Wenn auch die Übereinstimmung der beiden Verläufe augenfällig ist, kann der Zusammenhang wegen der ungenügenden Datenbasis und der ungleichen Gebiete nur kritisch beurteilt werden.

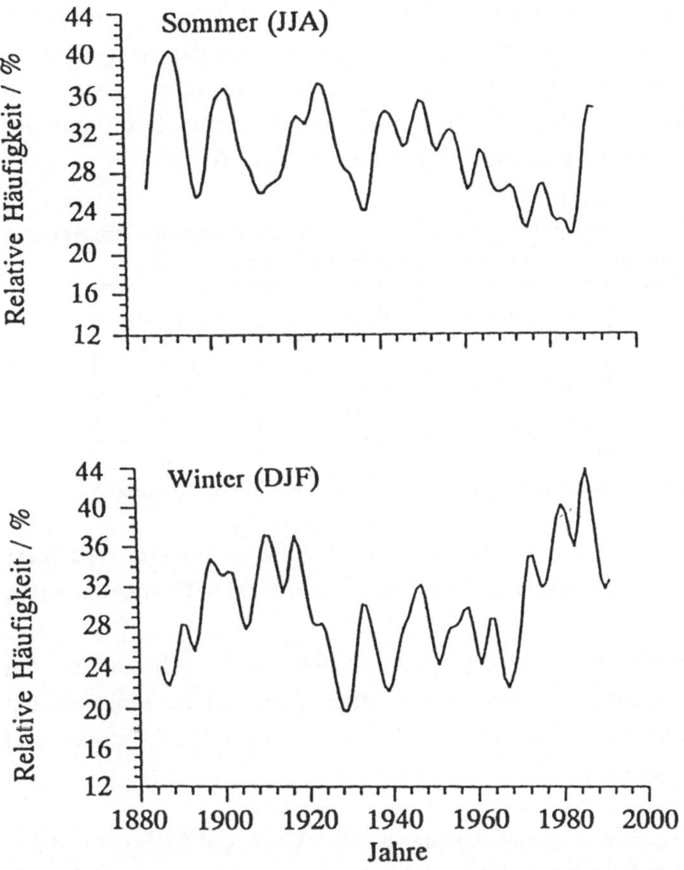

Abbildung 4.12: Änderungen der Häufigkeit des Auftretens von Großwetterlagen des Großwettertyps West im Sommer und Winter seit 1881 (zehnjähig tiefpaßgefiltert), nach Schubert (1994)

Eine weitere Möglichkeit der Darstellung von Zirkulationsänderungen besteht in der Untersuchung der *Änderung der Häufigkeit im Auftreten von Großwetterlagen* (Schubert und Hupfer 1992). Abb. 4.12 zeigt den geglätteten Verlauf der Häufigkeitsänderung des aus verschiedenen Großwetterlagen nach Heß und Brezowsky (1976) zusammengesetzten Großwettertyps West seit 1881 (Tab. 2.2). Man sieht für den Sommer die unter starken Schwankungen andauernde Abnahme der Westlagen. Im Winter ist die Tendenz besonders in den letzten Jahren entgegengesetzt. Wenn man diese Änderungen nach der Temperaturwirkung klassifiziert,wird die Verbindung zwischen Zirkulation und Klimaschwankung deutlich. Aus Tab. 4.3 geht hervor, wie sich die Häufigkeit der für Mitteleuropa (am Beispiel der Station Potsdam) unterschiedlich temperaturwirksamen Großwetterlagen in den klimatologischen Referenzperioden verändert hat. So wird die erhebliche Zunahme der sommerwarmen (über 15 %) sowie der wintermilden Großwetterlagen deutlich, was mit den festgestellten Klimaschwankungen zwischen diesen Perioden in Übereinstimmung steht. Die entgegengesetzt wirkenden Lagen haben entsprechend abgenommen, besonders die sommerkühlen Lagen mit 7,6 % zwischen 1901/30 und 1961/90.

Tabelle 4.3: Relative Häufigkeit verschieden temperierter Großwetterlagen im Sommer und Winter in Prozent für die Station Potsdam, nach Schubert und Hupfer (1992)

%	Sommerwarm	Sommerkühl	Wintermild	Winterkalt
1901/30	31,6	51,0	39,3	27,1
1931/60	40,4	49,3	35,8	33,3
1961/90	46,7	42,3	43,1	31,2

Für die Lagen des im Sommer wie im Winter vorherrschenden Großwettertyps West bestehen statistisch signifikante Korrelationen zu verschiedenen Klimaelementen (Tab. 4.4).
Die Westlagen sind sowohl im Winter (Dezember-Februar, hier besonders die Lufttemperatur) als auch im Sommer (Juni-August) signifikant mit den untersuchten Klimaelementen verbunden, die Ostlagen mit den Ausnahmen Niederschlag und Lufttemperatur im Sommer ebenfalls.

Tabelle 4.4: Korrelation zwischen Klimaschwankungen unter West- und Ostlagen und den korrespondierenden Gesamtänderungen an der Station Potsdam für den Zeitraum 1893/1989, nach Schubert und Hupfer (1992). **Fett = Korrelationskoeffizienten sind mit einer Wahrscheinlichkeit von 99 % von Null verschieden**

GW-Typ	Lufttemperatur		Luftfeuchte		Sonnenschein-dauer		Niederschlag	
	So	Wi	So	Wi	So	Wi	So	Wi
West	**-0,53**	**0,76**	**0,65**	**0,69**	**-0,46**	**-0,35**	**0,51**	**0,61**
Ost	0,24	**-0,47**	**-0,53**	**-0,41**	0,27	**0,47**	-0,16	-0

Zusammenfassend kann somit festgestellt werden, daß die in diesem Abschnitt mitgeteilten Befunde zu Zirkulationsschwankungen im atlantisch-europäischen Raum in den letzten ca. 100 Jahren offenbar in enger Beziehung zu den korrespondierenden Schwankungen der Klimaelemente stehen.

4.3.2.2   Zu den Klimaschwankungen in Europa

Über die Klimaschwankungen in Europa gibt es eine große Anzahl von Untersuchungen. Hier soll versucht werden, die Hauptcharakteristiken nachzuzeichnen.
Eine gute Übersicht vermittelt der von Schönwiese et al. (1993) herausgegebene
Klimatrendatlas. Die Kartendarstellungen in diesem beruhen auf den Daten einer
größeren Anzahl von Stationen. Die Beobachtungspunkte sind allerdings räumlich
ungleichmäßig verteilt, so daß für die Festlegung der Isolinien ein spezielles Inter-
polationsverfahren angewendet werden mußte. Die in den Abb. 4.13 und 4.14
wiedergegebenen Verteilungen dürften daher in den allgemeinen Zügen die tatsäch-
liche Entwicklung widerspiegeln, während Details größeren Unsicherheiten unterliegen. Abb. 4.13 zeigt die Trend-Werte (linearer Trend, dieser gibt den tatsächlichen
Prozeß der Klimaschwankung nur angenähert an) der Jahresmittelwerte der bodennahen Lufttemperatur für den Zeitraum 1891/1990. Die eingetretenen Änderungen der
Lufttemperatur sind unregelmäßig verteilt. Die ausgeprägteste Erwärmung ist mit
$\geq$ 1,5 K im westrussischen Raum zu sehen. Mehr als 1 K Erwärmung wird auch
im Bereich der Iberischen Halbinsel erreicht. In den übrigen Gebieten betragen die
Änderungen um 0,5 K, während in Polen und benachbarten Ländern eine Abkühlung

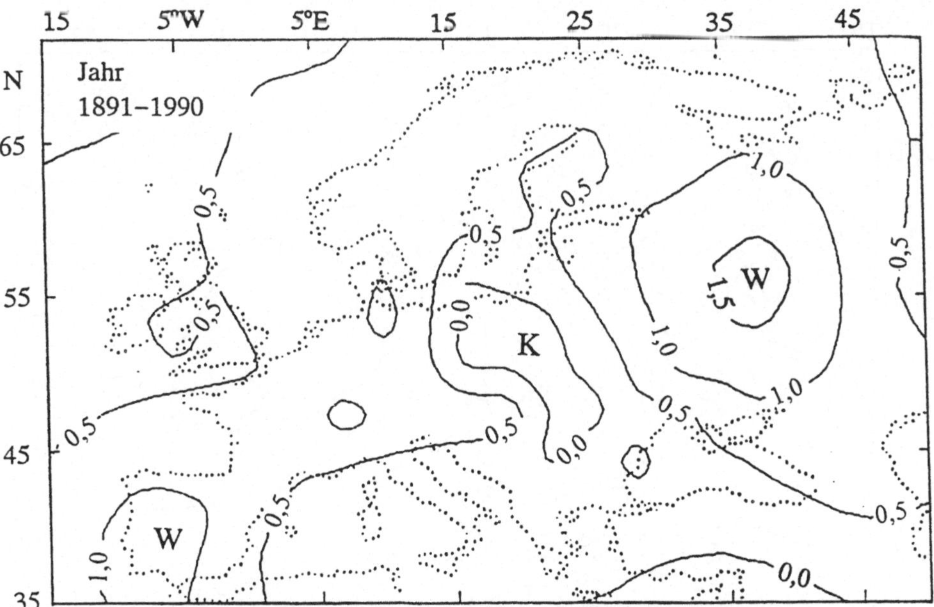

Abbildung 4.13: Trendverteilung der Jahresmittelwerte der Lufttemperatur in K für den
Zeitraum 1891-1990 in Europa, nach Schönwiese et al. (1993). W = wärmer, K = kälter

bzw. ein Gleichbleiben mit Werten von ≤ 0 K zu erkennen ist. Die Ursachen für eine derartige räumliche Struktur der Temperaturänderungsbeträge dürften in korrespondierenden Änderungen der allgemeinen Zirkulation (s. Abschnitt 4.3.2.1) zu suchen sein. Mit der Temperaturverteilung ist die entsprechende Verteilung des Niederschlages in gleicher Darstellungweise (Abb. 4.14) in einigen Zügen korreliert. In erster Näherung sieht man das für die Nordhalbkugel in dieser Periode typische Muster: Zunahme der mittleren jährlichen Niederschlagshöhen im Norden, Abnahme im Süden. Die Grenzzone zwischen diesen entgegengesetzten Änderungsgebieten ist jedoch in ihrem Verlauf recht kompliziert. Die im mittleren Teil weit nach Norden reichende Zunge mit kleiner gewordenen Niederschlagshöhen dürfte mit der ähnlichen Struktur in der Temperaturdarstellung zusammenhängen. Kühlere und trockenere Luftmassen wären somit im Jahresmittel häufiger in dieses Süd-, Ost- und Nordeuropa berührende Gebiet gelangt. Eine ähnliche, aber schwächer ausgebildete Anomalie über den Britischen Inseln ist im Temperaturänderungsverhalten nur andeutungsweise zu sehen.

Die Temperaturtrendwerte für die Winter- (Dezember bis Februar) und Sommermonate (Juni-August) zeigen die Abb. 4.15a,b. Für den Winter wird klar, daß die Erwärmung über Rußland fast ausschließlich dieser Jahreszeit zuzuschreiben ist. Die winterliche Erwärmung in diesem Gebiet hat Spitzenwerten von 2,5 K/100 Jahre.

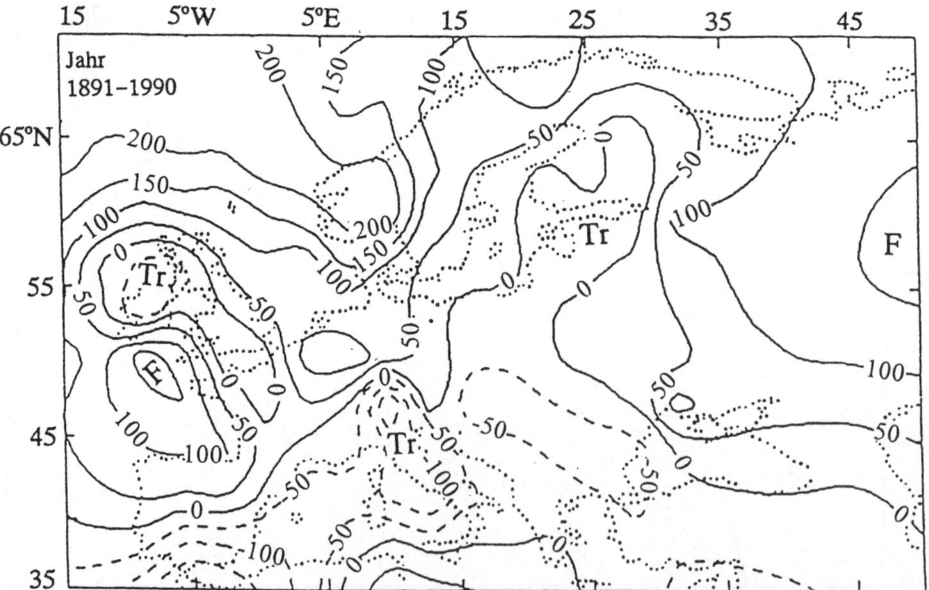

Abbildung 4.14: Trendverteilung der Jahreswerte der Niederschlagshöhe in mm für den Zeitraum 1891-1990 in Europa, nach Schönwiese et al.(1993). Tr = trockener, F = feuchter

Die Erwärmung setzt sich über das südliche Mitteleuropa zur Iberischen Halbinsel fort. Dagegen tritt im Ostseeraum und im nördlichen Skandinavien eine Abkühlung mit Werten > 1 K auf. Eine solche Verteilung der Trendwerte kann auf die entsprechend veränderte Advektion von Luftmassen zurückgeführt werden. Es muß davon ausgegangen werden, daß im Untersuchungszeitraum häufiger milde Luftmassen im Winter bis tief in den Kontinent vorgedrungen sind. Im Sommer (Abb. 4.15b) sind die Temperaturänderungen dem Betrag nach geringer als im Winter, aber ebenfalls ungleichmäßig verteilt. Ein Abkühlungsgebiet befindet sich jetzt im östlichen Mitteleuropa sowie in Südosteuropa. In den übrigen Gebieten herrscht ein positiver Trend mit maximalen Werten von ≥ 1 K vor.

Aus den gezeigten Verteilungen der Änderungen im europäischen Raum kann der Schluß gezogen werden, daß die Einordnung von Analyseergebnissen einzelner Stationen ohne gleichzeitige Betrachtung der räumlichen Verteilung der Klimaänderungsprozesse nur bedingt sinnvoll ist. Es sei darauf hingewiesen, daß alle Klimaelemente vieljährige und zu den Verläufen der Hauptelemente meist auch konsistente Schwankungen aufweisen, die vielfach untersucht worden sind. Das betrifft bspw. die Abnahme der Sonnenscheindauer in Deutschland (u.a. Weber 1990) oder die Verläufe hydrologisch und landwirtschaftlich orientierter Klimagrößen (Hupfer und Korzynietz 1990). Hier muß eine Beschränkung auf die Hauptelemente erfolgen.

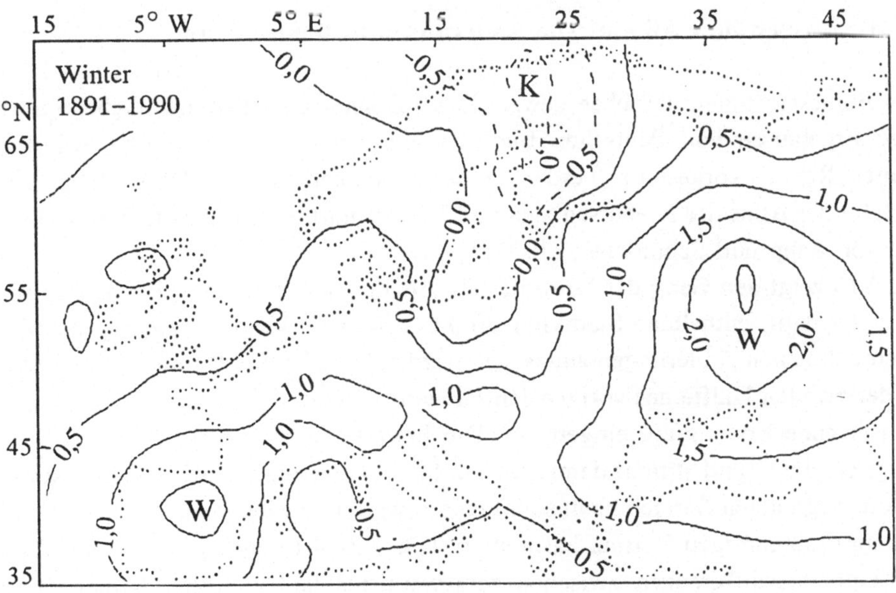

Abbildung 4.15a: Trendverteilung der Wintermittelwerte (DJF) der Lufttemperatur in K für den Zeitraum 1891-1990 in Europa, nach Schönwiese et al. (1993). W = wärmer, K = kälter

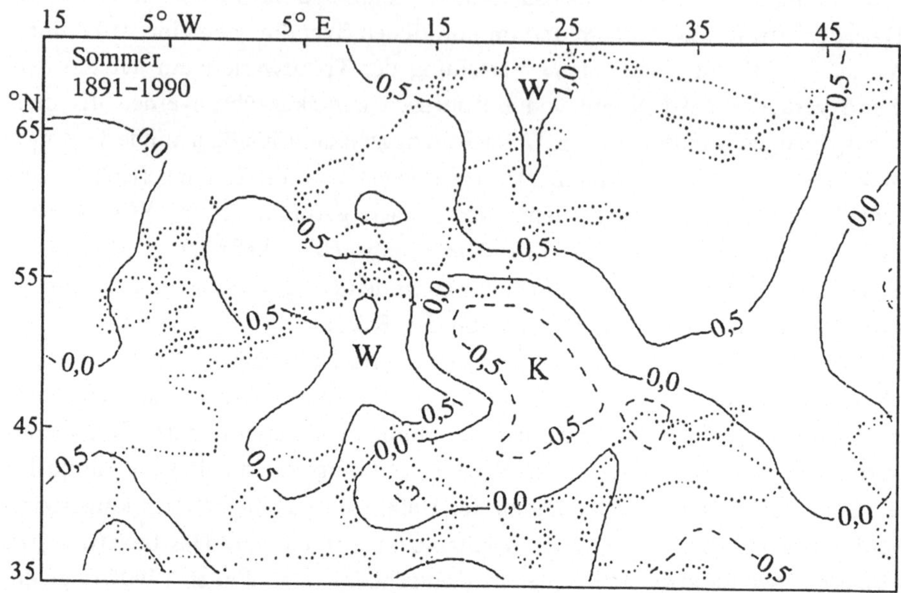

Abbildung 4.15 b: dasselbe für Sommer (JJA)

4.3.2.3   Ausgewählte klimatische Änderungen in Deutschland

Unter Berücksichtigung der eben gewonnenen Erkenntnisse sollen abschließend noch einige Ergebnisse von deutschen Beobachtungsstationen, vornehmlich aus dem Berliner Raum, vorgestellt werden. Eine zusammenfassende Darstellung gibt erstmalig der Atlas der Niederschlags- und Temperaturtrends in Deutschland 1891-1990 von Rapp und Schönwiese (1995).
Abb. 4.16 zeigt den Gang der Jahresmittelwerte der Lufttemperatur für Berlin seit 1766. Der darin enthaltene Stadtklimaeffekt (s. Kap. 7) kann als klein gegenüber den eingetretenen Änderungen angesehen werden (Hupfer und Chmielewski 1990). Seit der zweiten Hälfte des vorigen Jahrhunderts ist eine sich unter Schwankungen durchsetzende Erwärmung eingetreten. Die Erwärmung zwischen 1891 und 1990 beträgt ca. 0,6 K und stimmt damit etwa mit der Darstellung in Abb. 4.13 überein. Auch im regionalen Bereich kann somit eine Erwärmung nachgewiesen werden, die mit dem großräumigen Verlauf harmoniert. Die Abb. 4.16 enthält ferner den Gang der Temperaturdifferenzen zwischen dem wärmsten und kältesten Monat. Diese Differenzen können als ein Maß für die thermische Kontinentalität angesehen werden. Die Größe durchläuft beträchtliche Schwankungen. So herrschte vor 1850 eine hohe Kontinentalität des Klimas, wobei jedoch auch starke Schwankungen auftraten.

Mit der zunehmenden Erwärmung kam es zu deutlich maritimeren Verhältnissen (Übergang zu niedrigen Werten der Differenz). Nach dem Minimum um 1920 stieg die Kontinentalität zunächst wieder an (warme Sommer und mehrere kalte Winter!), um sich in den letzten Jahrzehnten bei einem Wert um 21 K einzupendeln.

Die klimatische Entwicklung in den Jahreszeiten ist besonders durch die Milderung der Winter gekennzeichnet.

Wie aus Abb. 4.17 zu ersehen ist, ist die mittlere winterliche Kältesumme (Betrag der Summe der negativen Tagesmittel der Lufttemperatur für November bis März) seit Mitte des 19. Jahrhunderts zurückgegangen. Zur Unterdrückung der starken Fluktuationen von Winter zu Winter sind in Abb. 4.17 die Abweichungen von Dezennienmittelwerten vom Mittelwert des Zeitraums 1951/80 dargestellt. Dieser Befund gibt das Wesen der rezenten Klimaänderungen wieder: Klimaschwankungen vollziehen sich durch Änderungen der Häufigkeitsverteilungen, was das Auftreten extremer Ereignisse nicht ausschließt. So können unter den Bedingungen einer tendenziellen Wintererwärmung durchaus auch extrem strenge Winter vorkommen.

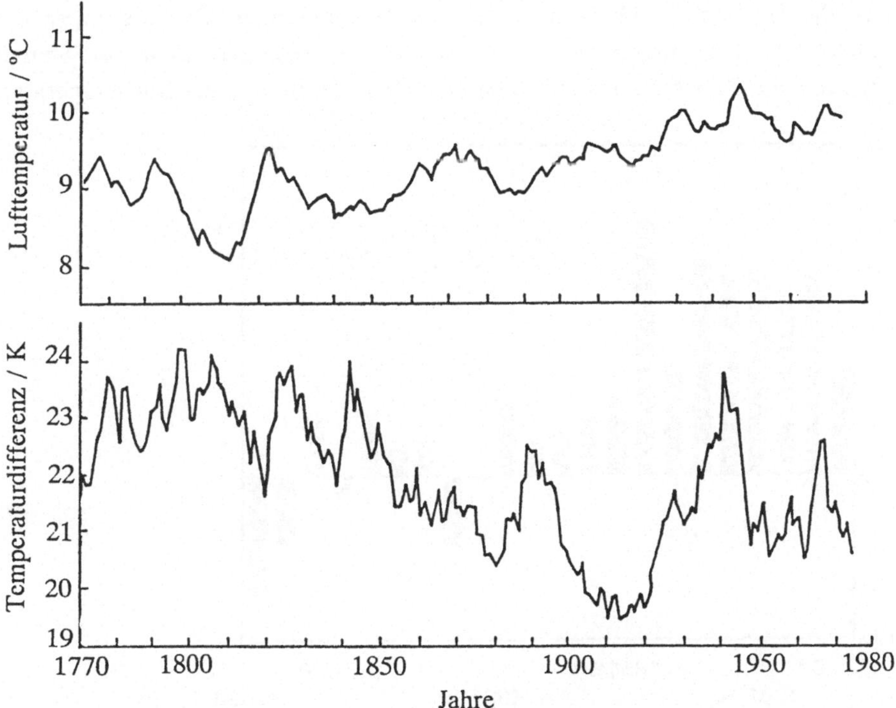

Abbildung 4.16: Elfjährig übergreifender Gang der Jahresmittel der Lufttemperatur (oben) und der Jahresschwankung der Lufttemperatur (unten) für Berlin-Innenstadt von 1766-1980, nach Hupfer und Chmielewski (1990)

In Tab. 4.5 sind die in Berlin seit der zweiten Hälfte des 18. Jahrhunderts beobachteten mildesten und strengsten Winter aufgezeichnet (Hupfer und Chmielewski 1990). So sind 5 extrem milde und äußerst milde Winter nach 1960 eingetreten, was einer großen Dichte dieser Ereignisse entspricht.

Man beachte aber, daß schon zwischen 1865/66 und 1897/98 mit 6 äußerst milden Wintern die maximale Dichte dieser Ereignisse im Untersuchungszeitraum auftrat. Der letzte extrem strenge Winter im Berlin-Brandenburger Raum trat 1946/47 ein, seit 1960 wurden 4 sehr strenge Winter registriert (Tab. 4.5). Aus den Zahlen geht hervor, daß die extrem strengen und sehr strengen Winter früher häufiger vorkamen. Tab. 4.6 enthält eine Gegenüberstellung der in Berlin registrierten sehr kühlen und sehr warmen Sommer seit 1766. Beeindruckend ist hier die Zunahme der Zahl der sehr warmen Sommer in den letzten Jahrzehnten sowie der Rückgang der sehr kühlen Sommer. Die Mitteltemperaturen für diese Jahreszeiten für die Station Potsdam zwischen 1893 und 1980 zeigt Abb. 4.18. An dieser Station hat zwischen 1929 und 1953 offenbar ein "Klimasprung" stattgefunden. Es kam zu einer abrupten Änderung des Mittelwertes zu Beginn und Ende dieses Abschnittes hoher Sommertemperaturen. Die Ursache für diese Erscheinung ist in korrespondierenden Veränderungen der atmosphärischen Zirkulation zu suchen. Weitere Änderungen an dieser Station betreffen u.a. die Zunahme des mittleren täglichen Maximums der Lufttemperatur.

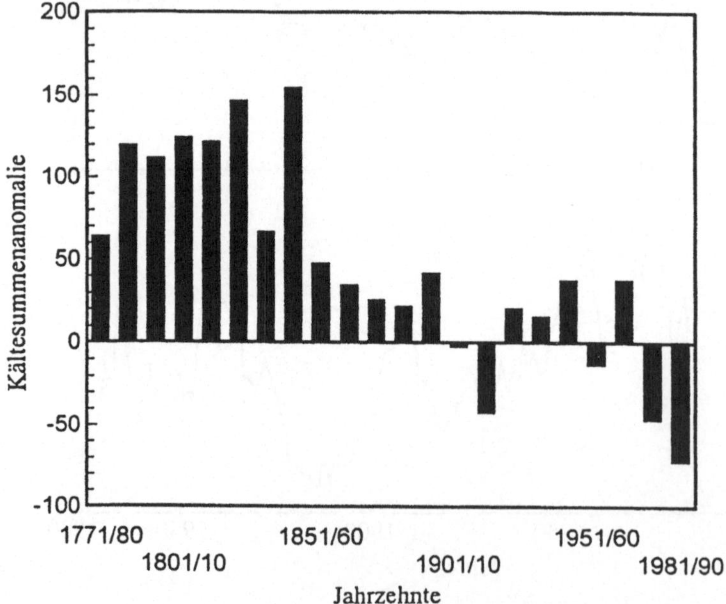

Abbildung 4.17: Verlauf der auf den Zeitraum 1951/80 bezogenen Dezennienanomalien der winterlichen Kältesumme für Berlin. Definition der Kältesumme s. Tab. 4.5

Entsprechend erhöht sich die für den Charakter eines Sommers wichtige Anzahl der Sommertage (Temperaturmaximum $\geq 25\ {}^{\circ}C$). Ferner zeichnet sich eine Abnahme der Niederschläge im Sommer, vor allem im Juli, ab.

Die Winterkurve in Abb. 4.18 ist insbesondere durch die immer wieder auftretenden sehr kalten Winter geprägt.

Tabelle 4.5: Besonders milde und kalte Winter (November bis März) in Berlin, geordnet nach Kältesummen im Zeitraum 1766/67 bis 1995/96 (Kältesumme = Betrag der Summe der negativen Tagesmittel der Lufttemperatur in ${}^{\circ}C$ für die Zeit von November bis März)

MILD	Kältesummen- bereich	Winter / Kältesumme	
Extrem mild	0 - 20	1974/75 18	
Äußerst mild	20,1 - 55	1789/90 51	1882/83 40
		1790/91 46	1897/98 31
		1821/22 21	1929/30 44
		1823/24 37	1943/44 53
		1865/66 37	1951/52 52
		1873/74 49	1966/67 55
		1877/78 43	1973/74 50
		1881/82 46	1987/88 43
			1988/89 39
KALT			
Sehr streng	360,1 - 550	1775/76 433	1847/48 453
		1783/84 484	1849/50 460
		1794/95 537	1854/55 402
		1802/03 483	1864/65 391
		1808/09 528	1870/71 483
		1812/13 480	1890/91 384
		1813/14 477	1892/93 398
		1819/20 457	1928/29 430
		1822/23 546	1941/42 473
		1840/41 538	1962/63 490
		1828/29 502	1969/70 381
		1846/47 400	1986/87 386
			1995/96 380
Extrem streng	> 550	1788/89 755	1837/38 590
		1798/99 661	1844/45 590
		1799/00 638	1939/40 635
		1804/05 603	1946/47 565
		1829/30 791	

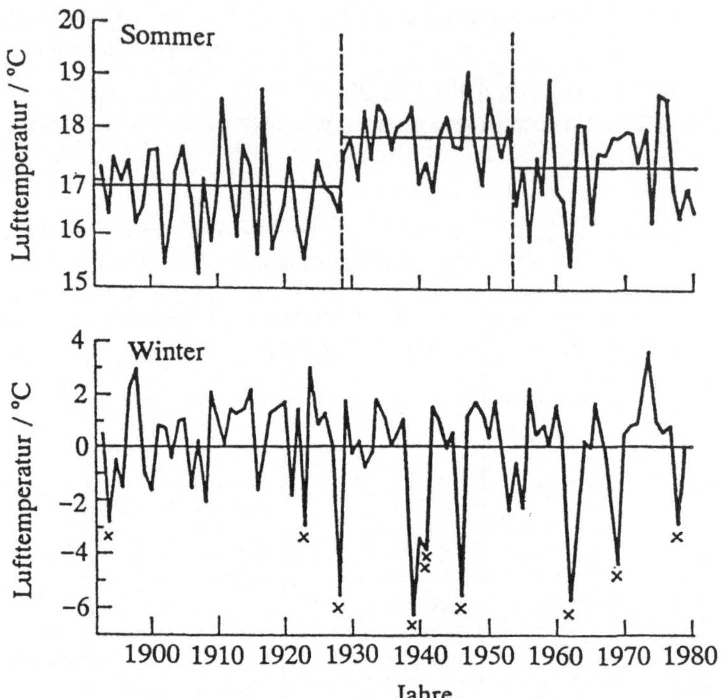

Abbildung 4.18: Mittlere Lufttemperatur in Potsdam im Sommer (oben) mit eingezeichneten Mittelwerten und im Winter mit Kennzeichnung (x) der strengen Winter, nach Helbig (1991c)

Tabelle 4.6: Kühle und warme Sommer in Berlin 1766-1995, klassifiziert nach der mittleren Lufttemperatur in den Monaten Juni bis August

SEHR KÜHL (≤ 16,80 °C)				SEHR WARM (> 19,80 °C)			
1800	16,47	1849	16,57	1775	20,62	1875	19,83
1805	16,12	1864	16,50	1778	20,18	1911	19,94
1806	16,31	1907	16,59	1781	20,98	1917	19,86
1812	16,70	1916	16,55	1794	19,91	1947	20,42
1813	16,51	1918	16,76	1819	20,36	1959	20,16
1815	16,71	1923	16,36	1826	*21,23*	1975	20,59
1816	16,08	1962	16,71	1834	21,05	1976	20,37
1821	16,50	1987	16,73	1846	19,82	1982	19,82
1840	16,68			1859	19,93	1983	19,98
1844	*15,98*			1868	20,30	1992	20,80

Die längsten relativ zuverlässigen deutschen Meßreihen der Lufttemperaturen liegen u.a. von Berlin (1766), Bremen (1829), Hohenpeißenberg (1781, 977/988 m ü. NN), Karlsruhe (1851) und München (1781) vor. Müller-Westermeier (1990, 1992) konnte unter Berücksichtigung der Homogenität der Reihen interessante Gemeinsamkeiten und Unterschiede im vieljährigen Gang dieser Stationen bestimmen. So zeigen die Stationen im süddeutschen Raum eine hohe Korrelation untereinander, die statistische Bindung zu Berlin ist mit Ausnahme von Bremen geringer. Das weist auf räumlich unterschiedliche klimatische Entwicklungen im deutschen Raum hin. Interessant ist, daß auf dem Hohenpeißenberg und in München Ende des 18./Anfang des 19. Jahrhunderts bereits höhere Jahresmittelwerte als in der Gegenwart herrschten. Das muß als Zirkulationseffekt gedeutet werden. In Abb. 4.19 sind gleitende Mittelwerte der Temperatur für den Hohenpeißenberg dargestellt, die unter Elimination kürzerer Schwankungen den allgemeinen Verlauf zeigen. Bei so geglätteter Darstellung tritt ein Verschiebung der Kurve auf, die bei der Bewertung zu berücksichtigen ist. Auf welche Ursachen diese Erwärmung um 1800 auch zurückgehen mag, so wird doch deutlich, daß das natürliche Schwankungsspektrum der Lufttemperatur in den verschiedenen betrachteten Räumen so groß ist, daß eine gesicherte Aussage darüber, wann die gegenwärtigen Änderungen den Bereich der natürlich Variabilität verlassen werden, heute noch nicht möglich ist.

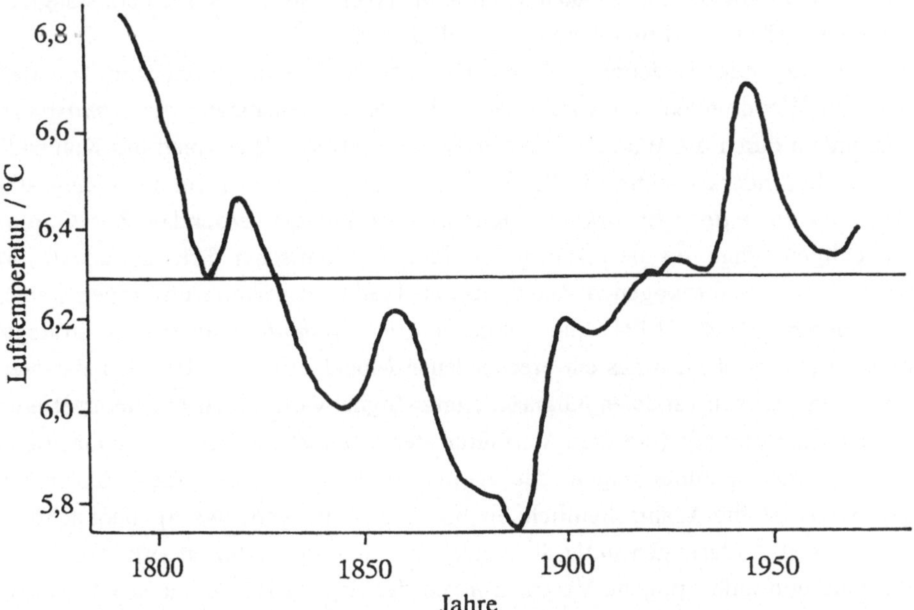

Abbildung 4.19: Verlauf der dreißigjährig übergreifend gemittelten Jahreswerte der Lufttemperatur auf dem Hohenpeißenberg, nach Müller-Westermeier (1990)

4.4   Zu den Ursachen von Klimaschwankungen

Zu Klimaschwankungen kommt es, wenn die äußeren Einflüsse auf das Klimasystem Änderungen unterliegen oder wenn sich Eigenschaften des Klimasystems selbst verändern. Eine wichtige Ursache für Klimaschwankungen unterschiedlichen Maßstabes stellen *Schwankungen der solaren Energiezustrahlung* dar. Dafür kommen Änderungen der Solarkonstante in Zusammenhang mit der variablen Solaraktivität (s. Abschnitt 3.1.2), mit dem strahlungsschwächenden Einfluß interstellarer Materie und mit dem Bahnverlauf der Erde in Bezug auf die Sonne in Frage. Bei letzteren handelt es sich um die langperiodischen Veränderungen der Erdbahnparameter (die Milankovich-Zyklen), die zum Teil die auf das System Erde/Atmosphäre treffende Strahlungsflußdichte verändern, zum anderen aber die räumliche Verteilung der eingestrahlten Energie variieren. Die Milankovich-Zyklen sind von besonderem Interesse für die Klimaschwankungen innerhalb von Eiszeitaltern.
Eine weitere Ursache für relativ kurz andauernde Klimavariationen betrifft das troposphärische und vor allem das stratosphärische *Aerosol*.
Zu Veränderungen der Aerosollast der Atmosphäre kommt es nach starken Vulkaneruptionen und möglicherweise auch in Zusammenhang mit der temperaturabhängigen natürlichen und der anthropogenen Aerosolbildung.
Von hervorragender Bedeutung für die Klimageschichte mit ihren zum Teil tiefgreifenden Wandlungen sind *Änderungen der Zusammensetzung der Atmosphäre* (insbesondere durch die Wirkung auf den Treibhauseffekt). Hier spielt das Kohlendioxid eine besonders wichtige Rolle. In diesem und anderem Zusammenhang sind auch *Änderungen der Vegetation* mit Klimaschwankungen verbunden. Zur Klärung der wichtigen Frage, ob die rezent beobachteten klimatischen Schwankungen ihre Ursache in der anthropogenen Zunahme der Treibhausgaskonzentrationen haben, haben Hegerl et al. (1994) die *Fingerabdruck-Methode* (fingerprint strategy) vorgeschlagen. Nach dem aus entsprechendenen Modellierungen (Kap. 5) bekannten, räumlich und zeitlich variablen Klimaänderungs-Signal wird mit Hilfe einer speziellen numerischen Filterung (die dem Verfahren den Namen gab) in den beobachteten raum-zeitlichen Veränderungen der Klimaelemente gesucht. Nach den ersten Ergebnissen ist die Wahrscheinlichkeit hoch, daß die gegenwärtig beobachteten großräumigen Änderungen *nicht* der natürlichen Klimavariabilität entstammen.
Natürliche und anthropogene Veränderungen der Erdoberfläche haben klimatische Konsequenzen. Für die Entwicklung des Erdklimas sind die *Kontinentalverschiebung und die gebirgsbildenden Prozesse* entscheidende Klimafaktoren.
Das Klimasystem ist auch ohne äußere Einflüsse fähig, Klimavariationen zu erzeugen.

Derartige *Autooszillationen* können für die Atmosphäre Perioden von mehreren Dezennien, für das gekoppelte System Ozean/Atmosphäre sogar Perioden von Jahrhunderten und mehr umfassen.

Für das Klimaproblem unserer Zeit, das aus der schnellen und erheblichen Veränderung der Zusammensetzung der Atmosphäre durch den Menschen entstanden ist, sind im Zeitbereich von Dezennien bis Jahrhunderten als Ursachenkomplexe Variationen der Solarstrahlung, Vulkaneruptionen und die Änderungen der Zusammensetzung der Atmosphäre zusammen mit Autooszillationen des Systems in Betracht zu ziehen. In Bezug auf die weitere Klimaentwicklung im Quartär liegt die Fragestellung etwas anders. Seit der Entdeckung der pleistozänen Vereisungen galt das Interesse den Ursachen, und es gibt sehr viele *Eiszeittheorien oder -hypothesen* (Kukla und Went 1992). Eine verbindliche und in sich konsistente Theorie, die alle Fragen beantwortet, steht noch aus. Die zahlreichen Ansätze dazu können hier nicht systematisch wiedergegeben werden. Wir beschränken uns auf die kurze Darlegung der Hypothese von Seuffert 1993, der als Eiszeit alle Zeitabschnitte definiert, in denen irgendwo auf der Erde Gletscher bzw. Inlandeisgebiete existieren.

Unter Nutzung schon bekannter Ergebnisse wird der Beginn der Prozesse, die zur *Auslösung des quartären Eiszeitalters* geführt haben, auf die Zeit vor etwa 15 bis 30 Mill. Jahren datiert (diese Zeitangaben variieren bei den verschiedenen Autoren sehr stark!). In dieser Zeit erreichte die antarktische Scholle das Südpolargebiet. Die Lage und die vor sich gehenden Hebungsvorgänge führten zum Ausfall festen Niederschlages. Die sich erhöhende Albedo der Oberfläche schuf die Voraussetzungen für weitere Abkühlung und weitere Schnee- und Eisakkumulation. Von Süden her setzte eine weltweite Abkühlung ein.

Die *Rückkoppelungen*, die hier eine Rolle spielen, sind vielfältig. Nach Beginn der Abkühlung gehen Verdunstung und Niederschlag zurück, damit verbunden auch der Wasserdampfgehalt der Luft. Das führte zur Verringerung und Veränderung der Vegetationsdichte, zur Zunahme der Erosion und zur Verbreitung junger Sedimentdecken. Dadurch wird CO_2 gebunden und der Treibhauseffekt verringert. Außerordentlich wichtig sind die biologische und abiotische *Kohlenstoffbindung* in den sich abkühlenden Meeren und auf den trockener werdenden Festländern (vgl. Abschnitte 3.1.4 und 3.1.5). Dabei wird ein Teil des der Atmosphäre entzogenen CO_2 irreversibel gebunden, wodurch es bei einer Wiedererwärmung nicht für den Treibhauseffekt zur Verfügung stehen kann. In den folgenden Warmzeiten können nur tendenziell geringer werdende Maximaltemperaturen erreicht werden. Bei fortgeschrittener Vereisung kam es zu einer scharfen Differenzierung der Naturzonen, so zwischen den vereisten Gebieten und den Tropen, zwischen dem Klima in den vergletscherten Gebieten und dem des anschließenden Vorlandes. Das wirkte sich auf die *Zirkulation* aus. Das Gletscherwachstum fand sein Ende durch die nicht mehr ausreichende Ernährung infolge der geringen Niederschlagsbildung. Fortschreitende Vegetationslosigkeit und Austrocknung des Bodens veränderten Albedo und die Aerosolbildung. Die Folge war eine *extreme Verstaubung* der Luft und der Eisflächen, was eine Erwärmung begünstigte. Die CO_2-Aufnahme durch Böden und Wasser setzte aus, die entsprechenden Flüsse des Gases änderten zum Teil ihr Vorzeichen. So kam es zum Ingangsetzen von *Rückkoppelungen im Klimasystem*, die eine *Wiedererwärmung* begünstigten. Die Temperaturabhängigkeit der Kohlenstoffbilanz des Ozeans spielte eine Hauptrolle beim Entstehen und Vergehen von ausgedehnten Vereisungen. Wie aus Abschnitt 3.1.4 hervorging, verstärken relativ tiefe bzw. fallende Temperaturen infolge der Kohlenstoffaufnahme im Ozean die weitere Abkühlung, relativ hohe bzw. zunehmende Temperaturen fördern dagegen durch die Freigabe von CO_2 die Wiedererwärmung. Seuffert 1993 bezeichnet diese Vorgänge als die *entscheidenden Trigger für die pleistozänen Klimaumschwünge*. Auch die zahlreichen kleinen Klimavariationen innerhalb von Warm- und Kaltzeiten lassen sich als Folge von räumlich und zeitlich begrenzten Schwankungen im CO_2-Haushalt erklären.

Der Übergang in eine Kaltzeit wird mit initiiert durch Schwankungen der Solarkonstanten und der Bahnparameter der Erde.

Die hier skizzierte Hypothese beruht auf qualitativen Einschätzungen und plausiblen Vorstellungen. Mit Hilfe quantitativer Modelle müßte ihre Tragfähigkeit geprüft werden. Die Beantwortung der allgemeinen Frage nach dem Klima der Zukunft hängt vom zeitlichen Maßstab ab. Für die nächste Zukunft, d.h im Rahmen eines Zeitmaßstabes von 10^2 Jahren, ist eine Erwärmung infolge des anthropogen verstärkten Treibhauseffektes der Atmosphäre wahrscheinlich. Für den Zeitbereich von 10^4 bis 10^5 Jahren dagegen kann der Übergang in eine neue Kaltzeit erwartet werden. Die nähere Klimazukunft wird im folgenden Kapitel 5 behandelt.

5 Klima der Zukunft

Die bisher ungehemmte Veränderung der Zusammensetzung der Atmosphäre durch den Menschen hinsichtlich der im Kapitel 3 besprochenen Spurengase, die den Treibhauseffekt der Atmosphäre verstärken, und die weiteren klimawirksamen anthropogenen Aktivitäten haben der Frage nach der Zukunft des Klimas brennende Aktualität verliehen. Globale Klimaänderungen hinreichenden Ausmaßes, die in Wechselwirkung mit regionalen Klimaänderungen auftreten, sind mit korrespondierenden Veränderungen klimaabhängiger Natursysteme und damit auch der Lebensgrundlagen der menschlichen Gesellschaft verbunden. Daher ist es erforderlich, auf der Grundlage der heutigen Kenntnisse *quantitative Szenarien* eines veränderten Klimas zu bestimmen, die als Grundlage für das Finden von Verhütungs- und/oder Anpassungsstrategien dienen können. Um die wesentlichen Charakteristiken eines durch definierte anthropogene Eingriffe veränderten Klimas abschätzen zu können, muß man sich der *Klimamodellierung* als Mittel der Wahl bedienen. Andere Möglichkeiten wie das Ziehen von Analogieschlüssen aus paläoklimatologischen Befunden oder wie die Fortschreibung eingetretener rezenter Änderungen der Klimaelemente können zwar ergänzend herangezogen werden, ihre alleinige Nutzung für die Klimavorhersage würde jedoch die Bedürfnisse wegen zu geringer Universalität der möglichen Aussagen nicht erfüllen. Zum Begriff der *Klimavorhersage* sei festgestellt, daß solche Prognosen stets von der Wahl der Eingangsgrößen abhängen. So setzt eine richtige Prognose der Klimaveränderungen infolge der Verstärkung des Treibhauseffektes die exakte Vorhersage der Emissionen der betreffenden Spurengase über einen Zeitraum von vielen Jahrzehnten voraus. Ist die Beurteilung der künftigen menschlichen Eingriffe in das Klimasystem falsch, berechnet selbst ein vollkommenes Modell ein unzutreffendes Klima. Dazu kommt, daß die Entwicklung natürlicher Einflußgrößen auf das Klima (in dem besonders interessierenden Maßstabsbereich Solaraktivität und starke Vulkaneruptionen) nicht hinreichend genau bekannt ist. Daher können von Klimamodellen jeder Ausstattung und Qualität prinzipiell nur *bedingte Klimavorhersagen* erwartet werden.

5.1   Klimamodellierung

5.1.1   Allgemeine Prinzipien

Klimamodelle sind quantitative Beschreibungen des Klimasystems. Sie spiegeln in ihrer Gesamtheit den Stand der Klimatheorie wider. Da eine adäquate Darstellung des Klimasystems physikalische, chemische, biologische sowie systemtheoretische Aspekte enthält, müssen die entsprechenden Zustände und Prozesse durch zeitabhängige mathematische Gleichungen beschrieben werden. Diese werden im allgemeinen numerisch gelöst, was bei entsprechend vorgegebenen Randbedingungen eine Vorausberechnung in die Zukunft ermöglicht.

Es gibt *Klassen von Klimamodellen*, die sich in der prinzipiellen Zielsetzung und in der Vollständigkeit der Erfassung des Klimas unterscheiden.

Eine Klasse der einfacheren Modelle bilden die *Energiebilanzmodelle*. Zielgröße ist hier die Temperatur, während die dynamischen Prozesse nur implizit eine Rolle spielen. Diese Modelle werden vom 1. Hauptsatz der Thermodynamik ausgehend abgeleitet und liegen in verschiedenen Dimensionen vor (s. Henderson-Sellers und McGuffie 1987). Das einfachste nulldimensionale Energiebilanzmodell erlaubt die Abschätzung der globalen Gleichgewichtstemperatur des Systems Erde/Atmosphäre in Abhängigkeit von Änderungen der solaren Einstrahlung, Aerosolgehalt, Albedo und Spurengaskonzentrationen. In zeitabhängiger Form kann mit einem so stark verallgemeinernden Modell die Entwicklung der globalen Mitteltemperatur in Abhängigkeit von Annahmen über die Einflußgrößen nachgebildet werden (bspw. Dethloff und Peters 1982). Die horizontal auflösenden eindimensionalen Energiebilanzmodelle ergeben die Verteilung der zonal gemittelten Temperatur in zusätzlicher Abhängigkeit von den in meridionaler Richtung wirkenden großturbulenten Transportprozessen (Budyko 1969, Sellers 1969). Solche Modelle dienen heute vor allem Demonstrations- und Übungszwecken, aber auch zu grundsätzlichen Versuchen zur Empfindlichkeit des Klimas, so beispielsweise zur Bestimmung der Reaktion des Modellklimas auf stochastisch schwankende Eingangsgrößen. Von aktueller wissenschaftlicher Bedeutung sind in dieser Klasse die in vertikaler Richtung auflösenden eindimensionalen *Strahlungs-Konvektions-Modelle*. Mit diesen Modellen können entsprechend vorgegebener Profile der Mischungsverhältnisse strahlungsaktiver Spurengase, des Wasserdampfes, der Aerosolverteilung u.a. durch Anwendung der Strahlungstransportgleichungen die strahlungsbedingten Erwärmungs- und Abkühlungsraten sowie die entsprechenden vertikalen Temperaturverteilungen berechnet werden.

Die Berücksichtigung von konvektiven Prozessen und solchen der Wolkenbildung führt in diesen Modellen zur Entstehung realistischer vertikaler Temperaturprofile. Modelle dieser Art dienen für die unten beschriebenen globalen Zirkulationsmodelle zur Ableitung von Parameterisierungsbeziehungen oder zum Test von Teilmodellen.

Der Begriff der *Parameterisierung* spielt in der Klimamodellierung eine große Rolle. Man versteht darunter die mathematisch-physikalische Darstellung der Abhängigkeit einer Größe oder eines Prozesses, die im Modell explizit nicht berechnet werden können, von Größen, die im Modell berechnet werden.

Klimavorhersagen, die im einleitend diskutierten Sinn den gesellschaftlichen Bedürfnissen entsprechen, werden mit Hilfe von *Zirkulationsmodellen* aufgestellt, die die andere Hauptklasse von Klimamodellen bilden. Während in den Energiebilanzmodellen die Temperatur die Zielgröße bildet, ist diese bei den Zirkulationsmodellen das Bewegungsfeld. Wegen der Abhängigkeit der Luftbewegungen von der Verteilung der meteorologischen Grundgrößen bilden auch deren Felder das Ergebnis der Modellierung. Die Zirkulationsmodelle sind daher prinzipiell universell geeignet, die atmosphärischen Prozesse einschließlich der Wechselwirkungen mit der Unterlage in ihrer Vielfalt zu erfassen. Auch bei dieser Modellklasse gibt es unterschiedlich entwickelte Modelle. Zu den einfacheren und geringere Rechenzeit beanspruchenden Modellen gehören die *zweidimensionalen statistisch-dynamischen Modelle*. Diese werden vor allem in zonal gemittelter Form angewendet, um die mittlere Meridionalzirkulatlion (das sind die energetisch wichtigen Strukturen der Hadley-, Ferrel- und Polar-Zelle auf jeder Halbkugel, s. Abschnitt 2.1.6.1) in ihrer vertikalen Verteilung zu reproduzieren oder bspw. die Anregungsbedingungen für die langen troposphärischen Wellen zu studieren (s. Schmitz 1991).

Die am weitesten entwickelten und bekanntesten Klimamodelle sind die *Globalen Zirkulations-Modelle* (GCM). Im Kern handelt es sich bei diesen um einen Satz partieller Differentialgleichungen der Thermo- und Hydrodynamik, die die dynamischen und anderen physikalischen Prozesse in der Atmosphäre erfassen. Da diese Gleichungen nichtlinear sind und die Variablen untereinander abhängig sind, können Veränderungen der einen Variablen Änderungen der anderen erzeugen, diese wieder wirken sich im Sinne von Rückkopplungen auf die ursprünglich veränderte Größe aus. Die "Modellkerne" unterscheiden sich nicht von den *Wettervorhersagemodellen*, und viele Klimamodelle sind aus operationellen Modellen entwickelt worden. So weist die Bezeichnung der am Hamburger Max-Planck-Institut für Meteorologie entwickelten ECHAM-Klimamodelle auf den Ursprung als Wettervorhersagemodell beim Europäischen Zentrum für mittelfristige Wettervorhersage in Reading/England (EC) hin. Die Weiterentwicklung erfolgte in Hamburg (HAM). Der Unterschied zwischen den GCM's der Atmosphäre und den Wettervorhersagemodellen besteht demnach weniger in den Modellarchitekturen, sondern in der Anwendung der Modelle. Für eine zutreffende Wettervorhersage ist die genaue Bestimmung des Anfangszustandes von entscheidender Bedeutung. Dieser hat dagegen keinen so vorrangigen Einfluß auf die Klimamodellierung, für die die Berücksichtigung der Randbedingungen ausschlaggebend ist.

Globale Zirkulationsmodelle berechnen im allgemeinen die Felder des Bodenluftdruckes, der horizontalen Geschwindigkeitskomponenten, des Geopotentials von Druckflächen sowie der Lufttemperatur und -feuchte mit Hilfe der statischen Grundgleichung, der Bewegungsgleichungen, der Kontinuitätsgleichung, des Ersten Hauptsatzes der Thermodynamik und der Feuchtebilanzgleichung.

Da Lösungen des den Modellen zugrunde liegenden Gleichungssystems auf analytische Weise nicht möglich ist, müssen die Gleichungen für die numerischen Rechnungen diskretisiert werden, was mit spezifischen Fehlern infolge der angewendeten Approximationstechniken verbunden ist. Die Diskretisierung erfolgt zunächst innerhalb eines endlichen räumlichen Gitternetzes. Die Dichte des Gitters bestimmt die räumliche Auflösung der modellierten Felder der Variablen. Während ältere Modelle nur eine grobe horizontale Auflösung besitzen, so werden die neueren Modelle mit der wachsenden Rechenkapazität und -geschwindigkeit horizontal immer besser aufgelöst (Tab. 5.2). Es können auch variabel aufgelöste Modelle verwendet werden.

In der Vertikalen enthalten die GCM's im einfachsten Fall 2 Berechnungsflächen. Für die modernen Modelle liegt die Zahl der Schichten bei 10-40. Dabei werden die Flächen nicht gleichmäßig auf die Höhe verteilt, sondern in Abhängigkeit von den Änderungen der meteorologischen Prozesse mit der Höhe ist deren Dichte in der planetarischen Grenzschicht wie auch im Tropopausenniveau höher als in den dazwischen liegenden Bereichen. Auf diese Weise besitzen die Modelle eine volle Dreidimensionalität.

Die Gesamtzahl der Gitterpunkte auf einer Rechenfläche ergibt sich durch $(A/\Delta)^2$ (A = Erdoberfläche, Δ = mittlerer horizontaler Gitterabstand). Wenn n die Anzahl der Variablen an jedem Punkt ist, dann ist zu jedem Zeitpunkt mit der Gesamtzahl der Variablen $n \cdot K \cdot (A/\Delta)^2$ (K = Zahl der Rechenflächen in der Vertikalen) die Zahl der Freiheitsgrade für das betrachtete Modellsystem gegeben.

Die Reduzierung der Atmosphäre auf eine Zahlenmatrix nach Breite und Länge in verschiedenen Höhen bedingt nicht nur bestimmte numerische Fehler, sondern legt auch den Zeitschritt der numerischen Berechnung fest. Dieser Zeitschritt wird durch die höchste Ausbreitungsgeschwindigkeit von Wellen im Modell bestimmt. Das sind im Fall der GCM's Schwerewellen. Wenn die Grundgleichungen entsprechenden Filterungen unterworfen werden, entstehen Beeinträchtigungen der numerischen Stabilität der Berechnungen, wenn der Zeitschritt nicht entsprechend gewählt worden ist. Wenn Δt der Zeitschritt und Δx der Gitterabstand sowie c die höchste Ausbreitungsgeschwindigkeit im Modell sind, dann muß die Ungleichung $(\sqrt{2} \cdot c \Delta t)/\Delta x \leq 1$ (Courant-Friedrichs-Lewy-Bedingung) eingehalten werden. Typische Zeitschritte liegen bei 10-50 min (Peixoto und Oort 1992).

Neben der Gitternetzmethode hat sich im Hinblick auf die Verkürzung der Rechenzeit das spektrale Verfahren der horizontalen Auflösung durchgesetzt. Nach dem Fouriertheorem kann jede periodische Funktion als Summe von Sinus- und Kosinuswellen dargestellt werden. Die Klimavariablen können in Form der periodischen Kugelflächenfunktionen dargestellt werden.

Bei dieser Methode wird die horizontale Auflösung in einem GCM durch die Zahl der auf dem Großkreis berechneten Wellen bestimmt. So benötigt man die Berücksichtigung von 15-30 Wellen, um die allgemeinen Züge des globalen Klimas darzustellen (bspw. bedeutet die Angabe der Modellauflösung T21, daß 21 Wellen der interessierenden Größen auf dem Großkreis aufgelöst werden). Die meisten Zirkulationsmodelle sind semi-spektrale Modelle, da sowohl die Gitternetzmethode als auch die spektrale Methode angewendet werden. Erstere ist für die Berechnung von physikalischen Prozessen (vertikaler Austausch, Kondensation und Niederschlagsbildung, Strahlungstransport, Temperatur, Oberflächenprozesse u.a.) geeigneter, letztere für die stärker geglättet variierenden dynamischen Größen. Der Grad der räumlichen Auflösung der Felder der Klimagrößen bestimmt nicht nur die Detailliertheit der Darstellung des modellierten Klimas, sondern auch die räumliche Auflösung von Eigenschaften des Klimasystems wie die Land- und Meerverteilung, die Hochgebirge, die Oberflächeneigenschaften u.a. Die Genauigkeit der Simulation des Klimas hängt von der richtigen Erfassung solcher Größen ab.

Die begrenzte räumliche Auflösung der Modelle macht die vielfältige Anwendung von *Parameterisierungen* erforderlich. Diese betreffen vor allem die kleinskaligen Prozesse, deren räumliche Abmessungen kleiner als die Abstände der Gitterpunkte und vertikalen Rechenflächen sind. Es handelt sich dabei um die Berücksichtigung der Konvektion, der Bewölkung, der verschiedenen Niederschlagsformen, des Strahlungstransportes, des Energieaustausches, der Bewegungsvorgänge u.a. Diese Abläufe können sich stark auf die modellierten großräumigen Prozesse auswirken. Um sie zu berücksichtigen, werden sie in geeigneter Weise zu den mittleren Bedingungen viel größerer Zeit- und Raumskalen in Beziehung gesetzt. So kann man durch die Parameterisierung alle Effekte der kleinräumigen Prozesse auf die großräumigen Erscheinungen beschreiben. Die Güte derartiger Parameterisierungen entscheidet wesentlich mit über die Qualität eines Klimamodells. Häufig werden gezielte experimentelle Untersuchungen für die Verbesserung von Parameterisierungsbeziehungen durchgeführt.

5.1.2   Klimasystem-Modelle

An die GCM's, die die Atmosphäre als Teil des Klimasystems erfassen, können
weitere Modelle von Teilsystemen dieses Systems angekoppelt werden, um das
Klima möglichst umfassend modellieren zu können.
An erster Stelle sind hier die *Ozeanmodelle* zu nennen (ozeanische GCM's). In der
einfachsten Variante eines solchen Modells wird der Ozean als "Schwamm" behandelt, d.h., es findet weder Wärmetransport noch -speicherung statt. Die Berechnung
der Oberflächentemperatur des Wassers erfolgt auf der Basis der Wärmebilanz der
Oberfläche. In den Mischungsschichtmodellen wird zusätzlich die Wärmespeicherung in der ozeanischen Deckschicht berücksichtigt. Heute existieren vollentwickel-
te globale ozeanische Zirkulationsmodelle. Diese Modelle sind von ihren Kernglei-
chungen ebenso aufgebaut wie die GCM's der Atmosphäre.
An die Stelle der Luftfeuchte tritt in diesen Modellen der Salzgehalt. Hier werden
auch Advektion und Vermischung zur Verteilung der Wärme in der gesamten
Ozeanschicht berücksichtigt.

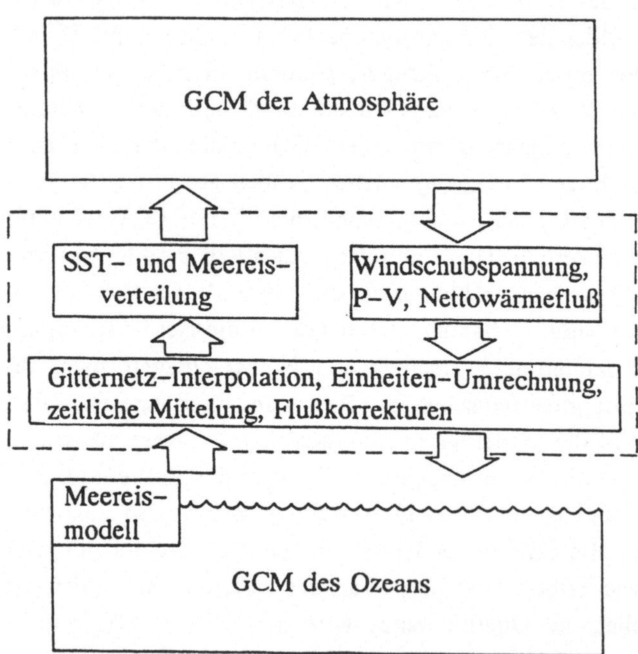

Abbildung 5.1: Schema der Koppelung eines GCM's der Atmosphäre und des Ozeans, nach
Max-Planck-Institut für Meteorologie Hamburg. SST = Oberflächenwassertemperatur,
P - V = Niederschlag - Verdunstung

Die wichtigsten Simulationen eines künftigen Klimas unter Annahme plausibler Randbedingungen werden jetzt mit Hilfe von *gekoppelten Ozean-Atmosphäre-Modellen* durchgeführt. Die gegenwärtigen koppelfähigen Ozeanmodelle haben eine Auflösung von etwa 400 km Gitterweite, und sie erfassen den gesamten Ozean. Die Modelle sind in der Lage, die Grundzüge der ozeanischen Zirkulation und die damit verbundene Wassermassenverteilung zumindest qualitativ richtig darzustellen. Wichtige Teile der ozeanischen Dynamik werden aber ebenso wie die für das Klima sehr wichtigen meridionalen Wärmetransporte noch nicht vollständig wiedergegeben. Die Ankoppelung der Ozeanmodelle kann sowohl synchron zum Atmosphärenmodell als auch asynchron in dem Sinne erfolgen, daß der Zeitschritt im Ozeanmodell um Größenordnungen größer gewählt werden kann.

Das Schema der Koppelung zwischen Ozean- und Atmosphären-GCM zeigt Abb. 5.1. Der kritische Bereich liegt im mittleren Teil, der die Koppelung veranschaulicht. Beim gegenwärtigen Stand der Modellierung äußern sich die Unvollkommenheiten beider Modelltypen darin, daß die die Koppelung vollziehenden Energieflüsse bei längeren Integrationszeiten zwischen beiden Medien einander nicht entsprechen. Es ist daher bei Berechnungen des zukünftigen Klimas notwendig, das Auseinanderdriften beider Modelle dadurch zu verhindern, daß *Flußkorrekturen* angebracht werden.

Gegenwärtig existieren am Max-Planck-Institut für Meteorologie Hamburg zwei "routinemäßig" einsetzbare gekoppelte Ozean-Atmosphäre-Modelle in den Horizontalauflösungen T21 (auch 5 Grad-Gitternetz) bis T 106 der Versionen ECHAM1 und (weiterentwickelt) 2 sowie 3, wobei die Ozeanmodelle LSG ("Large Scale Geostrophic", das von einem großräumig geostrophisch approximierbaren ozeanischen Strömungssystem ausgeht), und OPYC (ozeanisches Zirkulationsmodell mit isopyknischen Koordinaten) zur Verwendung kommen können. Ferner gibt es das ozeanische HOPE-Modell (Hamburg Ocean Model in primitive equations/Hamburger Ozeanmodell auf der Grundlage der ursprünglichen Bewegungsgleichungen). Das Modell ECHAM3 hat 19 Schichten sowie Zeitschritte in Abhängigkeit von der Auflösung zwischen 40 min (T21) und 12 min (T 106). Als prognostische Variable werden die Wirbelgröße der atmosphärischen Bewegung, die Divergenz, die Temperatur, der Luftdruck an der Oberfläche, der Wasserdampfgehalt sowie der Gehalt an Wolkenwasser berechnet. Neben definierten Randbedingungen enthält das Modell umfangreiche physikalische Parameterisierungen, die die Strahlung, die Wolken, die Konvektion, die planetare Grenzschicht, die Landoberflächenprozesse, die horizontale Diffusion und den Einfluß von Schwerewellen betrifft (DKRZ 1993). Gesonderte Modelle betreffen die *Atmosphärische Chemie*, die an die Ozean-Atmosphäre-GCM's angekoppelt werden können, um die wichtigsten reaktiven Prozesse sowie Stoff- und Phasenumwandlungen in der Atmosphäre erfassen zu können.

In diesem Zusammenhang sei auch die *Modellierung des Kohlenstoffkreislaufes* genannt (Maier-Reimer und Hasselmann 1987, s. auch Abschnitt 3.1.4). Mit den verschiedenen Modellen dieser Art kann vor allem die Prognose des in der Atmosphäre verbleibenden Kohlendioxids bei vorgegebenen Emissionen vorgenommen werden. Weitere wichtige Teilmodelle betreffen die *Vegetation*, die *terrestrische Hydrologie* sowie die *Dynamik der Eisschilde*. Die Modellierung letzterer ist wichtig für die modellmäßige Rekonstruktion von bestimmten Abschnitten des Paläoklimas. Gegenwärtig reproduzieren die Eisschildmodelle gut den gegenwärtigen Zustand der Eisschilde Grönlands und der Antarktis (Herterich 1991).

Weitere Teil- oder Prozeßmodelle betreffen die *Strahlung* (Berechnung der kurz- und langwelligen Strahlungsströme in der Atmosphäre), die Bildung und Auflösung von *Wolken*, die Auslösung von *Konvektion* in der Atmosphäre, die Bildung, Umwandlung und Schmelze von *Schnee*, die *Bodenfeuchte* sowie übergreifend für Atmosphären- und Ozeanmodelle den *Wasserkreislauf*, das *Meereis* und die klimawirksame *Bildung von ozeanischem Tiefenwasser* durch Konvektion bei Abkühlung an der Oberfläche im Ozean.

Als Beispiel für ein gekoppeltes Klimamodell der neuesten Generation kann die Version ECHAM4 des Max-Planck-Instituts für Meteorologie Hamburg angesehen werden. Dieses seit 1994 eingesetzte Modell besitzt eine problemorientiert flexible Auflösung in horizontaler und vertikaler Richtung. Verfügbar sind die spektralen Auflösungen T21, T42 und T106 in bis zu 39 Schichten bis 75 km Höhe. Das Modell enthält ein verbessertes Strahlungsmodell, die Neuformulierung der Wolkenphysik sowie eine neue Berücksichtigung der planetarischen Grenzschicht, realistischere mittlere atmosphärische Aerosol- sowie Landoberflächenalbedo-Verteilungen und neben weiteren Verbesserungen auch die SO_4-, NO_x- und CH_4-Chemie sowie die O-Chemie.

Eine umfassende Darstellung der Probleme und des Standes der Klimamodellierung geben Trenberth (1992) und in kürzerer Form auch Henderson-Sellers und McGuffie (1987) sowie Schmitz (1991).

5.1.3   Ansatz von Modellexperimenten

Nach den von Lorenz (1975) definierten Begriffen der Vorhersagbarkeit 1. und 2. Art gibt es zwei Ansätze für Modellexperimente mit gekoppelten Ozean-Atmosphäre-Klimamodellen. Der erste entspricht einer Vorhersage 2. Art. Ein im Gleichgewicht befindliches Klima wird durch die abrupte Änderung (Sprungfunktion) einer wichtigen Randbedingung aus dem Gleichgewicht gebracht. Das Modell berechnet den entsprechenden neuen Gleichgewichtszustand. Der unrealistische Verlauf des

Übergangs erfährt i. allg. keine Interpretation. Bei Klimaexperimenten dieser Art wird gewöhnlich das CO_2-Mischungsverhältnis von 300 ppm auf 600 ppm verdoppelt. Alle Aussagen betreffen das sich neu einstellende Gleichgewichtsklima ("*Gleichgewichtsmodellierung*").

Der zweite, realistischere Ansatz betrifft die Variation eines in Bezug auf die Randbedingungen im Gleichgewicht befindlichen Klimas durch eine kontinuierliche und den beobachteten Verhältnissen näherkommende Veränderung einer wichtigen Randbedingung. Das Modell folgt dieser Änderung und berechnet die zeitabhängigen Reaktionen. Damit wird die Vorhersage 1. Art realisiert (*"transiente Modellierung"*), s. bspw. Cubasch et al. (1992). Die Klimasimulationen können nach ihrem zeitlichen Maßstab eingeteilt werden: Für die Zeitskala der Größenordnung 10^2 Jahre ist die transiente Modellierung möglich, die die Atmosphäre, den Ozean, insbesondere die ozeanische Mischungsschicht, die Landoberflächenprozesse, das Meereis u.a. in hoher Auflösung (T42, T106) simulieren kann. Für die Zeitskala der Größenordnung 10^3 Jahre, in der die Einbeziehung der Tiefsee, der biosphärischen Prozesse und des Kohlenstoffkreislaufes unverzichtbar ist, kommt gegenwärtig noch die Gleichgewichtsmodellierung in Frage. Für die sehr langen Zeitskalen der Größenordnung bis 10^5 Jahre, die eine Einbeziehung des Wechsels zwischen den quartären Kalt- und Warmzeiten ermöglicht, muß zusätzlich auch die Eisschilddynamik berücksichtigt werden.

Die Klimaexperimente zielen in erster Linie auf die Verbesserung der Kenntnis des Klimasystems der Erde.

In *Sensitivitätsstudien* werden die Ursachen für die Stabilität des Klimas und die für den Übergang in andere Klimazustände untersucht. Besondere Aufmerksamkeit gilt den Ursachen natürlicher Klimaschwankungen in dem interessierenden Zeitbereich bis zur Größenordnung 10^2 Jahre, einbezogen ist hier auch die Untersuchung der Folgen so spürbarer Eingriffe in das Klimasystem, wie sie sich bei starken Vulkaneruptionen oder außergewöhnlichen Umweltbeeinträchtigungen (z.B. langanhaltende Ölbrände wie 1991 in Kuweit) ergeben. Simuliert werden auch die Paläoklimate. Interesse gilt der Fragestellung, wie es zu abrupten Klimaschwankungen kommen kann. Ferner sollen Modellexperimente die sich im Klimasystem abspielenden Wechselwirkungsprozesse besser als bisher klären. Eine wichtige Rolle spielt in diesem Zusammenhang auch die genauere Untersuchung der globalen C-, N-, S- und O-Kreisläufe sowie des Wasserkreislaufes. Während diese Problemkreise zur Verbesserung der allgemeinen Klimatheorie beitragen, liegen die "praktischen Ziele" der Klimamodellierung in verbesserten transienten Szenarienrechnungen, die die Grundlage zu Abschätzungen der Folgen von Klimaschwankungen bilden können. Das entscheidende Kriterium der Leistungsfähigkeit von GCM's ist ihre Fähigkeit, das gegenwärtige Klima zu simulieren.

In den Abb. 5.2 bis 5.4 sind derartige Simulationen des gegenwärtigen Klimas im Vergleich mit dem beobachteten dargestellt. Die Grundzüge der zonal gemittelten Lufttemperatur in Bodennähe (Abb. 5.2) werden von allen herangezogenen fünf Modellen, bei denen es sich um GCM's der Atmosphäre mit angekoppeltem Mischungsschicht-Ozean handelt, gut wiedergegeben. Besondere Abweichungen treten im Südpolargebiet auf, die mit der ungenügenden Auflösung der kalten Bodenschicht über dem antarktischen Eisschild zusammenhängen. Breitenabhängige Differenzen betragen mehrere Kelvin und sind auf der Nordhalbkugel stärker ausgeprägt als auf der Südhalbkugel. Bei einer qualitativen Übereinstimmung im allgemeinen Verlauf müssen für die Luftdruckverteilung in Abb. 5.3 erhebliche Abweichungen der Modellergebnisse von den Beobachtungen festgestellt werden. Besonders hohe Differenzen treten im Bereich der hohen südlichen Breiten auf. In den übrigen Breitenzonen sind die Abweichungen im Sommer kleiner als im Winter. Prinzipiell ähnliche Aussagen können auch für den Niederschlag getroffen werden (Abb. 5.4). Der zonal gemittelte Verlauf der mittleren täglichen Niederschlagshöhen wird in den Grundzügen zutreffend modelliert, im einzelnen bestehen hier ebenfalls größere Differenzen zwischen den Modellergebnissen und den für dieses Element problematischen empirischen Befunden.

Tab. 5.1 enthält Ergebnisse von Berechnungen der globalen Wasserhaushaltskomponenten nach der Modellierung mit ECHAM3 und nach Beobachtungsdaten. Man erkennt, daß die Größen recht gut übereinstimmen. Es ist aber zu bemerken, daß noch erhebliche Differenzen der verschiedenen empirischen Befunde bestehen.

Tabelle 5.1: Modellierung und empirische Berechnung der Komponenten des globalen Wasserkreislaufes (letztere nach Baumgartner und Reichel 1975). Größen in 10^3 $km^3 \cdot a^{-1}$

Wasserhaushalts-komponente	Modellierung ECHAM3/1992	Empirische Berechnungen
Verdunstung des Ozeans	445	424
Niederschlag auf den Ozean	401	385
Verdunstung der Landflächen	68	71
Niederschlag auf die Landflächen	112	111
Wasserdampftransport in der Atmosphäre	44	40
Abfluß	44	40

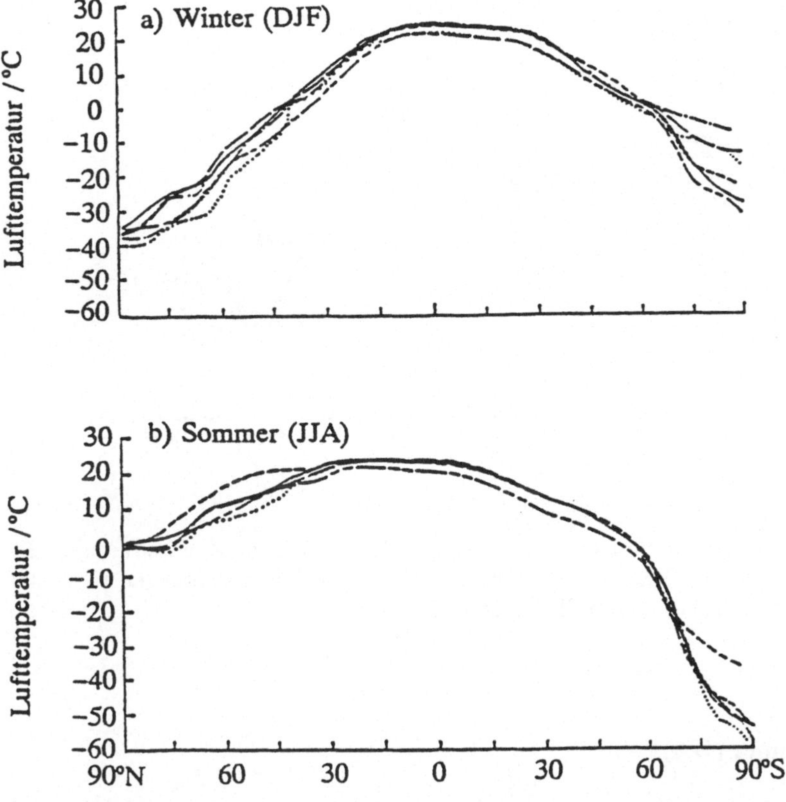

Abbildung 5.2: Zonal gemittelte Jahreszeitenmittel der Lufttemperatur in der Nähe der Erdoberfläche in °C nach Ergebnissen verschiedener GCM-Modellrechnungen und Beobachtungen (-----), nach IPCC (1990), s. auch Schmitz (1991)

Die *Stärken* der Klimamodelle beruhen darauf, daß die wesentlichen physikalisch-chemischen Vorgänge im Klimasystem erfaßt werden. So wurde es möglich, die Verteilung der Klimaelemente unter verschiedenen Randbedingungen des Klimasystems darzustellen. Die vermutlich wichtigsten Rückkoppelungen im Klimasystem werden in den Modellen berücksichtigt, ebenso die realen Bedingungen an der Erdoberfläche (Orographie, Vegetation).

Die *Schwächen* betreffen u.a. die detaillierte Berücksichtigung der verschiedenen Zweige des Wasserkreislaufes (Modellierung der Bewölkung, der Niederschläge und der Bodenfeuchte) sowie die Erfassung der natürlichen Klimavariationen. Häufig werden das Relief der Erdoberfläche und die klimarelevanten Bodeneigenschaften zu grob berücksichtigt. Die Koppelung zwischen Ozean und Atmosphäre bedarf bei Langzeitintegrationen noch der oben erwähnten Flußkorrekturen als Ausdruck der noch bestehenden Unvollkommenheit der Modelle.

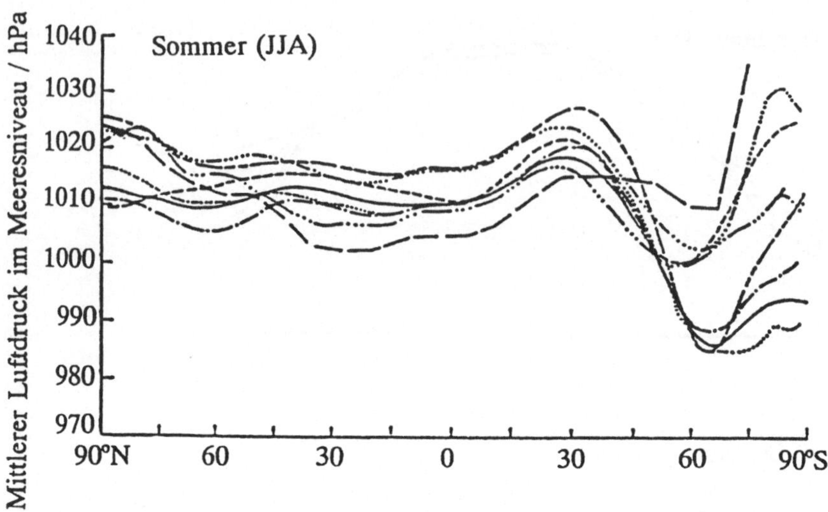

Abbildung 5.3: Zonal gemittelte Jahreszeitenmittel des Luftdrucks im Meeresniveau in hPa nach Ergebnissen verschiedener GCM-Modellrechnungen und Beobachtungen (-----) im Sommer, nach IPCC (1990), s. auch Schmitz (1991)

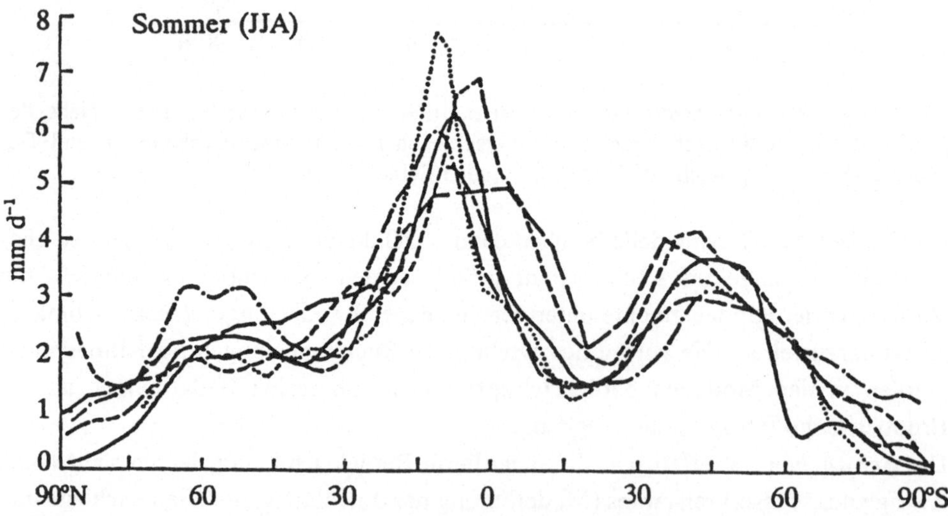

Abbildung 5.4: Zonal gemittelte Jahreszeitenmittel der Niederschlagsrate in mm·d^{-1} nach Modellrechnungen und Beobachtung (-----) im Sommer, nach IPCC (1990), s. auch Schmitz (1991)

Schließlich kann davon ausgegangen werden, daß die Rückkoppelungen im Klimasystem noch nicht vollständig bekannt sind. So erfahren die GCM's während der Einschwingphase eine Drift in ein Gleichgewichtsklima, das sich von dem beobachteten Klima stark unterscheidet, so daß Korrekturen angebracht werden müssen. Die noch vorhandenen Schwächen der GCM's werden vor allem dann deutlich, wenn Details der raum-zeitlichen Modellierung von Klimaelementen betrachtet werden oder auch ein Vergleich der Ergebnisse von Experimenten mit verschiedenen Modellen vorgenommen wird. Auch um internationale Vereinbarungen zur Eindämmung der Treibhausgasemissionen zu fördern, ist es notwendig, daß die Modelle ständig weiterentwickelt und verbessert werden. Sehr wichtig in diesem Zusammenhang ist der Vergleich der Modelle verschiedener Gruppen. Es ist eine Aufgabe von MECCA (*"Model Evaluation Consortium for Climate Assessment"*), in internationaler Zusammenarbeit Modelle zu überprüfen, Sensitivitätsexperimente u.a. durchzuführen, um zu einer wirksamen Verbesserung der Modelle zu kommen.

Hauptrichtungen der gegenwärtigen Entwicklung sind Erhöhung der räumlichen Auflösung, um die lokale Auswertung von Ergebnissen globaler Modelle zu verbessern, aber auch die Einnestung regionaler Modelle in GCM's, sowie die Verringerung von Unsicherheiten in der Kenntnis des Klimasystems. Dazu tragen auch gezielte internationale Experimente bei wie WOCE, GEWEX u.a.

5.2   Das künftige Klima

5.2.1   Die globale Mitteltemperatur

Wenn hier von dem künftigen Klima die Rede ist, so ist stets das anthropogen veränderte Klima gemeint, das infolge der Zunahme der verschiedenen Treibhausgase in der Atmosphäre zu erwarten ist. Die genau berechenbare Veränderung des Strahlungshaushaltes infolge einer Verdoppelung des CO_2-Gehaltes (aufgefaßt als äquivalentes Mischungsverhältnis, das den Einfluß der anderen anthropogen beeinflußten Treibhausgase mit enthält) wird mit etwa 1,2 K ziemlich gering sein. Zu größeren Beträgen kommt man erst, wenn die Modelle die verschiedenen Rückkoppelungsprozesse mit berücksichtigen. Bei Einbeziehung des Wasserdampfes liegt die Erhöhung zwischen 1,6 und 2,1 K, während die Berücksichtigung der Wolken den nach den Ergebnissen verschiedener Modelle zu ermessenden Unsicherheitsbereich stark erweitert (1,4 bis 5,2 K). Nach der ersten Bewertung durch das IPCC 1990 war die mögliche Spanne der Reaktion des Klimasystems im Hinblick auf die Erhöhung der globalen mittleren Lufttemperatur mit 1,4 bis 5,2 K anzusetzen, infolge von Fortschritten in der Modellentwicklung hat sie sich in der 1992 veröffentlichten Einschätzung auf den Bereich 2,6 bis 4,5 K verringert. Bei Einbeziehung des vor allem anthropogenen Sulfataerosols liegen die Werte mit 0,5 bis 1,5 K Temperaturerhöhung bis zum Jahr 2100 noch geringer (IPCC 1996). Diese Zahlen weisen auf die insgesamt noch vorhandenen Schwächen in der Abschätzung der globalen Temperaturerhöhung in den vor uns liegenden Jahrzehnten hin.

In Tab. 5.2 sind wichtige Modellbedingungen für transiente CO_2-Experimente verschiedener Institute sowie die resultierenden globalen Erwärmungen angegeben. Man erkennt, daß die unterschiedlichen Endergebnisse neben den Modelleigenschaften von den angenommenen Änderungen des CO_2-Gehaltes, den Ausgangswerten dieses Gases u.a. abhängen. So zeigt sich, daß die Art des Ozeanmodells die Ergebnisse sehr einschneidend beeinflußt. Die globale Erwärmung wird wesentlich höher berechnet bei Ankoppelung eines Mischungsschichtozeans als bei Verwendung eines vollständigen Ozean-GCM's. Die Unterschiedlichkeit der Modellparameter läßt nur einen eingeschränkten Vergleich der Ergebnisse zu.

Entscheidend für die Klimavorhersage ist die Wahl der globalen CO_2-Emissionen für die Zukunft. Als Standard-Szenarien können die durch IPCC (1990) empfohlenen angesehen werden (Abb. 5.5, Tab. 5.3).

Während die Szenarien A1 und A2 weiterhin sehr hohe Emissionen vorsehen, sind zur Realisierung der anderen große Einsparungen erforderlich. Das Szenario D sieht den Stop aller Emissionen vor.

Bei Klimamodellrechnungen in die Zukunft muß die Entwicklung des Modellklimas berücksichtigt werden, die eintreten würde, wenn keine Veränderungen der Randbedingungen vorgenommen würden. Die Berechnung des künftigen Klimas ohne Veränderungen der Randbedingungen wird als *Kontrollauf* bezeichnet. Der Kontrolllauf für das Modell ECHAM1_LSG T21 des MPI für Meteorologie Hamburg für 400 Modelljahre ab 1985 zeigt für die globale bodennahe Lufttemperatur, daß auch das nicht anthropogen beeinflußte Klima Schwankungen durchläuft, die in diesem Fall etwa ± 0,3 K um den Mittelwert betragen. Bei Szenarien-Rechnungen wird das simulierte Klima häufig in Form von Differenzwerten zum Kontrollauf angegeben.

Tabelle 5.2: Transiente CO_2-Experimente mit gekoppelten Ozean-Atmosphäre-Modellen bis 1991, nach IPCC (1992)
GFDL = Geophysical Fluid Dynamics Laboratory; MPI = Max-Planck-Institut für Meteorologie Hamburg; NCAR = National Center for Atmospheric Research Boulder; UKMO = United Kingdom Meteorological Office Bracknell. R, T = spektrale Auflösung; L = Zahl der Rechenflächen in der Vertikalen; P-V = Niederschlag minus Verdunstung; τ = Windschubspannung

Tabelle 5.2: Legende gegenüberliegende Seite

Modellexperiment Bedingungen und Ergebnisse	GFDL	MPI	NCAR	UKMO
GCM der Atmosphäre	R15L9	T21L19	R15L9	$2,5°·3,75°$ L11
GCM des Ozeans	$4,5°·3,75°$ L12	$4°$ L11	$5°$ L4	$2,5°·3,75°$ L17
Charakteristische Besonderheiten	ohne Tagesgang, isopyknische Diffusion im Ozean	prognostische Erfassung des Flüssigwassergehaltes der Wolken; quasi-geostrophischer Ozean		prognostische Erfassung des Flüssigwassergehaltes der Wolken; isopyknische Diffusion im Ozean
Flußkorrektur	jahreszeitlich: Wärme, P-V	jahreszeitlich: Wärme, P-V, τ		
CO_2-Gehalt des Kontrollaufes	300 ppm	390 ppm (Äquivalent)	330 ppm	323 ppm
Änderung des CO_2-Gehaltes	$1 \% \, a^{-1}$	Nach IPCC-Szenarien A und D	$1 \% \, a^{-1}$ linear	$1 \% \, a^{-1}$
Simulationsdauer	100 a	100 a	60 a	75 a
Verdopplungszeit des CO_2-Gehaltes	70 a	60 a (Szenario A)	100 a	70 a
Globale Erwärmung in K bei Verdoppelung des CO_2-Gehaltes	2,3	1,3	2,3	1,7
Globale Erwärmung in K bei Verdoppelung des CO_2-Gehaltes und Verwendung eines Mischungsschichtozeans	4,0	2,6	4,5	2,7

Die zu A und D korrespondierenden Temperaturverläufe nach IPCC (1990) enthält
Abb. 5.6. Während im Fall D nur unbedeutende Temperaturerhöhungen berechnet
werden, die im Bereich der bekannten natürlichen Einflüsse auf das Klima liegen,
steigt die Kurve für A nach einer "Latenzphase" knapp 40 Modelljahre nach Beginn
der Rechnungen kräftig an und erreicht am Ende gegenüber der Ausgangstemperatur
eine Erhöhung um mehr als 2,5 K. Die nur geringe Temperaturveränderung in den
ersten Jahrzehnten nach Beginn der Simulation tritt auch bei anderen transienten
Modellexperimenten auf.

Der Gleichgewichtsmodellauf bleibt nach etwa 15 Jahren auf dem neuen Niveau
quasi-konstant, die Werte unterliegen nur geringen Schwankungen. Sie liegen deutlich
unter dem Endwert der transienten Modellierung. Die IPCC-Abschätzungen liegen
für beide Szenarien über den ECHAM-Rechnungen.

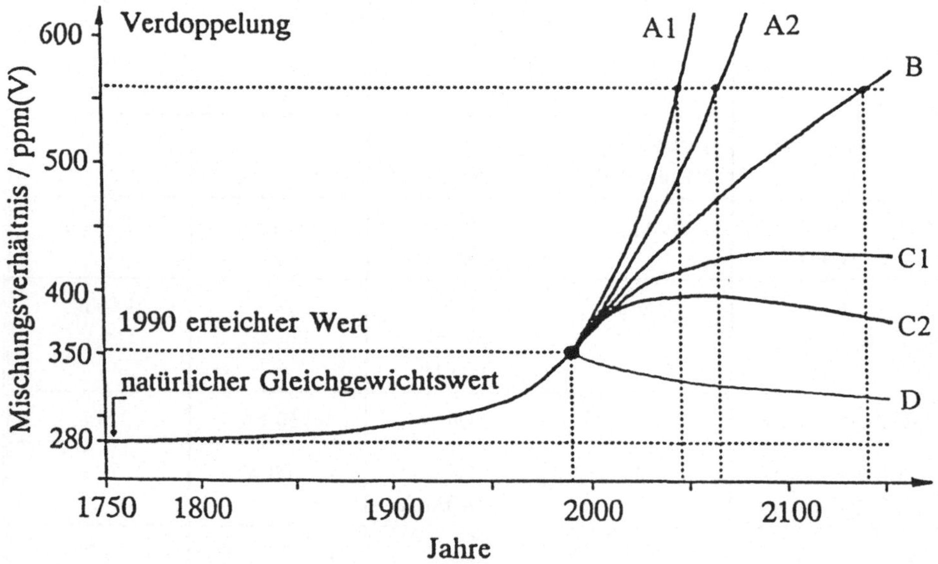

Abbildung 5.5: Szenarien der Entwicklung des CO_2-Gehaltes der Atmosphäre nach IPCC
(1990), hier aus Gassmann (1994)

Bei Modellrechnungen dieser Art tritt ein charakteristischer Fehler auf, der darin
besteht, daß sich das Klimasystem zu Beginn der Klimasimulationsrechnungen (im
obigen Fall 1985) nicht wie gefordert im Gleichgewicht befindet. Zu dieser Zeit
waren die Veränderungen der Zusammensetzung der Atmosphäre bereits im vollen
Gange. Der dadurch bedingte Fehler wird als *Kaltstartfehler* bezeichnet. Er kann verringert werden, wenn es die Computerressourcen erlauben, den Zeitpunkt des Anfangs
weiter zurück zu legen. Entsprechende Rechnungen haben Cubasch et al. (1994) und
Cubasch 1995 mit dem Beginn 1935 bzw. 1880 durchgeführt.

Tabelle 5.3: Szenarien für die globalen anthropogenen CO_2-Emissionen nach 1990, nach IPCC (1990) *)

Bezeichnung der Szenarien	Angenommene Entwicklung der CO_2- Emissionen
A1	Zunahme um 2 % a^{-1} ("business as usual")
A2	Zunahme um 1 % a^{-1} (Einschränkungen notwendig)
B	Verbleib auf dem Stand 1990 (erhebliche Einschränkungen notwendig)
C1	Abnahme um 1 % a^{-1} (sehr große Einschränkungen notwendig)
C2	Abnahme um 2 % a^{-1} (schwer zu erbringende Einschränkungen notwendig)
D	Unterbindung aller Emissionen (unrealistisch)

*) IPCC (1992, 1996) verwendet detailliertere Szenarien mit anderen Bezeichnungen

Abb. 5.7 enthält den beobachteten Verlauf der globalen Mitteltemperaturen, die Temperaturen des Kontrollaufes bis 2100 und die im Modellansatz "Frühe Industrialisierung" errechnete Kurve der globalen Mitteltemperatur von 1935 bis 2085. Der Beginn der Simulation wurde auf 1935 vorverlegt, d.h. in eine Zeit, in der die CO_2-Emissionen bei weitem noch nicht die Raten erreicht hatten wie in den Jahrzehnten nach dem 2. Weltkrieg. Dieses Modellexperiment verringert nicht nur den Kaltstartfehler (etwa 0,3 K), sondern zeigt auch die recht gute Übereinstimmung zwischen Modellierung und Beobachtung. Die noch bestehende Unsicherheit zeigt die Modellierung des Verlaufes der Jahrzehntemittel der bodennahen globalen Lufttemperatur von 1880 bis 2050 (Abb. 5.8). Während die Kurve, die den stärksten Temperaturanstieg zeigt, nur auf den sich gemäß Szenario A1 zunehmenden CO_2-Gehalt der Atmosphäre bezieht, berücksichtigt die andere, deren Anstieg nach 1975 um 0,1 K/10 Jahre niedriger ausfällt, auch die abkühlende Wirkung infolge der Zunahme von Sulfataerosol. Zusätzlich sind die beobachteten Temperaturanomalien eingezeichnet. Man erkennt, daß die Kurven bis in die siebziger Jahre keine größeren Differenzen aufweisen. Das Beispiel macht deutlich, daß eine sichere Angabe der voraussichtlichen Temperaturänderung offenbar noch nicht möglich ist.

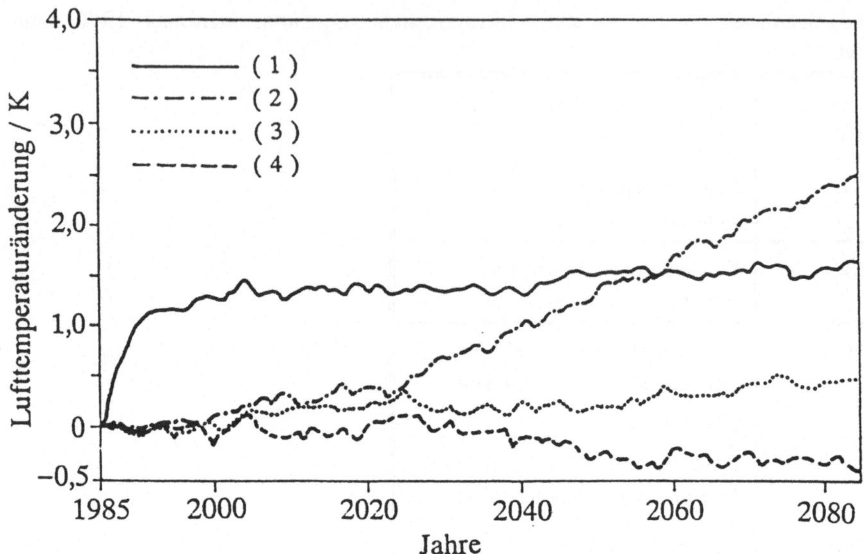

Abbildung 5.6: Zeitliche Entwicklung der auf 1985 bezogenen globalen mittleren Lufttemperaturänderung in Bodennähe (2 m Höhe) nach einer Gleichgewichtsmodellierung (1), nach der transienten Modellierung gemäß den IPCC-Szenarien A (2) und D (3) sowie nach dem Kontrollauf (4), nach Cubasch (1992)

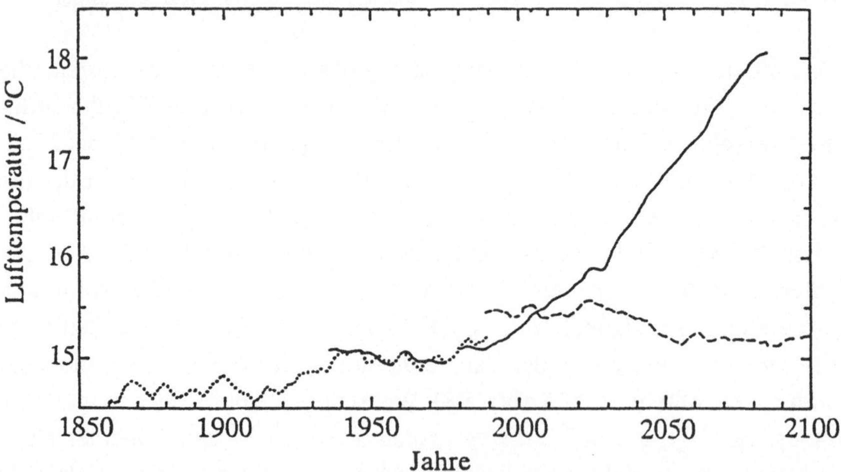

Abbildung 5.7: Zeitliche Entwicklung der globalen Jahresmittelwerte der Lufttemperatur in der Nähe der Oberfläche in K nach Beobachtungen (......), nach dem EIN-Experiment (———) und entsprechend des Kontrollaufes (-----), nach Cubasch et al. (1994)

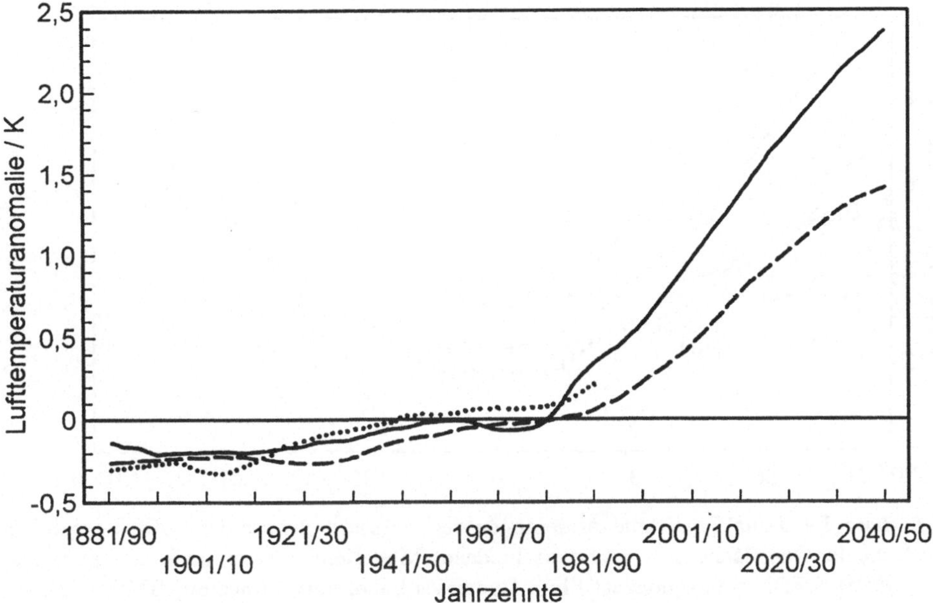

Abbildung 5.8: Modellierte und beobachtete Gänge der Änderung der globalen Jahresmittelwerte der Lufttemperatur in der Nähe der Oberfläche in K relativ zu den Mittelwerten der
Periode 1951/80, nach Cubasch (1995), verändert. Dargestellt ist der Verlauf der Jahrzehntemittel unter ausschließlicher Berücksichtigung des CO_2-Gehaltes (——) und der zuätzlichen
Wirkung des Sulfataerosols (------) sowie des beobachteten Verlaufes bis 1992 (.......)

5.2.2   Räumliche Verteilungen

Die Modellsimulationen eines künftigen Klimas beschränken sich nicht nur auf die
Bestimmung der globalen Mitteltemperatur, sondern erstrecken sich auch auf die
Berechnung räumlicher Verteilungen der Klimaelemente.

In Abb. 5.9 sind die zonal gemittelten Verläufe der bodennahen Lufttemperatur (für
die Höhe 2 m ü. Gr.) nach Ergebnissen von Gleichgewichtsmodell-Rechnungen $2 \cdot CO_2$-
$1 \cdot CO_2$ aufgetragen. Der Vergleich der Kurven gibt zunächst die Möglichkeit, einzelne
Modellergebnisse zu vergleichen. Bei insgesamt erheblichen Unterschieden zwischen
den Modellen wird aber doch deutlich, daß in den gemäßigten und hohen Breiten
größere Temperaturänderungen zu erwarten sind als in den subtropischen und tropischen Bereichen. Das stimmt mit den Befunden der Diagnostik der abgelaufenen
Klimaschwankungen überein, die besagen, daß die beobachteten klimatischen Änderungen bezüglich der Lufttemperatur in Bodennähe in diesem Jahrhundert am stärksten in den höheren Breiten ausgeprägt waren (s. Abschnitt 4.3). Abb. 5.10 zeigt den
Verlauf der zonalen Mittelwerte der Lufttemperatur am Boden im Januar nach einem

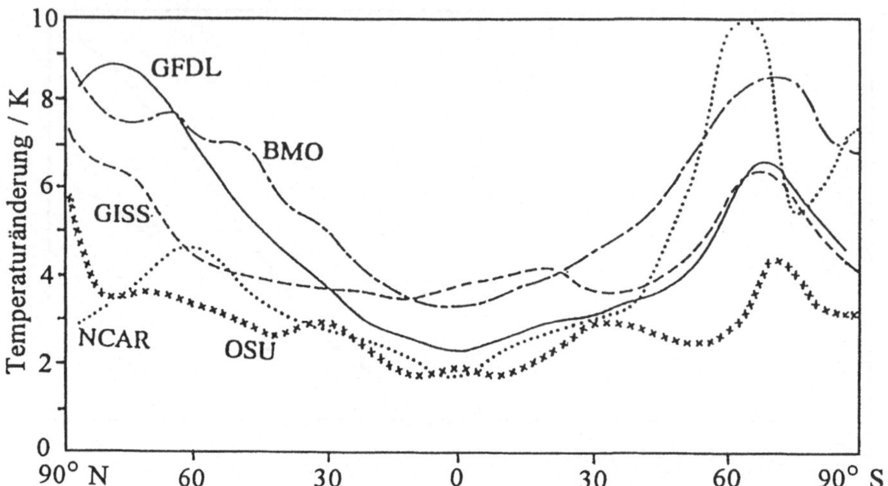

Abbildung 5.9: Zonal gemittelte Änderungen der Jahresmittelwerte der Lufttemperatur in der Nähe der Oberfläche in K nach verschiedenen Modellrechnungen, nach Schönwiese et al. (1990a). GFDL = Geophysical Fluid Dynamics Laboratory Princeton; BMO = British Meteorological Office; GISS = Goddard Institute for Space Studies; NCAR = National Center for Atmospheric Research Boulder; OSU = Oregon State University

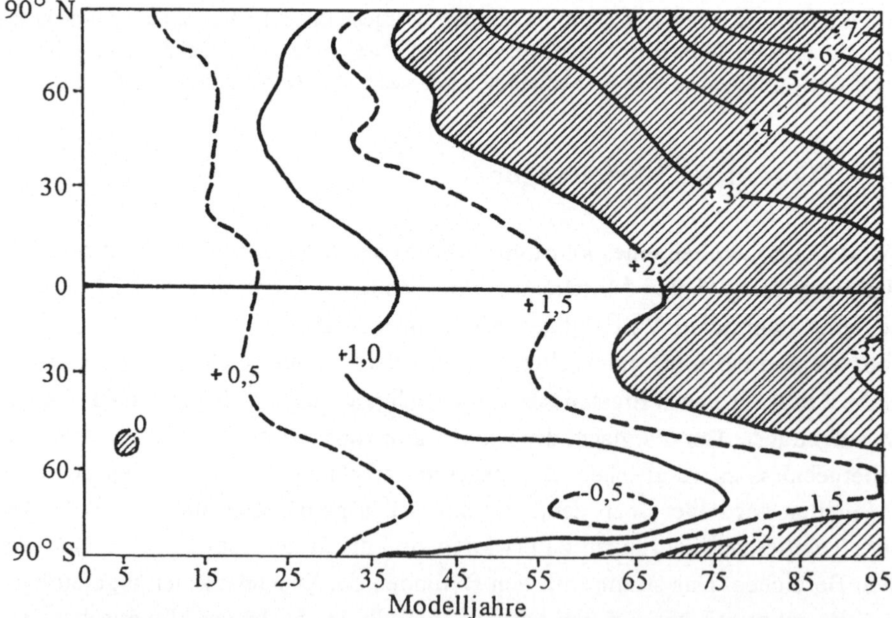

Abbildung 5.10: Änderungen der zonal gemittelten Monatsmittelwerte der Lufttemperatur in der Nähe der Oberfläche für Januar in K nach einer transienten GFDL-Modellrechnung bei Erhöhung des CO_2-Gehaltes um 1 % a^{-1}, nach Manabe et al. (1991)

transienten Modellauf (1 % a^{-1} CO_2-Zunahme) mit dem gekoppelten Ozean-Atmo-sphäre-Modell des GFDL. Man sieht zum einen die oben bereits erwähnte Latenzpha-se, die in den ersten ca. 40 Modelljahren durch nur geringe Temperaturerhöhungen gekennzeichnet ist. Charakteristisch ist jedoch der asymmetrische Charakter der räumlichen Temperaturänderung. Während auf der Nordhalbkugel die zonal gemittelte bodennahe Lufttemperatur besonders in den polnahen Breiten stark ansteigt, bleiben die Änderungen auf der wesentlich mehr mit Wasser bedeckten Südhalbkugel relativ gering. Diese Erkenntnis wird bestätigt, wenn man die Verteilung der Lufttemperatur, berechnet für die Jahre 60-80 einer transienten Simulation mit dem GFDL-Modell (relativ zu dem Gang der 100jährigen Kontrollauftemperaturen), betrachtet. Für die Wintermonate (Abb 5.11) tritt die starke Erwärmung in den hohen nördlichen Breiten hervor. In den übrigen Gebieten bleiben die Änderungen $\leq$ 3 K, wobei diese über den Kontinenten mehr ausgeprägt sind als über den Ozeanen. Die kontinentale Erwär-mung ist besonders im Sommer zu erkennen, ja in dieser Jahreszeit ist das die beherrschende Erscheinung im Änderungsbild der Temperatur überhaupt. Die Temperaturänderungen in den hohen südlichen Breiten im Südwinter sind um eine Größenordnung geringer als die entsprechenden Schwankungen in den hohen nördlichen Breiten im Nordwinter. Es kann festgehalten werden, daß die Modell-ergebnisse Änderungsstrukturen für die Temperatur ergeben, die den diagnostischen Befunden über die abgelaufenen Klimaschwankungen entsprechen.

Die korrespondierenden Verteilungen der *Niederschläge* sehen wesentlich ungleich-mäßiger aus. Insgesamt ergibt sich bei einer räumlich differenzierten Erwärmung eine Intensivierung des Wasserkreislaufes. Dies geht mit einer Zunahme des globalen Niederschlages von $\leq$ 10 % (nach verschiedenen Modellergebnissen) einher.

In Abb. 5.12 sind die zonal gemittelten Lufttemperaturänderungen gegenüber dem Kontrollauf für die Jahre 26-30 einer Gleichgewichtsmodellierung mit dem NCAR-Modell (Washington und Meehl 1989) im Winter und Sommer enthalten.

Die größten Änderungen kommen im Winter in der Nähe von 75°N mit etwa 5 K vor. In der Troposphäre sowie in den mittleren und niederen Breiten auch in der unteren Stratosphäre wird eine Erwärmung zwischen > 0 und > 2 K berechnet. In dem erfaßten Teil der Stratosphäre herrscht dagegen Abkühlung.

Im Sommer bleibt dieser Effekt ziemlich unverändert erhalten, während in der Troposphäre die Erwärmungsbeträge in den untersten Schichten geringer ausfallen.

Diese Änderungsstruktur ist mit der Annahme eines sich verstärkenden Treibhaus-effektes verträglich. Es sei aber bemerkt, daß der gleiche Modellversuch in transienter Form wesentlich geringere Temperaturänderungsbeträge erbringt. In beiden Jahres-zeiten sind hier die hohen und zum Teil die mittleren nördlichen Breiten sogar von Abkühlung betroffen.

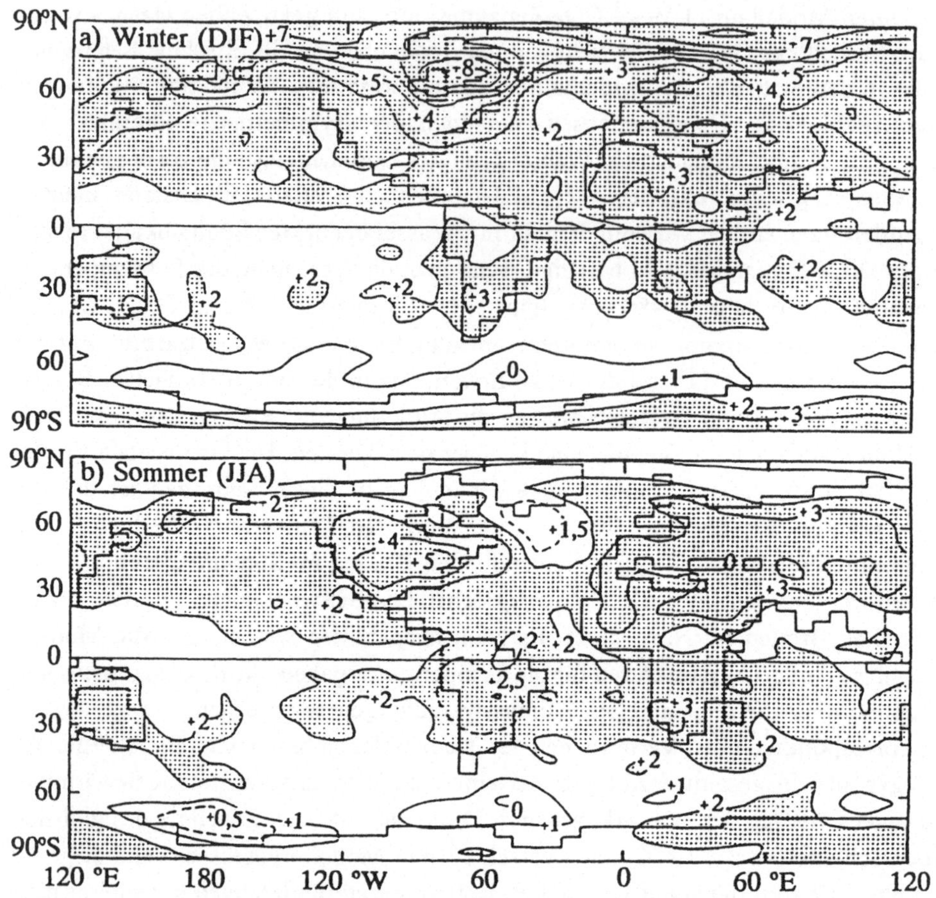

Abbildung 5.11: Verteilung der mittleren Lufttemperaturänderung in der Nähe der Oberfläche im Winter (oben) und Sommer (unten) für die Jahre 60-80 einer transienten CO_2-Simulation mit dem GFDL-Modell. Dargestellt sind die Differenzen zum 100jährigen Kontrollauf, nach Manabe et al. (1992)

5.2.3   Regionale Änderungsmuster

Eine wesentliche Aufgabe der Klimamodellierung besteht darin, die globalen Klimasimulationsergebnisse auf einen regionalen Maßstab zu übertragen (Regionalisierung). Es muß eine Transformation auf Gebietsgrößen erfolgen, die es erlauben, die berechneten klimatischen Änderungen direkt zu deren möglichen Auswirkungen in Beziehung zu setzen. Dafür werden verschiedene Methoden entwickelt.
Giorgi et al. (1992) haben Klimaszenarien für Europa und das westliche Mittelmeer unter den Bedingungen eines verdoppelten CO_2-Gehaltes der Atmosphäre berechnet.

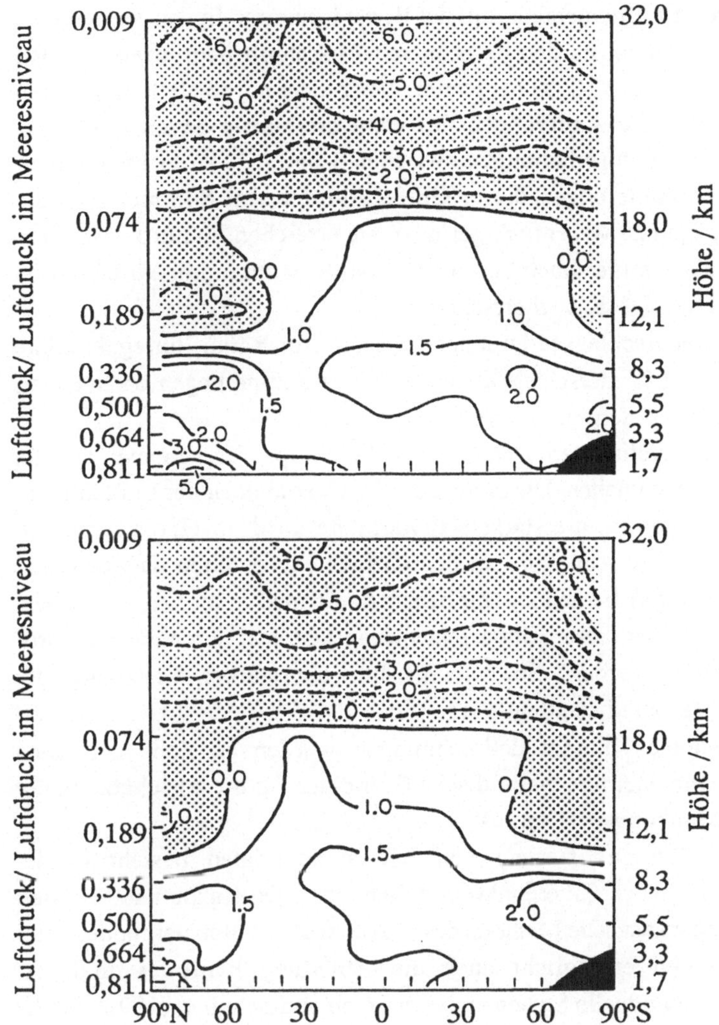

Abbildung 5.12: Zonal gemittelte Lufttemperaturdifferenzen in K für $2 \cdot CO_2$ - Kontrollauf ($1 \cdot CO_2$) der Jahre 26-30 einer Gleichgewichtsmodellierung für den Winter (DJF, oben) und für den Sommer (JJA, oben), nach Washington und Meehl (1989). Auf der linken Ordinate ist der auf den Bodenluftdruck normierte Luftdruck aufgetragen

In das gekoppelte NCAR R15-GCM mit der Auflösung $4{,}5° \cdot 7{,}5°$ (Breite·Länge) wurde ein mit 70 km Gitterabstand wesentlich höher aufgelöstes Modell eingenestet. Dabei handelt es sich um ein mesoskales Klimamodell (NCAR/Pennsylvania State Univ.). In dem Simulationsgebiet treten variierende Erwärmungen zwischen 1,5 und 7 K sowie Niederschlagsabnahmen und -zunahmen zwischen 20 und 177 % ein. Im Januar werden die Temperaturänderungen vor allem durch die winterlichen starken

Zunahmen der bodennahen Lufttemperatur mit der Breite bestimmt. In den Seegebieten nördlich der Britischen Inseln, die den berechneten Ausschnitt begrenzen, werden Temperaturerhöhungen bis ca. 10 K berechnet. Über den nordöstlich gelegenen Festlandsgebieten machen die Änderungen nur etwa die Hälfte davon aus. Über Mitteleuropa ist mit Temperaturerhöhungen zwischen 3 und 4 K zu rechnen. Auch über Nordafrika werden Änderungen dieser Größe ermittelt. Im Sommer sind die Änderungen erwartungsgemäß wesentlich geringer, sie erreichen im nordwestlichen Teil des Ausschnittes aber immer noch beachtliche 5-6 K, während in Mitteleuropa Änderungswerte von etwa 1-3 K vorherrschen.

Die dazugehörigen Niederschlagsänderungen weisen im Raum unregelmäßige Strukturen auf, Gebiete mit Niederschlagszunahme und -abnahme liegen beieinander, ohne daß Regelmäßigkeiten deutlich hervortreten.

In Tab. 5.4 sind die generalisierten Daten für Mitteleuropa für Monate, die die Jahreszeiten repräsentieren, enthalten. Die jahreszeitlichen Variationen der Lufttemperaturänderung sind relativ gering, die stärkste Erwärmung wird im Herbst erwartet. In dieser Jahreszeit wird eine Abnahme, in den übrigen Jahreszeiten dagegen eine Zunahme des Niederschlages berechnet. Zu beachten ist, daß zum Teil erhebliche Veränderungen der Variabilität dieser Klimaelemente, ausgedrückt durch die Standardabweichungen, berechnet werden. So soll im Juli ein starker Rückgang der Standardabweichung des Niederschlages eintreten.

Derartige höher aufgelöste Klimamodellrechnungen werden an Zahl und Güte zunehmen. Sie bilden eine wichtige methodische Grundlage für die Abschätzung der Folgen von Klimaschwankungen (Kap. 6).

Eine Möglichkeit der Regionalisierung von Klimamodelldaten besteht in der statistischen Kopplung zwischen Gitterpunkt- und Stationswerten (Jakob und Schubert 1992, Jakob 1993). Diese statistische Methode des "down-scaling" globaler modellierter Lufttemperaturverteilungen ermöglicht auch die Ableitung künftiger zeitlicher Temperaturverläufe für individuelle Stationen. Nach Jakob und Schubert (1992) enthält Abb. 5.13 die aus dem gleichen globalen Klimamodell (ECHAM1_LSG, Szenario A) statistisch ermittelten Temperaturgänge im Januar und Juli für die Station Frankfurt am Main. Für Januar ist der ansteigende Temperaturtrend und die diesen begleitende natürliche Variabilität der Monatsmitteltemperaturen zu erkennen. Man sieht, daß auch unter den Bedingungen der globalen Erwärmung in Mitteleuropa Strengwinter auftreten werden, zunehmend natürlich sehr milde Winter. Die analoge Feststellung gilt für die Juli-Kurve. Entsprechend der Erwartung fallen Trend und Variabilität wesentlich geringer aus. Es kann jedoch auch hier geschlossen werden, daß kühle Sommer unter global erwärmten klimatischen Bedingungen ebenfalls wahrscheinlich sind. Vergleichbare Untersuchungen zielen auf die Herstellung statistischer Beziehungen zwischen klimatologischen Erscheinungen und den die großräumige

Tabelle 5.4: Änderungen der Monatsmitteltemperaturen ΔT (in K) und der mittleren monatlichen Niederschlagshöhe ΔP (in mm·d⁻¹ und % der Änderung) sowie der zugehörigen Standardabweichungen Δs für Mitteleuropa, nach Giorgi et al. (1992)

Größe	Januar	April	Juli	Oktober
ΔT	3,2	3,0	2,9	4,6
Δs	-1,01	-0,47	0,26	0,01
ΔP	0,3 (21 %)	0,2 (15 %)	0,2 (34 %)	-0,2 (-16 %)
Δs	12,0 %	- 18,7 %	- 37,7 %	20,6 %

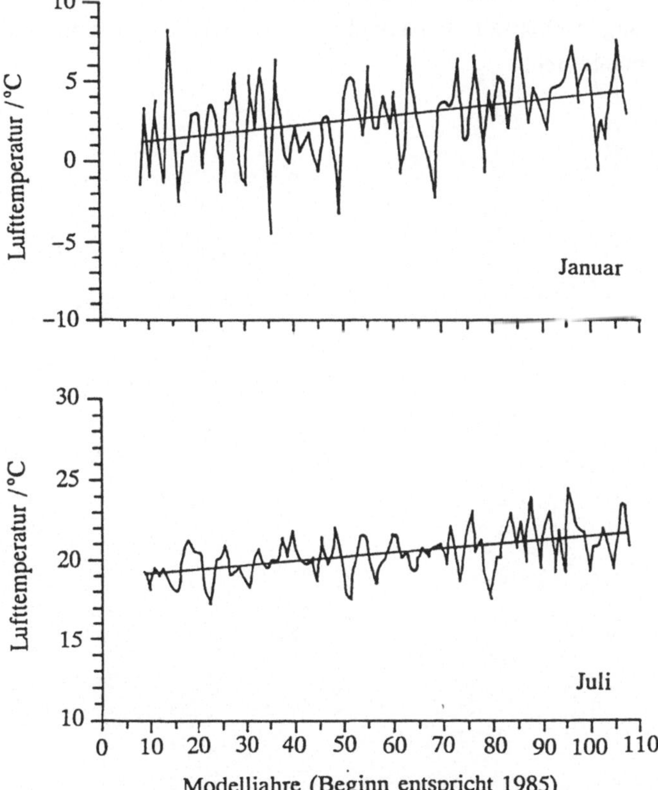

Abbildung 5.13: Aus IPCC Szenario A-Modellrechnungen (ECHAM1_LSG) statistisch abgeleitete Zeitreihen der Monatsmittel der Lufttemperatur in Nähe der Oberfläche (2 m Höhe ü. Gr.) für Frankfurt am Main, nach Jakob und Schubert (1992)

atmosphärische Zirkulation beschreibenden Größen. Die für rezente Bedingungen gefundenen Zusammenhänge werden auf Modelldaten angewendet (s. Jacobeit 1993, 1994).

Schlußfolgernd kann festgestellt werden, daß die fortgeschrittenen Klimamodelle, insbesondere die gekoppelten Ozean-Atmosphäre-GCM's, ein ausgezeichnetes Instrument sind, wahrscheinliche Realisierungen eines künftigen Klimas zu erkennen. Die Modellergebnisse sind jedoch stets abhängig von der Richtigkeit der gewählten Randbedingungen, im aktuellen Fall von der Entwicklung der Emission von CO_2 und anderen Treibhausgasen sowie von der Wirkung der atmosphärischen Aerosole. Es ist zu beachten, daß auch die besten Modelle beim heutigen Entwicklungsstand Fehler enthalten, die im Text erwähnt wurden. Die allgemeinen Strukturen des gegenwärtigen Klimas geben die verschiedenen Modellvarianten aber in großen Zügen gut wieder, wenn auch bei regionaler Betrachtung je nach Klimaelement größere Abweichungen von den beobachteten Werten in Kauf genommen werden müssen. Die Szenarienrechnungen zeigen ebenfalls bei gleichen Voraussetzungen ähnliche Grundverteilungen der Klimaelemente.

6 Auswirkungen von Klimaschwankungen

Wie aus dem vorausgegangenen Kapitel hervorging, ist die Wahrscheinlichkeit einer tiefgreifenden Änderung des Klimas auf der Erde infolge der anthropogenen Veränderung der Zusammensetzung der Atmosphäre hoch. Es ist daher geboten, sich mit den möglichen Folgen solcher Klimaschwankungen für Natur und Gesellschaft zu befassen. Eine möglichst weitgehende Klarheit über alle Konsequenzen des sich verändernden Klimas ist notwendig, um die aufwendigen Maßnahmen zur Einschränkung der Emission von Treibhausgasen zu begründen, aber auch, um die Voraussetzungen für die Entwicklung von Anpassungsstrategien zu schaffen.

Folgen von Klimaschwankungen sind vor allem den Geowissenschaftlern durchaus vertraut. So waren die tiefgreifenden Klimaänderungen in der Erdvergangenheit von Änderungen in der Natur begleitet. Die paläoklimatologische Rekonstruktion früherer Klimate erfolgt häufig gerade durch die Aufdeckung der mit ihnen verbundenen Umgestaltungen der Naturverhältnisse. Somit ist Paläoklimaforschung zugleich Klimafolgenforschung. Weiterhin gab es bereits in der Vergangenheit zahlreiche Untersuchungen über den Zusammenhang zwischen den meteorologisch-klimatologischen Bedingungen auf der einen und natürlichen sowie zivilisatorischen Effekten auf der anderen Seite. Solche Klimasensitivitätsstudien sind für die Abschätzung der Folgen künftiger Klimaschwankungen von großer Bedeutung. Allerdings steht hier die Frage, ob die unter den rezenten Bedingungen gefundenen Beziehungen hinreichend sind, um auch unter geänderten Klimabedingungen zu gelten. Diese Unsicherheit besteht auch bei der Nutzung von Ergebnissen der Klimamodellierung. Besonders kompliziert wird es, wenn es darum geht, die Reaktionen von Menschen, Völkern oder Staaten auf derart geänderte Umweltbedingungen abzuschätzen. Die sich entwickelnde Klimafolgenforschung kann daher nicht Gegenstand weniger spezialisierter Forscher sein. Vielmehr müssen sich alle Disziplinen, Wirtschaftszweige, Kommunen usw. mit der Frage beschäftigen, welchen Einfluß das sich verändernde Klima auf die verschiedenen Lebens- und Tätigkeitsbereiche ausüben wird (Glantz 1988, Fischer und Stein 1991, Jaeger und Ferguson 1991).

6.1   Methodische Probleme

Die sich entwickelnde Kimafolgenforschung (als Synonyme können die Begriffe Klimawirkungs- oder Klimaimpaktforschung verwendet werden) bezieht sich auf die Abschätzung der Folgen der anthropogenen Klimaveränderung, die sich auf der Grundlage der Annahme bestimmter Emissionsszenarien aus den Ergebnissen der Klimamodellierung ableiten läßt.

Nach Schellnhuber (1991) kann zur Klimafolgenforschung grundsätzlich festgestellt werden, daß die Auswirkungen weitgehend regionalen Charakter besitzen. So werden unterschiedliche Gegenden und Geosysteme auch in verschiedener Weise und Umfang betroffen sein. Die Konsequenz ist, daß jede Region unter Berücksichtigung ihrer geographischen, ökologischen und sozioökonomischen Verhältnisse auf der Grundlage einer regionalen Klimavorhersage einzeln untersucht werden muß. In diesem Sinn ist die transdisziplinäre Klimafolgenforschung auch Grundlage für politisches Handeln. Voraussetzung der Klimafolgenforschung sind geeignete Szenarien eines veränderten Klimas. Deren Aufstellung hängt von der allgemeinen ökonomischen Entwicklung ab. Bezüglich einer geeigneten Modellierung des künftigen Klimas sind noch prinzipielle methodische Schwierigkeiten zu überwinden:

(a) Zwischen den Klimamodellen auf der einen Seite und den Klimaimpaktmodellen auf der anderen Seite besteht eine so bezeichnete *Scale-Unverträglichkeit*.

Wie in Kap. 5 ausgeführt worden ist, läßt sich die globale Modellierung des Klimas bis jetzt nur in einer relativ groben räumlichen Auflösung vornehmen. Es ist daher prinzipiell nicht möglich, etwa durch Interpolation den Klimamodellergebnissen vollständige klimatologische Informationen für einen Punkt oder ein kleineres Gebiet zu entnehmen. Derartige Informationen werden aber gerade benötigt, um die Auswirkungen von Klimaschwankungen im regionalen Maßstab zu studieren. Für die Feststellung der lokalen Wirkung müssen die klimatischen Bedingungen adäquat bekannt sein. Es besteht daher eine "Inkonsistenz" (v. Storch 1994a) an der Schnittstelle zwischen den beiden Modellarten.

(b) Wie bereits aus Kap. 5 deutlich wurde, weisen die gegenwärtigen Klimamodelle spezifische Schwächen auf. Diese betreffen die bestehenden Unsicherheiten in der Wiedergabe der realen Eigenschaften des Klimas, in der räumlichen Verteilung des Klimaänderungssignals sowie in der Berücksichtigung des Einflusses natürlicher äußerer Prozesse auf das Klima.

Es kann davon ausgegangen werden, daß diese Hemmnisse für die Nutzung der Klimamodelle in der Zukunft abgebaut werden. Bis dahin können andere methodische Hilfsmittel verwendet werden, um Klimaimpakt und Klima aneinander zu koppeln.

Die Scale-Unverträglichkeit kann durch die *Downscaling*-Verfahren herabgesetzt werden. Dazu werden folgende Methoden verwendet:

- Beim *statistischen Downscaling* werden Beziehungen zwischen lokalen Beobachtungen der Klimaelemente und großmaßstäblichen Werten von Variablen aufgestellt, die entweder beobachtet oder in Modellen erzeugt werden. Eine Schlüsselananahme dabei ist, daß die entwickelten statistischen Beziehungen nicht nur für den Zeitraum gelten, für den sie entwickelt worden sind, sondern auch unter geänderten Klimabedingungen unverändert bleiben. Methoden dieser Art sind für die Wettervorhersage bereits verbreitet (PerfectProg, Model Output Statistics).

- Eine weitere Methode besteht darin, die Ergebnisse von Klimamodellen für ein größeres Gebiet so zu typisieren, daß alle möglichen großmaßstäblichen Situationen erfaßt sind (analog zum Konzept der Großwetterlagen, s. Abschnitt 2.1.6). Unter Verwendung mesoskaliger Klimamodelle (Abschnitt 7.1.2.3) werden für jede dieser Situationen die nunmehr detailliert aufgelösten klimatologischen Verhältnisse berechnet. Das Szenarium der Klimaänderung kann dann in Termen der veränderten Häufigkeit des Vorkommens der einzelnen Situationen bestimmt werden (v. Storch 1994a).

- Entsprechend des im praktischen Wetterdienst bereits erfolgreich eingesetzten Verfahrens kann man mesoskalige Modelle mit einer für die Impaktforschung geeigneten räumlichen Auflösung in globale Modelle einsetzen ("Einnesten"). Das regionale Modell wird vom globalen Modell angetrieben und besitzt daher ungeachtet der viel höheren Auflösung die oben unter b) genannten Schwächen.

Eine andere Möglichkeit des methodischen Herangehens besteht darin, Impaktmodelle so zu gestalten, daß sie zur räumlichen Auflösung der gegenwärtigen Klimamodelle passen ("Upscaling"). Damit könnten bspw. Aussagen erzielt werden, wie sich die großräumigen Vegetationsverhältnisse unter den errechneten Klimaschwankungen verändern.

Es wurden weitere methodische Hilfsmittel entwickelt, um Impaktmodelle sinnvoll antreiben zu können. Dazu gehört die Entwicklung von *stochastischen Wettergeneratoren*. Diese sind in der Lage, aus vorgegebenen übergeordneten Feldverteilungen (bspw. Wetterlagen) für interessierende Punkte die zugehörigen konsistenten Klimaelement-Kombinationen auf Tageswertbasis zu simulieren. So hat Schubert (1994) für den mitteleuropäischen Raum einen Wettergenerator entwickelt, der auf der Basis der Großwetterlagen Europas arbeitet. Zur Anwendung können die Wetterlagenfolgen entweder modellgestützt oder in einer gewünschten Verteilung ("plausible Szenarien") eingegeben werden.

Die Klimatologie bietet noch weitere Möglichkeiten zur Unterstützung der Klimafolgenforschung. So können Abschätzungen des Klimaimpakts auf der Grundlage von Zeitreihen der Klimaelemente sowie von korrespondierenden Daten klimabeinflußter Größen vorgenommen werden (*retrospektive Methode*, s. Hupfer und Chmielewski 1992). Man geht dabei von der Annahme aus, daß die in den letzten ca. 100 Jahren beobachteten klimatischen Veränderungen bereits bestimmte Auswirkungen mit sich gebracht haben. Die gegenseitigen Beziehungen werden statistisch ermittelt und entsprechende Regressionsbeziehungen als einfachste Form eines Impaktmodells aufgestellt. Für die Anwendung problematisch ist dabei, daß homogene Zeitreihen klimabeeinflußter Größen nur sehr beschränkt zur Verfügung stehen. Eine Variation dieser Methode besteht darin, thermisch besonders extreme Jahreszeiten (bspw. milde Winter, trockene und warme Sommer) zu analysieren und so charakteristische Mustersituationen bzw. -abläufe zu erarbeiten, für die die verschiedenen Auswirkungen studiert werden können (s. Gerstengarbe und Werner 1993a). Beispiel einer speziellen Untersuchung dieser Art ist die komplexe Analyse der extremen Witterung in Norddeutschland im Sommer 1992 (Schellnhuber et al. 1994). Hier wurde ein Zeitabschnitt mit gegenüber den Normalwerten stark veränderten witterungsklimatischen Bedingungen genutzt, um das Verhalten der Klimaelemente, aber auch die sich rasch einstellenden Auswirkungen auf natürliche und zivilisatorisch beeinflußte Ökosysteme einschließlich der verschiedenen gesellschaftlichen Reaktionen zu untersuchen.

6.2   Zu einigen Klimawirkungen in der Natur

Wie aus Kap. 3 hervorgegangen ist, entwickelt sich das Klima innerhalb des Klimasystems, in dem die Geosphären in Wechselwirkung stehen. Es ist daher klar, daß Veränderungen innerhalb des Klimasystems Klimaänderungen mit sich bringen.

6.2.1   Meere

Meer und Atmosphäre sind durch Wechselwirkungen und Rückkoppelungen verbunden, so daß Veränderungen in dem einen Medium Konsequenzen für das andere mit sich bringen. Ein Klimaindikator ist der *mittlere Wasserstand*, der in der Erdvergangenheit starken Schwankungen unterworfen gewesen ist. Man kann im raumzeitlichen Mittel vom Gleichgewicht zwischen Niederschlag und Verdunstung, d.h. von der Konstanz des im Kreislauf befindlichen Wassers, ausgehen. Dann hängen die langfristigen Wasserstandsschwankungen nur von den jeweiligen Temperaturverhältnissen des Weltmeeres sowie von dem Wasseranteil ab, der sich als Eis im festen Aggregatzustand befindet. So kam es nach dem Übergang in das Holozän (s. Abschnitt 4.2) infolge der Eisschmelze und der thermischen Expansion des Meerwassers zu einem Meeresspiegelanstieg um ca. 80 - 130 m. Dieser eustatische Anstieg erfolgte nicht völlig gleichmäßig, sondern in Zusammenhang mit der Klimaentwicklung mit Verharrungen und zeitweisen Rückgängen, wie in Abb. 6.1 für die Ostsee zu sehen ist. In der südlichen Nordsee betrug dieser Anstieg in den letzten ca. 2000 Jahren im Durchschnitt 11 cm/100 Jahre. Der Wert von > 1 mm/Jahr entspricht auch den rezenten Beobachtungen, wobei auf die Analyse der Ursachen von Wasserstandsschwankungen von Dietrich (1953) hingewiesen sei. Den globalen Meeresspiegelanstieg seit 1880 nach der Analyse von Gornitz und Solow (1990) zeigt Abb. 6.2. Man erkennt die Ungleichmäßigkeit des Anstieges. Analog zur Entwicklung der globalen Mitteltemperatur gab es um 1950 einen vorübergehenden Rückgang des Anstieges und danach eine Verstärkung in den letzten Jahren. Die Ursache für den generellen Anstieg und die diesen überlagerten Schwankungen ist die korrespondierende Erwärmung der Deckschicht des Ozeans. Veränderungen in der Kryosphäre dürften auf absehbare Zeit nur eine untergeordnete Rolle in diesem Zusammenhang spielen, da die in den Inlandeisgebieten konzentrierten Eismassen extrem langsam auf Störungen reagieren und gegenwärtig einen ausgeglichenen Massenhaushalt aufweisen (Abschnitt 3.1.6). Eine empfindliche Reaktionen auf Klimaschwankungen weisen die Seen und Meere in abflußlosen Senken auf (z. B. Kaspisches Meer).

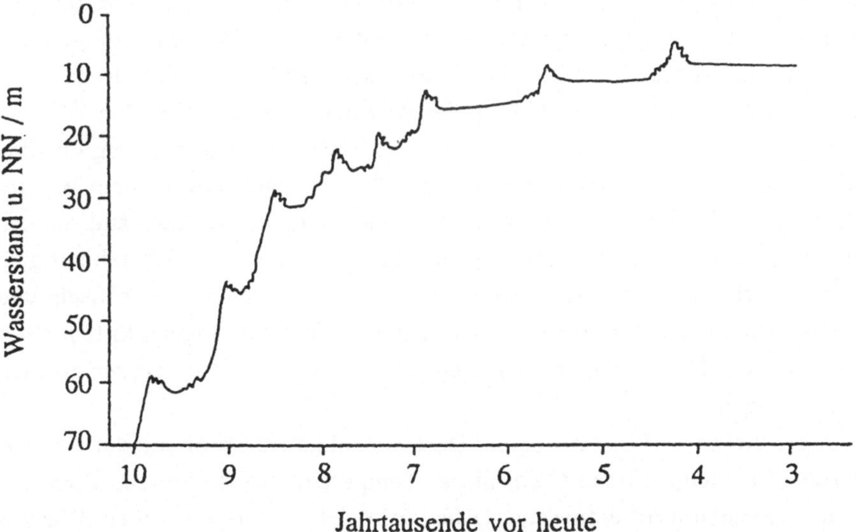

Abbildung 6.1: Verlauf des eustatischen Meerespiegelanstiegs in der westlichen Ostsee, nach Kolp aus Hupfer (1978)

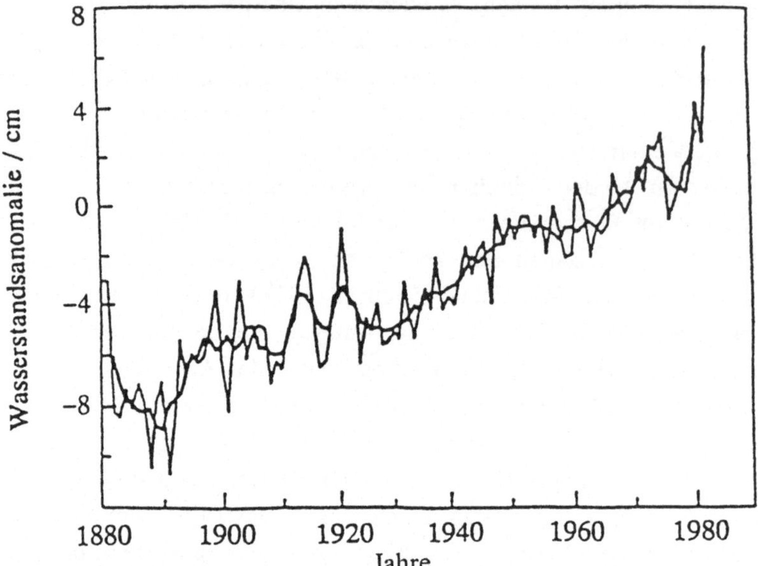

Abbildung 6.2: Der Anstieg des globalen Wasserstandes seit 1880, nach Gornitz und Solow (1990)

In der Diskussion über die Folgen des anthropogen veränderten Klimas nimmt die Rate der Meeresspiegelerhöhung eine zentrale Rolle ein. Während die Klimamodellrechnungen vor wenigen Jahren noch zu besorgniserregenden Anstiegswerten (bis ca. 30 mm·a^{-1}) führten, liegen neuere Abschätzungen mit Werten, die je nach Klimamodellansatz zwischen < 2 - 10 mm·a^{-1} schwanken, wesentlich darunter (Warrick et al. 1990). Für die Beurteilung der Auswirkungen des globalen Wasserstandsanstieges (Frasetto 1992) ist zu beachten, daß die Änderungsbeträge in den verschiedenen ozeanischen Regionen ungleichmäßig sind und sein werden. Wie im Abschnitt 6.2.2 noch näher diskutiert wird, ist der aktuelle Wasserstand an den Küsten vielfältigen Einflüssen unterworfen, die zum Teil auch klimabedingten Änderungen unterliegen. Die Folgen der Transgression niedrig gelegener Inseln und Küstenregionen können in der Migration der bedrohten Bevölkerung bei Entzug ihrer natürlichen Wirtschaftsgrundlagen und alternativ in hohen Aufwendungen für den Küstenschutz liegen.

Ursache für die thermische Expansion der Deckschicht ist die Erhöhung der *Wassertemperaturen*. Der langzeitliche Gang dieser Temperatur weist ähnliche Züge auf wie der der globalen Lufttemperatur (Abb. 6.3). Die hemisphärischen Wassertemperaturänderungen sind besonders im Norden gut ausgeprägt und haben in diesem Jahrhundert eine Schwankungsbreite von etwa 0,5 K durchlaufen. Es kam hier nach 1920 zu einem Temperaturanstieg, der erheblich später als im Gang der Lufttempera-

tur kulminierte. Die nachfolgende Abnahme der Wassertemperatur wurde in den letzten Jahren wieder von einer Zunahme abgelöst. Der Gang auf der Südhalbkugel ist ähnlich, jedoch ist das Erwärmungsmaximum um 1950/60 nur schwach angedeutet. Verglichen mit den entsprechenden Gängen der Lufttemperatur kann die Schlußfolgerung gezogen werden, daß die Temperaturschwankungen im Ozean denen in der bodennahen Atmosphäre verzögert folgen (Hupfer 1988). Die Wassertemperaturänderungen verlaufen nicht überall gleichmäßig. Wie bereits im Abschnitt 4.3.1 dargestellt wurde, kam es in den letzten Jahrzehnten in Teilen des nördlichen Nordatlantik zu ausgeprägten Abkühlungstendenzen. Diese meeresklimatischen Schwankungen spielen nicht nur für die Wechselwirkungen zwischen Meer und Atmosphäre eine Rolle, sondern sie beeinflussen auch die Flora und Fauna im marinen Bereich (Glantz 1992, UNEP 1994). Die transiente Erwärmung um 1940/50 hat im Bereich des Nordatlantik zu Veränderungen der Ausbreitung wärmeliebender Arten, der Laichbedingungen und des Fischfanges geführt (s. Hupfer 1962).
Die klimatischen Schwankungen wirken sich auch auf das Verhalten anderer ozeanographischer Größen aus. Zu lokalen *Salzgehaltsschwankungen* kann es bei Veränderungen der Niederschlags- und Verdunstungsregime kommen, aber auch im Bereich ozeanischer Frontalzonen, die empfindlich auf Schwankungen der atmosphärischen Zirkulation reagieren. Besonders rasch erfolgen Reaktionen relativ kleiner Nebenmeere wie die Ostsee. Hier hängt der Austausch von Wassermassen zwischen Nord- und Ostsee von atmosphärischen Nah- und Fernwirkungen ab. Diese unterliegen in Raum und Zeit Veränderungen. In Abb. 6.1 sind Langzeitänderungen des Salzgehaltes im Wasserkörper der Ostsee dargestellt, die im linearen Ausgleich eine Zunahme in diesem Jahrhundert aufweisen. Diese Änderungen wirken sich auf den ozeanographischen Grundzustand der Ostsee aus, verändern die Schichtung und beeinflussen den Gehalt an gelöstem Sauerstoff in den tieferen Schichten.

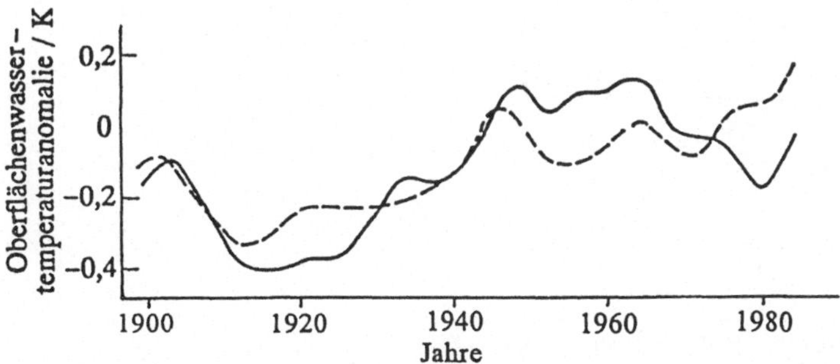

Abbildung 6.3: Auf die Periode 1951/80 bezogene Anomalien der Oberflächenwassertemperatur für die Nord- (ohne Indischen Ozean) und die Südhemisphäre (----), nach Folland et al. (1985). Der Kurvenverlauf wurde mittels eines 10,25 a-Dreieckfilters geglättet

Eine zusammenfassende Darstellung über die Auswirkungen von Klimaschwankungen auf das Weltmeer, die wirtschaftlichen Folgen und die wahrscheinlichen Rückkoppelungen auf die Atmosphäre und das Klima steht noch aus.

6.2.2   Küsten

Küstenzonen sind die Berührungsräume von Litho-, Hydro- und Atmosphäre und stellen die wichtigsten natürlichen Grenzlinien dar. Die Küstenformen und -arten weisen eine große Mannigfaltigkeit auf, diese auch im Hinblick auf die Reaktionsmöglichkeiten auf Klimaschwankungen. Die Beeinflussung dieses Übergangsbereiches zwischen Land und Meer durch die Atmosphäre wird vor allem durch die lokalen und regionalen Windverhältnisse realisiert. Änderungen dieser infolge von Schwankungen der allgemeinen atmosphärischen Zirkulation wirken sich unmittelbar auf die Küstenprozesse aus. Aber auch das Schwankungsverhalten anderer Klimaelemente zeigt im Küstenbereich bestimmte Auswirkungen.

In Abb. 6.5 werden die von Klima- und Zirkulationsschwankungen betroffenen Kü-

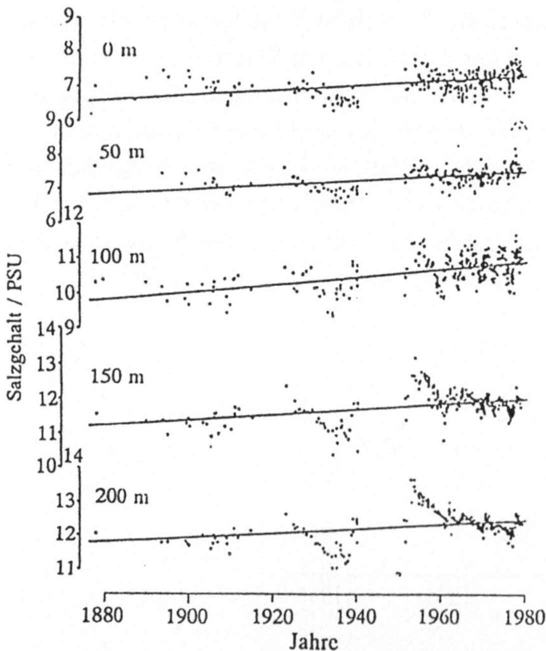

Abbildung 6.4: Veränderungen des Salzgehaltes in verschiedenen Tiefen im zentralen Wasserkörper der Ostsee (Gotlandtief), nach Matthäus (1983). PSU = Practical Salinity Unit, entspricht etwa Promille

stenprozesse schematisch vorgestellt. Für die Veränderungen der Uferlinie und des Unterwasserstrandes spielen die *dynamischen Prozesse* die wichtigste Rolle. Zu diesen gehören die *Wasserstandsschwankungen*, die oben bereits erörtert wurden. Wesentliche Wirkungen zeigen die starken Wasserstandsänderungen, die an Gezeitenküsten als *Sturmfluten* und an gezeitenarmen Küsten als *Sturmhochwasser* bezeichnet werden. Von Sturmfluten an der deutschen Nordseeküste spricht man bei einer Wasserstandserhöhung von ≥ 3 m ü. NN, von Sturmhochwasser an der deutschen Ostseeküste ab 1 m ü. NN.

Zu solchen Ereignissen kommt es unter dem Einfluß von Starkwindfeldern, die einen Wasseranstau an der betreffenden Küste verursachen. Ändern sich Anzahl und Zugbahnen der Sturmzyklonen, die Bestandteil der atmosphärischen Zirkulation sind, kann es Änderungen der Häufigkeit solcher exzeptioneller Wasserstandsereignisse geben. An Gezeitenküsten werden besonders hoch auflaufende Sturmfluten dann beobachtet, wenn der maximale Windstau gerade zur Springzeit mit ihren besonders hohen Tidenhüben der Gezeiten erreicht wird. In Abb. 6.6 sind in diesem Jahrhundert am Pegel Cuxhaven beobachtete Sturmfluten (≥ 3 m ü. NN bzw. Windstau-

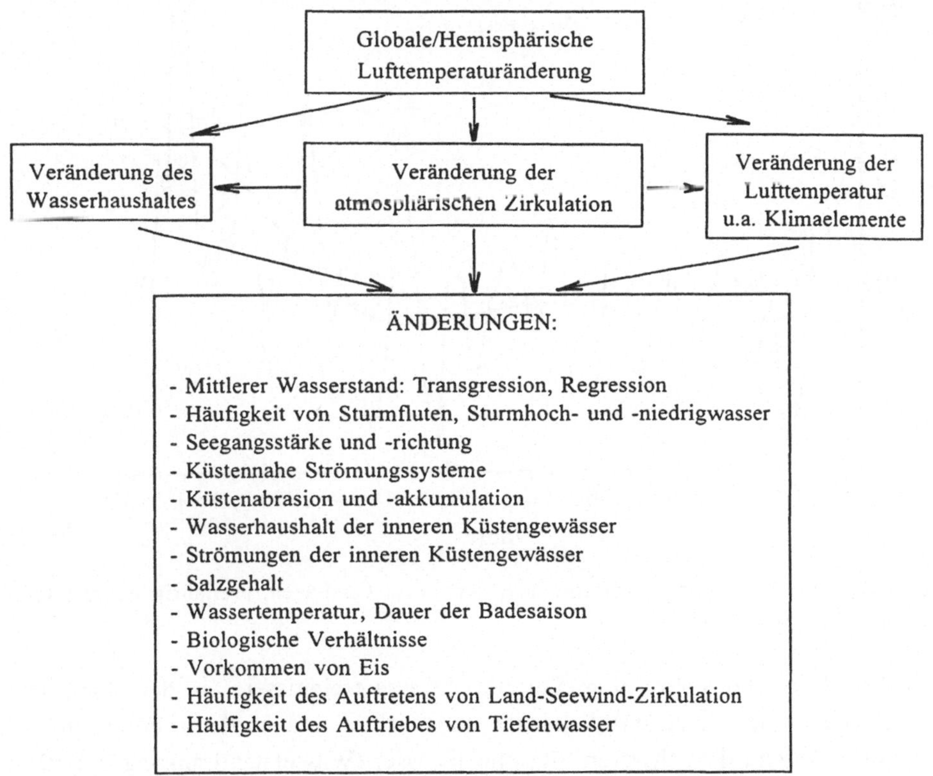

Abbildung 6.5: Übersicht über die Auswirkungen von Klimaveränderungen an Küsten

höhe > 2 m) dargestellt. Der Darstellung (Siefert 1988) kann man entnehmen, daß die (geglättete) Zahl der Ereignisse in den ersten 60 Jahren des Jahrhunderts zwischen 1 und 15 ohne erkennbare trendartige Entwicklung geschwankt hat. Seit 1960 ist das Niveau angestiegen, wobei Werte bis 30 ereicht wurden. Es ist anzunehmen, daß an dieser Entwicklung die gesteigerte Zonalzirkulation und die erhöhte Zahl von Sturmzyklonen in den Wintermonaten der letzten Jahrzehnte (Abb. 2.11, 4.10 und 4.11), aber auch lokale anthropogene Veränderungen im Seegebiet beteiligt sind. Eine ähnliche Entwicklung hat sich auch für die deutsche Ostseeküste vollzogen. Nach Baerens et al. 1994 sowie Stigge 1994 hat sich dort die Zahl der Sturmhochwasser in den letzten Jahrzehnten signifikant vergrößert. Abb. 6.7 zeigt am Beispiel des Pegels Travemünde, für den die längsten Wasserstandsbeobachtungen vorliegen, die statistisch signifikante Erhöhung der Zahl dieser Ereignisse seit Ende der fünfziger Jahre.

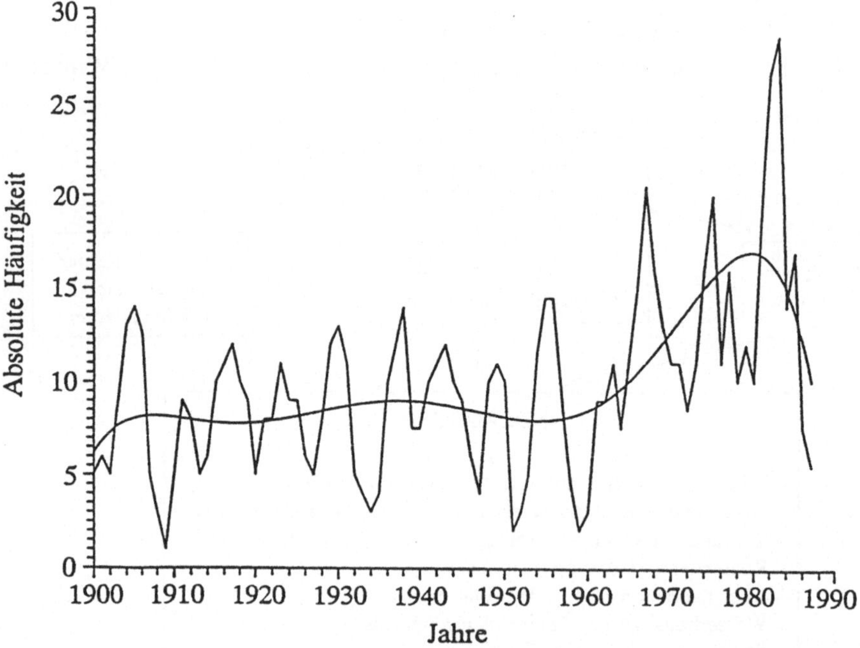

Abbildung 6.6: Häufigkeit von Sturmfluten am Pegel Cuxhaven, dreijährig übergreifend geglättet, nach Siefert (1988)

Die vermehrte Häufigkeit von Sturmhochwasserereignissen an der deutschen Ostseeküste ist auf die Häufigkeitsänderung leichter und mittlerer Fälle zurück-zuführen, während die schweren Sturmhochwasser (Wasserstandsanstieg $\geq 1{,}50$ m ü. NN) keine Veränderungen ihres Vorkommens zeigen. Für die Küstenprozesse und bestimmte wirtschaftliche Tätigkeiten sind auch die *Sturmniedrigwasser* (Absenkungen des Wasserstandes um $\geq$ 1 m ü. NN) von Bedeutung (Abb. 6.7). Deren Anzahl hat sich an den in Ost-West-Richtung verlaufenden Abschnitten der deutschen Ostseeküste in den letzten Jahrzehnten tendenziell verringert, an den mehr in Nord-Süd-Richtung verlaufenden Abschnitten dagegen erhöht. Die Darstellungen auf den Abb. 6.6 und 6.7 belegen, wie der Angriff des Meeres auf die Küste sich im Laufe der Zeit verändert und in Zukunft entsprechend der Ausprägung der atmospärischen Zir-

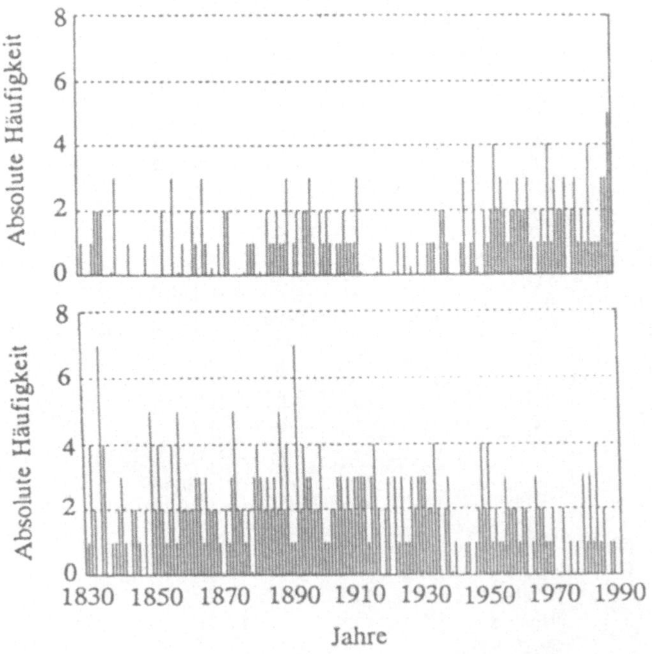

Abbildung 6.7: Jährliche Häufigkeiten des Auftretens von Sturmhoch- (oben) und Sturmniedrigwasserereignissen (unten) am Pegel Travemünde seit 1831/40, nach Baerens et al. (1994, 1995)

kulation verändern wird.

Das ufernahe Strömungsfeld, das die Abrasion und Akkumulation des Strandes bewirkt, besteht aus Komponenten, die der Umwandlung von Wellenenergie in kinetische Energie entstammen, und Anteilen, die von der direkten Windwirkung sowie aus der Oberflächenneigung herrühren. Veränderungen des Seegangsfeldes und des damit verbundenen *Energieeintrages* in die *Brandungszone* infolge langzeitlich variierender Windfelder stellen einen weiteren Impakt auf die Küstenprozesse dar. In Abb. 6.8 sind Abfolgen des Küstenrückganges und -vordringens für die holländische Küste für einen ca. 120jährigen Zeitraum dargestellt. Strandabbau und

-aufbau liegen oft eng beeinander. Es gab aber auch längere Abschnitte mit überwiegend einheitlichen Verhältnissen. So herrschte zwischen ca. 1870 und 1905/10
Abbau vor, auch ab Ende der sechziger Jahre des 20. Jahrhunderts. Nach Verhagen
(1989) folgt, daß in diesen Jahren eine verminderte Häufigkeit von Winden aus W-
SW, dagegen eine erhöhte Häufigkeit von Winden aus N-NW zu verzeichnen war.
Diese interessante Darstellung belegt, wie die Dynamik der Küstenentwicklung mit
regionalen Zirkulationsschwankungen der Atmosphäre in Verbindung gebracht werden

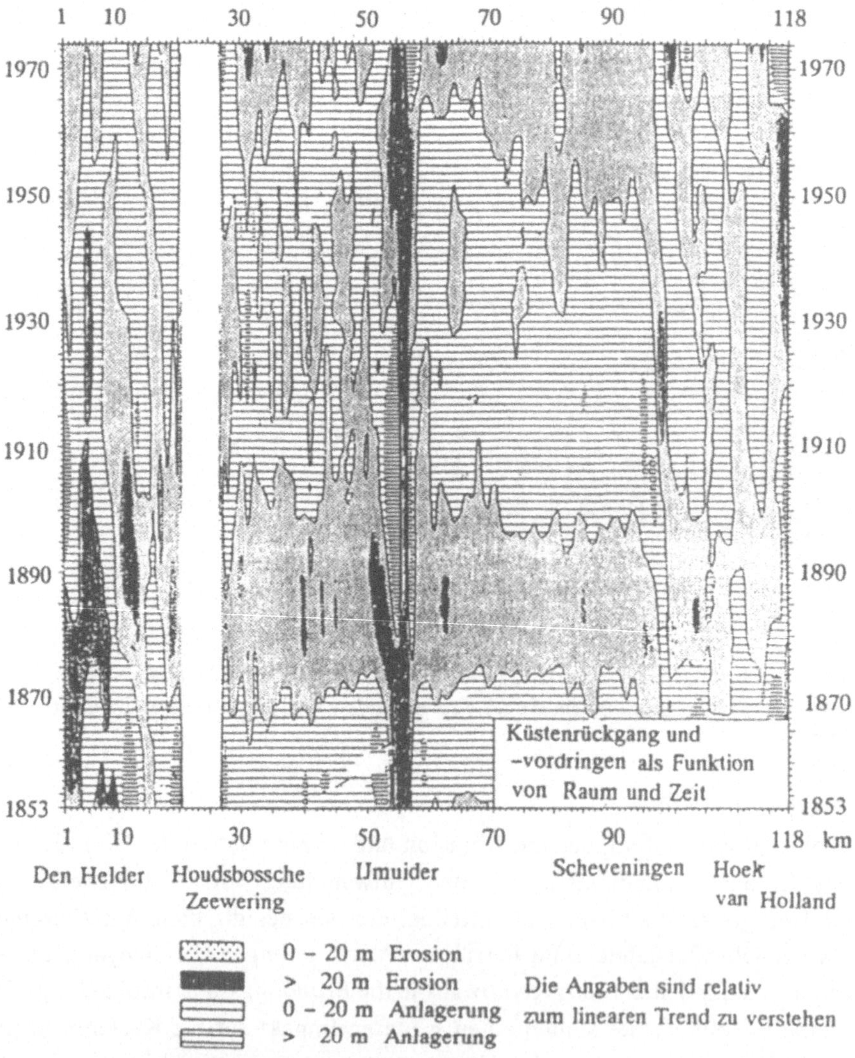

Abbildung 6.8: Langzeitveränderungen an der holländischen Küste zwischen Den Helder
und Hoek van Holland, nach Verhagen (1989)

kann. Aus der Kenntnis der Zirkulationsverhältnisse unter den Bedingungen eines geänderten Globalklimas wäre es möglich, auf der Grundlage dieser Zusammenhänge Schlußfolgerungen über das Verhalten der Küste unter solchen Bedingungen zu ziehen. Voraussetzung dafür ist die Koppelung von Zirkulationsmodellen mit geeigneten Seegangsmodellen.

Veränderte Klimabedingungen im Sinne einer Erwärmung rufen im Küstenraum weitere Veränderungen hervor, die in einer Verlängerung der *Badesaison* und in der Verkürzung der Zeit des Vorkommens von *Meereis* (s. Schmelzer 1994) im Winter bestehen.

Besonders empfindlich auf Klima- und Zirkulationsänderungen reagieren auch gezeitenbeeinflußte Ästuare (Schirmer und Schuchardt 1993) sowie innere Küstengewässer, wie sie an der Ostseeküste in Form der Bodden und Haffe vorkommen. Es konnte nachgewiesen werden, daß die für den Charakter der Gewässer entscheidenden Salzgehaltsverhältnisse über den Wasserhaushalt sehr gut mit den äußeren atmosphärischen Änderungen korrelieren (Hupfer 1992).

Den Stand der Klimaimpaktforschung für die deutschen Küsten markieren der von Schellnhuber und Sterr (1993) herausgegebene Sammelband sowie in stärker sozioökonomischer Orientierung die Schrift von Krupp (1995).

6.2.3   Veränderungen in der Kryosphäre

Wie im Abschnitt 3.1.6 hervorgehoben wurde, gehört die Kryosphäre zu den Subsystemen im Klimasystem, die dem Klima erst ihre Entstehung verdanken. Einmal entstanden, wirken sie auf das Klima zurück. Es liegt daher auf der Hand, daß die Teile der Kryosphäre, die eine geringe Zeitkonstante bezüglich der Klimaänderungen besitzen, relativ rasch auf diese reagieren. Diese Teile sind der jahreszeitliche Schnee, Teile des Meereises und die Gebirgsgletscher.

Eine Folge der rezenten Klimaerwärmung ist der durch Satellitenbeobachtungen festgestellte *Rückgang der Schneefläche* auf der Nordhalbkugel (Abb. 3.30).

Die *Meereisfläche* zeigt ebenfalls die Tendenz eines Rückganges, die allerdings nicht so deutlich ausgeprägt ist wie bei der Schneeflächenentwicklung. Von diesen Veränderungen sind besonders die marginalen Zonen betroffen, in denen Meereis vorkommt. Dazu gehört auch die jährliche Eisbildung in der Ostsee. In Abb. 6.9 sind geglättete Zeitreihen des Vereisungsbeginnes, des Eisaufbruchs und der Dauer der Eissaison für den Finnischen Meerbusen bei Helsinki dargestellt. Man erkennt seit Ende des 19. Jahrhunderts im Mittel eine Tendenz zur Verkürzung der Eissaison. Relativ empfindlich reagieren die *Gebirgsgletscher* auf Klimaschwankungen (Oerlemans 1989). Mit dem Übergang von der Kleinen Eiszeit zum gegenwärtigen

Klima (s. Abschnitt 4.3) ist die Ausdehnung der Gletscher in den Hochgebirgen im allgemeinen zurückgegangen. Allerdings gibt es verschiedene Gletscherarten, so daß auch die Klimaempfindlichkeit variiert. Als Beispiel sei hier das Verhalten des Rhone-Gletschers angeführt, der im Nordosten des Kantons Wallis (Schweiz) liegt.

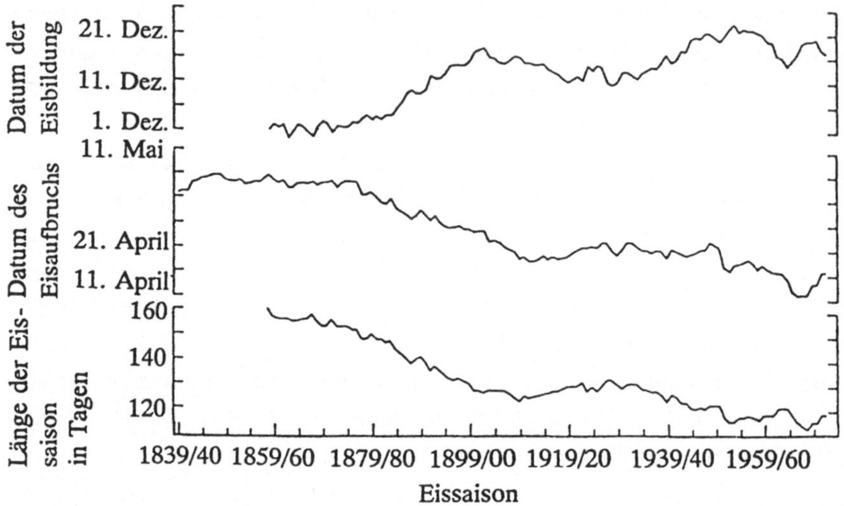

Abbildung 6.9: Vereisungsbeginn, Eisaufbruch und Dauer der Eissaison für den Finnischen Meerbusen bei Helsinki (zwanzigjährig übergreifende Mittelwerte), nach Leppäranta und Seinä (1985)

Von ihm liegen über mehrere Jahrhunderte hinweg Daten vor, die es erlauben, die Veränderungen seiner Ausdehnung darzustellen (Abb. 6.10). Die Registrierung beginnt mit der größten Ausdehnung zum Zeitpunkt der stärksten Ausprägung der Kleinen Eiszeit. Vom Beginn des 17. Jahrhunderts bis zum Beginn des 19. Jahrhunderts kam es nur zu einem langsamen Gletscherrückgang. Eine Periode mit besonders schneller Bewegung schloß sich bis 1856 an, danach setzte sich der kontinuierliche Rückgang mit nur kurzen Unterbrechungen fort (Stroeven et al. 1989).

Die Hochgebirge sind insgesamt besonders verwundbare Ökosysteme, die ganz unterschiedlich auf veränderte klimatische Bedingungen reagieren. Anthropogene Belastungen können die eintretenden Veränderungen progressiv anwachsen lassen. Es muß jedoch betont werden, daß sich die Gletscher in den verschiedenen Regionen nicht einheitlich verhalten.

Bei einer Klimaerwärmung in den höheren Breiten dürfte auch der in Sibirien und Kanada verbreitete *Permafrostboden* durch Verkleinerung der Fläche und tieferes Eindringen der jährlichen Temperaturwellen verändert werden. Siedlungen, Industrie- und andere Anlagen geraten bei Fortschreiten der Erwärmung in akute Gefahr.

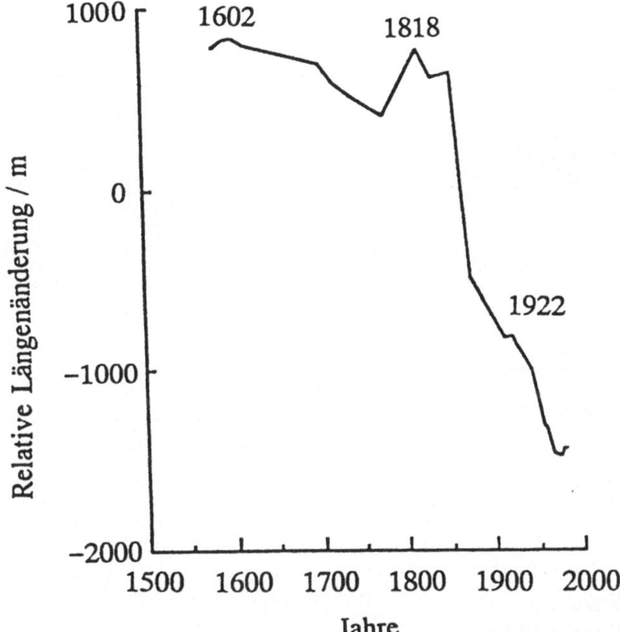

Abbildung 6.10: Relative Längenänderung des Rhone-Gletschers, nach Aubert 1980

6.2.4   Vegetation und Böden

Vegetation und Klima stehen innerhalb des Klimasystems der Erde in Wechselwirkung (s. Abschnitt 3.1.5.2). Während das Klima Arten und Verbreitung der Vegetation bestimmt, wirkt die Vegetation vielfältig auf das Klima zurück.

Seit der letzten Kaltzeit sind markante Änderungen in der Lage und Ausdehnung der Vegetationszonen eingetreten (Abb. 6.11). So sind unter den gegenwärtigen Verhältnissen die Wüsten ausgedehnter, die Zone der mediterranen Vegetation hat sich erweitert und nordwärts verlagert. Besonders starke Ausdehnung erfuhren die Waldgebiete.

In ähnlicher Weise werden sich die *Klima- und Vegetationszonen* unter den Bedingungen des verdoppelten CO_2-Gehaltes der Atmosphäre verändern. Tab. 6.1 enthält die Ergebnisse entsprechender Modellrechnungen. Nach diesen Ergebnissen ist damit zu rechnen, daß der Wald global um 11 % zugunsten von Savannen und Steppen reduziert wird (s.auch Woodward 1987, Monserud et al. 1993).

Die Wechselwirkung zwischen Pflanzen und Klima ist maßstabsabhängig , wie das aus Tab. 6.2 entnommen werden kann.

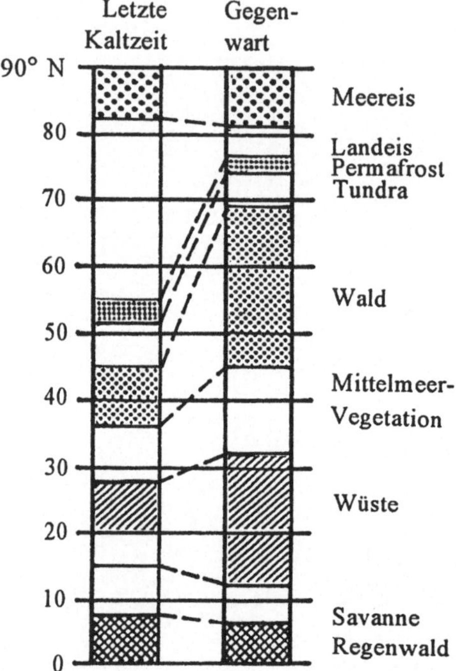

Abbildung 6.11: Klima- und Vegetationszonen während der letzten Kaltzeit und gegenwärtig im europäisch-afrikanischen Sektor, nach Bolin (1980)

Tabelle 6.1: Änderungen in der Flächenausdehnung der Hauptklima- und Vegetationszonen, nach Emanuel et al. (1985)

	Relativer Flächenanteil in %	
	Gegenwart	$2 \cdot CO_2$
Klimazonen		
Tropisches Klima	25	40
Subtropisches Klima	16	14
Warm-temperiertes Klima	21	25
Kalt-temperiertes Klima	15	20
Boreales Klima	23	<1
Vegetationszonen		
Wüsten	20,6	23,8
Tundra	3,3	-
Wälder	58,4	47,4
Grasland	17,7	28,9

Tabelle 6.2: Biotische Organisationsniveaus, die zur Reaktion des Waldes auf Klima- und CO_2-Schwankungen ansprechen, nach Graham et al. (1990)

Biologisches Organisations- niveau	Räumlicher Maßstab	Zeitlicher Maßstab	Hauptprozesse	Menschliche Aktivitäten
Biosphäre	Global	$1 - 10^3$ a	Energie-, Kohlenstoff- und Wasserflüsse	Abholzung, Nutzung fossiler Brennstoffe
Biome	Sub- kontinental	$1 - 10^3$ a	Weiterentwick- lung/Aussterben, Wanderung, natürliche Störun- gen	Pflanzenzüchtung, Landmanagement, Umweltschutz
Landschaft	$10 - 10^4$ ha	$1 - 10^2$ a	Natürliche Störungen, Nährstoffzyklus, Produktion, Wassernutzung, Konkurrenz u.a.	Verunreinigung, Einschleppen von Krankheiten, Feuervermeidung, Flußregulierung, Forstwirtschaft, Bodenmanagement
Baum	$10^{-2} - 10^3$ m^2	Minuten- Jahrzehnte	Phänologie, Re- produktion, physiologische Prozesse	Düngung, Bewässerung, Verunkrautung, Fortpflanzung

Im Ergebnis einer globalen Anwendung von Ökosystemmodellen finden Plöchl und Cramer (1994), daß unter den klimatischen Bedingungen bei Verdoppelung des CO_2-Gehaltes die globale Nettoprimärproduktion um knapp 9 % abnimmt.

Pflanzen werden stark von ihrem *Bestandsklima* beeinflußt. Jede individuelle Pflanze ist im Laufe ihrer Existenz einer Folge von Bestandklimaten ausgesetzt, auf die sie physiologisch reagiert. Es gibt einen Komplex von Wechselwirkungen und Rück-koppelungen zwischen dem Bestandsklima und den Pflanzen. Für die Pflanzen sind bestimmte Schwellenwerte und Toleranzbereiche wichtig. Während kurzperiodische Schwankungen durch pflanzeneigene Regulationsmechanismen (Öffnen und Schließen der Stomata und der Blüten) ausgeglichen werden können, sind die Pflanzen bei längerfristigem Überschreiten der Toleranzgrenzen nicht mehr zur Kompensation fähig und gehen ein. Kurzlebige Pflanzen können sich an Änderungen der klimati-schen Bedingungen besser anpassen als langlebige. So werden in Phasen sich verändernden Klimas die Wälder wegen der Lebensdauer der einzelnen Bäume immer weniger an das Klima angepaßt sein (Dale und Rauscher 1994).

Es können auch Änderungen in der Konkurrenz zwischen den einzelnen Vegetationsarten auftreten. Auf der anderen Seite wirkt der erhöhte CO_2-Gehalt der umgebenden Luft düngend und damit positiv auf den Wachstumsprozeß ein.

Lasch und Lindner (1995) stellen fest, daß der Einfluß von Klimaänderungen auf Wälder mit Hilfe von Modellen noch nicht hinreichend zu erfassen ist. Es sind zusätzliche Wirkgrößen auf den Wald zu berücksichtigen. Dazu zählen die Schadstoffeinträge (vor allem aus der Luft) wie auch die Bewirtschaftungsart in Vergangenheit und Gegenwart.

Klimabedingte Veränderungen der Vegetation werden auch durch *Änderungen der phänologischen Phasen* angezeigt. So weisen Keil und Schnelle (1981) auf eindrucksvolle Veränderungen für mehrere europäische Standorte hin. Abb. 6.12 zeigt den Zusammenhang zwischen den langjährigen Mittelwerten der Lufttemperatur und des Datums der Laubentfaltung der Roßkastanie für Genf. Phänologische Veränderungen im mitteleuropäischen Raum fand Hechler (1990). Allerdings prägen sich in den phänologischen Reihen für Mitteleuropa stärker die Anomalien aus, die durch extreme Jahreszeiten, insbesondere Sommer, hinsichtlich der Temperatur- und Niederschlagsverhältnisse zustandekommen. Auf die eher langsam verlaufenden Verschiebungen der Mittelwerte reagieren die Eintrittszeiten der phänologischen Phasen weniger auffällig. Außerdem bestehen Unterschiede zwischen Wild- und Kulturpflanzen.

Das Auftreten von *Waldschädlingen* hat ebenfalls Relationen zum Klima. Die Prädisposition der Bäume hängt mit vom lokalen Mikroklima ab sowie von der Häufigkeit von Trockenstreß und Frostschäden. Das Massenauftreten von Schädlingen ist ebenfalls mit der Häufigkeit extremer Witterungsverhältnisse verbunden.

Zusammenfassend sei festgestellt, daß Wälder destabilisiert werden, wenn sie sich langsamer anpassen als sich die Umwelt verändert (Gravenhorst 1993). Eine Gegensteuerung kann durch waldbauliche Maßnahmen und Förderung einer großen genetischen Vielfalt innerhalb der Individuen von Populationen erfolgen.

Die erwartete *Verstärkung der UV-B-Strahlung* an der Erdoberfläche infolge des Rückganges des stratosphärischen Ozons wird sich auch auf die terrestrische Biosphäre auswirken. Für die Vegetation könnte das u.a. eine Verminderung der Sproßlänge, der Blattfläche und eine Verringerung der photosynthetischen Aktivität bedeuten (Caldwell und Flint 1994).

Die Entwicklung der *Böden* als wichtige Funktionselemente terrestrischer Ökosysteme ist eng mit der Vegetation verknüpft, und es bestehen zwischen diesen vielfältige Wechselwirkungen. Klimaänderungen wirken vielseitig auf Verwitterung, Biomasseproduktion, den bodenbiologischen Abbau organischer Substanz sowie auf den Wasserhaushalt. Mit zunehmender Bodentemperatur und -feuchte nimmt die Aktivität der Bodenlebewesen zu, der Abbau organischer Substanz beschleunigt sich (s. auch Abb. 3.42).

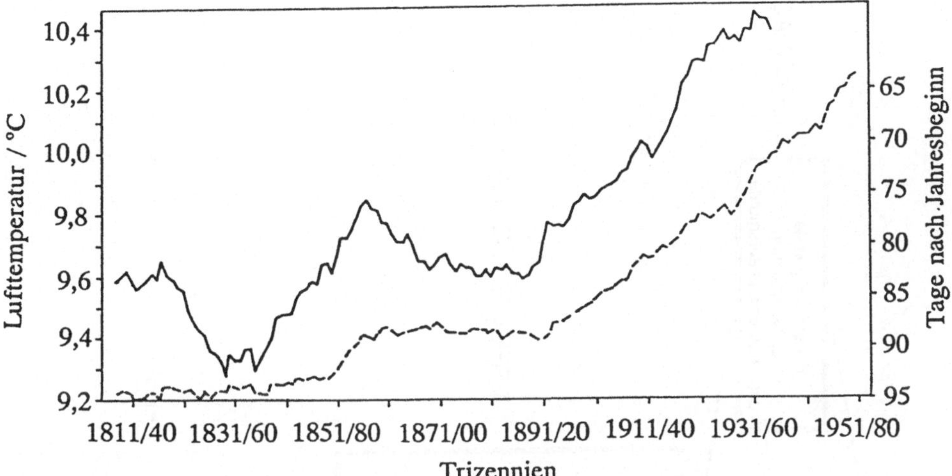

Abbildung 6.12: Dreißigjährig übergreifende Mittelwerte der Lufttemperatur (———) und des Blattentfaltungsdatums der Roßkastanie (------) für Genf, nach Keil und Schnelle (1981)

6.3   Klimaschwankungen und Gesellschaft

6.3.1   Landwirtschaft

Auf dem Gebiet der Landwirtschaft können Klimaschwankungen in die zivilisatorische Sphäre direkt und indirekt einwirken (Abb. 6.13). Dieser Teil der Impaktforschung ist zuerst Gegenstand entsprechender Untersuchungen gewesen (u.a. Parry 1990b, Kenny et al. 1993).

So ist die Änderung des Jahresmittelwertes der globalen Lufttemperatur um 1 K in hohen Breiten gleichbedeutend mit einer Änderung der Vegetationsperiode um 3 bis 4 Wochen (Flohn 1985). Das erste Erwärmungsmaximum in diesem Jahrhundert um 1940 war in den höheren nördlichen Breiten von einer Ausbreitung der Anbauzonen nach Norden und einer Erhöhung der Erträge begleitet (Parry et al. 1988). Untersuchungen des Langzeitverhaltens der Vegetationsperiode in Mitteleuropa (Halle) ergaben in diesem Jahrhundert eine Schwankungsbreite von fast einem Monat. Infolge der wärmer gewordenen Herbstmonate hat sich das Ende der Vegetationsperiode im Zeitraum 1900-1985 um 11 Tage nach späteren Zeitpunkten verschoben (Chmielewski und Hupfer 1991). Dieser Befund gilt für den gesamten mitteleuropäischen Raum (Moldenhauer 1994). Es konnte gezeigt werden, daß derartige Schwankungen mit Ertragsvariationen verbunden sind.

Es liegen jetzt weltweite Abschätzungen von Ertragsschwankungen infolge geänderter

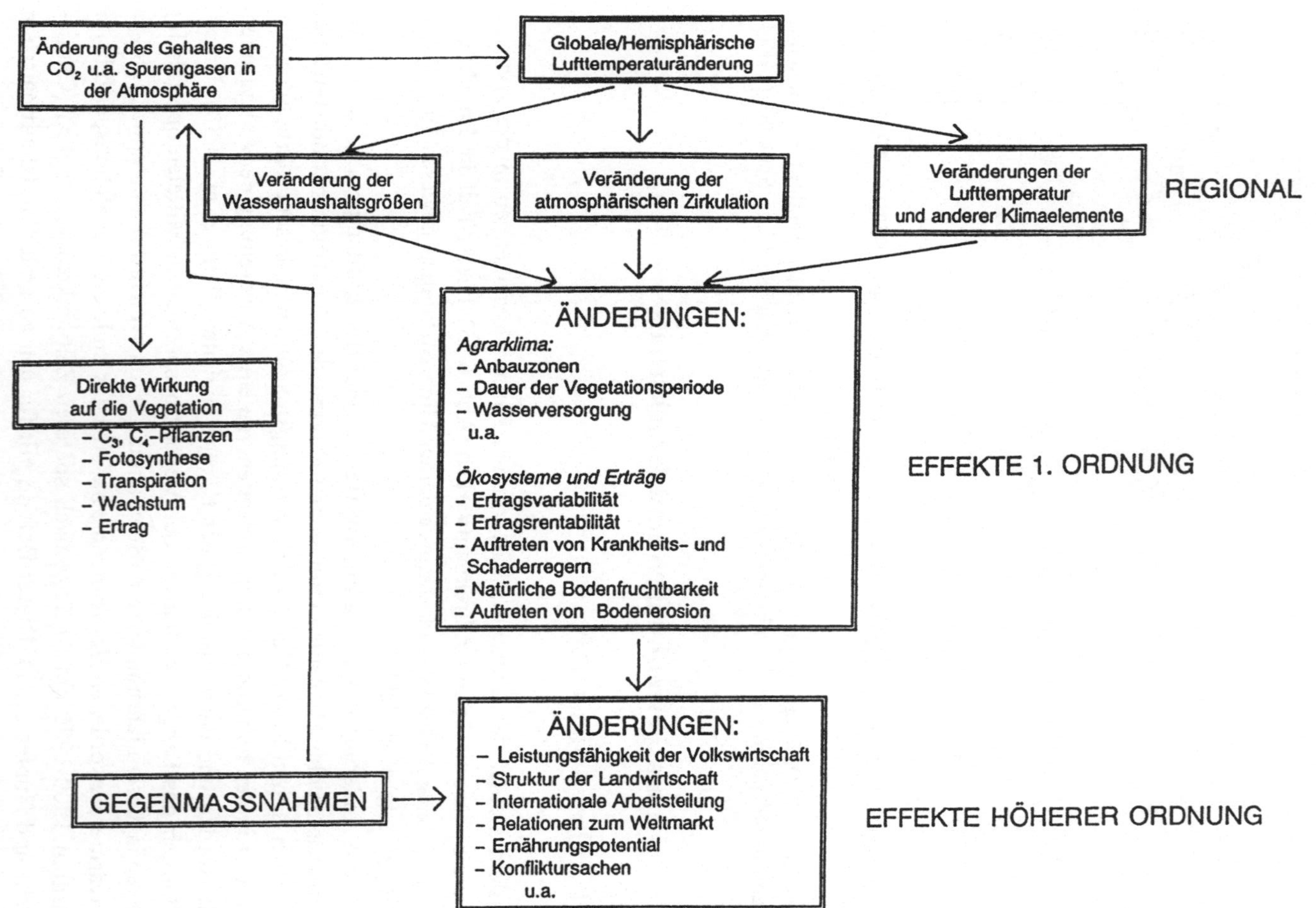

Abbildung 6.13: Klimaänderungen und Landwirtschaft

Lufttemperatur- und Niederschlagsverhältnisse im Fall der Verdoppelung des CO_2-Gehaltes der Atmosphäre vor (s. Parry 1990a, Walker 1994, White und Howden 1994).

Nach diesen Untersuchungen kann in den USA bei den wichtigsten Getreidearten mit einer Abnahme von 10-15 % (bezogen auf 1986) gerechnet werden, in Australien, China, den GUS-Staaten und Nordeuropa dagegen mit einer Zunahme. Retrospektive Untersuchungen, die Chmielewski (1992) und Chmielewski und Potts (1994) an Erträgen landwirtschaftlicher Langzeitversuche durchgeführt haben, erbrachten für die Beziehungen zwischen den klimatischen Variationen und den Erträgen interessante Einblicke. So ergab sich für Halle, daß fast sämtliche hohen Roggenerträge in Jahren mit einer mittleren Lufttemperatur im Mai und Juni < 15,2 °C und einer Niederschlagshöhe von 100 - 150 mm einhergehen. Auch in Südengland sind die Witterungsbedingungen in den Jahren mit hohen und niedrigen Erträgen signifikant verschieden. In hemisphärisch kalten und warmen Abschnitten sind die Häufigkeitsverteilungen der dortigen Weizenerträge bei wenig geänderten Mittelwerten statistisch gesichert voneinander unterschieden. In kühlen Zeitabschnitten streuen die Ernteerträge viel weniger als in Perioden warmer Jahre. Auch vergleichsweise geringe Klimaschwankungen erhöhen demnach die Variabilität der Erträge und das Risiko des Anbaus. In Abb. 6.14 sind für den nordostdeutschen Raum (Schwerin und Potsdam) Beziehungen dargestellt, die auch den Einfluß klimatischer Schwankungen widerspiegeln. So nimmt die Zeitdauer der phänologischen Phase zwischen Austreiben und Ernte mit zunehmender Temperatur ab. Bei einer für diese Zeit angenommenen Temperaturzunahme von 3 K beträgt diese Verkürzung ca. 25 Tage. Ferner hat sich ergeben, daß die Roggenerträge mit zunehmender Temperatur, allerdings unter erheblichen Schwankungen, abnehmen. Diese empirischen Befunde ermöglichen einige Schlußfolgerungen, welche Änderungen im mitteleuropäischen Raum bei Eintritt von Klimaschwankungen zu erwarten sind. Die erhebliche Streuung der statistischen Beziehung zwischen Ertragsanomalie und Lufttemperatur während des gewählten Abschnittes der pflanzlichen Entwicklung deutet darauf hin, daß auf die Erträge des realen Feldbaus eine Anzahl weiterer, bekannter und in Modellen auch berücksichtigbarer Faktoren wirken, die von dem klimatischen Ablauf unabhängig oder nur indirekt abhängig sind. Zudem wurde der für die Erträge sehr wichtige Niederschlag in diese Untersuchung nicht einbezogen.

So wird die erwartete anthropogene Klimaänderung in den verschiedenen Teilen der Welt sowohl positive als auch negative Effekte auf die landwirtschaftliche Produktion haben. In den höheren Breiten der Nordhalbkugel ist eine erhöhte Produktivität infolge der verlängerten Vegetationsperiode wahrscheinlich. Andere Regionen werden anscheinend durch einen Produktivitätsrückgang gefährdet sein. Solche Einschätzungen werden mit der Zeit präziser vorgenommen werden können.

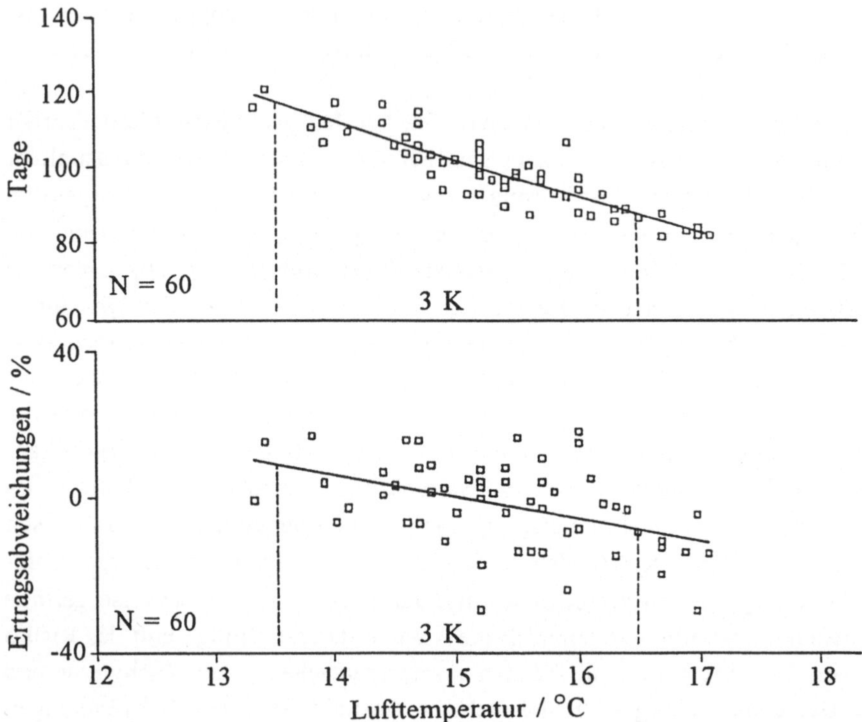

Abbildung 6.14: Änderung des Zeitraumes zwischen Austreiben und Ernte (oben) sowie der Ertragsanomalien (unten) in Abhängigkeit von der Lufttemperatur bei Roggen in Nord-ostdeutschland (Anbaugebiete im Raum Potsdam und Schwerin), nach Chmielewski (1989)

6.3.2   Wasserversorgung

Der hydrologische Kreislauf hängt in allen Maßstabsbereichen direkt von den Klimabedingungen ab. Selbst relativ geringe Klimaschwankungen können sich so auf den Wasserhaushalt eines Gebietes auswirken, daß ernste Probleme in der Bereitstellung von Trink- und Brauchwasser entstehen. Das gilt insbesondere für Randgebiete von Trockenzonen, aber auch für Gebiete mit starker Nutzung des natürlichen Wasserdargebotes. Der Klimaimpakt auf die *Wasserversorgung* kann nur in Zusammenhang mit den erwarteten Niederschlagsänderungen betrachtet werden (s. Abschnitte 4.3.2 und 5.2.3). Hier sind die deutlichsten regionalen Besonderheiten der Änderungsstrukturen zu erwarten.

Untersuchungen, die für Berlin durchgeführt worden sind (Moldenhauer 1994), haben für den Zeitraum 1982 bis 1991 ergeben, daß der Trinkwasserverbrauch ein deutliche

Abhängigkeit von den Witterungsverhältnissen in der warmen Jahreszeit von Mai bis September aufweist. Bei geringer Luftfeuchte, hohen Lufttemperaturen und langanhaltender Trockenheit (diese Größen erklären 75 % der Varianz des täglichen Wasserverbrauches in Berlin) steigen die Verbrauchswerte an.

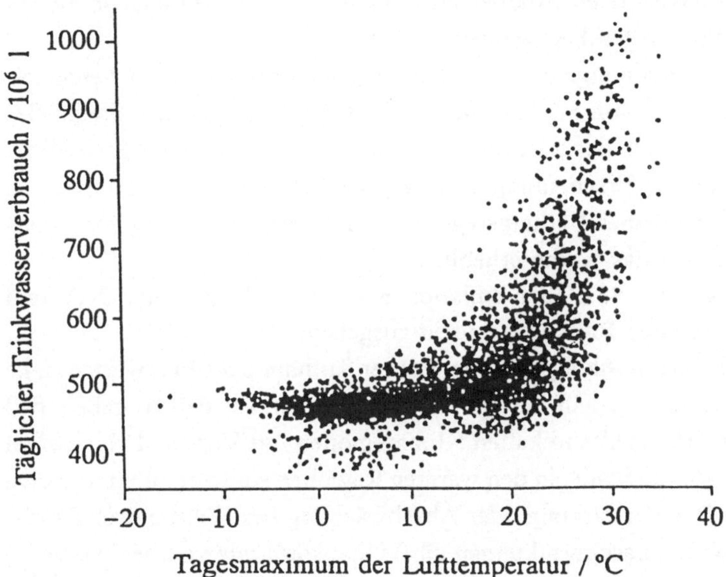

Abbildung 6.15: Trinkwasserverbrauch in Berlin (West) in Abhängigkeit von den täglichen Maximumtemperaturen im Zeitraum 1982 bis 1991, nach Moldenhauer 1994

Wie aus Abb. 6.15 zu ersehen ist, nimmt der Wasserverbrauch ab einer täglichen Maximumtemperatur von etwa 15 °C erheblich zu. Im Fall einer Erwärmung wird diese Schwelle voraussichtlich wesentlich öfter überschritten, so daß unter veränderten Klimabedingungen mit einem höheren Verbrauch gerechnet werden muß. In diesem Zusammenhang ist die Veränderung der *Schneeverhältnisse* sehr wichtig. Dauer und Höhe einer Schneedecke sind für Hoch- und Mittelgebirgsregionen im Hinblick auf den Wintersport ein wichtiger Wirtschaftsfaktor.
Schneefälle, Höhe und Dauer der Schneedecke sowie die Abschmelzrate sind aber auch mit dem Auftreten von *Hochwasserereignissen* verbunden. Die Hochwasser in Deutschland, die 1990, 1993 und 1995 in verschiedenen Flußgebieten auftraten, stehen in Zusammenhang mit der Verstärkung der winterlichen Zonalzirkulation (s. Abschnitt 4.3.2.1). Allerdings läßt diese Zirkulationsform zahlreiche Modifikationen zu, so daß auch bei einer gesteigerten Häufigkeit des Auftretens von Westwetterlagen u.ä. Art und Menge des Niederschlages sowie seine räumliche Verteilung eine hohe Variabilität zeigen.

6.3.3   Urbane Regionen

Die sich immer umfangreicher entwickelnden urbanen Regionen mit einer Fläche
von ca. 0,25 % der bewohnbaren Erdoberfläche können als verwundbar in Bezug
auf Klimaschwankungen angesehen werden.

In Städten entwickelt sich ein eigenes *Stadtklima*, das in Abschnitt 7.2.2 behandelt
wird. Anlage und Bauweise von Städten sind für Zeiträume vorgesehen, die größer
sind als der zeitliche Maßstab der erwarteten Klimaänderung. Wenn das Stadtklima
selbst eine relativ isolierte Erscheinung ohne eigene Fernwirkungen darstellt, so
beeinflussen die großen urbanen Ballungsregionen die Zusammensetzung der Atmosphäre und damit indirekt das Klima erheblich.

Es wird geschätzt, daß etwa 85 % der Emissionen von CO_2, FCKW und NO_x und
anderen Stoffen von solchen Ballungsgebieten ausgehen.

Bei Eintreten von Klimaschwankungen ist ein starker Klimaimpakt zu erwarten (Oke
1993). Einige Aspekte dazu enthält die Tab. 6.3. Man ersieht aus den Angaben, daß
ein Temperaturanstieg für Städte in kalten Klimaregionen mit Vor- und Nachteilen
verbunden sein wird, für die Städte in den warmen Regionen sind vor allem negative
Effekte zu erwarten. Die Verstärkung oder Abschwächung des Wärmeinseleffektes
unter dem Einfluß von Klimaschwankungen dürfte in erster Linie von der Bauweise
der Städte abhängen. Erste Ansätze zur Abschätzung der Wirkungen regionaler
Klimaänderungen auf den urbanen Ballungsraum Berlin hat Wagner (1994) vorgelegt.
Die Ergebnisse besagen, daß sowohl die allgemeine anthropogene Klimaänderung
als auch die geplanten umfangreichen Veränderungen der Stadtstruktur zu signifikan-
ten Veränderungen des urbanen Mesoklimas dieser Stadt führen werden. Unter
Zugrundlegung des IPCC-Szenarios A (Abschnitt 5.2.1) ergaben die Abschätzungen
bis zum Ende des 21. Jahrhunderts eine signifikante Zunahme der Häufigkeit von
Sommertagen, heißen sowie extrem heißen Tagen im Sommer, während im Winter
die Abnahme der Zahl der Frost-, Eis- und extrem kalten Tagen erwartet werden muß
(Tab. 6.4). Es muß daher bei entsprechend veränderten makroklimatischen Verhältnissen in Berlin vermehrt mit extremen Temperaturen im Sommer gerechnet werden.
Das betrifft sowohl die Einzelereignisse als auch die Anzahl, Dauer und Intensität
von Hitzeperioden. Wenn solche Ergebnisse auch noch unsicher sind, so ist es
angesichts der langen Lebensdauer städtischer Strukturen bereits heute dringend zu
empfehlen, derartige Befunde in der Stadtplanung zu berücksichtigen. Dabei muß
darauf geachtet werden, daß das natürliche Zirkulationssystem zwischen Stadt und
Umland erhalten und gefördert wird. Es handelt sich dabei um das Flurwindsystem,
auf das im Abschnitt 7.2.2 eingegangen wird. Der Bereich der urbanen Wärmeinsel
könnte so mit geringem Aufwand mit relativ sauberer Umlandluft versorgt werden.

Tabelle 6.3: Temperaturempfindliche Bereiche des Impakts von Klimaschwankungen auf Städte in warmen und kalten Regionen, nach Oke (1993). + = vorteilhaft, - = nachteilig, W = Winter, S = Sommer

Impakt	Kalte Klimaregion	Warme Klimaregion
Biologische Aktivität (Vegetationsperiode, Überwinterung)	+	
Humanbioklima (thermischer Komfort)	+ W - S	-
Energieverbrauch (Raumheizung, Klimaanlagen)	+ W - S	-
Wasserverbrauch (Bewässerung u.a.)	?	-
Atmosphärische Schadstoffchemie (Verwitterung, Fotochemie)	-	-
Niederschlag, Hydrologie	? S	-
Eis und Schnee	+	

6.4 Elemente der Klimapolitik

Die anthropogene Zunahme der Mischungsverhältnisse atmosphärischer Treibhausgase, die hohe Wahrscheinlichkeit eines Klimawandels in den nächsten Jahrzehnten und die in diesem Zusammenhang mit Sicherheit eintretenden Auswirkungen der Klimaänderungen in Natur und Gesellschaft haben seit Jahren zu internationalen politischen Aktivitäten mit dem Ziel der Reduzierung der Emission von Treibhausgasen geführt. Das Wirkungsgefüge von den Klimaänderungen bis zu Handlungen zur Eindämmung ist schematisch in Abb. 6.16 dargestellt.
Die UN-Konferenz für Umwelt und Entwicklung 1992 in Rio de Janeiro war die bisher größte Gipfelkonferenz, durch die wichtige Dokumente verabschiedet wurden. Darunter ist die am 21.3.1994 in Kraft getretene Konvention zur Klimaschwankung (Convention on Climate Change, UNEP/WMO 1992). In diesem Dokument, das 26 Artikel enthält, erklären die Teilnehmer ihre Bereitschaft, das Klimasystem der Erde zum Nutzen der gegenwärtigen und der zukünftigen Generationen zu schützen.

Tabelle 6.4: Klimatologische Ereignistage für den Ballungsraum Berlin unter gegenwärtigen und veränderten Klimabedingungen, nach Wagner (1994)

	Gegenwart Mittlere Anzahl/Jahr	Modellierung nach Szenario A für Ende 21. Jh. Mittlere Anzahl/Jahr	Änderung Mittlere Anzahl/Jahr
Extrem heiße Tage $T_{Max} \geq 39\ ^0C$	0,01	0,04	+ 0,03
Heiße Tage $T_{Max} \geq 30\ ^0C$	5,4	11,7	+ 6,3
Sommertage $T_{Max} \geq 25\ ^0C$	27,2	41,8	+ 14,6
Frosttage $T_{Min} \leq 0\ ^0C$	56,6	38,6	- 18,0
Eistage $T_{Max} \leq 0\ ^0C$	22,0	8,8	- 13,2
Extrem kalte Tage $T_{Max} \leq -10\ ^0C$	0,7	0,11	- 0,59

In diesem Sinne sind Ursachen für Klimaschwankungen zu vermeiden oder zu verringern. Das Recht jeder Seite auf eine nachhaltige Entwicklung (*sustainable development*, s. Haber 1994) wird anerkannt. Im Artikel 2 wird das Grundanliegen formuliert: *Das Endziel der Konvention und der einschlägigen gesetzlichen Instrumente ist es, die Stabilisierung der Treibhausgaskonzentrationen in der Atmosphäre auf einem Niveau zu erreichen, auf dem eine gefährliche anthropogene Störung des Klimasystems verhindert wird. Ein solches Niveau sollte innerhalb eines Zeitraumes erreicht werden, der ausreicht, damit sich die Ökosysteme auf natürliche Weise den Klimaänderungen anpassen können, die Nahrungsmittelproduktion nicht bedroht wird und die wirtschaftliche Entwicklung auf nachhaltige Weise fortgeführt werden kann.* Wenngleich diese Konvention einen Fortschritt auf dem Gebiet der Klimapolitik markiert, so waren mit ihrer Annahme leider keine praktischen Schritte zur Eindämmung der Emissionen verbunden.

Für die Industrieländer wird die Rückführung der Emissionen auf den Stand des Jahres 1990 empfohlen. Eine besondere Rolle spielt das *Joint Implementation-Konzept*. Das heißt, daß ein Vertragsstaat Emissionsreduktionen nicht nur im eigenen Land vornehmen, sondern auch zur Finanzierung von Vermeidungsaktivitäten in anderen Vertragsstaaten beitragen kann.

Auf der Folgekonferenz zu dieser Konvention, die in der Zeit vom 28.3. bis 7.4.

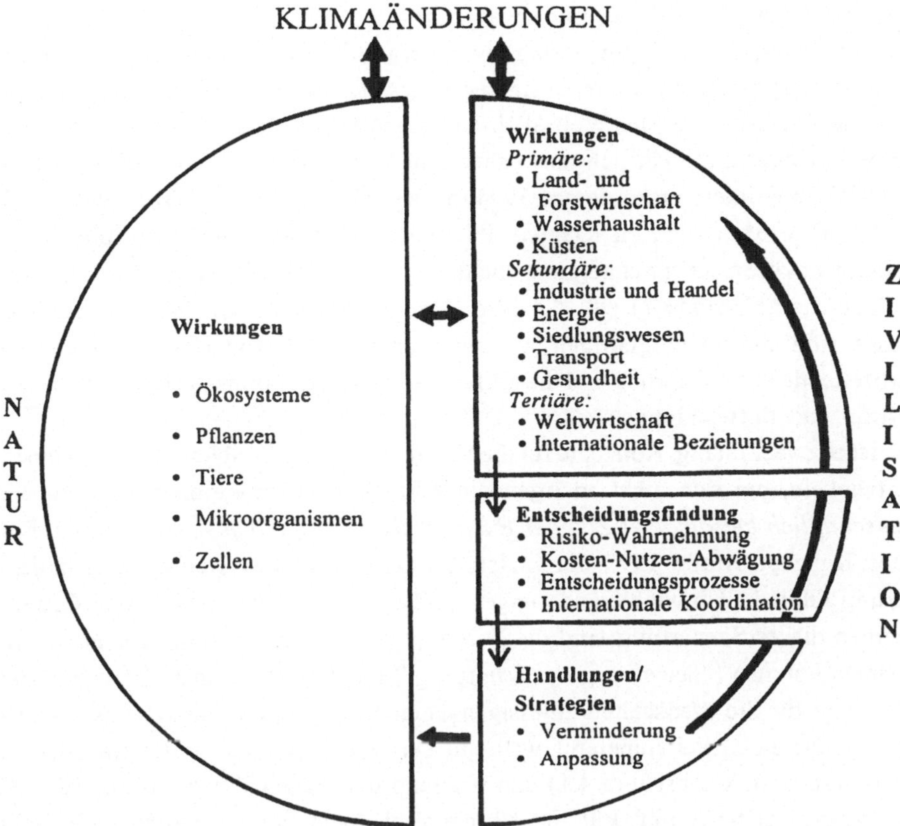

Abbildung 6.16: Schematische Darstellung der Wechselbeziehungen zwischen Klimaänderungen, ihren Wirkungen und politischem Handeln, nach KFA Jülich (1990)

1995 in Berlin stattfand, wurde eine Vereinbarung zur Emissionsverminderung nicht erzielt, jedoch ein Übereinkommen getroffen, im Jahr 1997 über ein entsprechendes Protokoll zu beschließen. Hervorgehoben wurde dabei die besondere Verantwortung der Industrieländer, die den größten Anteil der Emissionen zu verantworten haben (Anonymus 1995). Die deutsche Bundesregierung erklärte ihre Bereitschaft zur Senkung des CO_2-Ausstoßes um 25 % (auf der Basis des Jahres 1987) bis zum Jahr 2005.

Das *CO_2-Minderungsprogramm der Bundesrepublik* wurde 1990/91 beschlossen. Dazu gehören insbesondere die Novellierung der Wärmeschutzverordnung und Heizungsanlagenordnung, die Vorlage einer Wärmenutzungsverordnung für industrielle und gewerbliche Anlagen, die Novellierung des Energiewirtschaftsgesetzes, die Vorlage eines Energieverbrauchskennzeichnungs-Gesetzes, die Umwandlung der Kraftfahrzeugsteuer in eine auf die Emission bezogene Steuer, die Festlegung von

CO_2-Richtwerten für Kraftfahrzeuge u.a. mehr.

Diese Bemühungen um Verhinderung eines tiefgreifenden Klimawandels erfolgen vor dem Hintergrund einer weiteren starken *Vergrößerung der Weltbevölkerung*, vor allem in der bisherigen Dritten Welt. Während gegenwärtig etwa 5,63 Mrd. Menschen die Erde bevölkern, die jährlich um nahezu 90 Mio. zunehmen, ist nach Angaben der UN-Weltbevölkerungskonferenz 1994 im Jahr 2050 mit einer Zahl zwischen 7,9 und 11,5 Mrd. Menschen zu rechnen. Parallel dazu entwickelt sich infolge fortschreitender ökologischer Schädigung und damit verbundenem Wegfall der Existenzgrundlage die *Migration* (1990: 4,4 Mio. Umwelt-Flüchtlinge). Weitere Begleitprozesse sind die mannigfaltigen Veränderungen der Erdoberfläche sowie die fortschreitende Urbanisierung und die größer werdende ökonomische Kluft zwischen Industrie- und Entwicklungsländern.

Daher ist es zweckmäßig, Konzepte für die Verringerung der Treibhausgasemissionen zu entwickeln, die sich nicht an irgendeiner Prozentzahl orientieren, sondern ein *wissenschaftlich begründetes Ziel der Einschränkungsmaßnahmen* formulieren. Ein solches Konzept wurde 1995 durch den Wissenschaftlichen Beirat der Bundesregierung Globale Umweltveränderungen (WBGU 1995) entwickelt. Die Grundannahmen dieses Szenariums sind die Forderung nach der Erhaltung der Natur im gewohnten Rahmen (*"Bewahrung der Schöpfung"*) und die Vermeidung unzumutbarer Kosten. Die für die Menschheit zulässigen Temperaturgrenzen des Klimas werden aus der globalen Mitteltemperatur während der letzten Kaltzeit mit etwa 10,4 °C (Weichselkaltzeit, s. Abschnitt 4.1) und während der letzten Warmzeit mit 16,1 °C (Eem-Warmzeit) bestimmt. Für die Klimapolitik kann die Forderung aufgestellt werden, alle Maßnahmen so einzurichten, daß die globale Mitteltemperatur nicht den so bestimmten und auf jeder Seite um 0,5 K erweiterten Bereich (10,4 - 0,5) °C = 9,9 °C und (16,1 + 0,5)°C = 16,6 °C verläßt. Unter den gegenwärtigen Bedingungen ist der untere (fragliche) Grenzbereich uninteressant, das gegenwärtige Erdklima befindet sich mit der globalen Mitteltemperatur von 15,3 °C in der Nähe des oberen Grenzwertes. Es wird vermutet, daß die Anpassungsfähigkeit der Ökosysteme mit der weiteren Annäherung an die oberen Temperaturgrenze abnimmt. Hinsichtlich der Kosten wird die Annahme für realistisch gehalten, maximal 5 % des Bruttoinlandproduktes einzusetzen, um die Ziele der Klimapolitik zu erreichen.

In Abb. 6.17 ist das von WBGU (1995) ökologisch und ökonomisch günstigste globale Emissionsprofil für Kohlenstoff dargestellt. Hier ist vorgesehen, daß nach etwa 5 Jahren der Fortsetzung von *business as usual* bis zum Jahr 2155 die globale CO_2-Emission jährlich um knapp 1 % reduziert wird, danach jährlich um ca. 0,25 %. Die Kurve stellt die zulässige Grenzfunktion dar, um zu gewährleisten, daß das Klima im vorbestimmten Bereich bleibt.

Da verbindliche Vereinbarungen zum Klimaschutz auf internationaler Ebene bisher

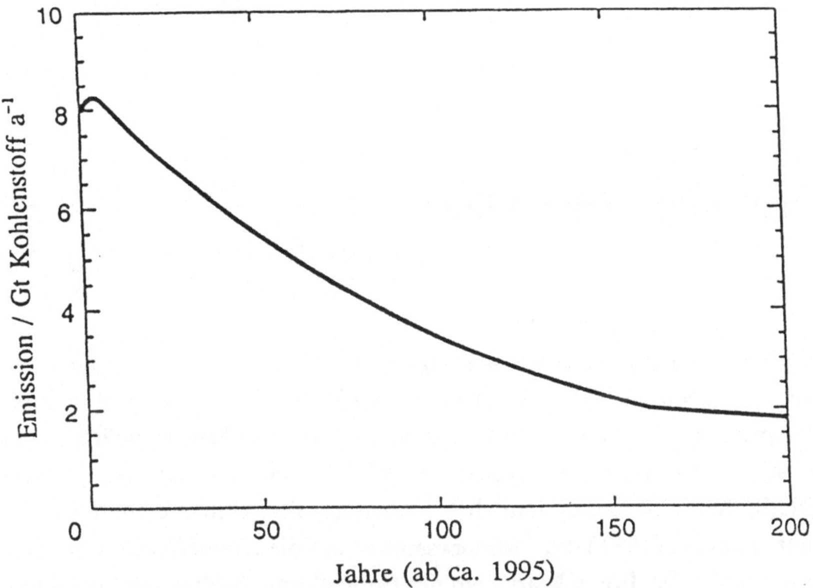

Abbildung 6.17: Globales Kohlenstoff-Emissionsprofil bei jährlicher Reduktion um den gleichen Prozentsatz, nach WBGU (1995)

im Hinblick auf Emissionsreduktionen angestrebt werden, ist ein weiterer Aspekt der Klimapolitik daher eher im Hintergrund geblieben. Die Vorbereitung der *Anpassung* an eintretende Klimaveränderungen ist eine Aufgabe, die parallel zu den Bemühungen um Verhinderung bzw. Eindämmung betrieben werden muß. Auf der Grundlage der Ergebnisse der Klimamodellierung und der Klimafolgenforschung muß für die einzelnen Regionen der Erde abgeschätzt werden, welche sozio-ökonomischen Veränderungen in Zusammenhang mit Klimaänderungen zu erwarten sind. Ein Beispiel hierzu stellt die von Krupp (1995) für die deutsche Nordseeküste durchgeführte Fallstudie dar. Aus den Erkenntnissen der Klimafolgenforschung resultierende sinnvolle und mögliche Maßnahmen müssen in internationaler Zusammenarbeit trainiert werden. Dabei kommt es letztlich immer darauf an, bereits frühzeitig alle Voraussetzungen zu eliminieren, daß aus den regional unterschiedlichen Klimaänderungen und ihren Folgen neuartige Konfliktpotentiale zwischen Staaten und Völkern entstehen.

7   Meso- und Mikroklima

Während das globale Klima die Lebensbedingungen auf der Erde im allgemeinen bestimmt, erlebt der Mensch das, was wir als Klima bezeichnen, häufig in charakteristischen Ausprägungen in seiner unmittelbaren Lebens- und Arbeitssphäre. In der Klimatologie kann man seit jeher eine Richtung verfolgen, die sich mit den kleinräumigen Besonderheiten in der raum-zeitlichen Verteilung der Klimaelemente befaßt. So lenkte bereits Köppen (1931) die Aufmerksamkeit auf die *Kleinklimate von Wald und Flur, Hang und Senke*. Einen Markstein der Entwicklung bildete die Forderung von Knoch (1963) nach einer *Landesklimaaufnahme* und einem Klimakataster. Heute sind entsprechende Arbeitsmethoden weit entwickelt und verbreitet, um für die Skalen des Mikro- (räumlicher Maßstab bis 100 m) und besonders des Mesoklimas (räumlicher Maßstab 100 m bis 100 km) fundierte Aussagen treffen zu können. Hoch aufgelöste meteorologische Daten werden u.a. für die klimagerechte Gestaltung von Städten und Siedlungen (Stadtklimatologie), für die Landes- und Territorialplanung sowie die Landschaftsgestaltung (Topo- oder Geländeklimatologie), für die Bedingungen des Erholungswesens und der Touristik in einem Gebiet, für die klimagerechte Einordnung des Verkehrs, für die Beurteilung der Ausbreitungsbedingungen von Luftverunreinigungen und damit für den Umwelt- und Gesundheitsschutz (Immissionsklimatologie) sowie für die Land- und Forstwirtschaft (Ökoklimatologie) benötigt. Zu den bis heute nicht einheitlichen Begriffsbildungen s. Geiger (1961), Schneider-Carius (1961), Kraus (1987), Endlicher (1989), Hupfer (1989), Geiger et al. (1995), Müller (1995) u.a. Innerhalb der Mesoklimate bilden sich Mikroklimate aus. Sie existieren in der Größenordnung bis 100 m und müssen bei der Lösung praktischer Aufgabenstellungen Berücksichtigung finden. Die Arbeitsgebiete, die sich mit dem globalen bzw. mit dem regionalen und lokalen Klima befassen, sollen unter dem Aspekt einer *einheitlichen Klimatologie* gesehen werden. Die klimatologischen Elementarprozesse (Kap. 2) bestimmen letztlich das großräumige Klima. Andererseits sind die Meso- und Mikroklimate in das Makroklima eingebettet und damit Gegenstand von Klimaschwankungen und -wirkungen.

7.1 Meso- und mikroklimatische Strukturen

7.1.1 Entstehung

Wie in Abschnitt 2.2 ausgeführt wurde, entstehen meso- und mikroklimatische Strukturen infolge von Besonderheiten des Wärmehaushaltes und der Advektion in einem Gebiet, dessen Ausgestaltung durch Neigungen, Art sowie Bedeckung der Oberfläche, durch die Eigenschaften des Bodens unterhalb der Oberfläche und gegebenenfalls durch anthropogene Einflüsse gekennzeichnet werden kann.

Man kann das Konzept des globalen Klimasystems (Abschnitt 3.1) auf den Meso- und Mikrobereich ausdehnen (Abb. 7.1). Dabei verringern sich die horizontalen und vertikalen Abstände entsprechend des betrachteten Maßstabes. Je kleiner die betrach-

Tabelle 7.1: Klimafaktoren im mesoklimatischen Bereich, nach Hupfer (1989)

Faktor	Einflußgröße	Klimafolgen	Klimaerscheinungen
Allgemeine Orographie	Höhe ü. NN, Ausdehnung und Struktur von Gebirgen	Höhenabhängigkeit der Klimaelemente, Besonderheiten von Wind, Wolken und Niederschlag	Gebirgsklima, Berg- und Talwind, Föhn
Georelief	Höhe ü. NN Hangneigung, -azimut, -wölbung	Veränderung Strahlungs- und Temperaturfeld, Einstellung Druck / Windfeld	Topoklimate, Stau- und Düseneffekte, Hangwind, Kaltluftflüsse
Unterlage	Boden- und Vegetationsart, Albedo, Rauhigkeit, Bebauung, Bodenparameter	Wärmehaushalt, Konvektion, Temperatur, interne Grenzschichten	Land- und Seewind, Küsten- und Inselklima, Geländeklima
Immission von Luftbeimengungen	Konzentration verschiedener Beimengungen, Aerosole	Dunst, Smogneigung, bioklimatische Effekte	Klima von Hohlformen (Täler, Becken) sowie urbanen und industriellen Ballungsgebieten
Bebauung, Bevölkerungsdichte	Energiezufuhr, Kühlturmschwaden Bodenversiegelung	Wärme- und Wasserhaushalt, Konvektion und Bewölkung, Niederschlag	Wärmeinsel, Flurwindsystem, Stadtklima

teten Strukturen werden, desto stärker kommen die kleinräumigen klimabildenden Faktoren sowie die Advektion klimarelevanter Eigenschaften zur Geltung. Die Faktoren, die zur Ausbildung von mesoklimatischen Strukturen führen, enthält Tab. 7.1. Demnach versteht man unter einer meso- bzw. mikroklimatischen Struktur eine charakteristische räumliche und gegebenenfalls auch zeitliche Abweichung von den kennzeichnenden Parametern des dem Raum zugehörigen Meso- oder Mikroklimas. Das Schema der Enstehung mesoklimatischer Strukturen, das man in gewisser Analogie auch auf den Begriff der mikroklimatischen Strukturen anwenden kann, zeigt Abb. 7.2. Hinsichtlich des Mikroklimas ist noch auf die Verteilung der Klima-elemente in der Nähe der Oberfläche hinzuweisen. Es handelt sich um das Klima der bodennahen Luftschicht (bis 2 m Höhe ü. Gr.) im Sinne von Geiger (1961).

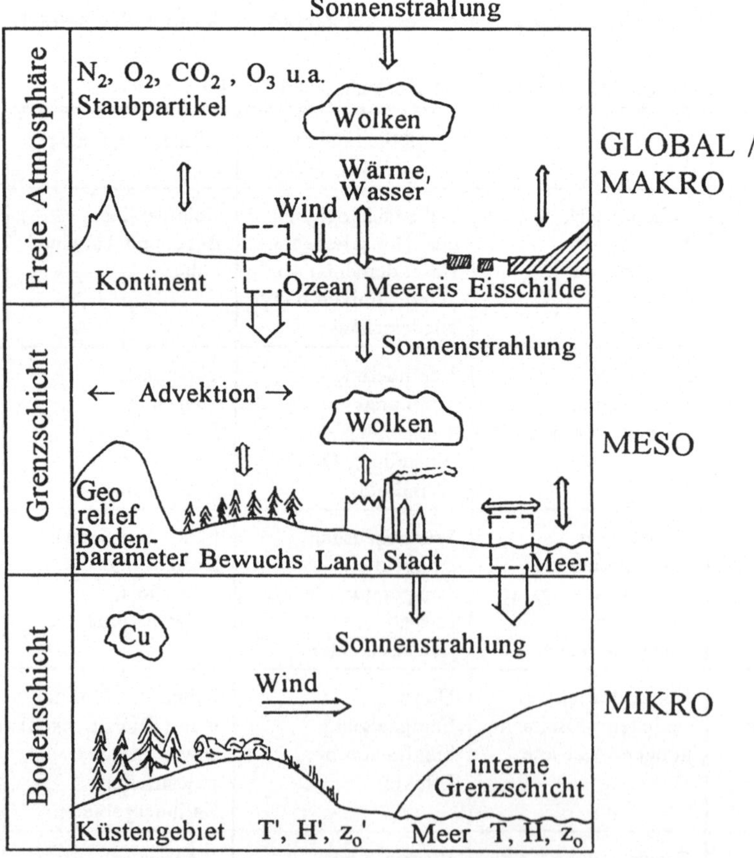

Abbildung 7.1: Das Klimasystem im Makro-, Meso- und Mikrobereich

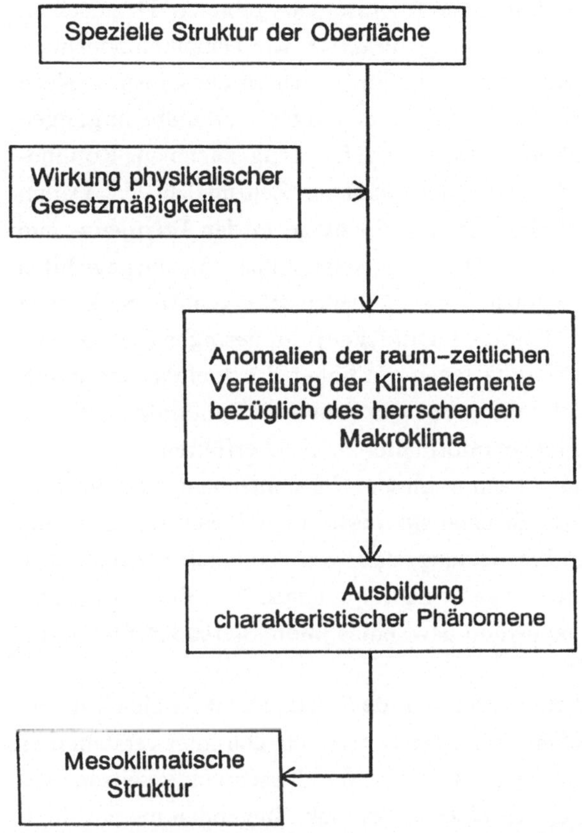

Abbildung 7.2: Schematische Darstellung der Ausbildung mesoklimatischer Strukturen

7.1.2   Forschungsmethoden

7.1.2.1   Nutzung konventioneller Daten

Für Mitteleuropa kann man davon ausgehen, daß die *Stationsnetze* der Wetterdienste so angelegt sind, daß eine Bestimmung wesentlicher Mesoklimate im allgemeinen möglich ist. Für die lokalen Besonderheiten gilt das in der Regel nicht, da die Daten der meteorologischen Stationen ja gerade repräsentativ, d.h. lokale Einflüsse möglichst klein sein sollen. Gängige Methoden der klimatologischen Auswertung sind Darstellungen von Isolinien für verschiedene Klimaelemente sowie Abgrenzungen von Gebieten mit einheitlichen klimatischen Verhältnissen.
Letztere können in enger Anlehnung an geographisch-ökologische Naturraumeinheiten

erfolgen, aber auch durch die Bestimmung von Repräsentativgebieten. Dazu stehen verschiedene objektive statistische *Klassifizierungsverfahren* wie Hauptkomponenten- und Faktorenanalyse, Diskriminanzanalyse sowie die Varianten der Clusteranalyse u.a. zur Verfügung. Schumann et al. (1991) zeigen, daß unter Tieflandbedingungen zur Bestimmung der regionalen Kaltluft- bzw. Frostgefährdung solche aus Routinemessungen ableitbaren Größen wie die Dauer der frostfreien Zeit im Jahr, das Datum des letzten bzw. des ersten Frostes, die Zahl der Frosttage in den Frühjahrs- und Herbstmonaten sowie die Aussagen von Häufigkeitsstatistiken von ausgewählten Strahlungstagen gut geeignet sind, regionale Besonderheiten zu erkennen. So können Lagen im Bereich von Erhebungen (Platten, Landrücken) mit geringer Frostgefährdung statistisch signifikant von Niederungslagen mit hoher Frostgefährdung unterschieden werden. Auch hier geht es immer um das Problem, Punktinformationen (= Messungen an Stationen) in Flächeninformationen zu überführen.

Die Auswertung *phänologischer Daten* kann in diesem Zusammenhang eine wichtige Rolle spielen, da die Zeitpunkte des Erscheinens bestimmter Kennzeichen in der Natur, insbesondere der pflanzlichen Entwicklung, stark von den lokalen klimatischen Bedingungen abhängen. So können wichtige Schlußfolgerungen über die Frostgefährdung, Wärmebegünstigung, Windexposition usw. eines interessierenden Standortes gezogen werden.

Ergänzende und die Informationsdichte vergrößernde Einsichten in lokale Klimabesonderheiten kann man durch die *Klima-Bonitierung* erhalten. Darunter versteht man die begründete Einschätzung von Lufttemperatur- und Windgeschwindigkeitsanomalien interessierender Standorte bezüglich einer in der Nähe liegenden meteorologischen Referenzstation. Grundlage der Bonitierung bilden topographische Karten sowie Angaben über die klimarelevanten Oberflächen- und Bodenparameter. Diese von subjektiven Mängeln nicht freie Methode hat inzwischen an Bedeutung verloren, da jetzt schon einfache, relativ leicht anwendbare numerische Modelle für den Meso- und Mikromaßstab zur Bestimmung lokaler und regionaler Klimabesonderheiten zur Verfügung stehen (s. Abschnitt 7.1.2.3).

7.1.2.2   Spezielle Meßmethoden

Zum genauen Nachweis der Existenz und der raum-zeitlichen Änderung meso- und mikroklimatischer Strukturen existieren zahlreiche Verfahren, denen man sich je nach der Bedeutung des zu untersuchenden Problems sowie der zur Verfügung stehenden Zeit und Mittel bedienen kann.

Zunächst sind die *temporären Meßnetze* zu nennen. Automatische meteorologische Stationen (in der Regel angewendet) werden im Untersuchungsgebiet nach Maßgabe von Relief, Boden, Bewuchs und Nutzung so plaziert, daß die Klimabesonderheiten voraussichtlich erfaßt werden. Sie messen mindestens die Lufttemperatur und Luftfeuchte sowie Windgeschwindigkeit und Windrichtung. Das Meßprogramm kann durch die Erfassung wichtiger Luftschadstoffe, des Niederschlages, der Bodentemperaturen und anderer Größen ergänzt werden. In der Regel sollte ein Meßnetz solange betrieben werden, bis die für die zu erzielende Aussage wichtigen Wetterlagen hinreichend häufig eingetreten sind.

Selbständig oder ergänzend zu den temporären Meßnetzen werden im Untersuchungsgebiet *mobile Messungen* durchgeführt. Für Meßfahrten (Kuttler 1993) existieren heute Meßwagen, die bspw. mit Spurenstoffanalysatoren, Gaschromatographen, Meßeinrichtungen für die meteorologischen Größen bis 10 m Höhe ü.Gr. sowie für Globalstrahlung, Strahlungsbilanz und Luftdruck ausgerüstet werden können. Der methodisch überlegte Einsatz ist sowohl für die Bestimmung meso- und mikroklimatischer Strukturen als auch zur Beurteilung der Schadstoffausbreitung von großer Bedeutung. Mobile Klimamessungen können auch mit Hilfe von Aspirationspsychrometern und Handanemometern auf Meßgängen vorgenommen werden. Gerade für die Ermittlung der Ausbreitung von Luftbeimengungen ist die vertikale Verteilung der meteorologischen Größen wichtig. Diese können entweder durch Profilmessungen an Meßtürmen oder -masten oder durch *kleinaerologische Sondierungen* realisiert werden. Letztere beschränken sich meist auf die planetarische Grenzschicht (1-2 km Höhe, s. Abschnitt 1.1). Zum Einsatz kommen langsam aufsteigende Radiosonden und Fesselballonsonden, zur Bestimmung der Mischungsschichthöhe und des Turbulenzgrades aber auch vom Boden aus SODAR-Geräte (Sound Detecting and Ranging). Mit Hilfe von Meßflügen kann mittels Infrarot-Thermographie ein flächendeckender Überblick über Temperaturunterschiede an der Erdoberfläche gewonnen werden. Auch die Auswertung der im Wetterdienst verwendeten operationellen Radarkarten kann wertvolle zusätzliche Hinweise erbringen (so Schauer- und Gewitterhäufigkeiten).

Zum Nachweis meist langsamer bodennaher Bewegungen wie Kaltluft- oder Ausgleichsflüsse werden multiple Verfahren genutzt. So kann man mit Hilfe eingebrachter luftfremder Substanzen als Tracer in die Bodenschicht den Strömungsweg ziemlich genau bestimmen (Kuttler 1993). Als Marker für solche Bewegungen kommt auch die Einbringung von Rauch oder Driftkörpern in Betracht. Desgleichen können die empfindlichen Hitzdrahtanemometer für extreme niedrige Windgeschwindigkeiten eingesetzt werden.

Als nützliches experimentelles Hilfsmittel erweisen sich auch *Windkanaluntersuchungen* zum Studium von Besonderheiten der Strömung (Kuttler 1991).

Der Erkenntniswert so gewonnener Daten vergrößert sich jedoch entscheidend, wenn parallel zur Messung die Methode der Modellierung angewendet wird.

7.1.2.3 Modellierung

Seit Ende der siebziger Jahre sind anwendungsfreundliche thermohydrodynamische
u.a. Modelle für die Anwendung im Meso- und Mikrobereich entwickelt worden.
Sie werden für die Lösung grundsätzlicher Probleme in der Atmosphäre eingesetzt,
aber auch für die detaillierte Darstellung der Felder der Klimaelemente im gegliederten
Gelände. Sie sind heute für die Lösung praktischer Aufgabenstellungen im
Rahmen von Umweltverträglichkeitsprüfungen und Standortgutachten nicht mehr
wegzudenken.

Tabelle 7.2: Angaben zur Auflösung und zum Modellgebiet für sechs nicht-hydrostatische
mesoskale Klimamodelle, Angaben aus Schlünzen (1994)

Modell	Vertikale Auflösung m	Horizontale Auflösung km	Kleinstes Modellgebiet km^2	Größtes Modellgebiet km^2
EZM (Univ. Karlsruhe, Univ. München u.a.)	10 - 250	0,250 - 10	10·10	400·400
FITNAH (Univ. Hannover, DWD)	1 - 1000	0,001 - 5	0,05·0,05	200·200
GESIMA (GKSS Geesthacht u.a.)	50 - 500	0,500 - 5	50·50	300·300
KAMM (Univ. Karlsruhe u.a.)	20 - 200	0,100 - 10	10·10	600·600
MESOSCOP (DLR Oberpfaffenhofen)	1 - 2000	0,001 - 10	1·1	4000·4000
METRAS (Univ. Hamburg u.a.)	2 - 1000	0,010 - 10	1·1	400·400

Die zur Verfügung stehenden Modelle reichen von einfachen Kaltluftabflußmodellen
(bspw. KLAM des DWD) oder reinen Windmodellen (so MKW des DWD) über
Modelle der Wärmebilanz des Menschen bei unterschiedlicher Topographie und
Landnutzung (Klima-Michel-Modell des DWD, s. Kap. 8) bis zu den aufwendigen
dreidimensionalen, zum Teil horizontal und vertikal sehr hoch auflösenden mesoskalen Klimamodellen. Die in Deutschland bereits bewährten Modelle dieser Art hat
Schlünzen (1994) hinsichtlich der Haupteigenschaften zusammengestellt und
verglichen. Verschiedene Angaben zur räumlichen Auflösung enthält Tab. 7.2. Die
hier aufgeführten Modelle sind nicht-hydrostatisch. Das bedeutet, daß man in dem

modellierten Maßstabsbereich die vertikalen Beschleunigungen nicht mehr vernachlässigen kann und daß die eindeutigen Beziehungen zwischen Luftdruck und Höhe, wie sie die statische Grundgleichung beschreibt, in diesem Fall nicht mehr gelten. Da diese Modelle nur ein begrenztes Modellgebiet besitzen, müssen die Umgebungsverhältnisse genau definiert werden. Das sind in der Regel geostrophisches Gleichgewicht und Gültigkeit der hydrostatischen Approximation. Zu diesen seitlichen Randbedingungen kommen solche an der unteren und oberen Grenzfläche. Bodenart, Bewuchs und Bebauung werden berücksichtigt. Indem diese variiert werden, können die Auswirkungen von Eingriffen in das untersuchte Gebiet beurteilt werden. Die Modelle selbst bestehen in ihrem Kern aus Differentialgleichungen für die Erhaltung von Masse, Wärme, Wasser und turbulenter kinetischer Energie. Sie unterscheiden sich daher von der Physik her nicht prinzipiell von den globalen Klimamodellen, die in Kap. 5 erörtert wurden. Das Koordinatensystem wird dem Terrain angepaßt. Diese Modelle enthalten umfangreiche Parameterisierungen und Untermodelle. Sie sind in der Lage, die Komponenten des Windvektors, die Lufttemperatur, die spezifische Feuchte, die Ausbreitung (Konzentration) chemischer Beimengungen und andere Eigenschaften zu simulieren. Die Anwendungen sind äußerst vielfältig. Für den hier interessierenden Problemkreis wurden Fragestellungen wie nächtliche Kaltluftflüsse und ihre Transportraten, orographisch beeinflußte Windfelder, Effekte der Veränderung der Erdoberfläche u.a. mit dem Modell *Fitnah* (= Flow over Irregular Terrain with the Natural and Anthropogenic Heat source)

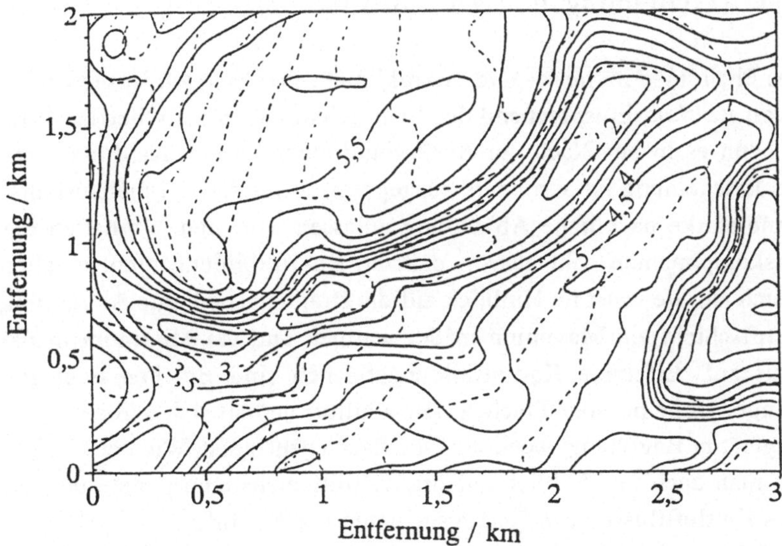

Abbildung 7.3: Mit dem Modell FITNAH berechnete Lufttemperatur in 0,7 m Höhe ü. Gr. in °C um 5 Uhr nach einer Strahlungsnacht im Frühjahr, nach Groß (1985). Die Höhenlinien sind gestrichelt dargestellt

gelöst (Groß 1985, Gross 1988, 1989, Gross und Wippermann 1987 u.a.).
Als ein Beispiel ist in Abb. 7.3 die hochaufgelöste Berechnung der Lufttemperatur
in einem Moselseitental dargestellt.
Ferner sei noch auf das Mikroskalige Urbane KLima-MOdell MUKLIMO (Sievers
und Zdunkowski 1986) hingewiesen, das in erster Linie dazu dient, Luftströmungen
über Häuserblöcken zu simulieren. Gleichzeitig können die Felder der Temperatur,
der Feuchte und der Konzentration von Abgasen berechnet werden. Dieses Modell
kann ebenfalls gut genutzt werden, um verschiedene Planungsvarianten im Hinblick
auf Gebäudehöhen, Straßenbreiten, Versiegelungsgrad u.a. zu prüfen. Die Version
MUKLIMO_3 ist in die Praxis des DWD eingeführt worden. Zur Berücksichtigung
des thermischen Empfindens des Menschen in Städten dient das ebenfalls hoch-
auflösende urbane Bioklimamodell UBIKLIM des DWD. Das Modell berechnet die
Lufttemperatur und -feuchte, die Windgeschwindigkeit sowie die Einstrahlung unter
Berücksichtigung der Topographie und der Landnutzung. Die Ergebnisse werden mit
Hilfe des Klima-Michel-Modells (s. Abschnitt 8.2.1) auf ihre Wirkung bezüglich des
thermischen Empfindens des Menschen geprüft. Auch hier besteht der Vorteil, daß
Planungsvarianten kostenarm und schnell miteinander verglichen werden können.
Die Zahl der für die verschiedenen Anwendungen entwickelten und eingesetzten
mesoskaligen Modelle nimmt rasch weiter zu.

7.1.3   Einige Erscheinungsformen und Phänomene

Ein bedeutendes Phänomen im meso- und mikroklimatischen Bereich ist die nächtliche Bildung von *Kaltluft*. Entsprechend des Energiehaushaltes der Oberfläche (s.
Abschnitt 2.2) kann es in der Nacht zu Ausbildung einer flachen Kaltluftschicht
kommen. Diese Erscheinung ist besonders ausgeprägt, wenn die Wärmehaushaltsbedingungen eine starke nächtliche Abkühlung zulassen. Aus dem Verhalten der
Wärmehaushaltskomponenten geht hervor, daß die Kaltluftbildung nicht in allen
Jahreszeiten gleich ist. Sie weist im Hinblick auf die strahlungsbedingte Abkühlung
der untersten Luftschicht ein Maximum in der warmen und ein Minimum in der
kalten Jahreszeit auf. Effektive Kaltluftbildungsflächen sind Brachen oder mit
Vegetation geringer Höhe besetzte Flächen. Die Kaltluft verhält sich wie eine zähe
Flüssigkeit. Sie gerät in Bewegung, wenn die Oberfläche geneigt ist. Wie bei Fließge-
wässern spricht man auch im Hinblick auf die Kaltluftentstehungsgebiete und die
Auswirkung des Kaltluftflusses von Einzugsgebieten der Kaltluft.
Zum Kaltluftfluß kann es im Laufe des Tages schon kurz nach dem Eintreten des
nach oben gerichteten und die Abkühlung der bodennächsten Schicht bewirkenden
Bodenwärmestroms kommen, d.h. im allgemeinen bereits vor dem Sonnenuntergang.

Er endet spätestens mit dem morgendlichen Nulldurchgang des Bodenwärmestroms. Die Kaltluftabflußrate nimmt mit der Größe des Einzugsgebietes zu. Da die Abkühlung in unmittelbarer Bodennähe am stärksten ist, bildet sich mit Kaltluftentstehung eine Bodeninversion aus. Der Kaltluftfluß erfolgt hangabwärts und wird durch Hindernisse modifiziert. So kann es vor einem natürlichen oder künstlichen Hindernis zu Staueffekten und einer entsprechenden Kaltluftansammlung ("Kaltluftsee") kommen. Aufgestaute, stagnierende Kaltuft bringt vor allem negative Auswirkungen mit sich, da sich die Frost-, Glatteis- und Nebelgefahr erhöht und die Vermischung emittierter Luftschadstoffe wegen der stabilen Schichtung stark herabgesetzt ist. In diesen Fällen können durch Eingriffe Abflußmöglichkeiten geschaffen werden. Sind Kaltluftschneisen vorhanden, kann ein entsprechender Abfluß erfolgen. Diese Eigenschaften der Kaltluft ermöglicht Maßnahmen zu ihrer Lenkung. Die Wirkung der Kaltluft ist unterschiedlich. Auf der einen Seite kann sie unerwünscht sein und zu thermischem Diskomfort (Abschnitt 8.2.1) führen. In Bereichen der intensiven Kaltluftbildung und -sammlung kommt es häufiger und länger zu Frostgefährdungen und entsprechenden Schäden. Auf der anderen Seite hat die Kaltluft besondere hygienische Bedeutung für die Lufterneuerung in Siedlungen und Städten. Klimaverbesserungsmaßnahmen haben daher das Ziel, die positive Wirkung der Kaltluftflüsse zu gewährleisten und die negativen Auswirkungen zu verringern. Weise (1981) hat für das Havelgebiet bei Werder eine geländeklimatologische Gliederung gefunden, die auf der unterschiedlichen Kaltluftbildung beruht (Tab. 7.3). Es wird deutlich, daß die Vielzahl der Reliefformen und Bodenarten auch komplexe thermische Strukturen hervorbringt. Die große praktische Bedeutung der Kaltluftbildung und -bewegung hat dazu geführt, daß spezielle Kaltluftabflußmodelle entwickelt worden sind. Beispiele sind KLAM des DWD, Blueflow der Fa. Carl und Samimi, das Modell KAMO nach Riether et al. (1994) oder das Modell nach Schädler und Lohmeyer (1994). Die einfachen Modelle beruhen auf statistischen Beziehungen zwischen der Neigung der Oberfläche, der Bodenart und der Bedeckung der Oberfläche auf der einen Seite und der Stärke des Kaltluftflußes und der zu erwartenden Minimumtemperaturen auf der anderen Seite. Für beliebige Standorte können die Größe des Einzugsgebietes ebenso wie die Flußbahnen der Kaltluft sowie die Frostgefährdung bestimmt werden.

Eine mit der Kaltluftbildung zusammenhängende Struktur ist die Erscheinung der *warmen Hangzone* (Geiger 1961, Koch 1961, Yoshino 1975, Weise 1978). Es handelt sich um einen Bereich höherer Nachttemperatur gegenüber den Kuppen- und Niederungsgebieten. In windstillen und wolkenlosen Nächten bildet sich eine Zirkulation zwischen der schneller erkaltenden Luft am Hang und dem Warmluftspeicher über dem Tal bzw. der Niederung heraus. Während die Kaltluft auf den flachen Plateaus verbleibt, fließt die Kaltluft von den Hängen ab und bildet die Kaltluftsammelbereiche im Tal bzw. in der Niederung. So kann sich zwischen Plateau und Tal ein Bereich höherer nächtlicher Temperatur ausprägen. Da die Hänge in Abhängigkeit von der Exposition auch tagsüber thermisch bevorzugt sein können, ergibt sich das Hangklima als ganztägig wärmer als die Umgebung. Abb. 7.4 zeigt Meßergebnisse, die den nächtlichen Effekt des warmen Bereiches an verschieden orientierten Hängen zeigen. Das nächtliche Temperaturprofil folgt dabei ziemlich eng dem Relief. Den Effekt mehrgliedriger warmer Hangzonen hat u.a. Koch (1961) nachgewiesen.

Das Phänomen der warmen Hangzone tritt im allgemeinen bei autochthoner Witterung in Strahlungsnächten auf, wobei die Höhe der Temperaturanomalie im Laufe des Jahres nicht konstant ist.

Tabelle 7.3: Systematik der Kaltluftbildung in einem weniger stark gegliederten Gelände (Havelgebiet bei Werder), nach Weise (1981)

Kaltluftbildungsflächen	Merkmale
Sehr stark kaltluftproduzierende Flächen in Kaltluftsammelgebieten (Moorstufe)	Fluß- und seeferne Moore, große tägliche Schwankungsbreite der Lufttemperatur in der bodennahen Schicht, lokale Nachtfröste selbst im Juli und August
Stark kaltluftproduzierende Flächen in Kaltluftsammelgebieten (Gleystufe 2)	Niederungen auf Moorgleyen, Anmooren, Sand- und Humusgleyen, geringere Tagesschwankungen der Lufttemperatur
Mäßig kaltluftproduzierende Flächen in Kaltluftsammelgebieten (Gleystufe 1)	Stark humose Böden von Auen und Talsandterrassen, Frostgefährdung herabgesetzt
Kaltluftsammelgebiete außerhalb von kaltluftproduzierenden Flächen	Hohlformen wie Sandgruben, Hangmulden, Vielfalt konkaver Formen, Auftreten von "Frostlöchern"
Kaltluftsammelgebiete in geschlossenen Hohlformen	Frostgefährdung
Kaltluftsammelgebiete in schwach geneigten Hohlformen	In größeren Mulden, zur Niederung hin kommt es oft zu Früh- und Spätfrösten
Kaltluftsammelgebiete in offenen, mäßig geneigten Hohlformen	Einsenkungen in Rücken und Platten mit Neigungswinkeln $>2°$ zur Niederung
Randsäume der Kaltluftsammelgebiete	Höhere Lagen breiter Talsandflächen, Lage der Kaltluftgebiete windrichtungsabhängig
Wenig frostgefährdete Hanglagen, Kuppen und Grundmoränenflächen	Hänge aller Expositionen, Hochlagen, je nach Vegetation und Unterlage klimatische Differenzierung

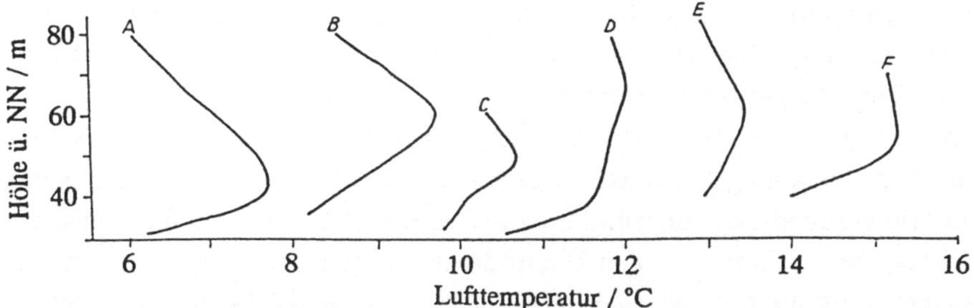

Abbildung 7.4: Nächtliche Minima der Lufttemperatur in Abhängigkeit von der Höhe bei verschiedenen Hängen des Havelgebietes bei Werder, nach Weise (1978). Profil A: Westhang (1), Profil B: Westhang (10), Profil C: Nordhang (10), Profil D: SW-Hang (5), Profil E: NE-Hang (5), Profil F: SW-Hang (5). Die Zahlen in Klammern bezeichnen die Zahl der erfaßten Fälle.

Diese klimatische Erscheinung ist ebenfalls für die Praxis wichtig, da sie sich bspw. auf Obsterträge positiv auswirkt.

Die geländeklimatologischen Besonderheiten werden durch das Auftreten tagesperiodischer Windsysteme (s. Abschnitt 2.2.3) modifiziert.

In Gebirgsregionen, Flußtalbereichen und ähnlichen Vorkommen stark geneigter Flächen kommt es in der Regel unter autochthonen Witterungsbedingungen zur unterschiedlichen Erwärmung von Tal- und Höhenlagen. Daraus entwickeln sich die *Zirkulationssysteme*, die häufig infolge der Reliefbedingungen, der Exposition sowie Bodenbeschaffenheit und Pflanzenbedeckung eine komplizierte Struktur besitzen. Die sich tagsüber einstellenden, aufwärts gerichteten *Hangwinde* können als auslösender Zweig der Zirkulation angesehen werden, aus der sich die *Berg- und Talwinde* entwickeln. Die Hang- bzw. Talwinde führen im Laufe des Tages feuchte warme Luft in die höheren Regionen. Dabei kommt es häufig zur Bildung von Wolken über den Hängen, während über der Talmitte durch absinkende Ausgleichsströmungen vorwiegend sonniges Wetter herrscht. Die Windgeschwindigkeiten überschreiten einen Wert von 5 m·s^{-1} nur selten. Die nächtlichen Berg- bzw. Hangabwinde verstärken die Kaltluftschicht im Tal, wodurch die Gefahr von Früh- und Spätfrösten sowie von Nebel steigt. Während einerseits die damit verbundene Frischluftzufuhr in Siedlungen durchaus positiv wirkt, so kann doch die Vermischung emittierter Schadstoffe erheblich behindert werden. Untersuchungen haben gezeigt, daß es auch zu Kombinationen verschiedener tagesperiodischer Windsysteme kommt, so des Flurwindes und der Berg- und Talwind-Zirkulation (s. bspw. Lazar 1991). Die meisten Klimaelemente erfahren in Abhängigkeit von den Bedingungen einer gegebenen Landschaft charakteristische Veränderungen. So wird die Sonnenscheindauer im Tal verkürzt, die Himmelsstrahlung entsprechend des kleineren Himmelssichtfaktors verringert, was einer Reduzierung der Globalstrahlung entspricht. Die langwellige Strahlungsbilanz ist verkleinert, da die Ausstrahlung von den Talhängen der von der Talsohle her entgegenwirkt.

Eine wichtige Eigenschaft des *Talklimas* besteht in der Abschwächung der Windgeschwindigkeit (Flemming 1982). Damit geht auch eine Verringerung der Turbulenz und der mit ihr verbundenen Austauschprozesse einher. Das trägt zum thermisch extremen Klima von Tallagen bei. Der Dampfdruck ist im Tal infolge des verringerten turbulenten Austausches höher als im Bereich angrenzender Ebenen. Zusammen mit der Abnahme der Windgeschwindigkeit bewirkt dies die häufigere Nebelbildung in Tallagen. Für die klimatische Differenzierung sehr wichtig ist auch die Exposition der Hänge in Bezug auf die Windrichtung und ihre Einteilung in Luv- und Leehänge. Am Luvhang bewirkt die aufsteigende Luft Stauniederschläge, während am Leehang die Luft absinkt und sich unter Wolkenauflösung erwärmt (Föhneffekt). Die Wirkung dieser Exposition kann im Frühjahr an der Dauer der winterlichen Schneedecke erkannt werden. Die verschiedenen Bodenbedeckungen und Vegetationsarten sowie Unterschiede im Bodenwasserhaushalt, die häufig mosaikartig in einem Gebiet angeordnet sind, rufen Besonderheiten in der Verteilung der Wärmehaushaltsgrößen, der Ausbildung der Konvektion sowie der Verteilung der Bewölkung und von Niederschlägen hervor. Expositonsklimate entstehen an Wald- und Gehölzrändern (Flemming 1994). Die Gesamtheit der Kenntnisse über die klimatische Differenzierung im Meso- und Mikromaßstab läßt die Annahme zu, daß jede Fläche, die sich durch einheitliches Georelief, Bodenbedeckung und Vegetation sowie Nutzung auszeichnet, eine bestimmte "Klimafunktion" ausfüllt. Für ein solches Gebiet wurde der Begriff "Klimatop" geprägt. Auf den Begriff der Klimafunktionskarte wird in Abschnitt 7.4 eingegangen.

Für die Praxis besonders wichtig ist die *Ausbreitung von Luftverunreinigungen* im gegliederten und/oder bebauten Gelände. Sie ist mit den genannten klimatischen Besonderheiten eng verbunden. Geländestruktur und vertikale thermische Schichtung bestimmen im Mittelgebirgsraum stark die Schadstoffausbreitung. Das Transportpotential der Atmosphäre ist für Schadstoffe, die aus ganz verschiedenen Quelltypen stammen können, durch die Advektion, d.h. den Horizontaltransport in der mittleren Strömung, und durch die turbulente Diffusion, die auch wesentlich durch Einflüsse vom Boden ausgehen, gegeben. Die allgemeine Topographie und das Georelief eines Gebietes üben stets einen wichtigen Einfluß auf den Schadstofftransport innerhalb der unteren Atmosphäre aus. In Tälern kommt es zu einer ausgeprägten Kanalisierung des Windes. Erhebungen wirken als Hindernisse und müssen umströmt werden. Die kanalisierte Luftbewegung unterliegt durch die unterschiedliche Ausbildung der Konvektion Einflüssen von der Unterlage.

Für die verschiedenen Aufgabenstellungen sind in die Literatur zahlreiche Modelle beschrieben worden, die die Modellierung des Windfeldes, der turbulenten Austauschprozesse und der Ausbreitung selbst zum Inhalt haben. Die im Abschnitt 7.1.2.3 erörterten meso- und mikroskalen Modelle bilden dafür eine wichtige Grundlage. Hinzuweisen ist in diesem Zusammenhang auf die Bestimmung der Immissionen der Luftschadstoffe, die in trockener oder feuchter Ablagerung auftreten können. Zu empfehlen ist stets die Messung der Klimaelemente, die wesentlichen Einfluß auf die Ausbreitung nehmen.

7.2   Mesoklimate

7.2.1   Eigenschaften

Wie zu Beginn dieses Kapitels ausgeführt wurde, fällt ein breiter Bereich horizontaler Abmessungen dem Begriff des Mesoklimas zu. Allgemein kann definiert werden, daß mesoskale Strukturen im Maßstabsbereich 1 bis 10^2 km dann entstehen, wenn innerhalb eines Klimatyps Besonderheiten der Oberfläche zu verzeichnen sind. Dabei kann es sich um Abweichungen der Klimaelemente infolge der Nähe des Überganges Ozean/Kontinent, infolge der Existenz von Gebirgen unterschiedlicher Höhe, infolge großflächiger Eigenschaften der Oberfläche mit ihrer Vegetation oder infolge dichter Bebauung in Form von Städten und/oder industriellen Ballungsgebieten handeln. In Abb. 7.5 ist die Verteilung der bodennahen Windgeschwindigkeit in Form der einmal im Jahr überschrittenen Windgeschwindigkeiten auf der Basis von 10-Minuten-Mittelwerten für Nordwestdeutschland dargestellt (Schmidt 1980). Während die Werte über See nur geringe Unterschiede zeigen, nehmen sie nach Passage der Übergangszone zwischen Land und Meer rasch und relativ gleichmäßig ab. Der Übergang im Mikromaßstab ist in Abb. 7.15 enthalten. Der Verlauf der Isolinien in Abb. 7.5 zeigt, daß im Elbebereich vergleichsweise hohe, über Schleswig-Holstein relativ geringe Geschwindigkeiten auftreten. Für die anderen Klimaelemente stellen sich vergleichbare räumliche Änderungen ein. Für den küstennahen Raum Mecklenburg-Vorpommerns liegen Ergebnisse von Neuber (1970) vor. Der Meereseinfluß auf den Bodenwind klingt etwa 50 km landeinwärts schon ab, wenngleich im Makroscale der Meereseinfluß über den Luftmassentransport weit in den Kontinent hinein reicht. Im Niederschlag zeigt sich in der Existenz eines schmalen Streifens erhöhten Niederschlages in Ufernähe ein ausgeprägter mesoklimatischer Effekt. Weiterhin sei hier darauf hingewiesen, daß große und geschlossene Waldgebiete sich in allen Klimazonen ein charakteristisches Mesoklima schaffen. Aufgrund der Wärmehaushaltsbedingungen (s. Abschnitt 2.2) bleiben in Wäldern die Maximumtem-

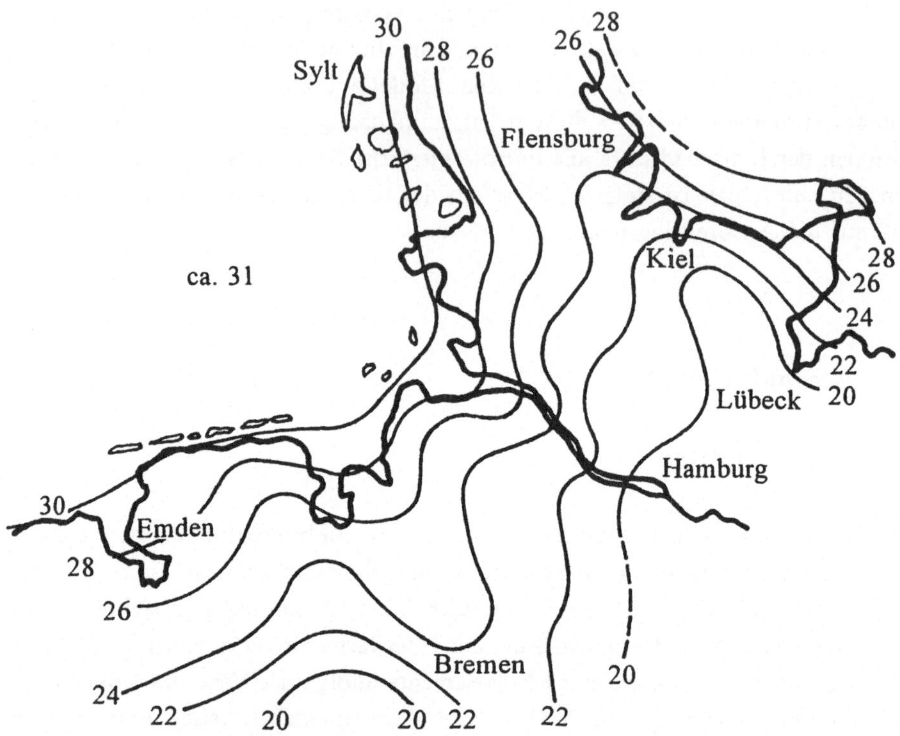

Abbildung 7.5: Änderung der Windgeschwindigkeit (einmal im Jahr überschrittene Schwellenwerte in m·s^{-1} von 10-Minuten-Mittelwerten) beim Übergang vom Meer zum Land in Nordwestdeutschland, nach Duensing et al. (1985).

peraturen niedriger und die Minimumtemperaturen höher als in der Umgebung. Durch den latenten Wärmestrom, der mit der Verdunstung gekoppelt ist, wird dem Wald ebenfalls Wärme entzogen. Die relative Feuchtigkeit ist in Waldgebieten etwas erhöht, während die Windgeschwindigkeit stark herabgesetzt ist. Der Wald übt einen Einfluß auf den Wasserhaushalt des Gebietes aus, indem der Abflußprozeß verzögert erfolgt; wegen der höheren Verdunstung liefert der Wald jedoch weniger Abfluß als die waldlose Umgebung.

Atmosphärische Einflüsse können den Wald auch schädigen. Dazu gehören die Folgen extrem hoher und niedriger Temperaturen und hoher Windgeschwindigkeiten, aber auch die Immission anthropogener Luftverunreinigungen. Gerade auf letztere reagieren die verschiedenen Waldökosysteme sehr empfindlich. Hinzuweisen ist auch auf die Häufigkeit des Vorkommens der meteorologischen Bedingungen, die die Waldbrandgefahr fördern. Die Besonderheiten der meteorologisch-klimatologischen Verhältnisse in Waldgebieten werden im Rahmen der Forstmeteorologie studiert, deren Gegenstände Flemming (1989, 1994) behandelt.

7.2.2   Beispiel: Stadtklima

Das in der Welt bisher am umfangreichsten untersuchte Mesoklima betrifft die klimatischen Besonderheiten, die sich infolge der Entstehung von Städten unterschiedlicher Größe und von industriellen Ballungsgebieten ergeben. Dieses Mesoklima wird als urbanes oder Stadtklima bezeichnet. In Deutschland erschien die erste Monographie zu dieser Problematik vor etwa 60 Jahren (Kratzer 1937).

Nach WMO (1981) versteht man unter dem Stadtklima das durch die Wechselwirkung mit der Bebauung und deren Auswirkungen (einschließlich Abwärme und Emission von luftverunreinigenden Substanzen) modifizierte Klima. Kuttler (1994) definiert das Stadtklima als Ergebnis der klimatischen Änderungen, die sich als Folge der Umwandlung einer durch den Menschen unbeeinflußten Landoberfläche in einen urban-industriell genutzten Siedlungsraum ergeben. Andererseits muß beachtet werden, daß gerade von den urbanen Ballungsräumen der größte Anteil der Spurengasemissionen ausgeht.

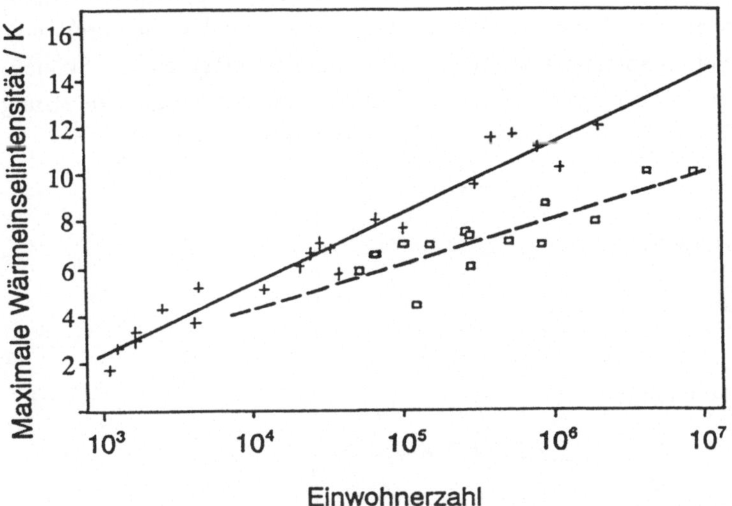

Abbildung 7.6: Wärmeinseleffekt in Abhängigkeit von der Einwohnerzahl von Städten in Nordamerika und Europa, nach Oke (1973). + = Nordamerika, □ = Europa

Die Ursachen des urbanen Mesoklimas lassen sich auf drei Gruppen zurückführen: Die *Umgestaltung der Erdoberfläche* verändert die Albedo sowie das Emissionsvermögen. Die Struktur der Bebauung führt zur Veränderungen der aerodynamischen Rauhigkeit. Der Anteil der verdunstenden Oberflächen verringert sich, der Versiegelungsgrad nimmt zu. Es verändern sich wichtige physikalische Eigenschaften des Boden wie Wärmeleitfähigkeit, spezifische Wärme und Dichte.

Die *Änderungen des Stoffhaushaltes* mit der Emission gasförmiger, fester und flüssiger Luftbeimengungen modifizieren die Luftzusammensetzung und erhöhen die Zahl der Kondensationskerne. Auf diese Weise erzeugen urbane Regionen nicht nur ein eigenes Mesoklima, sondern beeinflussen wirksam das globale Klima und seine Veränderungen. Es wird mehr Wasserdampf freigesetzt als im Umland.

Veränderungen des Energiehaushaltes ergeben sich durch die veränderten Albedo- und Wärmewerte der Oberfläche, durch die verringerte Globalstrahlung (ca. 10 %), die erhöhten langwelligen Strahlungsströme und die anthropogene Wärmefreisetzung. Zu den Hauptmerkmalen des Stadtklimas gehört daher (Hupfer und Chmielewski 1990) der *Wärmeinseleffekt*, der nicht nur Modifizierungen des Lufttemperaturfeldes, sondern auch der Niederschläge, des Luftdrucks, der Sicht u.a. mit sich bringt. Diese Haupteigenschaft des Stadtklimas wird in allen Klimazonen gefunden. Die Temperaturdifferenz Stadt-Umland nimmt in der ganzen Welt mit der Einwohnerzahl zu (Abb. 7.6). Ferner bildet sich eine *Dunstglocke* oder -haube mit der Veränderung der Sichtverhältnisse und des Strahlungshaushaltes aus. Der *hydrodynamische Effekt* urbaner Areale geht mit der Beeinflussung des Windfeldes, des Turbulenzregimes, der Ausbildung lokaler Zirkulationssysteme sowie der Niederschläge einher. Schließlich besteht ein *luftchemischer Effekt* infolge der Veränderung der Zusammensetzung der Luft hinsichtlich von Spurengasen und Aerosolen (Gassmann 1983).

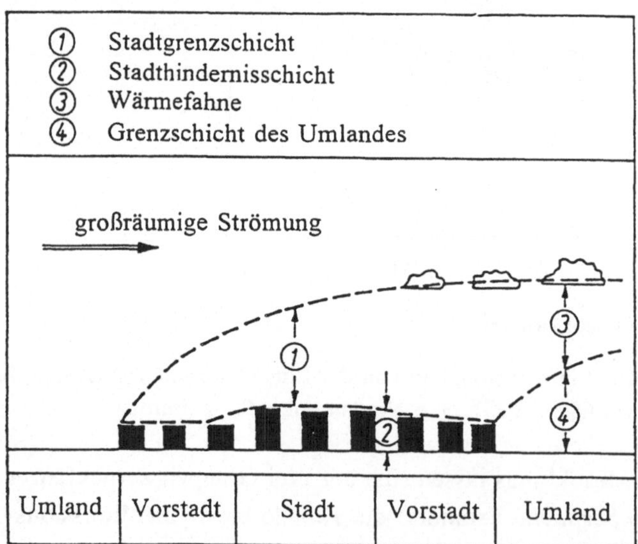

Abbildung 7.7: Schematische Darstellung der Stadtgrenzschicht, nach Helbig (1987)

Im einzelnen entwickeln sich Stadtklimate nach der geographischen Breite, der Art des Untergrundes und der landschaftsprägenden Höhenlage als natürliche Einflußfaktoren unterschiedlich. Modifikationen erfahren sie durch die Dichte der Besiedlung, die Art der Flächennutzung, den Anteil von Wasser- und Grünflächen sowie das Be- und Entwässerungssystem.

Die bis Mitte der achtziger Jahre in Deutschland gewonnenen Erkenntnisse zum Stadtklima enthält das Buch "Stadtklima und Luftreinhaltung" (VDI-Kommission 1988). Zu weiteren zusammenfassenden Darstellungen s. Yoshino (1975), Oke (1978, 1979), Landsberg (1981), Wanner (1983), Zimmermann (1987), Groß (1991), Helbig (1991b). Es gibt zahlreiche Arbeiten über die klimatischen Verhältnisse bestimmter Städte und Ballungsregionen, von denen hier nur Nübler (1979), Stock und Beckröge (1985), Lazar (1991) Wanner (1991) und Barlag (1993) stellvertretend für weitere Untersuchungen genannt seien. Hinsichtlich der methodischen Darlegungen und der praxisgerechten Aufbereitung sei die "Städtebauliche Klimafibel" von Baumüller et al. (1993) besonders hervorgehoben.

Die atmosphärischen Rahmenbedingungen für die Entwicklung des Stadtklimas sind durch die Existenz der *Stadtgrenzschicht* gegeben. Es handelt sich hierbei um den bodennahen Teil der planetarischen Grenzschicht der Atmosphäre, der im Bereich von Städten durch Bauten, Verkehr, Produktion und damit verbundene erhöhte Energieumsätze eine Störung erfährt (Abb. 7.7). Die Stadtgrenzschicht besteht im einzelnen aus der Stadthindernisschicht, der urbanen Grenzschicht und der Stadtluftfahne. Die erstere umfaßt die Schicht zwischen der Oberfläche und dem mittleren Dachniveau. In ihr entstehen verschiedene Mikroklimate. Die urbane Grenzschicht erstreckt sich vom Dachniveau bis zur Grenze der ungestörten atmosphärischen Grenzschicht. Sie beginnt an der Luvseite der Stadt und dehnt sich als Stadtluftfahne auf der Leeseite weit aus. Wärmeinseln entwickeln sich in Abhängigkeit von der Art der Unterlage. Am Rand der Stadt erfolgt der primäre Anstieg der Temperatur, die dann im Bereich der dichtesten Bebauung ihren Maximalwert erreicht (Abb. 7.8). Die urbanen Wärmegebiete können in den doch sehr unterschiedlich gebauten Städten ein- oder mehrkernig sein (Entstehung eines "Wärmearchipels"). Innerhalb der Wärmeinseln, die ihre Lage im Laufe des Tages verändern, können auch Gebiete geringerer Temperatur eingebettet sein. Die Ursachen des Phänomens liegen in der Änderung des Strahlungs- und Wärmehaushaltes mit der Entwicklung eines "städtischen Treibhauseffektes". Im Tages- und Jahresgang werden die höchsten positiven Temperaturdifferenzen Stadt-Umland in der Nacht (besonders in der warmen Jahreszeit) und im Winter gefunden (s. Kuttler 1984 für Bochum). In der wärmeren Jahreszeit treten während des Tages sogar negative Temperaturdifferenzen auf. Es handelt sich hier um eine auch für Städte in anderen Klimagebieten gültige Aussage.

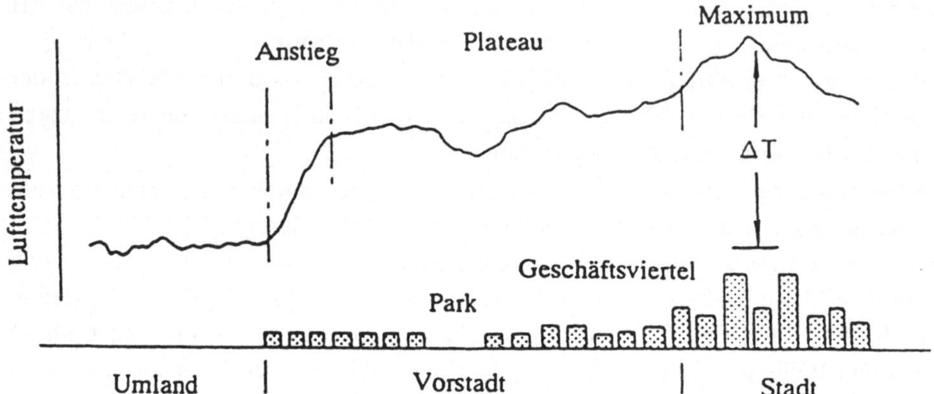

Abbildung 7.8: Schematische Darstellung der Änderung der Lufttemperatur beim Übergang vom Land zur Stadt, nach Oke (1978)

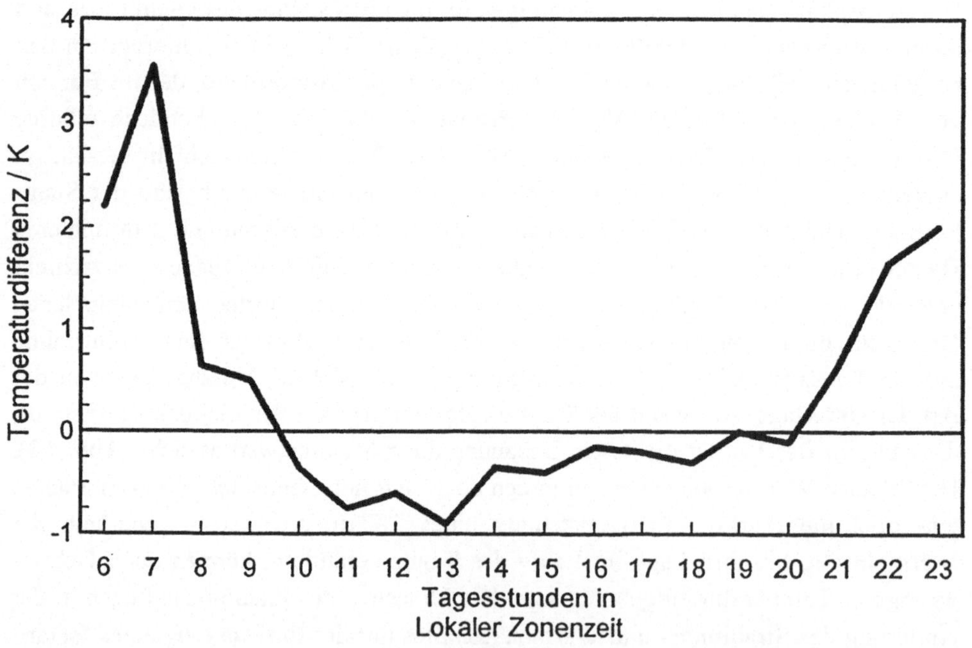

Abbildung 7.9: Der mittlere Verlauf der Temperaturdifferenz Stadt - Umland im Laufe des Tages im Zeitraum 25.-29.1.1982 in Nairobi, Kenya, nach Okoola (1990)

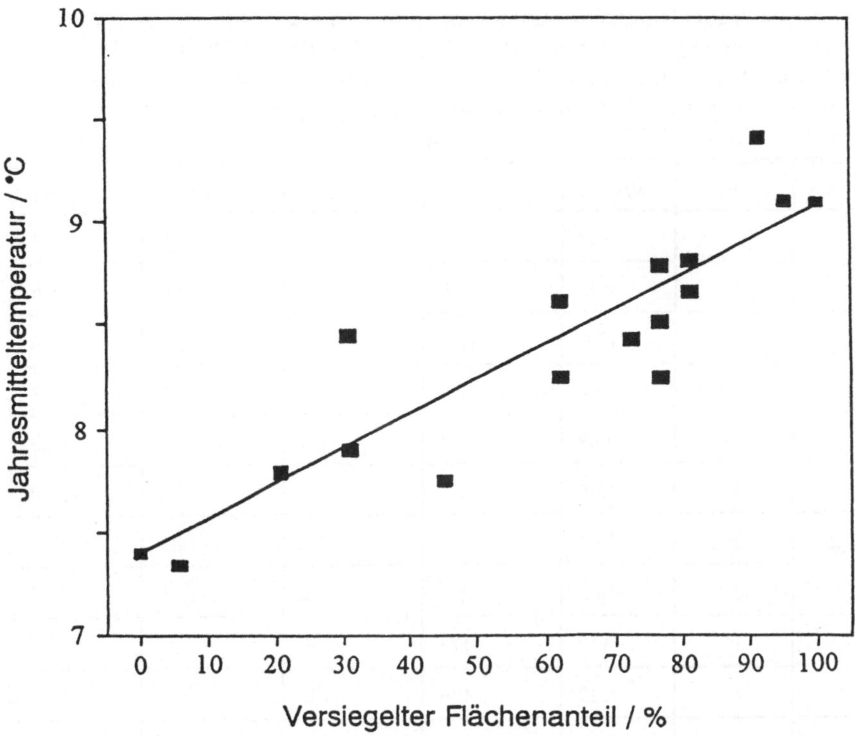

Abbildung 7.10: Abhängigkeit des Jahresmittelwertes der Lufttemperatur von dem Versiegelungsgrad des Bodens in München und Garching, nach Bründl et al. (1986)

Abb. 7.9 zeigt für Nairobi, daß zwischen ca. 10 und 19 Uhr ebenfalls negative Differenzen bis ca. 1 K beobachtet werden. In der übrigen Tageszeit wird das Bild durch einen starken Wärmeinseleffekt bestimmt.

Aus den in Tab. 7.4 enthaltenen ausgewählten Klimadaten für Berlin und Potsdam (als Umlandstation herangezogen) geht aus den Werten für die mittleren Maxima und Minima der Lufttemperatur hervor, daß die städtische Erwärmung auch hier eher auf die Erhöhung der Minima zurückzuführen ist. Der Einfluß der Unterlage auf die Temperatur zeigt sich auch in der Abhängigkeit der Jahresmitteltemperatur von dem Versiegelungsgrad, wie in Abb. 7.10 für den Münchener Raum zu sehen ist. Auf die Beobachtungen für Berlin und Potsdam angewendet, wäre der Versiegelungsgrad in Potsdam etwa 40 % niedriger als für Berlin anzusetzen. Allerdings sind die Verhältnisse je nach Siedlungsart unterschiedlich (s. Gertis und Wolfseher 1977). Urbane Räume zeigen ein verändertes Niederschlagsverhalten. Dabei sind die Größe der Stadt, die geographischen und orographischen Gegebenheiten in der Umgebung sowie andere Besonderheiten zu beachten. Zu einer Niederschlagserhöhung führen

Tabelle 7.4: Ausgewählte Jahreszeitenmittel bzw. -summen meteorologischer Größen für Berlin (B) und Potsdam (P) im Zeitraum 1951-1980, nach Hupfer und Chmielewski (1990). T_{Mittel} = Mittelwert der Lufttemperatur, $T_{Maximum}$ = mittleres Maximum der Lufttemperatur, $T_{Minimum}$ = mittleres Minimum der Lufttemperatur, $T_{Minimum\ abs.}$ = absolutes Minimum der Lufttemperatur, P (in Spalte "Größe") = Niederschlagshöhe

Größe	Ort	Winter	Frühjahr	Sommer	Herbst	Jahr
T_{Mittel} °C	B	0,7	8,7	18,4	9.9	9,4
	P	-0,2	8,0	17,3	9,0	8,6
$T_{Maximum}$ °C	B	10,0	22,2	31,3	21,3	33,5
	P	9,8	22,0	31,2	21,0	33,3
$T_{Minimum}$ °C	B	-9,9	-1,3	9,2	0,9	-14,0
	P	-11,6	-2,9	7,3	-0,6	-16,0
$T_{Minimum\ abs.}$ °C	B	-24,1	-13,5	2,9	-14,3	-24,1
	P	-24,5	-13,7	2,2	-16,6	-24,5
P mm	B	117	121	200	132	570
	P	127	134	199	136	596
Nebel-tage	B	21,3	5,7	1,7	16,7	45,4
	P	26,7	10,5	5,7	23,5	66,4
Gewittertage	B	0,6	5,7	14,7	2,4	23,4
	P	0,6	6,6	18,6	3,0	28,8

Wärmeinseleffekt (stärkere Konvektion) und Rauhigkeitseffekte der Stadtoberfläche. Das geht mit einer Tendenz zur Abbremsung der Luftströmungen, stärkerer Turbulenz und längeren Niederschlagszeiten einher. Die größten Niederschlagshöhen werden im Leebereich beobachtet. Der erhöhte Aerosolgehalt im Stadtbereich begünstigt die Wolkenbildung, verändert deren Tropfenspektrum und damit die wolkenphysikalischen Prozesse. Für das Ruhrgebiet konnte Schütz (1996) eine anthropogene Starkregenmodifikation nachweisen. Die vieljährige mittlere Niederschlagsverteilung für den Berliner Raum zeigt Abb. 7.11. Die Unterschiede werden zum einen durch das natürliche Relief, zum anderen aber auch durch die Bebauung erzeugt. Dieser Effekt macht nach Graf (1984) eine 5-6 %ige Erhöhung aus. Aus Tab. 7.4 folgt, daß die jährlichen Niederschlagshöhen im Innenstadtbereich von Berlin im Zeitraum 1951-80 jedoch um 4,6 % niedriger waren als in Potsdam. Infolge des Wärmeinseleffekts ergibt sich eine Verringerung der Schneefallhäufigkeit in der Stadt um 5-10 %.

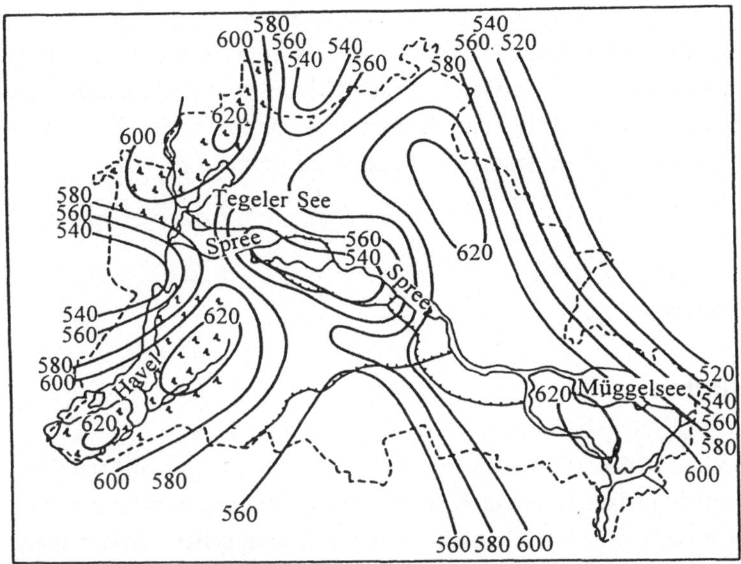

Abbildung 7.11: Langjährige mittlere Niederschlagsverteilung in Berlin in mm·a^{-1} nach den Reihen 1891/1930 und 1901/50 sowie nach den Ergebnissen eines dichten Niederschlags-netzes 1960/69, nach Schlaak (1972)

Ebenfalls aus Tab. 7.4 kann entnommen werden, daß die Zahl der Nebeltage in Berlin deutlich niedriger ist als im Umland. Der Wärmeinseleffekt dominiert hier die Auswirkungen des erhöhten Aerosolgehaltes. Das ist jedoch nicht generell für das Stadtklima gültig, in der Literatur wird auch von einer erhöhten Nebelhäufigkeit in Stadtgebieten berichtet.

Zum städtischen *Windfeld* ist zunächst zu bemerken, daß die Stadt ein Strömungs-hindernis mit Abbremsung und Turbulenzverstärkung als Folge darstellt. Das wirkt sich auf die Windrichtung und -geschwindigkeit aus. Über der Stadt kommt es zu Veränderungen des vertikalen Windprofils. Innerhalb der Stadthindernisschicht verursachen Stau- und Düseneffekte eine erhebliche Veränderlichkeit des Windfeldes. Als typisches tagesperiodisches Windsystem existiert der *Flurwind* (Kuttler und Romberg 1992, Barlag und Kuttler 1990/91, Kuttler 1993), der infolge des Tempera-turunterschiedes Stadt-Umland unter autochthonen Wetterbedingungen beobachtet werden kann. Bei Windgeschwindigkeiten > 3 m·s^{-1} ist dieser Ausgleichswind, der für die Stadt eine beachtliche Durchlüftungs- und damit lufthygienische Funktion hat, im allgemeinen nicht mehr nachzuweisen.

Die Problematik des Einflusses von Städten auf das globale Klima auf der einen Seite und das Stadtklima sowie die damit zusammenhängende Frage nach den Auswirkun-gen zu erwartender Klimaschwankungen (Abschnitt 6.3.3) auf der anderen Seite erfordern eine weltweit verstärkte Beachtung und Berücksichtigung im Städtebau. Klimaschutz- und Klimaverbesserungsmaßnahmen für das Stadtgebiet sind im Zeichen der internationalen Tendenz zur fortschreitenden Urbanisierung gleichermaßen erforderlich. Dabei ist es notwendig, die Zusammenarbeit zwischen Planungsbehörden, den Architekten und den Stadtklimatologen zu verbessern.

7.3 Mikroklimate

7.3.1 Eigenschaften

Zwischen dem Meso- und Mikroklima gibt es fließende Übergänge. Mit der Verkleinerung des horizontalen Maßstabes treten die lokalen Bedingungen immer stärker klimabestimmend hervor, bis es im Grenzfall um die klimatischen Unterschiede zwischen der Ober- und Unterseite eines Blattes oder in der Umgebung eines von der Sonne bestrahlten Steines geht. Die unmittelbare Nähe der Energieumsatzfläche ruft ausgeprägte vertikale Gradienten in der bodennahen Luftschicht hervor. So wird das Mikroklima häufig im Sinne von Rudolf Geiger als "Klima der bodennahen Luftschicht", d.h. der Schicht zwischen Erdoberfläche und 2 m Höhe, definiert (Geiger 1961). Aus der Summe der energetischen Wirkungen in der Nähe der Oberfläche entwickelt sich das regionale und globale Klima, wie in Kap. 2 ausgeführt wurde. In diesem Sinne geht es bei den mikroklimatologischen Untersuchungen um die Grundprozesse des Wärmeumsatzes und die damit verbundenen Felder der meteorologischen Größen in der bodennahen Schicht. Diese Prozesse variieren mit der Art der Unterlage (Bodenart, Bodenzustand, Wasserflächen, Schnee- und Eisdecke). Der Einfluß des Georeliefs, auch in seinen kleinen Formen, tritt in diesem Maßstabsbereich klimabildend stark hervor. Eine wichtige Funktion erfüllt das Mikroklima als Bestandsklima. Dieses entsteht, wenn der Boden mit Vegetation besetzt ist. Innerhalb und an den Rändern der bekanntlich äußerst vielfältigen Pflanzenbestände entwickeln sich besondere klimatische Verhältnisse. Dieser Sachverhalt gilt nicht nur für die Vegetation, sondern auch für technische Strukturen wie Gebäude und Anlagen (hierzu Gertis und Wolfseher 1977).
Der Bereich des Mikroklimas ist zugleich der, in dem der Mensch bei Bedarf regulierend eingreifen kann. Das gilt für Wohn-, Sport- und Erholungsanlagen, aber auch zur Verbesserung der Produktionsbedingungen und der Verhütung von Schäden (so in Landwirtschaft und Gartenbau).
Hinsichtlich weiterführender und zusammenfassender Darstellungen sei auf Geiger (1961), Yoshino (1975), Oke (1978), Kraus (1987) u.a. verwiesen.

7.3.2 Beispiel: Übergang Land / Meer

Die Uferlinie, an der Meer, Festland und Atmosphäre zusammentreffen und sich in gegenseitiger Wechselwirkung befinden, ist eine grundlegende Naturgrenze. Wenn auch der gegenseitige Einfluß von Ozean und Festland über die Advektion von Luftmassen, die ihre grundlegende Konditionierung über der einen oder der anderen Oberfläche erhalten haben, sehr weit über diese Grenze hinausreicht, so vollziehen sich die entscheidenden Transformationsprozesse der meteorologischen Felder im Bereich des Mikroklimas in unmittelbarer Nähe dieser Grenzlinie. Direkt an der Uferlinie kommt es zu sprungartigen Veränderungen der Wärmehaushaltskomponenten (Hupfer 1974a, 1984). Das betrifft die Albedo (über dem Meer niedriger) sowie den fühlbaren, latenten und Bodenwärmestrom. Unter Berücksichtigung der Tatsache, daß die Globalstrahlung über dem Meer im Mittel höher ist, folgt eine höhere Strahlungsbilanz des Gewässers. Infolge des Eindringens der Strahlung in das Wasser und der dort herrschenden turbulenten Durchmischung resultieren die bekannten Ursachen für das Entstehen des maritimen und kontinentalen Klimas, die an der Uferlinie auf kleinstem Raum nebeneinander wirken. In dynamischer Hinsicht

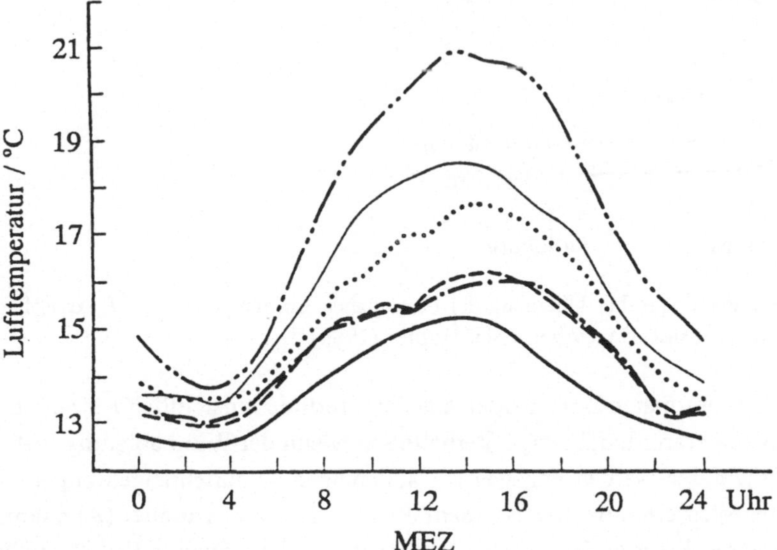

Abbildung 7.12: Mittlere Tagesgänge der Lufttemperatur in 2 m Höhe an verschiedenen Meßpunkten im Juni 1966, nach Nitzschke (1970). Zuordnung der Kurven von oben nach unten: Goldberg (Binnenland), Observatorium (200 m landeinwärts), Wald (50 m landeinwärts), Strand (gestrichelt), Brückenkopf (150 m seewärts), Gedser Rev (ca. 20 km meerwärts)

erfolgt an der Uferlinie der Übergang von aerodynamisch glatt zu rauh, was für die Wind- und Niederschlagsverhältnisse von Bedeutung ist. Hier findet man eine ausgeprägte kleinräumige Differenzierung der Klimaelemente.

Die wesentliche *Transformation der bodennahen Lufttemperatur* zwischen Land- und Meerbedingungen vollzieht sich im Sommer innerhalb einiger 100 m landwärts. Dies belegen die in Abb. 7.12 dargestellten Tagesgänge. Dabei bilden die an je einer repräsentativen Meßstelle über Land und über See gemessenen Temperaturverläufe den Rahmen. In der warmen Jahreszeit ist dieser Übergang gegen Mittag am stärksten entwickelt, während er nachts viel schwächer ist. Im Winter ist das Vorzeichen der dann viel kleineren Veränderung entgegengesetzt (Abb. 7.13). Das momentane Verhalten des Temperaturfeldes in Ufernähe ist stark vom Wind abhängig.

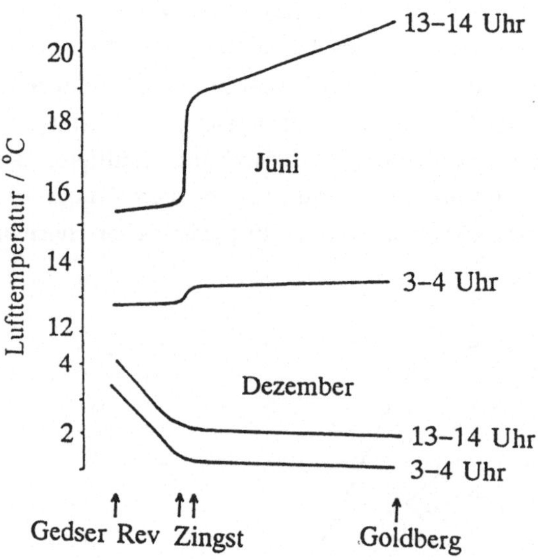

Abbildung 7.13: Charakteristischer Übergang der bodennahen Lufttemperatur in °C zwischen Meer und Land im Juni und Dezember, nach Hupfer (1984)

So herrschen in der ufernahen Zone beiderseits der Uferlinie hinsichtlich Betrag und Tagesgang der Temperatur landbürtige Verhältnisse, wenn der Wind ablandig weht. Umgekehrte Verhältnisse werden dagegen bei auflandigen Windrichtungen angetroffen. Das Feld der Wassertemperatur ist ebenfalls küstennormal variabel (Abnahme vom Ufer in Richtung Meer in der warmen Jahreszeit) und im aktuellen Fall ebenfalls stark von den Windverhältnissen abhängig (Hupfer 1974b). So wird an Strahlungstagen bei ablandigem Wind ein kontinental anmutender Tagesgang der Lufttemperatur mit einer großen Schwankungsbreite, bei auflandigem Wind dagegen ein maritimer Gang mit einer Schwankungsbreite von nur wenigen Kelvin festgestellt.

Die Wassertemperatur in Ufernähe verhält sich wegen der Wirkung des Windes auf den ufernormalen Wärmetransport in der Flachwasserregion gerade entgegengesetzt. Bei auflandigem Wind ist die Wassertemperatur relativ hoch. Sie weist dann einen ausgeprägten Tagesgang auf, bei ablandigem Wind ist es umgekehrt. Daraus kann die Schlußfolgerung gezogen werden, daß das Mikroklima im Übergangsgebiet zwischen Land und Meer in Bodennähe entscheidend durch die Advektionsverhältnisse geprägt wird. Das zeigt sich auch im Fall der in mannigfaltiger Form auftretenden Seewind-Zirkulation. Dabei können sich große horizontale Temperaturänderungen im ufernahen Bereich einstellen, wie das Beispiel in Abb. 7.14 zeigt.

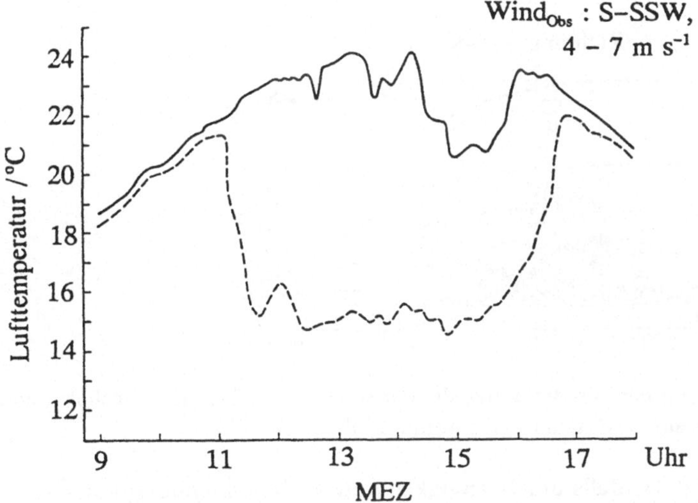

Abbildung 7.14: Lufttemperaturverlauf zwischen den ca. 200 m entfernt liegenden Meßpunkten Obs. (——) und Strand (----) bei Zingst am 17.5.1966, nach Nitzschke (1970)

Unter den Bedingungen eines starken Temperaturgegensatzes zwischen Land und Meer und einer im 10 m-Niveau ständig ablandigen Grundströmung kam es zu einer Drehung des bodennahen Windes am Strand kurz nach 11 Uhr, was zu einem markanten Absinken der Temperatur führte. An der ca. 200 m landwärts gelegenen Meßstelle setzte sich indes der normale Tagesverlauf fort, unterbrochen durch zunächst schwächere, nachmittags stärkere Störungen. Es handelte sich um das Stationärwerden einer nur wenig pulsierenden Seewindfront in unmittelbarer Nähe der Uferlinie. Unter diesen Bedingungen hielten sich an diesem Tag Temperaturdifferenzen von knapp 10 K auf dieser geringen Distanz. Mit dem Nachlassen des flachen Seewindes kam es am Nachmittag zum Temperaturanstieg und zum Übergang in den normalen Tagesgang.
Unter solchen Bedingungen treten die größten horizontalen mikroklimatischen Unterschiede überhaupt auf.

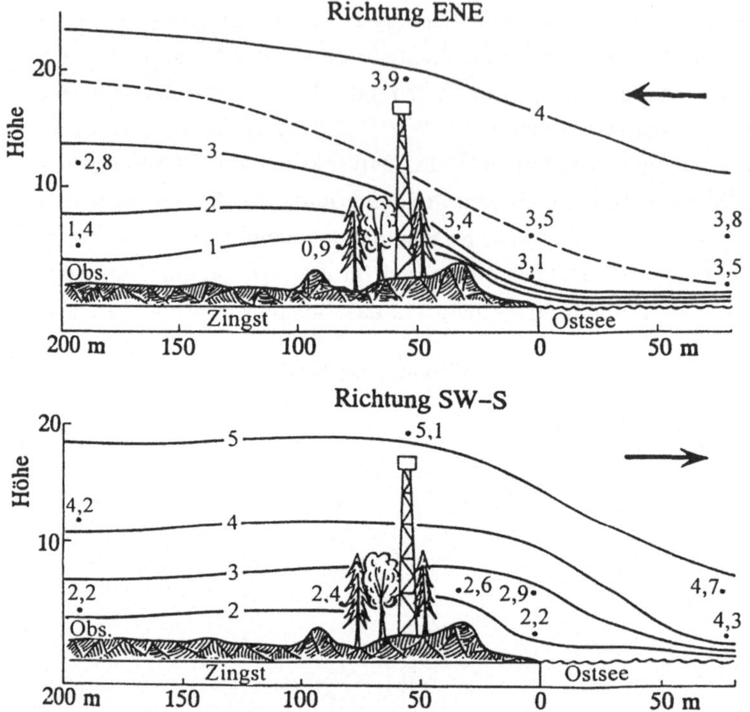

Abbildung 7.15: Verteilung der Windgeschwindigkeit in der Kontaktzone zwischen Land und Meer bei Zingst bei auf- und ablandigem Wind, nach Hupfer (1970)

Das *Windfeld* selbst wird ebenfalls in Abhängigkeit von der Windrichtung modifiziert. Die Verteilung der Windgeschwindigkeit im Übergangsbereich Land/Meer bei auf- und ablandigem Wind zeigt Abb. 7.15. Man sieht, daß bei auflandigem Wind die vertikale Änderung zunächst der über See typischen entspricht. Die Transformation erfolgt unmittelbar nach Passieren der Uferlinie. Bei ablandigem Wind formiert sich das typische maritime Windprofil in geringer Entfernung von der Uferlinie.
Die Transformation der meteorologischen Felder erfolgt über die *Ausbildung interner Grenzschichten* (vgl. Abschnitt 2.2.3, Abb. 2.19). Nach Passieren der Diskontinuitäts-linie bestimmt die neue Unterlage von unten her mit der Höhe zunehmend die Vertikalprofile der verschiedenen Größen. Die Höhe der internen Grenzschicht des Windes wächst proportional zur Wurzel aus der Entfernung von der Uferlinie (Hupfer und Raabe 1994). Zur Bildung interner Grenzschichten und entsprechender horizon-taler Unterschiede kommt es überall dort, wo klimawirksame Eigenschaften der Oberfläche sich sprunghaft ändern.

7.4   Zur Praxisanwendung

Um die im Laufe der Zeit gewonnenen Kenntnisse über die Eigenschaften des Meso-
und Mikroklimas für die Praxis nutzbar zu machen, ist es notwendig, diese in der
Flächennutzungsplanung im Hinblick auf das Mesoklima und in der Bauleitplanung
im Hinblick auf das Mikroklima entschieden zu berücksichtigen (Reuter et al. 1991,
Alexander 1994). Mit dem Baugesetzbuch (BauGB 1986), dem Gesetz über die
Umweltverträglichkeitsprüfung (UVP-Gesetz 1990) und dem Bundesimmissions-
schutzgesetz (BImSchG 1990) wurden gesetzliche Festlegungen getroffen, Luft und
Klima in den verschiedenen Planungsstufen angemessen zu berücksichtigen.
Allerdings steht das Klima hier neben einer Reihe anderer Umweltgrößen, die
ebenfalls eine Berücksichtigung erfahren müssen. Dabei sind die verschiedenen
Forderungen untereinander nicht immer widerspruchsfrei. Auf alle Fälle kommt es
aber darauf an, daß bestimmte Klima- und Luftqualitätsstandards im Rahmen des
Möglichen realisiert werden. Die durch geplante Maßnahmen zu erwartenden Veränderungen und Auswirkungen müssen vor der Realisierung festgestellt und bewertet
werden (Kuttler 1993). Es steht heute ein erhebliches Arsenal von Methoden zur
Verfügung, um diese Aufgaben zu erfüllen. Das von Schirmer et al. (1993) herausgegebene Buch widerspiegelt den heutigen Stand auf den Gebieten der Bewertung des Klimas und seiner natürlichen und anthropogenen Veränderungen, der
Kenntnis der Zusammenhänge zwischen Klimaelementen und Luftverunreinigungen,
der Feststellung bioklimatischer Wirkungen und nicht zuletzt der Einführung des
Vorsorgeprinzips auch im Hinblick auf Klima und Lufthygiene.
Ein Problem der Nutzbarmachung von Daten in diesem Klimabereich ist es, die
gewonnenen Punktwerte in Flächenaussagen zu wandeln. In der Praxis hat sich die
Aufstellung von Synthetischen Klimafunktionskarten bewährt (Stock 1982). Das
Konzept beruht auf der Annahme, daß gegebene Landnutzung und Siedlungsarten
einen bestimmten Einfluß auf die Herausbildung der meso- und mikroklimatischen
Strukturen haben. Unter Verwendung von Beobachtungsdaten sowie Informationen
über Topographie und Oberflächeneigenschaften kann man Klimafunktionskarten
entwerfen, die dann zur Abgrenzung von Gebieten einheitlichen Klimas (von Klima-
topen) dienen (Stock und Beckröge 1985). Auf dieser Grundlage wird schließlich
eine Karte mit Planungsempfehlungen aufgestellt. Diese Empfehlungen gilt es in
Konkurrenz mit Forderungen aus anderen Bereichen durchzusetzen.
Ausgangspunkt sind Klimatologische Grundlagenkarten, die Größen enthalten, die
für das zu bewertende Problem von Bedeutung sind. In dem Zusammenhang besteht
die Aufgabe, die Abhängigkeit der Klimaelemente von solchen Raumeigenschaften

wie Höhe, Bewuchs, Bebauung oder Geländeform statistisch zu bestimmen.

Aus der Überlagerung verschiedener Klimatologischer Grundlagenkarten kommt man zu den synthetischen Klimakarten. Werden diese für eine spezifische Nutzung aufgestellt, so bezeichnet man sie als Klimaeignungskarten, geben sie dagegen klimatische Besonderheiten im allgemeinen wieder, so heißen sie Klimavorbehaltskarten (s. Tab. 7.5). Gute Beispiele für die Aufstellung solcher Karten findet man bei Gerth (1986, 1987).

Tabelle 7.5: Arten der planungsorientierten Klimakarten

Kartenart		Inhalt der Karten
Klimatologische Grundlagenkarte		Praxis- und planungsrelevante klimatologische Größen werden unter Berücksichtigung von Modellvorstellungen und statistischen Zusammenhängen geglättet dargestellt
Synthetische Klimafunktionskarte	Klimaeignungskarte	Überlagerung von Grundlagenkarten mit spezifischem Anwendungszweck, z.B. Wärmebelastung oder Durchlüftung
	Klimavorbehaltskarte	Überlagerung von Grundlagenkarten ohne spezifischen Anwendungszweck

In diesem Zusammenhang ist es wichtig, daß nicht nur die klimatischen Besonderheiten bekannt sein müssen, sondern auch die Ausbreitungsbedingungen für Luftbeimengungen (Jacobeit 1991).

Eine besondere Rolle bei diesen Aussagen spielt die Bewertung der thermischen Belastung. So fordert Alexander (1994), für die Bewertung des Klimas den PMV-Wert (s. Abschnitt 8.2.1) als ein objektives Maß zur Bewertung des Bioklimas eines Gebietes heranzuziehen. Für solche Berechnungen steht das Stadtbioklimamodell UBIKLIM des DWD nach Grätz et al. (1992) zur Verfügung.

Klimafunktionskarten werden gewöhnlich auf der Grundlage von Informationen und statistischen Beziehungen aufgestellt, die meist auf Daten von Klimastationen, topographischen Karten, Flächennutzungserhebungen und gegebenenfalls auch Intepretationen von Wärmebildaufnahmen beruhen. Häufig erweist es sich als zweckmäßig, zur Verifikation der Aussagen dieser Karten sondierende Messungen vorzunehmen und die Möglichkeiten der Modellierung zu nutzen.

8 Mensch und Klima

Die in den vorausgehenden Kapiteln beschriebenen globalen, regionalen und lokalen Klimaverhältnisse stehen in Wechselwirkung mit der menschlichen Gesellschaft. So führt der zivilisatorische Stoffwechsel mit seinen Abfällen zu einer dramatischen Zunahme der klimawirksamen Spurengase in der Atmosphäre und damit zu weiteren Veränderungen im Klimasystem. In gleicher Richtung wirken großflächige Veränderungen der Landnutzung und damit der Wechselwirkungsprozesse zwischen Atmosphäre und Erdoberfläche. Im lokalen Bereich ist der Mensch in der Lage, die Klimaverhältnisse bis zu einem gewissen Grad zu steuern und damit Nutzungsarten und lokale Klimabedingungen harmonisch zu verbinden (Kap. 7). In diesem abschließenden Kapitel soll es nun darum gehen, wie der Mensch als individueller Organismus mit den in Raum und Zeit variablen atmosphärischen Bedingungen lebt, welchen Einflüssen er ausgesetzt ist und wie er reagiert. Da der Gegenstand hier nur knapp behandelt werden kann, wird auf die zusammenfassenden Darstellungen von Hentschel (1982) und Trenkle (1992) verwiesen.

Für diese Fragestellungen hat sich innerhalb der Meteorologie eine spezielle Richtung herausgebildet, die *Biometeorologie (-klimatologie)*. In ihrer breiten Bedeutung handelt es sich um die Lehre von den Einflüssen der Atmosphäre auf den Menschen als Organismus und auf andere Teile der belebten Natur. In diesem Sinn ist dieses Fachgebiet im Grenzbereich zur Medizin, Biologie, Landwirtschaft und Forstwissenschaft angesiedelt. Hier beschränken wir uns auf den auf den Menschen bezogenen Teil, auf die *Humanbiometeorologie* (oder *Medizinmeteorologie*). Es geht um die für den Menschen wichtigen Einflüsse, um Reaktion und Anpassung des gesunden und kranken Organismus und um die Nutzbarmachung der gefundenen Erkenntnisse (Jendritzky 1993). Hier soll auf die biometeorologischen Wirkungskomplexe eingegangen werden, die die über die Atmosphäre vermittelten Einwirkungen auf den Menschen betreffen. Von beginnender Bedeutung ist die Frage, wie der menschliche Organismus auf Klimaschwankungen und Veränderungen in der Zusammensetzung der Atmosphäre reagiert.

8.1 Der photoaktinische Wirkungskomplex

8.1.1 Biometeorologisch wichtige Strahlungsflüsse

Der biometeorologisch bedeutsame Bereich elektromagnetischer Strahlung erstreckt sich auf den *sichtbaren Bereich* (0,40 - 0,75 µm), innerhalb dessen die maximale Empfindlichkeit des menschlichen Auges bei der Wellenlänge 0,565 µm liegt (s. Abschnitt 8.1.2). Hier fällt der größte Teil der Globalstrahlung (direkte Sonnenstrahlung und diffuse Himmelsstrahlung) ein. Weiterhin erreicht den Menschen auch reflektierte kurzwellige Strahlung.

Für den Wärmehaushalt sind die nach höheren Wellenlängen hin anschließenden Bereiche der *infraroten Strahlung* von Bedeutung. Das sind die langwellige Ausstrahlung des Körpers sowie die aus der Atmosphäre und der Umgebung herrührende Wärmestrahlung, wozu je nach Emissionsgrad der (in der Regel bekleideten) Oberfläche auch noch eine vom Körper weggerichtete langwellige Reflexstrahlung kommt (s. Abschnitt 8.2).

Von besonders aktueller biometeorologischer Bedeutung ist der auf der kurzwelligen Seite des sichtbaren Spektralgebietes anschließende Bereich der *ultravioletten Strahlung* (UV-Strahlung). Konventionell wird die UV-Strahlung in den UV-A-Bereich (< 0,4 - 0,315 µm), den UV-B-Bereich (< 0,315 - 0,28 µm) und den UV-C-Bereich (< 0,28 - 0,2 µm) eingeteilt (s. Abschnitt 8.1.3).

Andere Abschnitte des elektromagnetischen Strahlungsspektrums haben (von extremen Ausnahmesituationen abgesehen) zwar biologische, aber keine biometeorologischen Auswirkungen.

Der Einfluß luftelektrischer Felder und Phänomene auf den Menschen wird hier nicht erörtert.

8.1.2 Natürliches Licht

Wenn die Augen des Menschen Licht aufnehmen, werden zwischen ca. 500 Lux (unterer Schwellenwert) und 5000 Lux (oberer Schwellenwert) im Körper Steuerungen des endokrinen Systems (Wachstums-, Farb- und Stoffwechselhormonbildung in der Hirnanhangdrüse) in Gang gesetzt. Daneben dient der regelmäßige Wechsel der Hell-Dunkel-Phasen als wesentliche Steuerung der *Biorhytmik* des Menschen. Diese kann durch wetterhafte unregelmäßige Änderungen der Bestrahlungsstärke gestört werden, wodurch gesundheitliche Störungen ausgelöst werden können (Klinker 1989). Die jährlichen Schwankungen der Helligkeit finden sich in korrespondierenden Gängen des Stoffwechsels sowie der Wirksamkeit des Immunsystems wieder, die täglichen Schwankungen dagegen in der Dauer der Leistungsphase. In den Übergangsjahreszeiten mit den maximalen Änderungen der Beleuchtungsstärke und der Dauer der Hell-Dunkel-Phasen treten Labilitätsphasen des menschlichen Organismus ein (Klinker 1986).

Die lokale Beleuchtungsstärke (s. Tab. 8.1) hängt neben der Sonnenhöhe (bzw. geographischen Breite) und der Zeit vor allem von der Lufttrübung sowie von der Menge und Art der Wolken ab. Letztere prägen die Variationen des Tageslichts in den mittleren Breiten wesentlich. Es wurde nachgewiesen, daß Bewölkungsschwankungen die Tagesrhythmik des Menschen beeinflussen können.

Abschließend sei erwähnt, daß das Tageslicht auch durch seine psychische Wirkung zum Befinden des Menschen beiträgt (Wirkung heiterer und trüber Tage, Frühjahr und Herbst). Veränderungen der Faktoren, die die Beleuchtungsstärke beeinflussen, können als Bestandteil der Klimaschwankungen direkte Wirkungen auf den Menschen ausüben.

8.1.3 Die ultraviolette Strahlung

Die schon oben angegebenen Wellenlängenbereiche UV-A und UV-B beeinflussen den Menschen über die Augen und die Haut. Bei der UV-Strahlungseinwirkung auf die Haut bilden sich Kapillargifte (insbes. Histamin), die eine verstärkte Durchblutung der oberen Hautschichten und nach einer Einwirkungszeit von ca. 1 Stunde das UV-Erythem erzeugen. Der längerwellige UV-A-Bereich trägt kaum zur Eryhtembildung bei. Die relative Empfindlichkeit der Haut ist gegenüber UV-B um mehrere Größenordnungen verringert, obwohl die Strahlungsflußdichte um 1 bis 2 Größenordnungen höher ist. Infolge der Melaninproduktion trägt diese Strahlung jedoch zur Bräunung der Haut bei. Im Gegensatz zur UV-B- ist die UV-A-Strahlung auch im Schatten wirksam.

Die Stärke der UV-Strahlungseffeke auf den Menschen hängen vom Hauttyp und damit von der Empfindlichkeit gegenüber der UV-B-("Erythem")-Strahlung ab. Es kommt daher sehr auf die richtige Dosierung von Sonnenbädern an (Abb. 8.1). Ist diese gegeben, sind wesentliche gesundheitsfördernde Effekte zu verzeichnen: Anregung der körpereigenen Vitamin D-Bildung, Stimulierung des Immunsystems, Erhöhung der Sauerstoffaufnahmefähigkeit und nicht zuletzt das modebedingte Wohlfühlen durch "Braunwerden". Andererseits können bei Überschreiten der zulässigen Dosierungen schwere Sonnenbrände, vorzeitige Hautalterungen, Bildung verschiedener Hautkrebsarten sowie Schädigungen des Immunsystems auftreten. Während die UV-Strahlung für die Haut förderliche und schädliche Auswirkungen besitzt,

Tabelle 8.1: Die extremen Beleuchtungsstärken im Sommer sowie die Zeiträume des Jahres, in denen die Werte der Beleuchtungsstärke 5000 (10000) Lux unter(über)schreiten, nach Messungen in Berlin-Buch, nach Turowski et al. (1989)

Tageszeit MEZ	Beleuchtungsstärke im Sommer		Ständiges	
			Unterschreiten	Überschreiten
	Max/10^3 lx	Min/10^3 lx	von 5000 lx	von 10000 lx
5.30	18	1,5	September bis April	Mai bis Mitte August
6.30	40	3,2	Oktober bis Mitte April	Mitte April bis Mitte September
7.30	55	3,2	Ende Oktober bis Ende Februar	März bis Mitte Oktober
8.30	70	2,0	November bis Mitte Januar	Mitte Februar bis Oktober
12.30	110	6,0	-	ganzjährig

wirkt sie auf die Augen ausschließlich schädigend (Photokeratitis, Grauer Star, Schneeerblindung). Die die Erdoberfläche erreichende UV-Strahlungsflußdichte hängt ebenso wie die Globalstrahlung von der Sonnenhöhe, dem Aerosolgehalt und der Bewölkungsmenge sowie der Art der Wolken ab. Dazu kommt eine ausgeprägte Abhängigkeit vom Ozongehalt. In Zusammenhang mit der fortschreitenden Reduzierung der stratosphärischen Ozonschicht (s. Abschnitt 3.1.3.2) ist zumindest regional mit einer Erhöhung der Strahlungsflußdichte im UV-Bereich sowie mit einer Verschiebung der die Erdoberfläche erreichenden Grenzwellenlänge zu kürzeren Werten hin zu rechnen. Dies kann sowohl langanhaltend und trendartig als auch in Form wiederkehrender Episoden mit erhöhten Werten erfolgen. Daher werden durch die Wetterdienste der Länder, so auch durch den Deutschen Wetterdienst, im Sommer bereits UV-Warnungen und Dosierungshinweise herausgegeben. Bei einem anhaltenden Rückgang des stratosphärischen Ozons kann die damit verbundene Verstärkung der erythemwirksamen UV-B-Strahlung eine dramatische Erhöhung der Häufigkeit der oben genannten negativen Effekte mit sich bringen. Daraus folgt, daß zumindestens regional bei starker Einstrahlung der Aufenthalt im Freien nur geschützt erfolgen kann. Die mit dem Wetter schwankenden Bestrahlungsdauer-Werte unter Berücksichtigung des Verlängerungsfaktors angewendeter Sonnenschutzmittel sind zu beachten.

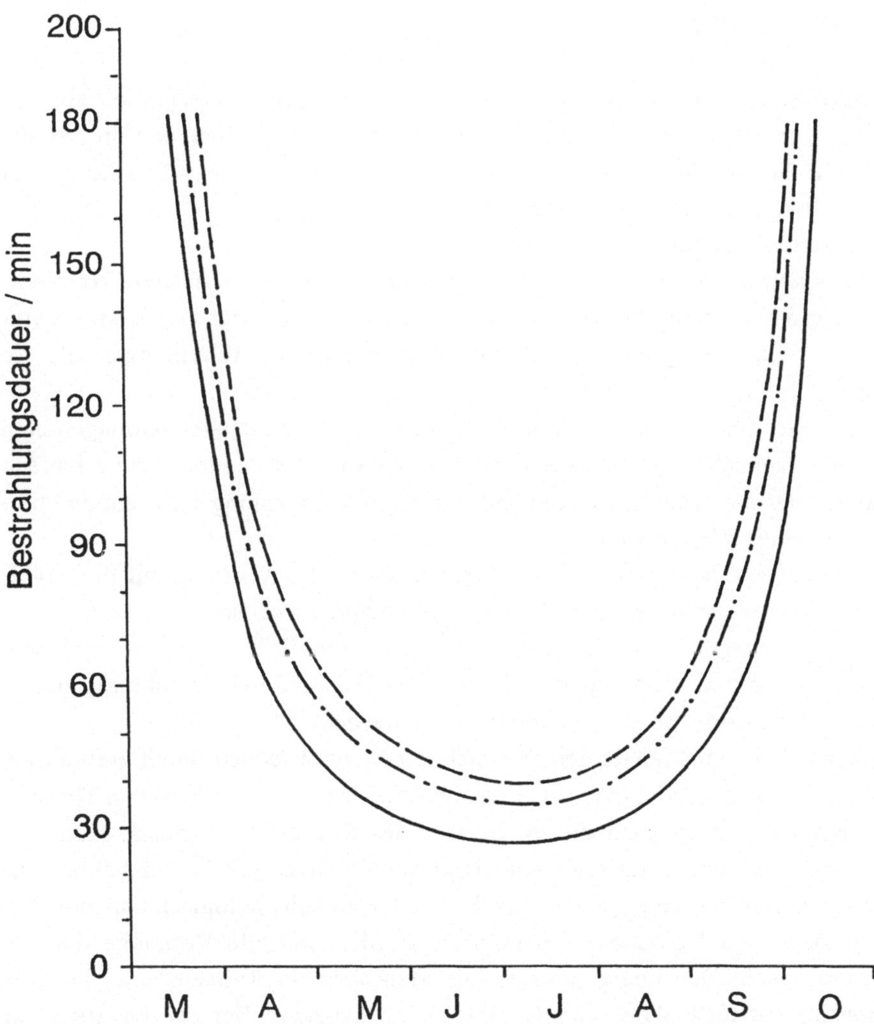

Abbildung 8.1: Bestrahlungsdauer in den Monaten März bis Oktober, die zur Überschreitung der maximalen Eryhtemdosis während der Mittagszeit auf 50° Breite bei horizontaler Exposition für Menschen mit heller Haut und normaler Empfindlichkeit führt, nach Turowski et al. (1989). Wolkenlose Bedingungen (———) , 50 %iger Bedeckung mit Cirrus (-.-.-) und 50 %iger Bedeckung mit Cumulus (----)

8.2   Der thermisch-hygrische Wirkungskomplex

8.2.1   Der Wärmehaushalt des Menschen

Der Wärmehaushalt des Menschen hängt von den Wärmehaushaltsgrößen ab, wie
sie in Kap. 2 bereits erörtert wurden. Damit spielen solche Größen wie die Strah-
lungs- und Wärmeflüsse sowie damit die Lufttemperatur-, Feuchte- und
Windverhältnisse eine entscheidende Rolle.

Als thermisch wirksame Klimagrößen sind zu beachten:

-die *Lufttemperatur*, die nur in wenigen Gebieten der Erde die mittlere Hauttemperatur von 33 °C überschreitet. Es existiert daher ein fühlbarer Wärmestrom von
   der Haut zur Umgebungsluft, so daß die Lufttemperatur als Abkühlungsgröße zu
   rechnen ist;

-die *Luftfeuchte*, die ebenfalls als Abkühlungsgröße wirkt, da in allen Klimagebieten
   eine Feuchtigkeitsabnahme von der Hautoberfläche zur Umgebungsluft vorhanden
   ist. Damit setzt die erheblich abkühlend wirkende Verdunstung bzw. ein entsprechender latenter Wärmestrom ein;

-die *Windgeschwindigkeit*, die infolge ihrer verstärkenden Wirkung auf den fühlbaren und latenten Wärmestrom ebenfalls abkühlend wirkt, und

-die *Globalstrahlung*, die an der Körperoberfläche zum Teil absorbiert wird, wodurch dem Körper Wärme zugeführt wird. Die Wirkung der Abkühlungsgrößen
   kann aufgehoben oder sogar überkompensiert werden.

Gegenüber unbelebter Materie zeichnet sich der Mensch jedoch durch eine ausgeprägte eigene Wärmeproduktion mit einem physikalischen und chemischen Thermo-
regulationsvermögen aus, um die im Inneren des Körpers herrschende Kerntem-
peratur im wesentlichen konstant auf einen Wert von ca. 37 °C zu halten. Die
Thermoregulationsvorgänge gehen zum Teil unbewußt physiologisch und zum Teil
als Folge bewußten Verhaltens des Menschen (das sind alle Vorgänge der Anpassung) vor sich. Der Energieumsatz des Menschen im Ruhezustand, d.h. sein
Grundumsatz, ist nach Alter und Geschlecht verschieden. Bei der Leistung von
Arbeit erhöht sich der Wärmeumsatz. Die Wärmeregulation zur Konstanthaltung der
Körpertemperatur erfordert daher, daß die vom Körper erzeugte überschüssige
Wärme wieder an die Umgebung abgeführt wird.

Die Erzielung des Gleichgewichtszustandes hängt von den körperlichen sowie den
äußeren Bedingungen ab. Es kann durchaus häufig zu unausgeglichenen Bilanzen
kommen, die der Mensch als Unbehaglichkeit (Diskomfort) empfindet.

In der Wärmebilanzgleichung des Menschen sind dementsprechend körpereigene
und äußere Größen enthalten (s. auch Abb. 8.2):

$$M + Q_{RWK} + W + N + Q^* + H + E + Q_{Atm} + S = 0 \qquad (8.1)$$

Hier bedeuten M die aus dem Stoffwechsel entstandene, metabolische Rate der Wärmeproduktion, Q_{RWK} die reaktive Wärmebildung bei Kälte sowie W die Wärmebildung infolge mechanischer Leistung und N den Wärmegewinn durch Nahrungsaufnahme. Die Größen, die die Wechselwirkungen mit der Umgebung repräsentieren, sind mit Q^* die Strahlungsbilanz, H der fühlbare Wärmestrom, E der latente Wärmestrom in Verbindung mit der Verdunstung von Wasser einschl. Schweiß sowie Q_{Atm} der Wärmeaustausch in Zusammenhang mit der Atmung. Die Größe S ist dann die resultierende Wärmespeicherung bzw. -abgabe des Körpers. Wenn diese Leistungsgrößen auf die Oberfläche F des Menschen bezogen werden, resultiert die vertraute Dimension $W \cdot m^{-2}$ für die verschiedenen Größen.

Zu den meteorologischen Größen Q^*, H sowie E und ihren Zusammenhang mit den verschiedenen Klimaelementen und zu Berechnungsmethoden s. Abschnitt 2.2. Zur detaillierten Beschreibung des Energieaustausches des Menschen mit seiner Umgebung wird auf Höppe (1984), Jendritzky et al. (1990) u.a. verwiesen.

Tabelle 8.2: Wärmeisolation der Bekleidung I_{Cl} und der Faktor der Vergrößerung der äußeren Körperoberfläche f_{Cl}, nach Jendritzky et al. (1990).
1 clo = 0,155 $K \cdot m \cdot W^{-1}$

Auswahl von Kleidungsarten	I_{cl} clo	f_{cl}
Nackt	0.0	1.00
Shorts	0.1	1.00
Freizeitkleidung mit Shorts	0.3 - 0,4	1.05
Leichte Sommerkleidung	0.5 - 0.6	1.10
Normaler Straßenanzug	1.0	1.15
Anzug und Baumwollmantel	1.5	1.20
Schwerer Anzug und Wintermantel	2.0	1.25
Polarkleidung	3.0 - 4.0	1.3 - 1.5

Unter den realen Bedingungen trägt der Mensch eine Bekleidung, die den Wärmehaushalt und die mit diesem verbundenen Prozesse beeinflußt, insbesondere durch den Wärmeisolationseffekt (Tab. 8.2). Diskomfortbedingungen treten ein, wenn die mittlere Hauttemperatur Werte von $T_{SKIN} < 29\ ^{\circ}C$ (Kälte) oder $> 35\ ^{\circ}C$ (Hitze) annimmt. Bei Kälte setzt die reaktive Wärmebildung ein, während bei Hitze die Schweißrate um mehr als 50 % gegenüber den Verhältnissen bei thermischer Behaglichkeit ansteigt (dabei erhöht sich der Hautbenetzungsgrad auf > 25 %). Eine weite Anwendung hat die Bestimmung der Behaglichkeit nach Fanger (1972) gefunden, der seine Ergebnisse allerdings ursprünglich im Rahmen der Heizungs- und Lüftungstechnik für Innenräume gewonnen hat. Er hat den PMV-Wert (*Predicted Mean Vote)* vorgeschlagen. Darunter versteht man die mittlere rangmäßige Bewertung des thermischen Milieus durch ein größeres Kollektiv von Menschen. Während der Wert PMV = 0 bedeutet, daß sich der größte Teil der Menschen im Zustand thermischer Behaglichkeit (Komfort-Bedingung) befinden, bedeuten die positiven Werte (1 = leicht warm, 2 = warm, 3 = heiß) oder negativen PMV-Werte (-1 = leicht kühl, -2 = kühl, -3 = kalt), daß der Anteil der im thermischen Diskomfort befindlichen Menschen entsprechend stark ansteigt. Das Ziel besteht darin, den PMV-Wert zu berechnen. Unter Behaglichkeitsbedingungen ist ein linearer Zusammenhang zwischen der mittleren Hauttemperatur bzw. der Schweißsekretion und der inneren Wärmeproduktion gegeben. Wenn man diese Beziehungen in eine Wärmebilanzgleichung für den Menschen einsetzt, erhält man die *Behaglichkeitsgleichung.* Sofern die Summe sämtlicher Glieder der Gleichung sich nicht zu Null ergänzt, herrschen Diskomfort-Bedingungen. Der Begriff der Behaglichkeit ist mit minimaler Aktivität des Thermoregulationssystems verbunden.

Zur Bestimmung des PMV-Wertes, der den jeweiligen Grad der thermischen Behaglichkeit der Mehrzahl der Menschen ausdrückt, gilt der Ansatz

$$PMV = f(C/F, I_{Cl}, T_L, T_R, q, v) \ . \tag{8.2}$$

Für den bekleideten Menschen bedeuten die Terme dieses Ansatzes: C/F = innere Wärmeproduktion, bezogen auf die Einheitskörperoberfläche, $C = M(1 - \eta)$ in $W \cdot m^{-2}$ mit η = mechanischer Wirkungsgrad; I_{Cl} = Wärmeisolation der Bekleidung in clo; T_L = Lufttemperatur in °C; T_R = mittlere Strahlungstemperatur in °C; q = spezifische Luftfeuchte in $g \cdot kg^{-1}$; v = relative Windgeschwindigkeit in $m \cdot s^{-1}$. Der Begriff der relativen Windgeschwindigkeit bezieht sich auf die Eigenbewegung des Menschen.

Nach Einsetzen der Beziehungen für die einzelnen Größen kommt man zu einer Gleichung für das thermische Befinden

$$PMV = (0{,}028 + 0{,}303 \ e^{-0{,}036 \ M/F}) \ (C/F - E - Q_{Atm} - L_{MEN} - H) \ . \tag{8.3}$$

Der erste Term dieser Gleichung stellt einen empirisch bestimmten Gewichtsfaktor für die Anpassung der Gleichung an die Skala nach Fanger (1972) dar. Im Fall der Behaglichkeit liegen die PMV-Werte um 0, bei mittlerer körperlicher Aktivität sind Werte von ± 1 charakteristisch. Der latente Wärmestrom E setzt sich aus dem latenten Wärmestrom infolge Schweißbildung auf der Hautoberfläche und dem infolge der Wasserdampfdiffusion durch die Haut zusammen.

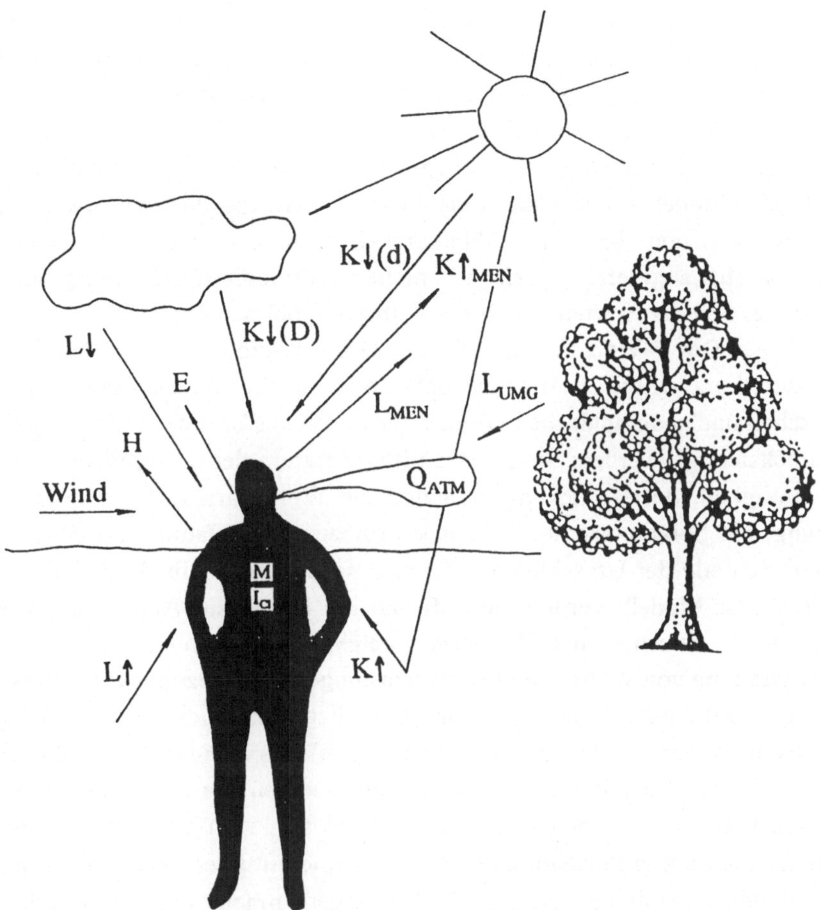

Abbildung 8.2: Einflüsse auf den Wärmehaushalt des Menschen. M = Metabolische Wärme-produktionsrate, I_{Cl} = Isolationswert der Bekleidung, K↓(d) = direkte Sonnenstrahlung, K↓(D) = diffuse Himmelsstrahlung, L↑ = Teil der von der Erdoberfläche ausgehenden langwelligen Strahlung, der auf den Menschen auftrifft, L↓ = einfallende atmosphärische Gegenstrahlung, L_{MEN} = langwellige Ausstrahlung des Menschen, L_{UMG} = Teil der von der Umgebung ausgehenden langwelligen Strahlung, der auf den Menschen auftrifft, K↑ = reflektierte kurzwellige Strahlung, $K↑_{MEN}$ = vom Menschenreflektierte kurzwellige Strahlung, H = fühlbarer und E = latenter Wärmestrom, Q_{Atm} = Wärmeaustausch infolge der Atmung

L_{MEN} ist die langwellige Ausstrahlung des Menschen. Unter der Größe Q_{Atm} sind wieder die latenten und fühlbaren Wärmeverluste in Zusammenhang mit der Atmung zu verstehen (vgl. Abb. 8.2). Für die einzelnen Terme der Gl. (8.3) existieren Berechnungsformeln. Um zu einer universellen Anwendung der Behaglichkeitsgleichung in Bezug auf das Klima zu kommen, wurde das Modell auf Freilandverhältnisse übertragen, indem es um ein meteorologisches Wärmehaushaltsmodell erweitert und dann als *Klima-Michel-Modell* bezeichnet wurde (Jendritzky et al. 1979, 1990, Grätz et al. 1992 u.a. Autoren). Die Arbeiten enthalten den Komplex von Formeln, die mit Hilfe der Kenntnis der geographischen und meteorologischen Bedingungen zu Aussagen über die thermische Behaglichkeit führen. In diesem Modell können die metabolische Wärmeproduktion sowie die Bekleidung als konstant bzw. in Abhängigkeit von den meteorologischen Bedingungen variabel angesetzt werden. Alle nichtmeteorologischen Einflußgrößen entsprechen dabei Standardwerten. So ist der Klima-Michel männlich, 1,75 m groß und 75 kg schwer. Der F-Wert beträgt 1,91 m^2. Das Emissionsvermögen wird zu ε = 0,97, der kurzwellige Reflexionskoeffizient zu 0,7 angenommen. Die meteorologischen und geographischen Größen, die in den ausführlichen Modellgleichungen berücksichtigt werden, sind die Lufttemperatur, der Dampfdruck, die Windgeschwindigkeit, der Bedeckungsgrad und die Wolkenarten, die atmosphärische Trübung, die Solarkonstante, die Ortskoordinaten, das Datum, die Uhrzeit, die Raumwinkelanteile der Umschließungsflächen sowie deren Albedo und Emissionsvermögen. Das Modell wurde schon oft und mit Erfolg zur Aufstellung von Bioklimakarten in verschiedenen Maßstabsbereichen zur Kennzeichnung der räumlichen Verteilung von Wärme- und Kältebelastungen herangezogen (Jendritzky et al. 1990). Es stellt darüberhinaus eine gute Grundlage für Studien der Wirkung von Klimaschwankungen auf den menschlichen Organismus in einer Region dar. In Tab. 8.3 ist ein Beispiel zur Berechnung von Monatswerten des PMV-Wertes aus meteorologischen Daten enthalten (nach Turowski et al. 1989). In Abb. 8.3 sind PMV-Werte für die Station Potsdam unter der Annahme mittlerer Temperatur- und Strahlungsverhältnisse (mittags) dargestellt. Die angenommene mittlere Windgeschwindigkeit variiert zwischen 0,5 (geschützter Standort) und 1,5 m·s^{-1} (exponierter Standort). Bei jahreszeitlich angemessener Bekleidung ergibt sich eine jährliche Schwankung des PMV-Wertes zwischen ca. ± 1. Zum Vergleich sind die mittleren PMV-Werte für die 10 wärmsten und 10 kältesten Tage der Monate Januar bis Dezember im Zeitraum 1951/75 berechnet und dargestellt worden. Die weiteren Größen wurden hier so gewählt, daß sie die Extremwerte verstärken. Die Werte gehen über die ursprünglich für Raumverhältnisse entwickelte Fanger-Skala hinaus. So würden sich bei PMV = ± 2 etwa 75 % der Personen im thermischen Diskomfort befinden. Der Prozentsatz dürfte bei den höheren PMV-Werten noch größer sein. Die Kurven zeigen, welche Änderungen mit Klimaschwankungen verbunden sein können. Bei Diskomfortzuständen wird der Mensch mit dem Ziel reagieren, seine thermische Behaglichkeit wiederherzustellen. Im Normalfall gelingt das durch die physiologischen Abläufe sowie durch bewußte Anpassung. Diese Möglichkeiten können im Extremfall aber ausgeschöpft sein.

Tabelle 8.3: Ergebnisse der vereinfachten Berechnung der mittleren monatlichen PMV-Werte für Potsdam mit folgenden Annahmen: Körperliche Aktivität: 116 $W \cdot m^{-2}$, Körperoberfläche: 1,78 m^2, Bedeckungsgrad: 6/8, relative Windgeschwindigkeit: 0,5 $m \cdot s^{-1}$ (geschützter Standort), auszugsweise nach Turowski et al. (1989)

Monat	I_{Cl}	f_{Cl}	e	T_L	K↓	K↓(D)	PMV
J	2	1,3	5,5	0,6	45	31	-0,57
F	2	1,3	5,6	1,9	77	49	-0,34
M	1,5	1,2	6,0	6,4	129	67	0,21
A	1,5	1,2	7,5	11,7	165	82	0,45
M	1,0	1,2	10,0	16,7	192	98	0,72
J	0,5	1,1	12,8	20,6	216	100	0,98
J	0,5	1,1	14,7	21,7	196	101	1,23
A	0,5	1,1	14,5	21,5	177	95	1,15
S	1,0	1,2	12,7	18,1	151	71	0,93
O	1,5	1,2	10,3	12,5	94	51	0,44
N	1,5	1,2	7,7	5,9	46	32	-0,55
D	2,0	1,3	6,3	2,1	34	25	-0,47

I_{Cl} = Wärmeisolation der Bekleidung /clo; f_{cl} = Koeffizient der Oberflächenvergrößerung durch Bekleidung, e = Dampfdruck /hPa um 13 Uhr MEZ (1951/75), T_L = Lufttemperatur /°C um 13 Uhr MEZ (1951/75), K↓ = Globalstrahlung /$J \cdot cm^{-2}$, mittlere monatliche Stundensummen für 12-13 Uhr MEZ (1951/70), K↓(D) = diffuse Himmelsstrahlung, Daten wie für K↓.

Dann verschlechtern sich die Lebensbedingungen stark, wobei Migration aus dem betroffenen Gebiet einsetzen könnte. Der PMV-Wert zeigt auch Beziehungen zur täglichen Sterberate an zerebral-vaskulären Erkrankungen, wie Bucher (1992) in einer Untersuchung für Südwestdeutschland für den Zeitraum 1968-1984 feststellen konnte.

8.2.2 Thermische Belastungen

Sonderfälle in der thermischen Empfindungsskala stellen die extremen Wärme- und Kältebelastungen dar. Um diese zu quantifizieren, gibt es in der Meteorologie ver-

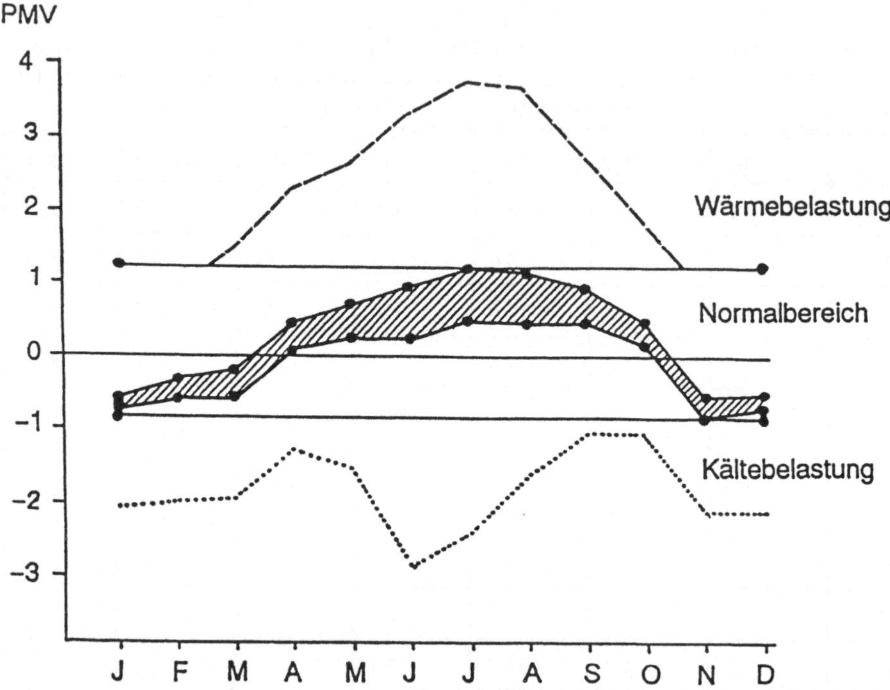

Abbildung 8.3: Berechnung der mittleren PMV-Werte für Potsdam 1951/75, nach Turowski et al. (1989). Der schraffierte Bereich entspricht den mittleren Mittagwerten an windgeschützten (obere Kurve) und exponierten Standorten (untere Kurve). Die Kurven der Wärme- bzw. Kältebelastung wurden aus den jeweils 10 wärmsten bzw. kältesten Tagen der Monate Januar bis Dezember des Zeitraums 1951/75 berechnet.

schiedene Möglichkeiten, scheinbare, auf die subjektive Empfindung des Menschen zielende Temperaturen zu berechnen. Dazu zählt die *Äquivalenttemperatur* als die Temperatur in °C, die herrschen würde, wenn der gesamte in der Luft enthaltene Wasserdampf kondensieren und die dabei freiwerdende Kondensationswärme der Luft zugeführt würde. Der Äquivalentzuschlag zur Lufttemperatur ist der 2,5fache Werte der spezifischen Luftfeuchte in g·kg^{-1}. Die Äquivalenttemperatur ist ein objektives Maß für den Gesamtwärmeinhalt der Luft. Wenn diese Temperatur > 49 °C beträgt, herrscht *Schwüle* als ausgeprägte thermische Unbehaglichkeit. Die wärmeregulatorischen Fähigkeiten des Menschen können die äußeren Bedingungen, die bei Schwüle herrschen, nicht mehr ausgleichen. Bei Verwendung eines Psychrometers kann zur Bestimmung des Schwülezustandes Abb. 8.4 herangezogen werden. Im Fall der Schwüle sind besonders herz-kreislaufgeschädigte Personen gefährdet. Dazu kommt es in den mitteleuropäischen Tieflandgebieten im Mittel an 15 Tagen (Max. 30) im Jahr. Mit Annäherung an die Küste sowie mit zunehmender

Tabelle 8.4: Mittlere Anzahl von Schwületagen in freien Lagen und in Tallagen in Abhängigkeit von der Höhe, nach Hentschel (1982)

Höhe über NN m	100	200	300	400	500	600	700	800
Freie Lage	15	12	9	6	4	3	2	1
Tallage	23	20	16	13	9	5	2	1

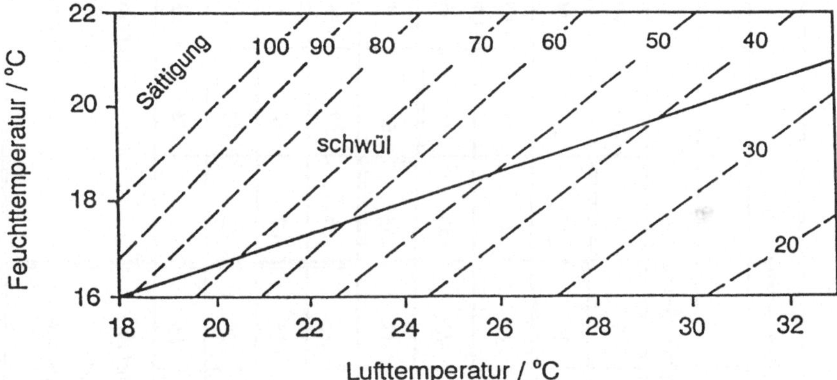

Abbildung 8.4: Abgrenzung des Schwülebereiches nach Wertebereichen der Lufttemperatur und der Feuchttemperatur (mit Aspirationspsychrometern meßbar) sowie der relativen Luftfeuchte (----), verändert nach Hentschel (1982)

Höhe nehmen die Tage mit Überschreiten der Schwülebedingungen im Mittel rasch ab (Hentschel 1982), s. Tab. 8.4.

Es gibt weitere Größen zur Bestimmung der thermischen Belastung. Dazu gehört die schon lange eingeführte *Abkühlungsgröße* als eine von den Umgebungsbedingungen abhängige Wärmemenge, die dem menschlichen Körper bei gegebenen meteorologischen Bedingungen in der Regel entzogen wird. Sie wird meist als Wärmeflußdichte ausgedrückt und kann aus Lufttemperatur und Windgeschwindigkeit berechnet bzw. mit einem Frigorometer oder dem einfachen Katathermometer gemessen werden.

Es gibt eine Anzahl Temperaturgrößen, die den tatsächlichen Temperatureindruck, der infolge des Windes oder der relativen Luftfeuchte ausgeübt wird, beschreiben. Die entsprechenden Formeln geben allerdings unterschiedliche Ergebnisse. Bekannt ist die *Effektivtemperatur* als die Temperatur mit Feuchte gesättigter ruhiger Luft, die dieselbe thermische Empfindung hervorruft wie die beobachtete Temperatur bei den aktuellen Luftfeuchte- und Windgeschwindigkeitswerten. Mit dieser Größe verwandt ist die *wind-chill Temperatur* (engl. chill = Kältegefühl. Frösteln), die bei

Tabelle 8.5: Effektives Temperaturempfinden ("wind-chill-Temperatur") in Abhängigkeit von der Windgeschwindigkeit v, nach Henderson-Sellers und Robinson 1986

$\frac{v}{\text{m·s}^{-1}}$	Gemessene Lufttemperatur / °C											
	10	4	-1	-7	-12	-18	-23	-29	-34	-40	-46	-51
	"Gefühlte" Lufttemperatur / °C											
0	10	4	-1	-7	-12	-18	-23	-29	-34	-40	-46	-51
2,0	9	3	-3	-9	-14	-21	-26	-32	-38	-44	-49	-56
4,5	4	-2	-9	-16	-23	-29	-36	-43	-50	-57	-64	-71
7,0	2	-6	-13	-21	-28	-38	-43	-50	-58	-65	-73	-80
9,0	0	-8	-16	-23	-32	-39	-47	-55	-63	-71	-79	-87
11,0	-1	-9	-18	-26	-34	-42	-51	-59	-67	-76	-83	-92
13,5	-2	-11	-19	-28	-36	-44	-53	-62	-70	-78	-87	-96
15,5	-3	-12	-20	-29	-37	-45	-55	-63	-72	-81	-89	-98
18,0	-3	-12	-21	-29	-38	-47	-56	-65	-73	-82	-91	-100
>18: geringer zusätzl. Effekt	Geringe Gefahr bei zweckmäßiger Bekleidung				*Zunehmende Gefahr des Erfrierens exponierter Körperteile*				**Große Gefahr des Erfrierens exponierter Körperteile**			

extrem kalten Bedingungen ein Maß für den Wärmeverlust des Körpers darstellt und aus Lufttemperatur und Windgeschwindigkeit berechnet wird. Tab. 8.5 erlaubt die Bestimmung des effektiven Temperaturempfindens bei Kenntnis von Lufttemperatur und Windgeschwindigkeit.

8.3   Der luftchemische Wirkungskomplex

8.3.1   Gewährleistung der Sauerstoffversorgung

Die ständige Gewährleistung einer ausreichenden Sauerstoffzufuhr gehört zu den lebensnotwendigen Bedingungen für den Menschen. Im Normalfall ist diese nicht eingeschränkt. Der Sauerstoffbedarf des Menschen hängt in erster Linie von der geleisteten körperlichen Arbeit ab, so daß diese die Sauerstoffzufuhr durch die Atmung regelt. Der Luftbedarf kann sich von 5,0 $l \cdot min^{-1}$ in Ruhelage bis auf 50 $l \cdot m^{-1}$ bei schwerer körperlicher Arbeit steigern. Der Mehrbedarf wird sowohl durch eine Steigerung der Atemfrequenz von 10 min^{-1} bis auf 20 - 30 min^{-1} als auch durch die Erhöhung des Normalwertes von 0,5 l je Atemzug um den Faktor 8-10 realisiert. Nur ein Drittel des eingeatmeten Sauerstoffes wird im allgemeinen dem Körper zugeführt. Zu Sauerstoffmangel kann es in Höhen > 3 km kommen.

8.3.2   Natürliche Luftbeimengungen

Zu den natürlichen Luftbeimengungen, die den menschlichen Organismus merklich affizieren, gehören biologische Stäube, die sich aus Bakterien, Pilzen und Pollen zusammensetzen. Je nach den Bedingungen können auch natürliche abiotische Stäube das Wohlbefinden beeinträchtigen. Eine gesundheitsfördernde Rolle spielt das Meersalzaerosol in Küstennähe und über dem Meer.
Die Verbreitung dieser Luftbeimengungen ist unter den Bedingungen im allgemeinen vorhandener Tages- und Jahresgänge von den Klimaelementen Lufttemperatur und -feuchte, Niederschlag sowie Windrichtung und Windgeschwindigkeit abhängig.
Der Pollengehalt, der bei disponierten Menschen zu allergischen Reaktionen führt, spielt unter diesen Beimengungen eine besondere Rolle. Er hängt von den meteorologisch-klimatologischen Bedingungen ab, die zu den entscheidenden phänologischen Eintrittsterminen Beginn und Ende der Blüte der verschiedenen Pflanzen

führen. Die aktuellen Wetterbedingungen steuern indes die Ausbreitung der Pollen. Der Deutsche Wetterdienst unterhält im Rahmen seiner medizin-meteorologischen Beratungen im Sommerhalbjahr einen Polleninformationsdienst mit Prognosen über den Pollenflug.

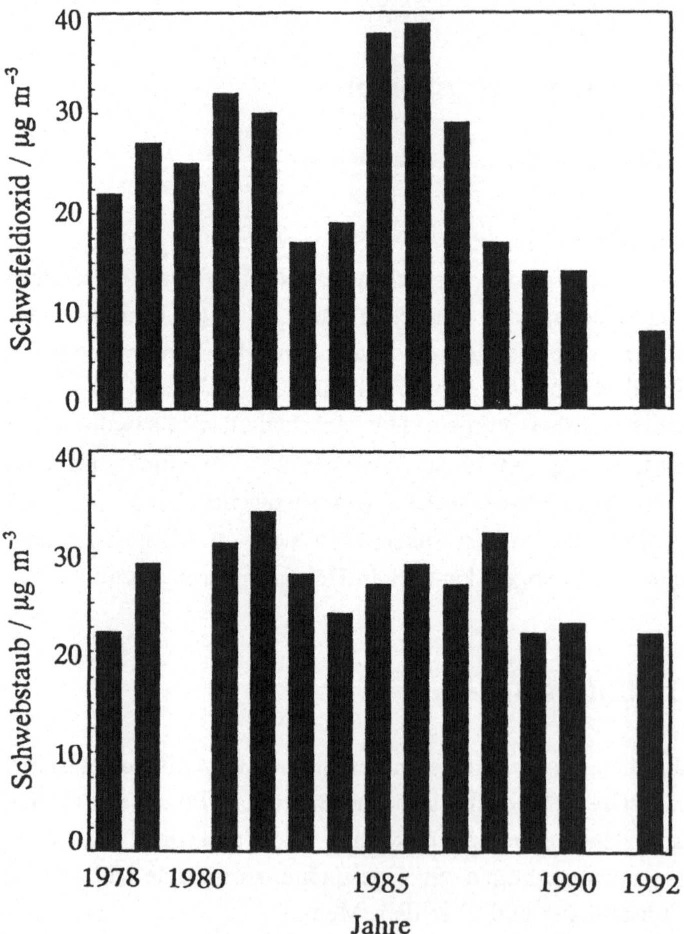

Abbildung 8.5: Jahresmittelwerte für Schwefeldioxid- (oben) und Schwebstaubkonzentrationen (unten) im Zeitraum 1978-1992 für die Station Schmücke (Thüringer Wald), nach Jahresbericht 1993 des Umweltbundesamtes (UBA 1994). In den Jahren 1980 und 1991 fehlen die Werte

8.3.3   Luftschadstoffe

Bei den bioklimatologisch wirksamen Luftschadstoffen handelt es sich insbesondere um anthropogene Beimengungen im festen, flüssigen und gasförmigen Zustand, von denen nur die wichtigsten genannt seien.

Das *Schwefeldioxid* (SO_2) gilt als Prototyp der anthropogenen Luftverunreinigung überhaupt. Die Konzentrationen dieses Reizgases, das vor allem auf die Atemwege wirkt, zeigen weltweit, besonders in Europa und Nordamerika, eine abnehmende Tendenz. Besonders gut ist diese Entwicklung in Ostdeutschland festzustellen (Abb. 8.5). Das Auftreten dieses Gases zusammen mit Schwebstaub führt ab bestimmter Schwellenwerte (WHO: > 100 $\mu g \cdot m^{-3}$ SO_2, > 40 $mg \cdot m^{-3}$ Schwebstaub) zu erheblichen gesundheitlichen Beeinträchtigungen. Dieses Gas verstärkt den anthropogenen Treibhauseffekt.

Eine wichtige Rolle spielt auch der *Schwebstaub* (Abb. 8.5), dessen Quellen insbesondere in Industrie und Verkehr zu suchen sind. Schwebstaub besteht aus zahlreichen Stoffen, die nach ihren chemischen und physikalischen Eigenschaften sehr unterschiedlich sind. Von biometeorologischer Bedeutung sind neben Art und Menge des Schwebstaubes vor allem die Adsorptionsfähigkeit und die Löslichkeit (Lunge!) von Wichtigkeit. Auch hier kann eine generell abnehmende Tendenz infolge von Umweltschutzmaßnahmen festgestellt werden.

Ebenfalls als Treibhausgas wirkt das *Kohlenmonoxid*, das vielfältige Quellen in Verbrennungsprozessen in Haushalten und Industrie mit einem ausgeprägten Wintermaximum der Konzentration hat. Dieses Gas beeinträchtigt den Sauerstofftransport des Blutes mit den bekannten Folgeerscheinungen.

Das *troposphärische Ozon* hat infolge u.a. wegen der Zunahme des Kraftverkehrs eine zunehmende Bedeutung unter den Luftschadstoffen gewonnen. Es entstammt vor allem den photochemischen Prozessen (s. Abschnitt 3.1.3.2) und wirkt vornehmlich auf die Atemwege.

Wie erwähnt, befinden sich unter den Luftschadstoffen Gase, die im langwelligen Strahlungsbereich Absorptionsbanden besitzen und damit über die Verstärkung des Treibhauseffektes der Atmosphäre klimaverändernd wirken. Vor allem beeinflussen die Schadgase aber die lokalen lufthygienischen Verhältnisse, die sich in Wechselwirkung mit den lokalen Klimaverhältnissen (Kap. 7.) befinden.

Auf das umfangreiche Gebiet der meteorotropen Krankheiten (Trenkle 1992) kann hier nicht eingegangen werden. Es sei jedoch darauf hingewiesen, daß veränderte Klimabedingungen veränderte Häufigkeiten biometeorologischer Belastungssituationen mit entsprechenden Modifikationen im Morbiditäts- und Mortalitätsgeschehen mit sich bringen werden.

Schlußbemerkung

Das globale Umweltproblem Klima ist seit den achtziger Jahren Gegenstand nationaler und internationaler Politik. Global bedeutet hier nicht weit weg, da sich die erwarteten Veränderungen an jedem Ort vollziehen werden, hier stärker, dort schwächer. Mit der Klimaproblematik wird sich die Menschheit im 21. Jahrhundert unter den verschiedensten Aspekten beschäftigen müssen.
Die Ursache dafür, daß das früher nur scheinbar so beständige Klima große Aufmerksamkeit auf sich zieht, berührt die Wurzeln des Wohlstandes der klassischen Industrieländer. Verlangt werden müssen tiefgreifende Veränderungen der Energiewirtschaft, um die Emission der strahlungsaktiven Spurengase spürbar zu verringern. Dazu kommt die Forderung nach einer schonenden Landnutzung, die ebenfalls klimastabilisierend wirkt. Auch neue Gefahrenquellen für die Atmosphäre werden sichtbar, so durch den Luftverkehr. Vor diesem Hintergrund kommt es zwangsläufig bei schwieriger Gesamtwirtschaftslage zu Interessenkollisionen mit mächtigen und einflußreichen Wirtschaftsgruppen, die Umsatz und Ertrag gefährdet sehen. Das spiegelt sich auch in der Regierungspolitik mancher Staaten wider, die der Klimafrage nur eine geringere Bedeutung einräumen und ihre restriktive Haltung in der Klimapolitik mit den bestehenden Unsicherheiten begründen, die Veränderungen des Klimas überzeugend vorherzusagen. In der Tat ist es ohne Beispiel, daß heute Vorsorgemaßnahmen ergriffen werden sollen für Umweltveränderungen, die nach noch unvollkommenen Einschätzungen erst in Jahrzehnten eintreten oder sogar ausbleiben werden, wenn die Gegenmaßnahmen greifen sollten. So treten denn auch vermeintliche Fachleute verschiedener Couleur auf, die die Gefahr entweder in Termen einer "Klimakatastrophe" vereinfacht darstellen oder sie unzulässig verkleinern. Dabei wird die noch ungenügende Kenntnis über das Funktionieren des Klimasystems der Erde, insbesondere über die darin wirkenden Rückkoppelungsprozesse, häufig medienwirksam hervorgehoben. Selbst unter anerkannten Klimaforschern sind kontroverse Diskussionen über grundlegende Fragestellungen nicht ausgeschlossen.
Wie kann der Leser dieses Buches sich im Widerstreit der Meinungen zum aktuel-

len Klimaproblem ein verhältnismäßig unabhängiges Urteil bewahren? An welchen Tatsachen kann nicht gerüttelt werden?

Zunächst ist die *Physik des Treibhauseffektes* ebenso eine sichere Erkenntnis wie die Aussage, daß sich ohne einen natürlichen Treibhauseffekt der Atmosphäre das Leben auf der Erde nicht in den vorhandenen Formen und in der Vielfalt hätte entwickeln können. Tatsache ist weiterhin, daß der Mensch seit über 100 Jahren *Kohlendioxid und andere, ähnlich wirkende Spurengase* zunehmend emittiert. Dadurch wird der Treibhauseffekt der Atmosphäre verstärkt. Die Geschwindigkeit der entsprechenden Veränderungen der Zusammensetzung der Atmosphäre ist unvergleichlich höher als es der evolutionäre Prozeß der Natur je vollbrachte.

Diese Fakten sind belegbar und können nicht prinzipiell bezweifelt werden. Sie allein müßten schon genügen, um im Menschheitsbewußtsein Alarm zu schlagen und Gegenmaßnahmen gemeinsam wenigstens zu versuchen.

Die Erforschung des Klimasystems der Erde hat in den letzten Jahrzehnten gewaltige Fortschritte gemacht, aber ebenso wie in allen Wissensgebieten zieht eine gewonnene Erkenntnis viele neue Fragestellungen nach sich. Die Klimamodelle gehören ohne Zweifel zu den herausragenden wissenschaftlichen Leistungen unserer Zeit, auch wenn sie noch zahlreiche Unzulänglichkeiten besitzen. Die Modellierungsergebnisse sind zudem abhängig von den Prognosen zur Entwicklung der Weltwirtschaft. Es muß auch betont werden, daß es durchaus nicht ausgeschlossen ist, daß ebenso unerwartete wie schnelle Entwicklungen bezüglich des Klimas eintreten können.

Eine Klimaänderung muß nicht zwangsläufig etwas Negatives sein. Die Befürchtungen haben ihren Grund vielmehr darin, daß der Mensch schon lange seine Umwelt Atmosphäre als Deponie für "unsichtbaren Abfall" nutzt und sich erst seit kurzem Gedanken darüber macht, welche Folgen solch blindes Tun wohl haben könnte. Voraussichtlich wird es "Gewinner und Verlierer" bei einem möglichen Klimawandel geben. Die Zeit sollte daher genutzt werden, entsprechende Vorsorge zu treffen und vor allem "Klimakriege" zu vermeiden.

Am Umgang mit dem globalen Umweltproblem Klima wird sich zeigen, ob wir in der Lage sind, eine *nachhaltige Entwicklung* für alle zu erreichen.

Glossar

Ablation: Gesamtheit der Prozesse, die zu einem Massenverlust von Gletschern, Eisschilden und Schneedecken führen.

Ablenkende Kraft der Erdrotation, *Corioliskraft*: Scheinkraft, die auf jeden Körper bzw. jedes Luft- und Wasserteilchen wirkt, das sich auf der rotierenden Erde bewegt. Sie ist der Geschwindigkeit proportional und wirkt senkrecht zur Bewegungsrichtung, und zwar auf der Nordhalbkugel nach rechts, auf der Südhalbkugel nach links von der Bewegungsrichtung.

Abrasion: Abtragende Tätigkeit infolge der Brandung und des Strömungssystems im ufernahen Meer bzw. Gewässer, auch als marine Erosion oder Brandungserosion bezeichnet.

Absorption: Wellenlängenabhängige Umwandlung elektromagnetischer Strahlungsenergie, die auf Materie (Gas, Flüssigkeit, Festkörper) auftrifft, in Wärme.

Advektion: Horizontale Verlagerung von warmen (Warmluft-A.) oder kalten (Kaltluft-A.) Luftmassen (mit ihren verschiedenen Eigenschaften) im Zusammenhang mit den Wetterprozessen. Die A. spielt besonders im großräumigen Übergangsgebiet zwischen Ozean und Kontinent eine wichtige klimabildende Rolle für einen Ort oder ein Gebiet. Veränderungen der Häufigkeit bestimmter Advektionsrichtungen ziehen lokale Klimaänderungen nach sich.

Akkumulation: In der *Kryosphäre* im Gegensatz zur → Ablation Gesamtheit der Prozesse, die zu einem Massengewinn von Gletschern, Eisschilden und Schneedecken führen. An *Küsten* im Gegensatz zur → Abrasion Ausdruck für die positive Massenbilanz als Ergebnis der Ablagerungen infolge der uferparallelen Materialtransporte.

allochthon, *fremdbürtig*: Bezeichnung für den Charakter des Wetters oder der Witterung, wenn er vor allem durch → Advektion geprägt ist. Vgl. → autochthon.

anaerob: Ohne Sauerstoff vor sich gehend, z.B. Abbau organischer Substanz.

anthropogen: Durch den Menschen erzeugt, vom Menschen herrührend, bspw. anthropogene Klimaänderung.

antizyklonal: Bezeichung für die großräumigen Luftbewegungen, die auf der Nordhalbkugel (Südhalbkugel) im Uhrzeigersinn (entgegengesetzt dem Uhrzeigersinn) um ein Hochdruckgebiet (Antizyklone) verlaufen. Auch zur Kennzeichnung des Wetters oder der Wetterlage unter Hochdruckeinfluß verwendet. Unter a. Einfluß herrschen in der Troposphäre absteigende Luftbewegungen vor, die zur Wolkenauflösung führen. Begriff findet in der Dynamik des Ozeans analog Verwendung. Vgl. → zyklonal.

Aphel: Der sonnenfernere von zwei Punkten der elliptischen Bahn der Erde um die Sonne, die vom Mittelpunkt der Sonne den größten und den kleinsten Abstand haben, der sonnennähere Punkt ist das Perihel.

Arktik-/Antarktikfront: Frontensystem an der Süd- bzw. Nordgrenze der arktischen bzw. antarktischen Polarluft. Dieses existiert i.allg. nicht zusammenhängend, es ist auch nur zeitweise vorhanden.

autochthon, *eigenbürtig*: Bezeichnung für den Charakter des Wetters oder der Witterung, wenn dieser vor allem durch die lokalen Energieumsätze an der Erdoberfläche bestimmt wird. Das ist der Fall bei windschwachem und bewölkungsarmem Strahlungswetter. Man spricht auch von a. Prozessen in der Atmosphäre. Vgl. → allochthon.

Azimut: Im geodätischen Sinne der Winkel zwischen der geographischen Nordrichtung und der Richtung zu einem Punkt der Erdoberfläche.

barotrop: Bezeichnung für den Zustand der Atmosphäre (des Ozeans), der durch Parallelität der Flächen gleichen Druckes und der Flächen gleicher Dichte gekennzeichnet ist. Die Neigung der Druckflächen ist in der b. Atmosphäre (im b. Ozean) in allen Höhen (Tiefen) gleich, wodurch sich auch Wind- (Strömungs)-geschwindigkeit und -richtung mit der Höhe (Tiefe) nicht ändern. Der reale Zustand in Atmosphäre und Ozean wird dagegen als *baroklin* bezeichnet. In diesem Fall schneiden sich die isobaren und → isopyknen Flächen.

Bedeckungsgrad: Maßzahl für die in Achteln geschätzte Bedeckung des sichtbaren Himmels mit Wolken. Unterschieden wird zwischen dem B. für eine bestimmte Gattung der Wolken und dem Gesamtbedeckungsgrad. Vgl. → Wolke.

Bestandsklima: Klimaverhältnisse innerhalb und unmittelbar oberhalb eines Pflanzenbestandes. Das B., das erheblich vom Umgebungsklima abweichen kann, ist eine Form des Mikroklimas.

Biom: Komplexe biotische Gemeinschaft aus allen Pflanzen und Tieren in einem großen geographischen Gebiet.

Biorhythmik: Gesamtheit aller periodisch ablaufenden Vorgänge in lebenden Systemen (individuelle Organismen, Populationen). Die B. tritt im Bereich der Jahreswelle bis zu Pulsationen im Sekundenbereich in Erscheinung.

boreal: Gebraucht im Sinne von nördlich, kalt. Das b. Klima ist das kalt-gemäßigte

Klima der Nordhalbkugel, das in den nördlichen Teilen Europas, Asiens und Amerikas beobachtet wird.

C3-, C4-Pflanzen: Die Pflanzen tragen diese Bezeichnung je nachdem, ob eine Verbindung, die drei bzw. vier Kohlenstoffatome enthält, das erste Produkt der CO_2-Fixierung in der Photosynthese ist. C3-Pflanzen (wie Sojabohne, Weizen, Baumwolle) zeigen im Vergleich zu C4-Pflanzen (so Mais, Hirsengattung Sorghum) u.a. eine größere Steigerung der Photosynthese im Fall der Verdoppelung des atmosphärischen CO_2-Gehaltes.

Cirrus: → Wolke.

Clausius-Clapeyronsches Gesetz: Im 19. Jahrhundert von B. Clapeyron aufgestellte und später von R. Clausius theoretisch begründete Formel für die Abhängigkeit des → Dampfdruckes von der Temperatur.

Dampfdruck: Partialdruck des Wasserdampfes in der Atmosphäre, der gewöhnlich in hPa angegeben wird. Der D. ist der Anteil des Wasserdampfes am Gesamtluftdruck.

Darcysches Gesetz: Hydraulisches Gesetz, das die Bewegung des Grundwassers in einem breiten Geschwindigkeitsbereich beschreibt. Danach ist die Filtergeschwindigkeit mit dem Gefälle der Standrohrspiegelhöhen linear verbunden. Die Filtergeschwindigkeit kann auch aus dem Quotienten des Grundwasserdurchflusses und der zugehörigen Durchflußfläche bestimmt werden.

Deckschicht des Ozeans: Obere durchmischte Schicht des Ozeans, die sich zwischen der Oberfläche und der Tiefe der beständigen oder jahreszeitlichen thermischen Sprungschicht (ca. 50 bis 200 m) befindet.

Dehydratation: Abspalten von Wasser aus chemischen Verbindungen bei Naturprozessen oder durch Anwendung chemischer Methoden.

Deklination: Senkrechter Winkelabstand eines Gestirns vom Himmelsäquator. Sie wird von diesem aus auf dem Stundenkreis in Grad gemessen und nach Norden positiv, nach Süden dagegen negativ gezählt.

Dendrochronologie: Wissenschaft von der Datierung und Interpretation von Baumjahresringen u.a. für die paläoklimatologische Rekonstruktion.

Denitrifikation: Entzug von Stickstoff, der gewöhnlich unter → anaeroben Bedingungen und durch D.-bakterien stattfindet. Bei der D. wird Nitrat zu N_2 und N_2O umgewandelt, wobei beide Gase in die Atmosphäre übergehen. Bei der Pyro-D. wird bei Verbrennung in der Biomasse gebundener Stickstoff als N_2 in die Atmosphäre emittiert.

Deposition: Ablagerung atmosphärischer Spurenstoffe im Bereich der Erdoberfläche, wobei es sich um *trockene D.* handelt, wenn die Spurenstoffe direkt abgelagert oder an Staubpartikel gebunden werden. Von der *feuchten* oder *nassen* D. spricht man, wenn sich die Spurenstoffe mit dem Wasserdampf verbinden und mit dem Niederschlag ausgewaschen werden.

Deuteriummethode: Ausnutzung der Tatsache, daß die schwereren Wassermoleküle $^1H_2^{18}O$ und $^2H_2^{16}O$ im Vergleich zu den am häufigsten vorkommenden Molekülen $^1H_2^{16}O$ weniger stark von Wasseroberflächen verdunsten, aber besser zu Wolkentröpfchen kondensieren. Dies erklärt die niedrigere Konzentration von schweren Isotopen im Niederschlag, der bei niedrigen Temperaturen kondensierte. Die zwischen dem Isotopenverhältnis im Niederschlag und der Temperatur bestehende lineare Beziehung erlaubt die Rekonstruktion von Temperaturverläufen an Eiskernen von Grönland und der Antarktis.

Dissoziation: Hier die Aufspaltung der im Elektrolyt Meerwasser gelösten Stoffe in Ionen. Die hohe Dissoziationskraft des Wassers resultiert aus dem kleinen Molvolumen und der hohen Dielektrizitätskonstante.

DKRZ, *Deutsches Klimarechenzentrum*: 1987 in Hamburg gegründetes Zentrum, das als überregionale Service-Einrichtung alle Voraussetzungen für die Durchführung aufwendiger Klimamodellrechnungen gewährleistet.

Dobson-Einheit, *DU*: Maßzahl für den Gesamtozongehalt der Atmosphäre, die sich ergibt, wenn das atmosphärische Ozon auf Standarddruck (1013 hPa) und Standardtemperatur (0 °C) komprimiert würde. 1 DU entspricht 0,01 mm dieser gedachten Schicht.

Druckgradientkraft: In der Atmosphäre und in Gewässern auftretende Kraft, die sich aus dem horizontalen Druckgradienten ergibt, d.h., das horizontale Druckgefälle verläuft senkrecht zu den Linien gleichen Druckes (Isobaren). Die D. ist die wichtigste Kraft für die Auslösung des Windes und von Meeresströmungen.

DWD, *Deutscher Wetterdienst*: Seit 1952 bestehende Bundesoberbehörde mit dem Sitz in Offenbach (Main). Der DWD unterhält u.a. Beobachtungs-, Vorhersage-, Wirtschaftswetter-, Flugwetter- und Seewetter- sowie agrar- und medizinmeteorologische Dienste. Er nimmt die internationalen Verpflichtungen auf dem Gebiet der Meteorologie wahr und fördert die Weiterentwicklung der Meteorologie durch Forschungsarbeiten.

Eiszeit, *Kaltzeit*: Verbreitete Bezeichnung für die Zeitabschnitte in der Vergangenheit, die sich infolge der riesigen Ausdehnung des Polareises durch ein Klima auszeichneten, das in Mitteleuropa durch um mehrere Kelvin niedrigere Jahresmitteltemperaturen und auch durch veränderte Niederschlagsverhältnisse gekennzeichnet war. E. treten gewöhnlich innerhalb von → Eiszeitaltern auf.

Eiszeitalter: Abschnitte in der Erdgeschichte, in denen die mittlere Lufttemperatur niedriger lag als in den Zeiten warmen Klimas. Die E. besitzen eine Struktur mit der Aufeinanderfolge von → Eis- bzw. Kaltzeiten und Warmzeiten. Das gegenwärtige Klima ist Bestandteil des quartären bzw. känozoischen Eiszeitalters.

Ekman-Prozeß: Vorgang der direkten Anregung von Strömungen im Meer und in Gewässern durch den Wind. Die zu Beginn des 20. Jahrhunderts aufgestellte Triftstromtheorie des schwedischen Ozeanographen W. Ekman zeigt, daß der resultierende Wassertransport in der nur wenige Dekameter mächtigen Reibungs- oder Ekmanschicht senkrecht nach rechts (auf der Nordhalbkugel) von der Windrichtung gerichtet ist. Dieser Massentransport führt im realen Meer zu Neigungen der Meeresoberfläche und zur Ausbildung einer → Druckgradientkraft. Dadurch werden großräumige Strömungssysteme ausgelöst.

ERBS, *Earth Radiation Budget Satellite*: Satellit zur Messung der Komponenten des Strahlungshaushaltes der Erde im Rahmen des Strahlungshaushalt-Experimentes ERBE.

Erythem: Häufig entzündliche Hautrötung, die sich als Folge der UV-B-Bestrahlung je nach Exposition mehr oder weniger flächenhaft auf dem Körper ausbreitet. Die schwereren Formen wie der Sonnenbrand können ernste Erkrankungen nach sich ziehen.

eustatisch: Bezeichnung für die Wasserstandsschwankungen, die auf die Vereisung bzw. das Schmelzen von Eis bei dem Wechsel von Kalt- und Warmzeiten zurückgeführt werden können. Der rezente e. Meeresspiegelanstieg beträgt etwa $1\ \mathrm{mm\cdot a^{-1}}$.

Firnlinie: Trennlinie zwischen dem Nährgebiet (→ Akkumulation) und dem Zehrgebiet (→ Ablation) einer Gletschers. Die F. entspricht der klimatischen Schneegrenze.

GCM, *General Circulation Model*: Allgemeines Zirkulationsmodell der Atmosphäre oder des Ozeans.

Geopotential: Potential der Schwerkraft, das durch die Arbeit gemessen wird, die erfordlich ist, um eine Masseneinheit von einem Höhenniveau entgegen der Schwerebeschleunigung zu einem anderen zu heben. Die Flächen gleichen Geopotentials, die Äquipotentialflächen, sind absolut eben, so daß die Neigungen von Druckflächen (→ Druckgradientkraft) auf diese bezogen werden können. Einheit des G. ist das *geopotentielle Meter*, das als Produkt des *geodynamischen Meters* ($= 10\ \mathrm{J\cdot kg^{-1}}$) mit 0,9062 definiert ist. Die Zahlenwerte entsprechen damit etwa denen des geometrischen Meters.

Geostrophisches Gleichgewicht: In einer homogenen, reibungs- und beschleunigungsfreien Atmosphäre bzw. einem entsprechenden Ozean, wo keine äußeren Kräfte außer der Schwerkraft wirken, bestehendes Gleichgewicht zwischen der → Druckgradientkraft und der → ablenkenden Kraft der Erdrotation. Es resultiert der geradlinige geostrophische Wind bzw. Strom entlang der Isobaren (auf der Nordhalbkugel ist der höhere Druck rechts von der Strömungsrichtung) als spezielle Form des Gradientwindes bzw. -stromes, der auch nichtgeradlinige Bewegungen umfaßt.

***GEWEX**, Global Energy and Water Cycle Experiment*: Das globale Energie- und Wasserkreislaufexperiment ist ein Unterprogramm des → WCRP, um den hydrologischen Zyklus und die Energieflüsse im Klimasystem zu beobachten, besser zu verstehen und zu modellieren. Ein Pilotprojekt ist das Ostsee-Experiment (BALTEX), in dem die Ziele des G. in einem begrenzten Raum (Ostsee und ihr Einzugsgebiet) realisiert werden sollen.

Gezeitenküste: Küste, an der die Wasserstandsänderungen vor allem durch die periodischen, meist halbtägigen, Hebungen und Senkungen infolge der Gezeiten bestimmt sind. Die gezeitenerzeugenden Kräfte entstehen durch das Zusammenwirken von Gravitations- und Zentrifugalkräften bei der Bewegung des Mondes um die rotierende Erde bzw. der Erde um die Sonne.

Gleitender Mittelwert: Speziell berechnete Mittelwerte von Datenreihen, die die Funktion eines numerischen Tiefpaßfilters haben, d.h. die kürzerperiodischen Schwankungen unterdrücken. Nach Wahl des Mittelungsintervalls der Länge m wird der erste g.M. aus dem Mittel der Werte n_1 bis n_m, der zweite aus dem Mittel der Werte n_2 bis n_{m+1} berechnet und so weiter fortgefahren. Vgl. → Tiefpaßfilterung.

gpm: → Geopotential.

GRIP, *Greenland Ice Core Project*: Eiskernprojekt für Grönland. Die Analyse von Eiskernen erlaubt eine detaillierte Rekonstruktion des Paläoklimas. Für Zentralgrönland gelang es, den gesamten, dort 3000 m mächtigen Eisschild zu durchbohren und über die ganze Tiefe Bohrkerne zu gewinnen. Das Alter des Eises in dieser Tiefe beträgt dort zwischen 200 000 und 250 000 Jahren.

Halone: Bromhaltige Fluorchlorkohlenwasserstoffe mit einem extrem hohen Ozonzerstörungspotential. Halone werden hauptsächlich als Feuerlöschmittel verwendet.

Hydrate: Substanzen, in denen Wassermoleküle an andere Moleküle oder Ionen gebunden oder in denen andere Moleküle in die Hohlräume kristallisierten Wassers eingeschlossen sind.

Hydrosphäre: Gesamtheit des im Wasserkreislauf befindlichen Wassers in fester, flüssiger und gasförmiger Phase.

hygrisch: Den Niederschlag oder die Luftfeuchte betreffend.

IGBP, *International Geosphere-Biosphere Programme*: Ziele des IGBP, das 1986 aufgenommen wurde, sind die Beschreibung und das Verständnis der interaktiven physikalischen, chemischen und biologischen Prozesse, die das Gesamtsystem Erde regulieren. Besondere Aufmerksamkeit gilt den Klimaschwankungen und anderen Komponenten des globalen Wandels.

Impakt: Wirkung. Der Begriff ist im Zusammenhang mit der Auswirkung von Klimaschwankungen und anderen Prozessen des globalen Wandels verbreitet.

Impuls: In der Physik Produkt aus Masse und Geschwindigkeit eines Massenpunktes. Der I. ist ein Vektor, der die gleiche Richtung hat wie die Bewegung, d.h., er liegt in jedem Punkt der Bahnkurve tangential an dieser. Er wird auch als *Bewegungsgröße* bezeichnet.

Innertropische Konvergenzzone, *ITCZ*: Zone der äquatorialen Tiefdruckrinne zwischen dem Nordostpassat der Nordhalbkugel und dem Südostpassat der Südhalbkugel. Ihre mittlere Lage befindet sich bei ca. 5° N. Infolge des Aufsteigens feuchter Luft mit nachfolgender Kondensation, mächtiger Wolkenbildung und Niederschlägen ist die I. von großer Bedeutung für die Energetik der Atmosphäre.

Ion: Elektrisch geladenes Atom oder geladener Molekülbestandteil. Je nach Ladungsvorzeichen unterscheidet man zwischen positiv geladenen Kationen und negativ geladenen Anionen.

IPCC, *Intergovernmental Panel on Climate Change*: Das zwischenstaatliche Gremium zum Problem der Klimaschwankung wurde zur Bewertung des wissenschaftlichen Standes dieses globalen Umweltproblems und dessen Auswirkungen für Natur und Gesellschaft gebildet. Eine weitere Aufgabe des IPCC besteht in der Formulierung realistischer Strategien der Reaktion auf die Gefahren einer globalen Klimaänderung.

Isopyknen: Linien gleicher Dichte. Flächen gleicher Dichte in Atmosphäre oder Ozean werden als isopykne Flächen bezeichnet.

Kelvin, *K*: Einheit der absoluten Temperaturskala. Es gilt T / K = T / °C + 273,15. Nach dem Internationalen Einheitensystem werden Temperaturdifferenzen in K angegeben. Temperaturdifferenzen in K und °C sind identisch.

Koagulation: Vorgang, bei dem kleine Teilchen in einem kolloidalen System mit anderen Teilchen zusammenstoßen und größere Teilchen bilden.

Kontinentalität: Maß zur Bestimmung des Grades des Einflußes von Kontinent bzw. Ozean auf das Klima eines Ortes. In die Bestimmung der thermischen K. geht die mittlere Jahresschwankung der Lufttemperatur, in die der hygrischen K. gehen zusätzlich die Niederschlagsverhältnisse ein.

Kontinentalverschiebung: Hypothese zur Beschreibung der Bewegung der Kontinente über die Erdoberfläche, die zuerst von A. Wegner (1880-1930) aufgestellt wurde. Ihre Verallgemeinerung fand die K. in der Theorie der globalen Plattentektonik.

Konvektion: Form der Wärmeübertragung. In der *Atmosphäre* ist die K. vor allem mit dem Aufsteigen erwärmter Luft bei gleichzeitigem Absinken kühlerer Luft verbunden. Im *Ozean* entsteht die K. bei Abkühlung bzw. Salzanreicherung an der Oberfläche, wodurch es zum Absinken des abgekühlten bzw. salzreichen Wassers und Aufsteigen wärmeren und weniger salzreichen Wassers kommt.

Lange Wellen: → Rossby-Wellen.

Lidar, *light detecting and ranging*: Relativ neue Methode zur Fernsondierung von Eigenschaften der Atmosphäre vom Erdboden aus mit Hilfe eines leistungsstarken gepulsten Lasers. Gemessen wird die Intensität der Rückstreuung des ausgesandten Lichtimpulses.

Lithosphäre: Äußere starre Gesteinsschale der Erde, zu der die kontinentale und ozeanische Erdkruste sowie der obere Teil der Erdmantels gerechnet werden. In der L. spielen sich die globalen tektonischen Prozesse ab.

Luftdruck: Der von der Masse der atmosphärischen Luft unter dem Einfluß der → Schwerebeschleunigung ausgeübte Druck. Dieser kann als Gewicht einer Luftsäule vom Einheitsquerschnitt definiert werden, die von der Erdoberfläche oder einer anderen Bezugsfläche bis an den Oberrand der Atmosphäre reicht. Der L. wirkt senkrecht auf eine beliebig orientierte Fläche. Die Einheit des L. ist das Hektopascal (hPa), das vom Betrag dem früher gebrauchten Millibar (mbar) entspricht.

Mischungsschicht des Ozeans: → Deckschicht.

Mischungsverhältnis: Dimensionsloser Ausdruck für die Konzentration eines Gases in der Atmosphäre, ausgedrückt in Masse- oder Volumenteilen des Gases sowie der Luft, → ppb. Im engeren Sinn ist das M. ein Maß für die Luftfeuchte, es gibt die Menge des vorhandenen Wasserdampfes in g pro kg trockener Luft an.

Mischwolke: → Wolke.

Montrealer Protokoll: Am 16.9.1987 abgeschlossenes internationales Abkommen zur Einschränkung des Gebrauchs von Fluorchlorkohlenwasserstoffen. Seine Fortsetzung fand das M.P. in den Festlegungen der Londoner Ministerkonferenz über Ozon von 1990, die die Einstellung der Produktion und des Gebrauchs von FCKW bis zum Jahr 2000 vorsehen. Weitere Präzisierungen des M.P. erfolgten 1995.

MOS, *Model Output Statistics*: Methode zur Interpretation numerischer Wettervorhersagen für den lokalen Maßstab. Es werden statistische Beziehungen zwischen Größen, die das Modell berechnet, und den Parametern, die das lokale Wetter charakterisieren, aufgestellt. Bei der gleichen Zielen dienenden Methode *PerfectProg* wird das statistische Modell aus der Koppelung zwischen den beobachteten großräumigen Größen und den lokalen Parametern entwickelt.

NMC, *National Meteorological Center*: Nationales Meteorologisches Zentrum der USA.

NOAA, *National Oceanic and Atmospheric Administration*: Nationale Behörde der USA für die Ozean- und Atmosphärenforschung.

Normalniveau, *NN*: Bezeichnung für eine Niveaufläche ($\rightarrow$ Geopotential), die als einheitliche Bezugsfläche bei der Ermittlung und Angabe der Vertikalabstände von Punkten der Erdoberfläche genutzt wird. In Deutschland ist NN vom Nullpunkt des Amsterdamer Pegels abgeleitet.

PAR: Die photosynthetisch aktive Strahlung ist der Spektralbereich der elektromagnetischen Strahlung (0,4 - 0,7 µm), der für die Photosynthese entscheidend ist.

Partialdruck: Druckanteil eines individuellen Gases am Gesamtdruck des Gasgemisches entsprechend des Daltonschen Gesetzes.

Pedosphäre: Bezeichnung für die gesamte Bodendecke.

PerfectProg: $\rightarrow$ MOS.

Perihel: $\rightarrow$ Aphel.

Perzeption: Wahrnehmung, bspw. des Risikos einer möglichen anthropogenen Klimaänderung.

Phänologische Phasen: Eintrittstermine von Abschnitten in der Pflanzenentwicklung. Abgeleitet von *Phänologie* als Lehre von der Entwicklung und den Wachstumsphasen der Pflanzen und Tiere im Laufe eines Jahres in Abhängigkeit vom Verlauf der Witterung.

Photoaktinisch: Die Wirkung des sichtbaren Abschnittes des Spektrums der elektromagnetischen Wellenstrahlung auf den Menschen.

Photolytisch: Die chemischen Änderungen infolge solarer Bestrahlung eines Moleküls. Für die Atmosphäre besonders wichtig ist die Photodissoziation, worunter man die strahlungsabsorptionsbedingte Aufspaltung eines Moleküls und das anschließende Aufbrechen eines oder mehrerer chemischer Bindungen versteht.

Phytoplankton: Pflanzliches Plankton, entstanden infolge der $\rightarrow$ Primärproduktion.

Polarfront: In der Atmosphäre Grenzbereich zwischen Polar- und Tropikluft auf der Nord- und Südhalbkugel. Im Ozean werden die Übergangsbereiche zwischen Warm- und Kaltwassersphäre an der Meeresoberfläche (Drängung der Oberflächen-isothermen im Bereich von $\rightarrow$ SST = 10 °C) als P. bezeichnet.

ppb, *part per billion*: International übliche Maßeinheit für das Mischungsverhältnis bzw. Konzentration "1 Teil auf 10^9 Teile" eines Spurengases in der Atmosphäre, das entweder auf das Volumen (V) oder auf die Masse (M) bezogen sein kann.

ppm, *part per million*: Wie $\rightarrow$ ppb, jedoch "1 Teil auf 10^6 Teile".

Primärproduktion: die von der Photosynthese aufgebaute organische Substanz.

Primordiales Klima: Bezeichnung für das Klima in den frühen Stadien der Erdentwicklung. Zur Rekonstruktion des p.K. gibt es nur wenig Daten.

Prognostische Gleichungen: Diejenigen Gleichungen im Grundgleichungssystem der Wettervorhersage- und Klimamodelle, die zeitliche Differentialquotienten enthalten, wodurch die Berechnung von Zeitschritten in die Zukunft möglich ist.

Relative Luftfeuchte: Verbreitetes Feuchtemaß, das sich aus dem mit 100 multiplizierten Quotienten des herrschenden Dampfdruckes und des Sättigungsdampfdruckes ergibt. Die letztere Größe wird aus der aktuellen Lufttemperatur aufgrund des $\rightarrow$ Clausius-Clapeyronschen Gesetzes berechnet.

Respiration: Chemischer Vorgang, durch den Tiere und Pflanzen Nahrung in Energie umwandeln. Es handelt sich um die Oxidation von Kohlenwasserstoffen, dabei wird Sauerstoff verbraucht und Kohlendioxid erzeugt.

Rossby-Wellen: Lange planetarische Wellen in der mittleren und oberen Troposphäre. Die R.W. weisen charakteristische Wellenzahlen von 4 - 7 auf. Verla-gerungsgeschwindigkeit und Phasenlage der R.W. sind von entscheidender Bedeutung für die Ausprägung der Zirkulationssituation und das Wettergeschehen am Boden.

Salzgehalt: Zustandsgröße des Meerwassers. Der S. wird durch die Leitfähigkeit des Meerwassers in Termen einer *Practical Salinity Unit* (PSU) definiert, die sich von dem früher verwendeten "Promille" dem Betrag nach kaum unterscheidet. Die Salzgehaltsmessungen werden auf ein "Normalwasser" als Standard bezogen.

Schwarzer Körper: Körper mit der Eigenschaft, die gesamte auf ihn fallende elektromagnetische Strahlung zu absorbieren und in Abhängigkeit von seiner Temperatur wieder zu emittieren. Bei einem S.K. sind Absorptionsgrad und Emissionsvermögen gleich Eins.

Schwerebeschleunigung: Resultierende von Gravitationskraft der Erde und Zentrifugalkraft der Erdrotation. Die S. variiert etwas mit der Höhe und der geographischen Breite. Im allgemeinen wird der Wert der S. für 45° Breite $g_{45} = 9{,}81$ m·s^{-2} benutzt.

Schwerewellen: Wellen in der Atmosphäre mit Wellenlängen von vorzugsweise der Größenordnung 10 km, bei denen die Schwerkraft als rücktreibende Kraft wirkt. Die Wellen auf Gewässern sind überwiegend ebenfalls S.

Solaraktivität: Gesamtheit von Prozessen auf der Sonne, die mit Variationen der elektromagnetischen Strahlungsflußdichte und der Korpuskularstrahlung verbunden sind. Dazu gehören die Sonnenflecken als S.-Gebiete mit den Protuberanzen. Ferner gehören zur S. die kurzzeitigen Eruptionen von UV-, Röntgen- und Korpuskularstrahlung, die zu Störungen in der Hochatmosphäre der Erde führen (solar-terrestrische Effekte). Unter bestimmten Bedingungen wirken sich die Prozesse der S. auch auf die troposphärischen Vorgänge aus.

Spezifische Luftfeuchte: Maß für die Luftfeuchte, das durch die Wasserdampfmasse in g definiert ist, die in 1 kg feuchter Luft enthalten ist. Vgl. → Mischungsverhältnis.

SST, *sea surface temperature, Meeresoberflächentemperatur*. Gemeint ist hier die konventionelle SST, die i.allg. innerhalb des obersten Meters gemessen wird. Sie ist zu unterscheiden von der Temperatur der unmittelbaren Oberfläche, der "Hauttemperatur". Diese ist in den meisten Fällen Zehntel bis maximal einige K niedriger als die SST.

Standardabweichung: Viel verwendetes Maß zur Charakterisierung der Streuung der Einzelwerte in Datenreihen. Die S. erhält man als Quadratwurzel aus der mittleren quadratischen Abweichung. Diese wird aus den Differenzen der Einzelwerte zum Mittelwert berechnet, die quadriert und addiert und schließlich durch die um 1 verminderte Zahl der Meßdaten dividiert werden.

Strahlstrom: Gebündelte, von West nach Ost gerichtete Luftbewegung mit hohen Windgeschwindigkeiten in der oberen Troposphäre und unteren Stratosphäre, die von großen Unterschieden der Lufttemperatur nördlich und südlich des S. begleitet wird. Am bekanntesten sind Subtropen- und → Polarfront-Strahlstrom. Im Ozean gibt es ebenfalls relativ tiefreichende Strahlströme, besonders in den westlichen Randregionen, wo der Golfstrom und der Kuroshio charakteristische Beispiele bilden.

Streuung: In der Atmosphäre Ausdruck der Wechselwirkung zwischen Strahlung und Luftpartikeln sowie Luftbeimengungen, wobei die Richtung der ankommenden Strahlung verändert wird. Der Grad der S. hängt von der Wellenlänge ab.

Sublimation: Bezeichnung für den unmittelbaren Übergang des gasförmigen in den festen Aggregatzustand. Bei der S. wird der Betrag an Wärme frei, der bei dem Übergang vom eis- zum gasförmigen Zustand (Verdunstung) verbraucht wurde.

Süßwassertransport: Der S. in der → Deckschicht des Ozeans ergibt sich aus der Süßwasserbilanz Verdunstung - Niederschlag. Aus den räumlichen Unterschieden dieser Differenzgröße können die entsprechenden Flüsse abgeleitet werden.

Szenario, *Szenarium*: In der Klimatologie der Entwurf von Randbedingungen und ihrer zeitlichen Entwicklung, die eine Grundlage für Klimamodellrechnungen bilden. Deren Ergebnisse werden häufig auch als *Klimaszenarien* bezeichnet. Die Verwendung dieses Ausdruckes macht deutlich, daß es sich um keine Vorhersagen im eigentlichen Sinne handeln kann.

Thermo-haline Strömungskomponente: Anteil des ozeanischen Strömungsfeldes, der auf das durch die Verteilung von Temperatur und Salzgehalt bestimmte Massenfeld zurückgeht. Die Neigung der ozeanischen Isobarflächen (→ Druckgradientkraft), die die Strömungen bestimmen, geht auf die Neigung der Oberfläche und auf Massenfeldinhomogenitäten zurück.

Tiefpaßfilterung: Spezielles numerisches Verfahren, um die kurzperiodischen Schwankungen in einer Zeitreihe meteorologischer o.a. Größen zu eliminieren, → gleitender Mittelwert.

Topographie, relative: In der Atmosphäre und im Ozean → Geopotential-Abstand zwischen zwei ausgewählten Isobarflächen. In der Atmosphäre ist die r.T. Ausdruck der mittleren Temperaturverteilung in der Schicht. Im Ozean ermöglicht die Berechnung der r.T. die Bestimmung der → thermo-halinen Strömungskomponente.

Trog: Gebiet tiefen Luftdrucks innerhalb der Strömung auf der Rückseite eines Tiefs. Der aus hochreichender Kaltluft bestehende T. wandert i.allg. hinter der Kaltfront des Tiefs her. Beim Höhen-T. handelt es sich um ein ausgeprägtes zyklonales Wellental der → Rossby-Wellen. Wenn Höhen-T. stationär werden, können sie für längere Zeit den Wetterablauf eines Gebietes bestimmen.

Turbulenz: In der Atmosphäre und im Ozean ungeordnete und in Form von Wirbeln unterschiedlichster räumlicher und zeitlicher Größenordnungen verlaufende Bewegung, die dem mittleren Strömungsfeld überlagert ist.

UNEP, *United Nations Environmental Programme*: Das seit der ersten Hälfte der siebziger Jahre bestehende Umweltprogramm der Vereinten Nationen ist der regelmäßigen Überwachung und dem Schutz der Umwelt gewidmet. In diesem Rahmen ist UNEP u.a. an den Vorhaben zur Klimaforschung und -wirkung sowie zur Ozonforschung und den damit zusammenhängenden Fragen aktiv beteiligt.

Wasserwolke: →Wolke.

WBGU, *Wissenschaftlicher Beirat der Bundesregierung für Globale Umweltfragen*: Der 1992 gegründete, interdisziplinär besetzte Beirat schätzt den Stand globaler Umweltprobleme und Veränderungen regelmäßig ein. Daraus werden Empfehlungen für die Regierung abgeleitet. Der Rat gibt Berichte zu Schwerpunktthemen heraus und unterhält eine Geschäftsstelle am Alfred-Wegener-Institut für Polar- und Meeresforschung in Bremerhaven. Herausgabe der vierteljährlich erscheinenden Zeitschrift *Global Change Prisma*.

WCRP, *World Climate Research Programme*: Das Weltklimaforschungsprogramm ist Teil des seit 1980 laufenden Weltklimaprogramms. Die Vorhaben betreffen die Entwicklung verbesserter Modelle für das Klimasystem mit der Möglichkeit der Abgabe von Prognosen in einem breiten zeitlichen und räumlichen Bereich, die Durchführung experimenteller Programme wie TOGA (Tropischer Ozean und Globale Atmosphäre), → GEWEX oder → WOCE, breit angelegte Untersuchungen zur Empfindlichkeit des Klimas gegenüber verschiedenen äußeren Einflüssen u.a.m.

Windstau: Anstieg des Wasserstandes an der Küste unter dem Einfluß starken auflandigen Windes. In der Atmosphäre auch Staueffekte an Gebirgen u.a. Hindernissen, die mit einer Luftdruckerhöhung auf der Luvseite verbunden sind.

WMO, *World Meteorological Organization*: Seit 1950 als UN-Organisation bestehende Meteorologische Weltorganisation. Sie organisiert die weltweite meteorologische Zusammenarbeit, die Entwicklung der Meßnetze einschl. der Standardisierung der Meß- und Beobachtungsmethoden, den schnellen Austausch der Daten, die Anwendung meteorologischer Erkenntnisse u.v.m. Die WMO fördert die meteorologische Forschung und beteiligt sich an der Organisation großer internationaler Programme.

WOCE, *World Ocean Circulation Experiment*: Weltozean-Zirkulationsexperiment, weltweites ozeanographisches Programm als Komponente des → WCRP, um die Zirkulation in allen Tiefen und Teilen des Weltmeeres zu bestimmen. Die Verbesserung der Kenntnis über die Rolle des Ozeans für das Klima ist ein Hauptziel der für die Zeit von 1990 bis 1997 laufenden Untersuchungen.

Wolke: In der Luft schwebende, sichtbare Anhäufung von Kondensations- und → Sublimationsprodukten des Wasserdampfes. Entsprechend der Temperatur und des thermodynamischen Zustandes der Wolke unterscheidet man Wasserwolken, gemischte Wolken (aus Wassertröpfchen und Eisteilchen bestehend) sowie Eiswolken. Entsprechend werden tiefe W. (Cumulus, Stratus, Stratocumulus) zwischen 0 und 2 km Höhe, mittelhohe W. (Altocumulus, Altostratus) in 2 bis 7 km Höhe und hohe W. (Cirrus, Cirrocumulus, Cirrostratus) in 5 bis 13 km Höhe sowie Wolken mit großer vertikaler Erstreckung (Cumulonimbus, Nimbostratus) unterschieden. Neben diesen Gattungen sind zahlreiche Wolkenarten, -unterarten, Sonderformen u.a. festgelegt.

zyklonal: Bezeichnung für die großräumigen Luftbewegungen, die auf der Nordhalbkugel (Südhalbkugel) entgegengesetzt dem Uhrzeigersinn (im Uhrzeigersinn) um ein Tiefdruckgebiet (Zyklone) verlaufen. Zyklonale Witterung ist durch wechselnde Temperaturverhältnisse, Bewölkung und Niederschläge gekennzeichnet. Der Begriff findet auch in der Dynamik des Ozeans Verwendung. Vgl. → antizyklonal.

Zu weiteren Begriffsbestimmungen siehe *Maunder (1992)* für den Gesamtbereich Globaler Wandel, *Meyers Taschenlexikon Meteorologie (1987)* für Allgemeine Meteorologie und Klimatologie und *Schirmer (1988)* für Meso- und Mikroklima sowie klimatologische Praxis.

Literaturverzeichnis

Ergänzende deutschsprachige Bücher

Bach, W., H.-W. Georgii, L. Steubing: Schadstoffbelastung und Schutz der Erdatmosphäre. Bonn: Economica Verlag 1995. = Umweltschutz - Grundlagen und Praxis Band 7.

Baumgartner, A., H.-J. Liebscher: Allgemeine Hydrologie. Band 1. Berlin und Stuttgart: Borntraeger 1990.

Bossel, H.: Umweltwissen. Daten, Fakten, Zusammenhänge. 2. Auflage. Berlin: Springer-Verlag 1994.

Broecker, W. S.: Labor Erde. Bausteine für einen lebensfreundlichen Planeten. Berlin: Springer-Verlag 1994.

Enquete-Kommission "Schutz der Erdatmosphäre" des Deutschen Bundestages: Klimaänderung gefährdet globale Entwicklung. Zukunft sichern - Jetzt handeln. Bonn/Karlsruhe: Economica Verlag/ Verlag C.F. Müller 1992. 2 Bände

Fabian, P.: Atmosphäre und Umwelt. 4. Auflage. Berlin: Springer-Verlag 1992.

Fellenberg, G.: Lebensraum Stadt. Stuttgart/Zürich: B.G. Teubner Stuttgart/Verlag der Fachvereine 1991.

Flemming, G.: Klima - Umwelt - Mensch. 2. Auflage. Jena: G. Fischer Verlag 1990.

Flemming, G.: Einführung in die Angewandte Meteorologie. Berlin: Akademie-Verlag 1991.

Flemming, G.: Wald - Wetter - Klima. Einführung in die Forstmeteorologie. 3. Auflage. Berlin: Deutscher Landwirtschaftsverlag 1994.

Flohn, H.: Das Problem der Klimaänderungen in Vergangenheit und Zukunft. Darmstadt: Wiss.Buchgesellschaft 1988 (Erstausgabe 1985).

Frenzel, B.: Die Klimaschwankungen des Eiszeitalters. Braunschweig: Vieweg 1967

Fritsch, B.: Mensch-Umwelt-Wissen. Evolutionsgeschichtliche Aspekte des Umweltproblems. 4. Auflage. Stuttgart/Zürich: B.G. Teubner Verlag/Verlag der Fachvereine Zürich 1994.

Gassmann, F.: Was ist los mit dem Treibhaus Erde.Stuttgart und Leipzig: B.G. Teubner Verlagsgesellschaft 1994. = Einblicke in die Wissenschaft

Geiger, R.: Das Klima der bodennahen Luftschicht. 4. Auflage, Stuttgart: Vieweg 1961

Graedel, T.E., P.J. Crutzen: Chemie der Atmosphäre. Bedeutung für Klima und Umwelt. Berlin und Oxford: Spektrum Akademischer Verlag 1994.

Haber, W.: Ökologische Grundlagen des Umweltschutzes. Bonn: Economica Verlag GmbH 1993. = Umweltschutz Grundlagen und Praxis Band 1.

Heinloth, K.: Energie und Umwelt. Klimaverträgliche Nutzung von Energie. Stuttgart/Zürich: B.G. Teubner Stuttgart/Verlag der Fachvereine Zürich 1993.

Hentschel, G.: Das Bioklima des Menschen. Berlin: Verlag Volk und Gesundheit 1982 (Erstausgabe 1978).

Heyer, E.: Witterung und Klima. 9. Auflage. Stuttgart und Leipzig: B.G. Teubner-Verlagsgesellschaft 1993.

Hupfer, P. (Hrsg.): Das Klimasystem der Erde. Diagnose und Modellierung, Schwankungen und Wirkungen. Berlin: Akademie-Verlag 1991.

Hupfer, P., F.-M. Chmielewski (Hrsg.): Das Klima von Berlin. Berlin: Akademie-Verlag 1990.

Hutter, K.: Dynamik umweltrelevanter Systeme. Berlin: Springer-Verlag 1991.

Jänicke, M., H.J. Bolle, A. Carius (Hrsg.): Umwelt Global. Veränderungen, Probleme, Lösungsansätze. Berlin: Springer-Verlag 1994.

Jendritzky, G., G. Menz, W. Schmidt-Kessen, H. Schirmer: Methodik zur räumlichen Bewertung der thermischen Komponente im Bioklima des Menschen: Fortgeschriebenes Klima-Michel-Modell. Akad. für Raumforschung und Landesplanung Nr. 114, Hannover 1990

Kertz, W.: Obere Atmosphäre und Magnetosphäre. In Einführung in die Geophysik 2. Mannheim: Bibliographisches Institut 1992. = B.I. Hochschultaschenbuch 535

Krupp, Chr.: Klimaänderungen und die Folgen. Berlin: edition sigma 1995.

Kuttler, W. (Hrsg.): Handbuch zur Ökologie. 2. Aufl. Berlin: Analytica Verlagsgesellschaft. = Handbücher zur angew. Umweltforschung Band 1

Lamb, H.H.: Klima und Kulturgeschichte. Der Einfluß des Wetters auf den Gang der Geschichte. rowohlts enzyklopädie kulturen und ideen. Reinbek: Rowohlt Taschenbuch 1989.

Lovelock, J.: Das Gaia-Prinzip. Die Biographie unseres Planeten. Zürich und München: Artemis Winkler 1991

Malberg, H.: Meteorologie und Klimatologie. Eine Einführung. 2. Auflage. Berlin: Springer-Verlag 1994.

Meyers Taschenlexikon Meteorologie. Mannheim: Meyers Lexikonverlag 1987.

Reuter, U., J. Baumüller, U. Hoffmann: Luft und Klima als Planungsfaktor im Umweltschutz. Ehningen: Expert Verlag 1991.

Rödel, W.: Physik unserer Umwelt: Die Atmosphäre. Berlin: Springer-Verlag 1992.

Schellnhuber, H.-J., H. Sterr: Klimaänderung und Küste. Einblick ins Treibhaus. Berlin: Springer-Verlag 1993.

Schirmer, H., W. Kuttler, J. Löbel, K. Weber (Hrsg.): Lufthygiene und Klima. Ein Handbuch zur Stadt- und Regionalplanung. Düsseldorf: VDI-Verlag 1993.

Schönwiese, Chr.-D.: Klima im Wandel. Tatsachen, Irrtümer, Risiken. Stuttgart: Deutsche Verlags-Anstalt 1992.

Schönwiese, C.-D.: Klimatologie. Stuttgart: Eugen Ulmer GmbH & Co 1994. = Uni-Taschenbücher Nr. 1793.

Schönwiese, C.-D.: Klimaschwankungen. Berlin: Springer-Verlag 1995.

Schwarzbach, M.: Das Klima der Vorzeit. Eine Einführung in die Paläoklimatologie. 4. Auflage. Stuttgart: F. Enke Verlag 1988.

Sonnemann, G.: Ozon. Natürliche Schwankungen und anthropogene Einflüsse. Berlin: Akademie-Verlag 1992.

Trenkle, H.: Klima und Krankheit. Darmstadt: Wiss. Buchgesellschaft 1992.

VDI-Kommission Reinhaltung der Luft (Hrsg.): Stadtklima und Luftreinhaltung. Berlin: Springer-Verlag 1988.

Warnecke, G.: Meteorologie und Umwelt. Eine Einführung. Berlin: Springer-Verlag 1991.

Weischet, W.: Einführung in die Allgemeine Klimatologie. 6. Auflage. Stuttgart: B.G. Teubner 1995. = Teubner Studienbücher der Geographie.

Wetter und Klima. Wie funktioniert das? Mannheim: Meyers Lexikonverlag 1989.

WBGU 1993: Wiss. Beirat der Bundesregierung Globale Umweltveränderungen: Welt im Wandel: Grundstruktur globaler Mensch-Umwelt-Beziehungen. Jahresgutachten 1993. Geschäftstelle WBGU am Alfred-Wegener-Institut für Polar- und Meeresforschung, Columbusstr., PF 120161, 27515 Bremerhaven.

- 1994: Welt im Wandel: Die Gefährdung der Böden. Jahresgutachten 1994.

- 1995: Szenario zur Ableitung globaler CO_2-Reduktionsziele und Umsetzungsstrategien. Bremerhaven 1995.

Weitere im Text zitierte Literatur

Alexander, J.: Bewertung von Klima und Luft bei Umweltverträglichkeitsprüfungen. Meteor. Z., N.F. 3(1994)3, 111-115.

Alexiou, A.G.: CO_2 and the Ocean: A Review of the State of Knowledge. Background Document IOC Meeting 1994, Oct. 6-8, Malta.

Angell, J.K.: Variations and trends in tropospheric and stratospheric global temperatures, 1958-87. J. of Climate 1(1988), 1296-1313.

Anonymus: Klimakonferenz in Berlin. Ergebnisse und Perspektiven. Umwelt Nr. 6 (1995), 218-221.

Ardanuy, P.E., L.L. Stowe, A. S. Gruber, M. Weiss, C.S. Long: Longwave cloud radiative forcing as determined from Nimubs-7 observations. J. of Climate 2(1989), 766-799.

Aubert, D.: Les stades de retrait du Haut-Valais. Bull. Murithienne 97(1980).

Augstein, E.: Die Bedeutung des Ozeans für das irdische Klima. In: K. Hutter (Hrsg.) 1991, 141-169.

Baerens, Chr., P. Hupfer, H. Nöthel, H.-J. Stigge: Zur Häufigkeit von Extremwasserständen an der deutschen Ostseeküste. Teil I: Sturmhochwasser. Spezialarbeiten a. d. Arb.gr. Klimaforschung des Meteor. Inst. Humboldt-Univ. Berlin Nr. 8 (1994). Teil. II: Sturmniedrigwasser. Ebenda Nr. 9 (1995).

Bakan, S. H. Hinzpeter: Atmospheric Radiation. Landolt-Börnstein N. Serie, V/4b, Berlin: Springer-Verlag, 1988. 110-186.

Bard, E., W.S. Broecker (eds.): The Last Deglaciation. Absolute and Radiocarbon Chronologies. NATO ASI-Series I, Vol. 2. Berlin: Springer-Verlag 1992.

Barlag, A.-B.: Planungsrelevante Klimaanalyse einer Industriestadt in Tallage.Essen: Westarp Wissenschaften 1993. = Essener Ökolog. Schriften Band 1.

Barlag, A.-B., W. Kuttler: The Significance of Country Breezes for Urban Plannung. Energy and Buildings 15/16(1990/91), 291-297.

Barnett, T.P., L. Dümenil, U. Schlese, E. Roeckner, M. Latif: The Asian snow cover-monsoon-ENSO connection. In: M. Glantz et al.(eds.) 1991, 199-225.

Baumgartner, A.: Energiehaushalt der Erde. In: Baumgartner, A. und H.-J. Liebscher 1990, 129-181.

Baumgartner, A. und E. Reichel: Die Weltwasserbilanz -Niederschlag, Verdunstung und Abfluß über Land und Meer sowie auf der Erde im Jahresdurchschnitt. München: Oldenbourg 1975.

Baumüller, J., U. Hoffmann, U. Reuter: Städtebauliche Klimafibel. Stuttgart: Wirtschaftsmin. Baden-Württemberg, 1993. = Hinweise für die Bauleitplanung 2.

Beckmann, G., B. Klopries: CO_2-Anstieg in der Troposphäre. Ein Kardinalproblem der Menschheit. Lichtbogen Nr. 208 (1990), Hüls AG.

Behrens, K.: persönliche Mitteilung 1989.

Berger, W.H., L.D. Labeyrie: Abrupt Climatic Change. NATO ASI Series C, Vol. 216. Dordrecht: D. Reidel Publ. Company 1985.

Berlage, H.P.: The Southern Oscillation and World Weather. Kgl. Ned. Inst., Meded. Verh. 88(1966).

Bernhardt, K: Aufgaben der Klimadiagnostik in der Klimaforschung. Gerl. Beitr. Geophys. 96(1987), 113-126.

Bernhardt, K.: Holozäne Klimaschwankungen. In: P. Hupfer (Hrsg.) 1991, 343-355.

Berz, G.: Untersuchungen zum Wärmehaushalt der Erdoberfläche und zum bodennahen atmosphärischen Transport. Wiss. Mitt. Meteor. Inst. Univ. München Nr. 16, München 1969.

Bezborodov, A.A., V.N. Ermeev: Physikalisch-chemische Aspekte der Wechselwirkung des Ozean und der Atmosphäre (russ.). Naukova Dumka, Kiev 1984.

Binkley, C.S., G.C. van Kooten: Integrating Climatic Change and Forests: Economic and Ecologic Assessments. Climatic Change 28(1994)1/2, 91-110.

Blümel, K.: Modellierung der Wärmeflüsse am Erdboden mit Berücksichtigung der Vegetation. Meteor. Abh. Freie Univ. Berlin N.F. Ser. A 6(1992)4.

Blümel, K.., H.-J. Bolle, M. Eckardt, L. Lesch, W. Tonn: Der Vegetationsindex für Mitteleuropa 1983-1985. Berlin: Inst. f. Meteorologie der FU Berlin 1988.

Boden, Th. A., D.P. Kaiser, R.J. Sepanski, F.W. Stoss (eds.): Trends' 93. A Compendium of Data on Global Change. Oak Ridge, Tenn.: Carbon Dioxide Information Analysis Center, World Data Center-A for Atmosph. Trace Gases 1994.

Bolin, B.: Climatic Change and their Effects on the Biosphere. WMO No. 542, Geneva 1980.

Bolz, H.M.: Die Abhängigkeit der infraroten Gegenstrahlung von der Bewölkung. Z. Meteor. 3(1949), 201-203 und 314-317.

Bolz, H. M., G. Falckenberg: Bestimmung der Konstanten der Ångströmschen Strahlungsformel. Z. Meteor. 3(1949), 97-100.

Boyle, T.J.B., C.E.B. Boyle: Biodiversity, Temperate Ecosystems and Global Change. NATO ASI Series I, Vol. 20. Berlin: Springer-Verlag 1994.

Bradley, R.S., H.F. Diaz, G.N. Kiladis, J.K. Eischeid: Precipitation fluctuations over northern hemisphere land areas since the mid-19th century. Science 237(1987), 171-175.

Bradley, R.S., P.D. Jones: Climate Since A.D. 1500. London und New York: Routledge 1992.

Briffa, K.R., T.S. Bartholin, D. Eckstein, P.D. Jones, W. Karlen, F.H. Schwein-gruber, P. Zetterberg: A 1,400-year treering record of summer temperatures in Fennoscandia. Nature 346(1991), 434-439.

Bründl, W., H. Mayer, A. Baumgartner: Stadtklima Bayern. Abschlußbericht. München: Bayr. Staatsmin. f. Landesentwicklung u. Umweltfragen 1986.

Bucher, K.: Die Bedeutung des thermischen Wirkungskomplexes im Wirkungs-akkord des Wetters am Beispiel von Todesfällen im Herz-Kreislaufbereich. Ann. Meteor. Nr. 28, Offenbach 1992, 121-127.

Budyko, M.I.: Atlas der Wärmebilanz der Erde (russ.). Moskau: Gidromet. 1963.

Budyko, M.I.: The effect of solar radiation variations on the climate of the Earth. Tellus 21(1969), 611-619.

Caldwell, M.M., S.H. Flint: Stratospheric Ozone Reduction, Solar UV-B Radiation and Terrestrial Ecosystems. Climatic Change 28(1994), 375-394.

Carson, D.J.: An introduction to the parametrization of land-surface processes. The Meteor. Magazine 116 (1987), 229-242 und 263-279.

Charlson, R.J., J.E. Lovelock, M.O. Andreae, G.G. Warren: Oceanic phytoplancton, atmospheric sulfur, cloud albedo and climate. J. Geophys. Res. 89(1987), 9668-9672.

Charlson, R.J., T.M. Wigley: Sulfate Aerosol and Climatic Change. Scientific American, Febr. 1994, 28-34.

Chmielewski, F.-M.: Die Wirkung von Klimavariationen in der Landwirtschaft - dargestellt am Beispiel des Winterroggens. Dissertation, Humb.-Univ. Berlin 1989.

Chmielewski, F.-M.: Impact of climate changes in crop yields of winter rye in Halle (southeastern Germany), 1901 to 1980. Climate Res. 2(1992), 23-33.

Chmielewski, F.-M., P. Hupfer: Zur Auswirkung von Klimaschwankungen. In: P. Hupfer (Hrsg.) 1991, 405-417.

Chmielewski, F.-M., J.M. Potts: The relationship between crop yield from an experiment in southern England and long-term climate variations. Agricult. and Forest Met. 73(1994), 43-66.

Collmann, W.: Verbesserte Idealwerte der Globalstrahlung. Ann. Meteor. 8(1958), 179-181.

Cubasch, U.: Das Klima der nächsten 100 Jahre. Phys. Bl. 48(1992)2, 85-89.

Cubasch, U.: Climate change experiments in Hamburg. Publ. Acad. of Finland 6/95. Helsinki: Painatuskeskus OY 1995, 435-437.

Cubasch, U., K. Hasselmann, H. H. Göck, E. Maier-Reimer, U. Mikolajewicz, B.D. Santer, R. Sausen: Time-dependent greenhouse warming computations with coupled ocean-atmosphere model. Max-Planck-Institut für Meteorologie Report No.

67, Hamburg 1991, auch Climate Dynamics 8(1992), 5-69.

Cubasch, U., G. Hegerl, A. Hellbach, H. Höck, U. Mikolajewicz, B.D. Santer, R. Voss: A Climate Change Simulation Starting at an Early Time of Industrialization. Max-Planck-Institut für Meteorologie, Report No. 124, Hamburg 1994.

Dale, V.H., H.M. Rauscher: Assessing Impacts of Climate Change on Forests: The State of Biological Modeling. Climatic Change 28(1994)1/2, 65-90.

Dansgaard, W.: Palaeo-climatic studies on ice cores. In: H. Oeschger et al. (eds.): Das Klima. Berlin: Springer-Verlag 1980. 237-245.

Defant, A.: Physical Oceanography, Vol. I. Oxford: Pergamon Press 1961.

Defant, Fr.: Die allgemeine Zirkulation der Atmosphäre. Promet. (Offenbach) 6(1976), 1-32.

Desbois, M., F. Désalmand (eds.): Global Precipitations and Climate Change. NATO ASI Series I, Vol. 26. Berlin: Springer-Verlag 1994.

Dethloff, K., D. Peters: Simulation of long-term temperature trends in a zero-dimensional climate system. Z. Meteor. 32(1982), 225-229.

Dickson, R.R., J. Meincke, S.-A. Malmberg, A.J. Lee: The "Great Salinity Anomaly" in the Northern North Atlantic 1968-1982. Progr. Oceanogr. 20(1988), 103-151.

Dietrich, G.: Ozeanographisch-meteorologische Einflüsse auf Wasserstandsänderungen des Meeres am Beispiel der Pegelbeobachtungen von Esbjerg. Die Küste 2(1953)2, 130-156.

Dietrich, G., J. Ulrich (Hrsg.): Atlas zur Ozeanographie. Mannheim: Bibliographisches Institut 1968.

DKRZ: The ECHAM3 Atmospheric General Circulation Model. Deutsches Klimarechenzentrum, Modellbetreuungsgruppe, Revision 2, Hamburg 1993.

Duensing, G., O. Höflich, L. Kaufeld, H. Schmidt, G. Olbrück, B. Brandt: Meteorologische Untersuchungen über Stürme an der deutschen Nordseeküste. DWD, Seewetteramt Hamburg, Bericht Nr. 108, Hamburg 1985, 1 - 98.

Duplessy, J.-C., M.-T. Spyridakis (eds.): Long-Term Climatic Variations. Data and Modelling. NATO ASI Series I, Vol. 22. Berlin: Springer-Verlag 1994.

Dyck, S., G. Peschke: Grundlagen der Hydrologie. Berlin: Verlag für Bauwesen 1983.

Eddy, J.A., H. Oeschger: Global Changes in the Perspective of the Past. Environm. Sc. Res. Rep. 12. Chichester: Wiley & Sons 1993. = Dahlem Workshop Reports.

Eißmann, L., Chr. Hänsel: Klimate der geologischen Vorzeit. In: Hupfer, P. (Hrsg.) 1991, 297-342.

Ellsaesser, H.W., M.C. MacCracken, J.J. Walton, S.L. Grotch: Global Climatic Trends as Revealed by the Recorded Data. Rev. of Geophys. 24(1986)4, 745-792.

Emanuel, W.R., H.H. Shugart, M.P. Stevenson: Climatic change and the broad-scale distribution of terrestrial ecosystem complexes. Climatic Change 7(1985), 29-43.

Emmrich, P.: 92 Jahre nordhemisphärischer Zonalindex. Eine Trendbetrachtung. Meteor. Rdsch. 43(1991), 161-169.

Endlicher, W.: Aspekte und Tendenzen anwendungsbezogener geographischer Klimaforschung. Geogr. Z. 77(1989)4, 197-208.

Endlicher, W., K.A. Habbe, H. Pinzner: Zum El Niño-Southern Oscillation-Ereignis 1983 und seinen Auswirkungen im peruanischen Küstengebiet. Mitt. d. Fränk. Geogr. Ges. 35/36(1988/89), 175-201.

Esser, G.: Sensitivity of global carbon pools and fluxes to human and potential climatic impacts. Tellus 39B(1986), 245-260.

Fanger, P.O.: Thermal comfort. Copenhagen: Danish Technical Press 1972.

Fedoroff, E.E.: Das Klima als Wettergesamtheit. Das Wetter (Berlin) 44(1927), 121-128 und 145-157.

Fischer, W., W. Katscher, J. McGlade, H. Pfrüner, J.C. di Primio, W. Sassin, G. Schleser, G. Stein, H.J. Wagner, P.M. Wiedemann: Von der Klima- zur Klimawirkungsforschung. Forschungszentrum Jülich, Programmgruppe Technologiefolgenforschung, Jülich 1991.

Fischer, W., G. Stein: Klimawirkungsforschung. BMFT-Workshop, Bonn 11.-12.10.1990. Konferenzen des Forschungszentrums Jülich 8(1991), 1-223.

Flemming, G.: Die Windgeschwindigkeit als Verstärkungsfaktor für Rauchschäden im Wald in Abhängigkeit von Waldaufbau und Relief. Z. Meteor. 32(1982)1, 14-22.

Flemming, G.: Aktuelle Probleme der Forstmeteorologie. Z. Meteor. 39(1989)4, 227-230.

Flemming, G., M.B. Galin, H.-F. Graf, A. Helbig, P. Hupfer, K. Ja. Kondrat'ev: Eigenschaften und Komponenten des Klimasystems. In: P. Hupfer (Hrsg.) 1991, 37-156.

Flemming, G., P. Hupfer: Festland und Biosphäre als Komponenten des Klimasystems. In: P. Hupfer (Hrsg.) 1991, 84-103.

Flohn, H.: Wo bleibt das Erwärmungssignal? Die Geowissenschaften 7 (1989)2, 31-37.

Flohn. H.: Klimaprobleme vor und nach der Rio-Konferenz (Juni 1992). Manuskript, Bonn 1993.

Flohn, H., R. Fantechi: The Climate of Europe: Past, Present and Future. Dordrecht: D. Reidel Publ. Company 1984.

Flohn, H., A. Kapala: Changes of tropical sea-air interaction processes over a 30-year-period. Nature 338 (1989), 244-246.

Flohn, H., A. Kapala, H.R. Knoche, H. Mächel: Water vapour as an amplifier of the greenhouse effect: new aspects. Meteor. Z., N.F. 1(1992)2, 122-138.

Foken, Th.: Turbulenter Energieaustausch zwischen Atmosphäre und Unterlage. Methoden, meßechnische Realisierung sowie ihre Grenzen und Anwendungs-möglichkeiten. Ber. Dt. Wetterd. Nr. 180. Offenbach/M 1990. 1 - 287.

Folland, C.K.., D.E. Parker, M. Newmann: Worldwide marine temperature fluctuations 1856-1981. Nature 310 (1984), 670-673.

Frakes, L.A.: Climates through geologic time. Amsterdam: Elsevier 1979.

Frasetto, R. (ed.): Impact of Sea Level Rise on Cities and Regions. Venice: Marsilio Editori 1991.

Frenzel, B., M. Pécsi und A.A. Velichko: Atlas of the paleoclimates and paleoenvironments of the Northern Hemisphere, Late Pleistocene-Holocene. Geographical Research Institute, Hungarian Academy of Sciences Budapest. Stuttgart und Jena: G. Fischer 1992.

Galin, M.B.: Die allgemeine Zirkulation der Atmosphäre und ihre Energetik. In: P. Hupfer (Hrsg.) 1991, 131-145.

Gassmann, F.: Stadtklima und chemische Verschmutzung. In: Das Klima, seine Veränderungen und Störungen. Basel: Birkhäuser-Verlag 1983.

Geiger, R., R.H. Aron, P. Todhunter: The Climate Near the Ground. 5th edition. Braunschweig/Wiesbaden: Fr. Vieweg & Sohn 1995.

Georgii, H.W.: Beeinflussen biogene atmosphärische Schwefelverbindungen das Klima? Sitz.ber. d. Wiss. Ges. an der J.W. Goethe-Universität Frankfurt am Main 26(1990)1, 5-24. Stuttgart: Fr. Steiner Verlag.

Gerstengarbe, F.-W., P.C. Werner: Extreme klimatologische Ereignisse an der Station Potsdam und an ausgewählten Stationen Europas. Ber. Dt. Wetterd. Nr. 186, Offenbach/Main 1993a.

Gerstengarbe, F.-W., P.C. Werner: Katalog der Großwetterlagen Europas. Ber. Dt. Wetterd. Nr. 113, Offenbach/Main 1993b.

Gerth, W.P.: Klimatische Wechselwirkungen in der Raumplanung bei Nutzungs-änderungen. Ber. Dt. Wetterd. Nr. 171 Offenbach/Main 1986.

Gerth, W.P.: Anwendungsorientierte Erstellung großmaßstäbiger Klimaeignungs-karten für die Regionalplanung. Ber. Dt. Wetterd. Nr. 173, Offenbach/Main 1987.

Gertis, K., U. Wolfseher: Veränderungen des thermischen Mikroklimas durch Bebauung. Gesundheits-Ingenieur 98(1977)1/2, 1-10.

Giorgi, F., M.R. Marinucci, G. Visconti: A 2xCO$_2$ Climate Change Scenario Over Europe Using a Limited Area Model Nested in a General Circulation Model. 2. Climate Change Scenario. J. Geophys. Res. 97(1992)D9, 10 011- 10 028.

Glantz, M.H.: Societal Responses to Regional Climatic Change. Westview Press, Bouldere und London 1988.

Glantz, M.H.: Climate Variability, Climate Change and Fisheries. Cambridge: Cambridge University Press 1992.

Glantz, M.H., R.W. Katz, N. Nicholis: Teleconnections linking worldwide climate anomalies. Scientific Basis and Societal Impact. Cambridge: Cambridge University Press 1991.

Glynn, P.W. (ed.): Global ecological consequences of the 1982-83 El Niño-Southern Oscillation. Elsevier Oceanogr. Ser. 52 (1990).

Goldammer, J.G.: Feuerökologie. Spektrum der Wissenschaft H. 7 (1994), 86-94.

Gornitz, V., A. Solow: Observations of long-term tide-gauge records for indications of accelerated sea-level rise. Washington: DOE 1990.

Grätz, A., G. Jendritzky, U. Sievers: The urban bioclimate model of the Deutscher Wetterdienst. In: K. Höschele (ed.): Planning applications of urban and building climtology. Wiss. Ber. Inst. Meteorol. Klimaforsch. Univ. Karlsruhe, Karlsruhe 1992, 96-105.

Graf, H.-F.: Über Ursachen städtischer Niederschlagsanomalien. Abh. Meteor. Dienst d. DDR Nr. 152 (1984), 125-127.

Graf, H.-F.: Abkühlung der Nordhemisphäre - ein möglicher Trigger für El Niño/-Southern-Oscillation-Episoden. Naturwiss. 73(1986), 258-263.

Graf, H.-F.: Zur Anregung von El niño Südliche Oszillation. Abh. Meteor. Dienst d. DDR Nr. 140 (1988), 101-108.

Graf, H.-F.: Die Wirkung von Vulkaneruptionen im Klimasystem. In: P. Hupfer (Hrsg.) 1991a, 103-117.

Graf, H.-F.: Telekonnektionen und el Niño/Südliche Oszillation (ENSO). In: P. Hupfer (Hrsg.) 1991b, 145-156.

Graham, R.L., M.G. Turner, V.H. Dale: How increasing atmospheric CO_2 and climate change affect forests. BioScience 40(1990), 575-587.

Grassl, H.: Die besondere Rolle des Wasserkeislaufes für das Klima. In: K. Hutter (Hrsg.) 1991, 59-81.

Gravenhorst, G.: Klimaänderungen und Waldökosysteme. In: H.-J. Schellnhuber, H. Sterr (Hrsg.) 1993, 276-298.

Griffiths, J.F.: Climate and the Environment. London: Elek 1976. = Environmental Studies.

Groß, G.: Numerische Simulation nächtlicher Kaltluftabflüsse und Tiefsttemperaturen in einem Moselseitental. Meteor. Rdsch. 38(1985), 161-171.

Gross, G.: A numerical estimation of the deforestation effects on local climate in the area of the Frankfurt International Airport. Beitr. Phys. Atm. 61(1988) 219-231.

Gross, G.: Numerical simulation of the nocturnal flow systems in the Freiburg area for different topographies. Beitr. Phys. Atm. 62(1989), 57-72.

Groß, G.: Das Klima der Stadt. In: K. Hutter (Hrsg.) 1991, 271-289.

Gross, G., F. Wippermann: Channeling and counter-current in the Upper-Rhine valley. J. Appl. Met. 26(1987), 1293-1304.

Grotjahn, R.: Global Atmospheric Circulations. Observations and Theories. New York und Oxford: Oxford University Press 1993.

Gruber, A., P.A. Arkin: Reviews of modern climate diagnostic techniques. Satellite data in climate diagnostics. WCRP-76, WMO/TD No. 519, Geneva 1992.

Günther, A.: Untersuchungen zur Bestimmung der vertikalen Ozonverteilung aus Radiosonden und Satellitendaten auf Regressionsbasis. Diplomarbeit, Humboldt-Universität, Berlin 1994.

Haber, W.: Nachhaltige Entwicklung - aus ökologischer Sicht. Z.f. angew. Umweltforschung 7(1994)1, 9-25.

Hansen, J., S. Lebedeff: Global trends of measured surface air temperature. J. Geophys. Res. 92(1989), 13 345-13 372.

Hantel, M: Climate Modeling. Landolt-Börnstein N. Serie V/4cc/2. Berlin: Springer-Verlag 1989a., 1-116.

Hantel, M.: The present global surface climate. Landolt-Börnstein N. Serie V/4c/2. Berlin: Springer-Verlag 1989b, 117-474.

Hantel, M., H. Kraus, C.-D. Schönwiese: Climate definition. Landolt-Börnstein, N. Serie, V/4c/1. Berlin: Springer-Verlag 1987, 1-28.

Hastenrath, S.: On meridional heat transports in the World Ocean. J. Phys. Oc. 12(1982), 922.

Hechler, P.: Zu den Auswirkungen rezenter Klimaänderungen auf ausgewählte phänologische Phasen. Z. Meteor. 40(1990)3, 171-178.

Hegerl, G.C., H.v. Storch, K. Hasselmann, B. D. Santer, U. Cubasch, P.D. Jones: Detecting Anthropogenic Climate Change with an Optimal Fingerprint Method. Max-Planck-Institut für Meteorologie, Report No. 42, Hamburg 1994.

Helbig, A.: Beiträge zur Meteorologie der Stadtatmosphäre. Abh. Meteor. Dienst DDR Nr. 137 (1987).

Helbig, A.: Kryosphäre als Komponente des Klimasystems. In: P. Hupfer (Hrsg.) 1991a, 117-131.

Helbig, A.: Anthropogene Modifikation des Lokalklimas im Stadtgebiet und in Industrie-Ballungsräumen. In: P. Hupfer (Hrsg.) 1991b, 272-279.

Helbig, G.: Rezente Klimaschwankungen in Mitteleuropa, dargestellt insbesondere für Potsdam. In: P. Hupfer (Hrsg.) 1991c, 376-402.

Henderson-Sellers, A.: Review of our information about cloudiness changes in this century. Chapter XI of Observed Climate Variations and Change: Contribution in support of Section 7 of the IPCC Scientific Assessment. IPCC/WMO/UNEP 1990.

Henderson-Sellers, A., K. McGuffie: A Climate Modelling Primer. Chichester: Wiley & Sons 1987.

Henderson-Sellers, A., P.J. Robinson: Contemporary Climatology. Harlow: Longman 1986.

Hendl, M.: Systematische Klimatologie. Berlin: Dt. Verlag d. Wiss. 1963.

Hendl, M.: Globale Klimaklassifikation. In: P. Hupfer (Hrsg.) 1991, 218-266.

Henning, D.: Atlas of the Surface Heat Balance of the Continents. Berlin/Stuttgart: Borntraeger 1989.

Henning, D.: Witterungsanomalien über dem tropischen Pazifik. Die Witterung in Übersee (Hamburg) 39(1991)9.

Henning, D.: Beharrliche El Nino-Situation. Die Witterung in Übersee (Hamburg) 42(1994)8, 30-31.

Herterich, K.: Zur Stabilität der Westantarktis. In: K. Hutter (Hrsg.) 1991, 109-121.

Hess, P., H. Brezowsky: Katalog der Großwetterlagen Europas. Ber. Dt. Wetterd. i.d. US-Zone Nr. 33, Bad Kissingen 1952. 3. verb. u. erg. Aufl. Ber. Dt. Wetterdienst 15(1976)113.

Hibler III, W.D., G.M. Flato: Sea ice models. In: K.E. Trenberth (ed.) 1992, 413-443.

Höppe, P.: Die Energiebilanz des Menschen. Wiss. Mitt. Meteor. Inst. Univ. München Nr. 49, München 1984.

Hughes, M.K., H.F.Diaz (eds.): The Medieval Warm Period. Climatic Change 26(1994)2/3.

Hund, F.: Einführung in die Theoretische Physik. 4. Band: Theorie der Wärme. Leipzig: Bibliographisches Institut 1950. = Meyers Kleine Handbücher Bd. 54-55

Hupfer, P.: Meeresklimatische Schwankungen im Gebiet der Beltsee seit 1900. Veröffentl. Geophys. Inst. Univ. Leipzig, 2. Ser., 17(1962), 355-512.

Hupfer, P.: Über einige Probleme der maritimen Meteorologie im Bereich der westlichen Ostsee. Veröff. Geophys. Inst. Univ. Leipzig, 2. Ser., 19(1970)4, 345-359.

Hupfer, P.: Über den mittleren Wärmehaushalt der ufernahen Zone der westlichen Ostsee. Geophys. Veröff. Univ. Leipzig, 3. Ser., 1(1974a)1, 11-20.

Hupfer, P.: Über die Eigenschaften des Wassertemperaturfeldes in der ufernahen Zone der westlichen Ostsee. Geophys. Veröff. Univ. Leipzig, 3. Ser., 1(1974b)1, 59-90.

Hupfer, P.: Die Ostsee - kleines Meer mit großen Problemen. Leipzig: B.G. Teubner Verlagsgesellschaft 1978. .

Hupfer, P.: Wechselwirkung zwischen Meer und Atmosphäre unter den Bedingungen unmittelbarer Küstennähe. Geodät.Geophys. Veröff. (Berlin) R. IV, H. 38 (1984), 3-21.

Hupfer, P.: Beitrag zur Kenntnis der Kopplung Ozean/Atmosphäre in Teilgebieten des Nordatlantischen Ozeans. Abh. Meteor. Dienst d. DDR Nr. 140 (1988), 87-100.

Hupfer, P.: Klima im mesoräumigen Bereich. Abh. Meteor. Dienst d. DDR Nr. 141 (1989), 181-192.

Hupfer, P.: Zu Folgen von Schwankungen der atmosphärischen Zirkulation für das Küstengebiet der westlichen Ostsee. Wiss. Z. Humboldt-Univ. Berlin, R. Mathem./-Naturwiss. 41(1992)2, 69-77.

Hupfer, P., T. Korzynietz: Zur vieljährigen Entwicklung einiger agroklimatischer Größen. Z. Meteor. 40(1990)3, 154-160.

Hupfer, P., R. K. Klige: Jüngste Klimaschwankungen. In: P. Hupfer (Hrsg.) 1991, 355-376.

Hupfer, P., F.-M. Chmielewski: Zu einigen Auswirkungen der Klimaschwankungen des 20. Jahrhunderts. Ann. Meteor. (Offenbach) Nr. 27(1992), 250-251.

Hupfer, P., A. Raabe: Meteorological transition between land and sea in the microscale. Meteor. Z. N.F. 3(1994)3, 100-103.

IPCC 1990: Scientific Assessment of Climate Change. Edited by J.T. Houghton et al. Cambridge: Cambridge Univ. Press 1990.

IPCC 1992: Climate Change 1992. The Supplementary Report to the IPCC Scientific Assessment. Edited by J.T. Houghton et al. Cambridge: Cambridge Univ. Press 1992.

IPCC 1994: Climate Change 1994. Special Report. Cambridge: Cambridge University Press 1994.

IPCC 1995: Climate Change 1995: The Science of Climate Change. 3 Vol. Edited by J.J. Houghton et al. Cambridge: Cambridge University Press 1996.

Isemer, H.-J., L. Hasse: The Bunker Climate Atlas of the Nord Atlantic Ocean. Vol. 1 und 2. Berlin: Springer-Verlag 1985/87.

Jackson, I.: Global Warming: Implications for Canadic Policy. Can. Climate Centre. Ottowa 1990.

Jacobeit, J.: Bedeutung eines stadtklimatologischen Gutachtens für die Stadtplanung und Stadtentwicklung. Öff. Gesundh.wes. 53(1991), 424-427.

Jacobeit, J.: Atmosphärische Zirkulationsveränderungen bei anthropogen verstärktem Treibhauseffekt. Würzburger Geograph. Manuskripte H. 34, Würzburg 1994.

Jacobeit, J.: Möglichkeiten und Probleme der Abschätzung zukünftiger Klimaänderungen. Würzburger Geograph. Arbeiten 87(1993), 419-430.

Jaenicke, R.: Aerosol Physics and Chemistry. Landolt-Börnstein, N. Serie V/4b. Berlin: Springer-Verlag 1987, 391-456.

Jäger, H.: Anthropogenic Source of Observed Change in Stratospheric Background Aerosol? Proceedings of an Internat. Scientif. Colloquium on Impact of Emissions from Aircraft and Spacecraft upon Atmosphere, Köln, April, 18-20, 1994a.

Jäger, H.: Persönliche Mitteilung 1994b.

Jäger, H., V. Freudenthaler, F. Homburg: Stratospheric Aerosols and Pinatubo Eruption Clouds. 17th International Laser Radar Conference, Abstracts of Papers, Sendai, Japan, 1994, 371-374.

Jaeger, J., H.L. Ferguson: Climate Change: Science, Impacts and Policy. Proceedings of the Second World Climate Conference. Cambridge: Cambridge University Press 1991.

Jäger, L.: Monatskarten des Niederschlags für die ganze Erde. Ber. Dt. Wetterd. Nr. 139, Offenbach /Main 1976.

Jakob, Chr.: Temperature Trends Over Europe Downscaled from a GCM-Experiment. Spezialarbeiten a.d. Arb.gr. Klimaforschung d. Meteor. Inst. Humboldt Univ. Berlin Nr. 4, Berlin 1993.

Jakob, Chr., S. Schubert: Regionale Klimaszenarien für die Klimaimpaktforschung. Wiss. Z. Humboldt Univ. Berlin, R. Mathem./Naturwiss. 41(1992)2, 43-47.

Jendritzky, G., W. Sönning, H.-J. Swantes: Ein objektives Bewertungsverfahren zur Beschreibung des thermischen Milieus in der Stadt- und Landschaftsplanung ("Klima-Michel-Modell"). Beitr. Akad. f. Raumforschung und Landesplanung Nr. 28, Hannover 1979.

Jendritzky, G.: Das Klima als Gesundheitsfaktor. Geogr. Rdsch. 45(1993)2,107-114.

Jones, P.D., T.M.L. Wigley, K.R. Briffa: Global and hemispheric temperature anomalies - land and marine instrumental records. In: T.A. Boden et al. (eds.) 1993, 603-608.

Karl, T.R., G. Kukla, V.N. Razuvayev, M.J. Changery, R.G. Quayle, R.R. Heim, Jr., D.R. Easterling, C.B. Fu: Global warming: evidence for asymmetric diurnal temperature change. Geophys. Res. Letter 18(1991), 2253.

Kasten, F.: Strahlungsaustausch zwischen Oberfläche und Atmosphäre. VDI-Berichte Nr. 721, Düsseldorf 1989.

Keil, K., F. Schnelle: Phänologische Beobachtungen und Klimaschwankungen. Meteor. Rdsch. 34(1981), 180-181.

Kenny, G.J., P.A. Harrison, M.L. Parry (eds.): The Effect of Climate Change on Agricultural and Horticultural Potential in Europe. Research Report No. 2, Environmental Change Unit, Oxford: Univ. of Oxford 1993.

Kessler, A: Heat Balance Climatology. World Survey of Climatology, Vol. 1 A. Amsterdam: Elsevier 1985.

Klige, R.K.: Veränderungen des globalen Wasseraustausches. Moskva: Nauka 1985.

Klinker, L.: Langzeitreihen physiologischer Parameter von gesunden Versuchspersonen - einfache und doppelte Jahresrhythmik. Z. Ges. Hygiene 32(1986), 525-528.

Klinker, L.: Zum Einfluß des natürlichen Tageslichtes auf die menschliche Regulation. Z. Ges. Hygiene 35(1989), 186-202.

Knoch, K.: Die Landesklimaaufnahme. Wesen und Methodik. Ber. Dt. Wetterd. Nr. 85, Offenbach 1963.

Knoch, K., A. Schulze: Methoden der Klimaklassifikation. Petermanns Geogr. Mitt., Erg.-heft Nr. 249. Gotha: Geogr.-Kartographischer Verlag 1952.

Koch, H.G.: Die warme Hangzone, neue Anschauungen zur nächtlichen Kaltluftschichtung in Tälern und Hängen. Z. Meteor. 15(1961), 151-171.

Köppen, W.: Grundriß der Klimakunde. 3. Auflage. Berlin und Leipzig: de Gruyter 1931.

Kondrat'ev, K. Ja.: Radiation regime of inclined surfaces. WMO/TN No. 152, Geneva 1977.

Kondrat'ev, K. Ja.: Vulkane und Klima (russ.). Itogi nauki i techniki, ser. meteor. klimatol. 14(1985).

Kondrat'ev, K. Ja.: Klimaüberwachung aus dem Kosmos. In: P. Hupfer (Hrsg.) 1991, 175-180.

Kramm, G.: Zum Austausch von Ozon und reaktiven Stickstoffverbindungen zwischen Atmosphäre und Biosphäre. Fraunhofer-Institut für Atmosphärische Umweltforschung, Schriftenreihe Band 34-95, Garmisch-Partenkirchen 1995.

Kraus, H.: Specific Surfaces Climates. Landolt-Börnstein, N. Serie V/4b/1. Berlin: Springer-Verlag 1987, 29-92.

Kratzer, A.: Das Stadtklima. Braunschweig: Vieweg 1937. = Die Wissenschaft Bd. 90 (2. Auflage 1956).

Kukla, G.J., E. Went (eds): Start of a Glacial. NATO ASI-Series I, Vol. 3. Berlin: Springer-Verlag 1992.

Kuttler, W.: Untersuchungen zum Bochumer Stadtklima. Jahrb. Ruhr.Univ. Bochum 1984, 99-144.

Kuttler, W.: Zur Anwendung von Windkanaluntersuchungen bei der Lösung immissionsklimatischer Probleme in Stadtgebieten. Freiburger Geogr. Hefte, Heft 32(1991), 55-70.

Kuttler, W.: Planungsorientierte Stadtklimatologie. Aufgaben, Methoden, Fallbeispiele. Geogr. Rdsch. 45(1993), 95-106.

Kuttler, W.: Zur Analyse des städtischen Einflußes auf das Klima. PIK-Reports (Potsdam) 1(1994), 153-157.

Kuttler, W., E. Romberg: On the Occurrence and Effectiveness of Country Breezes by means of Wind Tunnel in Situ-Measurements. 9th World Clean Air Congress,

Montreal, Canada, 30. Aug.- 4. Sept. 1992.

Lamb, H.H.: The Early Medieval Warm Period. Palaeogeographie, Palaeoclimatology, Palaeoecology 1(1965), 13-37.

Landsberg, H.E.: The Urban Climate. New York: Academic Press 1981.

Lasch, P., M. Lindner: Wirkungen von Klimaveränderungen auf Waldökosysteme. PIK Report Nr. 12, Potsdam 1995.

Laube, M., H. Höller: Cloud physics.Landolt Börnstein, N. Serie V/4b. Berlin: Springer-Verlag 1988, 1-109.

Lauter, E. A.: Einige Bemerkungen zu gegenwärtigen Trends in den solar-terrestrischen Beziehungen. Aus d. Arb. v. Plenum u. Klassen AdW d. DDR (Berlin) 9(1984)1, 14-19.

Lazar, R.: Stadtklimaanalyse Graz und ihre Bedeutung für die Stadtplanung. Arb.Geogr. Inst. Univ. Graz 30(1991), 141-171.

Leppäranta, M., A. Sainä: Freezing, maximal annual ice thickness and breack-up of ice on the Finnish coast during 1830-1984. Geophysica 21(1985)2, 87-104.

Levitus, S.: Climatological Atlas of the World Ocean. NOAA Professional Paper No. 13, Washington D.C. 1982.

Lieth, H.: Modeling the Primary Productivity of the World. In: H. Lieth, R.H. Whittaker (eds.), Primary Productivity of the Biosphere. Berlin: Springer-Verlag 1975.

Liou, K.N.: Radiation and Cloud Processes in the Atmosphere. New York und Oxford: Oxford University 1992.

List, R.J. (ed.): Meteorological Tables. 6th ed.. Washington, D.C.: Smithonian Institute 1951.

Loon, H. van, K. Labitzke: The 10-12-year atmospheric oscillation. Meteor. Z. N.F. 3(1994)5, 259-266.

Lorenz, E.N.: Climatic Determinism. Meteor. Monogr. 8(1968) 30.

Lorenz, E.N.: The predictability of a flow which possesses many scales of motion. Tellus 21(1969), 289-307.

Lorenz, E.N.: Climate Predictability. In: The Physical Basis of Climate and Climate Modeling. WMO/GARP 16(1975), 132-136.

Loth, B.: Ein Schneedeckenmodell für globale Anwendung. Diplomarbeit (Meteor.) Humboldt-Universität, Berlin 1991.

Lovelock, J.E.: GAIA: A new look at Life on Earth. Oxford: Oxford Univ. Press 1979.

Maier-Reimer, E.: Vortrag in der Sitzung des Klimabeirats am 29. März 1994, Bonn.

Maier-Reimer, E., K. Hasselmann: Transport and storage of CO_2 in the ocean - an inorganic ocean-circulation carbon cycle model. Climate Dyn. 2(1987), 63-90.

Malberg, H., G. Frattesi: Changes of the North Atlantic sea surface temperature related to the atmospheric circulation in the period 1973 to 1992. Meteor. Z. N.F. 4(1995)1, 37-42.

Manabe, S., R.J. Stouffer, M.J. Spelman, K. Bryan: Transient Response of a Coupled Ocean-Atmosphere Model to Gradual Change of Atmospheric CO_2. Part 1: Annual Mean Response. J. of Climate 4(1991)8, 785-818.

Manabe, S., M.J. Spelman, R.J. Stouffer: Transient responses of a coupled ocean-atmosphere model to gradual changes of atmospheric CO_2. II: Seasonal response. J. of Climate 5(1992), 105-126.

Martyn, D.: Climates of the World. Amsterdam: Elsevier 1992. = Developments in Atmospheric Science 18.

Matthäus, W.: Aktuelle Trends in der Entwicklung des Temperatur-, Salzgehalts- und Sauerstoffregimes im Tiefenwasser der Ostsee. Beitr. Meereskd. H. 49 (1983), 47-64.

Maunder, W.J.: Dictionary of Global Climate Change. 2nd Edition. London: UCL Press Ltd. 1992.

Meyer, W.B., B.L. Turner II: Human Population Growth and Global Land-Use/Cover Change. Ann. Rev. Ecol. Systems 23(1990), 39-61.

Michelchen, N.: Auswirkungen globaler und regionaler Anomalien im System Ozean-Atmosphäre auf den küstennahen Kaltwasserauftrieb im zentralen Ostatlantik. Geodät. und geophys. Veröff. NKGG (Berlin) R. IV, H. 44 (1989), 1-83.

Milankovich, M.: Kanon der Erdbestrahlung und seine Anwendung auf das Eiszeitenproblem. Königl. Serb. Acad. Spezial. Publ. N 133, 1-633, Beograd 1941.

Mitchell, J.M.: The effect of atmospheric aerosols on climate with special reference temperature near the Earth's surface. J. Appl. Met. 10(1971)4, 71-85.

Moldenhauer, A.: Zur Identifikation und Veränderlichkeit von Impaktgrößen in Natur und Gesellschaft. Diplomarbeit (Meteor.), Humboldt-Universität zu Berlin, 1994.

Monserud, R.A., N.M. Tschebakova, R. Leemans: Global Vegetation Change Predicted by the Modified Budyko Model. Climatic Change 25(1993), 59-83.

Monteith, J.L.: Vegetation and the atmosphere. Vol. I: Principles (1975), Vol. II: Case Studies. London: Academic Press 1975, 1976.

Müller, W.: Ökoklimatologie. In: W. Kuttler (Hrsg.) 1995, 225-233.

Müller-Westermeier, G.: Ist der anthropogene Treibhauseffekt in langen mitteleuropäischen Meßreihen nachweisbar? DWD intern Nr. 38, Deutscher Wetterdienst, Offenbach am Main 1990.

Müller-Westermeier, G.: Untersuchung einiger langer deutscher Temperaturreihen. Meteor. Z. N.F. 1(1992)3, 155-171.

Nesme-Ribes, E. (ed.): The Solar Engine and Its Influence on Terrestrial Atmosphere and Climate. NATO ASI-Series I, Vol. 25. Berlin: Springer-Verlag 1994.
Neuber, E.: Einige Aspekte des Einflußes der Ostsee auf das Klima Mecklenburgs.Veröff. Geophys.Inst. Univ. Leipzig, 2. Ser., 19(1970)4, 413-424.
Nitzschke, A.: Zum Verhalten der Lufttemperatur in der Kontaktzone zwischen Land und Meer bei Zingst. Veröff. Geophys. Inst. Univ. Leipzig, 2. Ser., 19(1970)4, 425-433.
Nübler, W.: Konfiguration und Genese der Wärmeinsel der Stadt Freiburg i.Br. Freiburger Geogr. Hefte, Heft 16 (1979).

Oerlemans, J., C.J. van der Veen: Ice Sheets and Climate. Dordrecht: D. Reidel Publishing Comp. 1984.
Oerlemans, J. (ed.): Glacier Fluctuations and Climatic Change. Dordrecht: Kluwer Academic Publishers 1989.
Oke, T.R.: City size and the urban heat island. Atm. Environ. 7(1973), 769-779.
Oke, T.R.: Review of Urban Climatology. WMO Techn. Note No. 169 (1979).
Oke, T.R.: Boundary Layer Climates. London: Methuen & Co Ltd. 1978.
Oke, T.R.: Global Change and Urban Climates. Proceedings 13th Intern. Congr. Biometeor. 12-18 Sept. 1993, Calgary, Canada, 123-134.
Olberg, M., R. Stellmacher: Klimadaten. In: P. Hupfer (Hrsg.) 1991, 157-180.
Oldeman, L.R., R.T.A. Wakkeling, W.G. Sombroek: World Map of the Status of Human Induced Soil Degradation, Global Assessment of Soil Degradation. 2. Aufl., ISRIC and UNEP 1991.
Okoola, R.E.: The influence of urbanization on atmospheric circulation in Nairobi, Kenya. African Urban Quarterly 5(1990)1/2, 69-75.
Open University: Ocean Circulation. The Open University, Walton Hall, England. Oxford: Pergamon Press 1989.
Orlanski, I.: A rational subdivision of scales for atmospheric processes. Bull. American. Meteor. Soc. 56(1975), 734-744.

Parry, M.L.: The Potential Impact of Climatic Change on Agriculture and Land Use. IPCC: WG II, A. In: IPCC 1990a.
Parry, M.: Climate Change and World Agriculture. London: Earthscan. 1990b.
Parry, M.L., T.R. Carter, N.T. Konij (eds): The Impact of Climatic Variations on Agriculture. Vol. 1 and 2. Dordrecht: Kluver Academic Publ. 1988.

Peixóto, J.P., A.H.Oort: Physics of Climate. Reviews of Modern Physics 56(1984)3, 365-429.

Peixoto, J.P., A.H. Oort: Physics of Climate. New York: American Institute of Physics 1992.

Peltier, W.R. (ed.): Ice in the Climate System. NATO ASI Series I, Vol. 12. Berlin: Springer-Verlag 1993.

Pfister, C.: Das Klima der Schweiz von 1525 - 1860 und seine Bedeutung in der Geschichte von Bevölkerung und Landwirtschaft. 2. Aufl., Bd. 1 und 2. Bern: P. Haupt 1985.

Philander, S.G.: El Niño, La Niña, and the Southern Oscillation. San Diego: Academic Press 1990.

Plöchl, M., W. Cramer: Coupling Global Models of Vegetation Structure and Ecosystem Processes - An Example from Arctic and Boreal Ecosystems. PIK Report Nr. 5, Potsdam 1994.

Pogosjan, Ch. P.: Umweltfaktor Atmosphäre. Leipzig: B.G. Teubner Verlagsgesellschaft 1981.

Ramanathan, V.: The Role of Earth Radiation Budget Studies in Climate and General Circulation Research. J. Geophys. Res. 92(1987) D4, 4075-4095.

Ramanathan, V., R.D. Cess, E.F. Harrison., P. Minnis, B.R. Barkstrom, E. Ahmad, D. Hartmann: Cloud radiative forcing and climate: Results from the Earth Radiation Budget Experiment. Science 243(1989), 57-62.

Rapp, J., Chr.-D. Schönwiese: Atlas der Niederschlags- und Temperaturtrends in Deutschland 1891-1990. Frankfurter Geowiss. Arbeiten, Ser. B, Meteorologie und Geophysik, Bd. 5, Frankfurt am Main 1995.

Raschke, E., D. Jacob: Energy and Water Cycles in the Climate System. NATO ASI Series I, Vol. 5. Berlin: Springer-Verlag 1993.

Rasmusson, E.M., T.H. Carpenter: Variations in tropical sea surface temperature and surface wind fields associated with the Southern Oscillation/El Niño. Mon. Weather Review 110(1982), 354-384.

Rast, H.: Vulkane und Vulkanismus. 2. Aufl. Leipzig: B.G. Teubner Verlagsgesellschaft 1987.

Rath, J.: Strahlungshaushalt. In: VDI-Kommission Reinhaltung der Luft (Hrsg.) 1988, 13-40.

Riether, N., H. Rose, J. Voigt: The KAMO cold-air model of the Umlandverband Frankfurt. Meteor. Z. N.F. 3(1994)3, 176-182.

Robock, A., Y. Liu: The Volcanic Signal in Goddard Institute for Space Studies.Three-Dimensional Model Simulation. J. of Climate 7(1994), 44-55.

Rosen, R.D., W.J. Gutowski, Jr.: Response of Zonal Winds and Atmospheric Angular Momentum to a Doubling of CO_2. J. of Climate 5(1992), 1391-1404.

Rosenhagen, G.: Die relative Topographie 500 über 1000 hPa über der Nordhalbkugel im Jahr 1993. Die Witterung in Übersee (Hamburg) 41(1993)13, 21.

Rossby, C.G.: Relation between variations in the intensity of the zonal circulation of the atmosphere and the displacements of the semi-permanent centers of action. J. Marine Res. 2(1939), 38-55.

Rounsevell, M.D.A., P. Loveland: Soil Responses to Climate Change. NATO ASI Series I, Vol. 23, Springer-Verlag, Berlin usw. 1994.

Rudloff, H.v.: Die Schwankungen und Pendelungen des Klimas in Europa seit dem Beginn der regelmäßigen Instrumenten-Beobachtungen (1670). Braunschweig: Vieweg 1967. = Die Wissenschaft. Bd. 122.

Rudloff, W.: Weltklimate. Eine Weiterentwicklung der Köppenschen Klimaklassifikation. Naturwiss. Rdsch. 34(1981)11, 443-450.

Rudloff, W., L. Kaufeld: Verteilung und Häufigkeit tropischer Zyklonen. Die Witterung in Übersee (Hamburg) 39(1991)2, 13-15.

Schädler, G., A. Lohmeyer: Simulation of nocturnal drainage flows on personal computers. Meteor. Z. N.F. 3(1994)3, 167-171.

Scharnow, U. (Hrsg.): Grundlagen der Ozeanologie. Berlin: transpress Verlag für Verkehrswesen 1978.

Schellnhuber, H.-J.: Vortrag auf der 2. Deutschen Klimatagung im Oktober 1991 in Neubrandenburg.

Schellnhuber, H.-J., W. Enke, M. Flechsig: Extremer Nordsommer 1992. Vol. 1 - 4. PIK Reports (Potsdam) No. 2 (1994).

Scherhag, R. et al.: Klimatologische Karten der Nordhemisphäre. Abh. Inst. f. Meteor. u. Geophys. FU Berlin 100(1969)1.

Schinke, H.: On the occurrence of deep cyclones over Europe and the North Atlantic in the period 1930-1991. Beitr. Phys. Atm. 66(1993), 223-237.

Schirmer, H.: Meteorologische Begriffsbestimmungen zur Regionalplanung. Akademie für Raumforschung und Landesplanung Hannover, Arbeitsmaterial Nr. 133, Hannover 1988.

Schirmer, M., B. Schuchardt: Klimaänderungen und ihre Folgen für den Küstenraum: Impaktfeld Ästuar. In: H.-J. Schellnhuber, H. Sterr (Hrsg.) 1993, 244-259.

Schlaak, P.: Wetter, Witterung und Klima in Berlin in den vergangenen 300 Jahren. Sitz.ber. Ges. Naturforsch. Freunde zu Berlin (N.F.) 18(1978), 42-53.

Schlünzen, H.H.: Mesoscale Modelling in Complex Terrain - An Overview on the German Nonhydrostatic Models. Beitr. Phys. Atmosph. 67(1994)3, 243-253.

Schmelzer, N.: Die Eisverhältnisse in den Küstengewässern von Mecklenburg-Vorpommern. Die Küste H. 56 (1994), 51-65.

Schmidt, H.: Zur Extrapolation empirischer Verteilungen der Windgeschwindigkeit für Standorte im Flachland und auf freier See. Meteor. Rdsch. 33(1980), 129-137.

Schmincke H.U.: Vulkanismus. Darmstadt: Wiss. Buchgesellschaft 1986.

Schmitz, G.: Klimatheorie und -modellierung. In: P. Hupfer (Hrsg.) 1991, 181-217.

Schneider-Carius, K.: Das Klima, seine Definition und Darstellung: Zwei Grundsatzfragen in der Klimatologie. Veröff. Geophys. Inst. Univ. Leipzig 17(1961)2, 149-222.

Schöne, W., C. Busch: Zur solaren Bestrahlung von Flächen unterschiedlicher Neigung und Orientierung. Z. Meteor. 35(1985)3, 150-153.

Schönwiese, C.-D.: Klimaschwankungen. Berlin: Springer-Verlag 1979. = Verständliche Wissenschaft.

Schönwiese, C.-D.: Climate variations. In: Landolt-Börnstein, N. Serie V/4c/1. Berlin: Springer-Verlag 1987. 93-150.

Schönwiese, C.-D.: Praktische Statistik für Meteorologen und Geowissenschaftler. 2. Auflage. Berlin und Stuttgart: Borntraeger 1992.

Schönwiese, Chr.-D., P. Bisolli, W. Birrong, R. Ullrich: Anthropogene, klimawirksame Spurengase. Mengen, Wirkung, Folgen, Gegenmaßnahmen. Klimatologische Aspekte. Ber. Inst. f. Meteor. und Geophys. Univ. Frankfurt/Main, Nr. 87 (1990a).

Schönwiese, Chr.-D., W. Birrong, U. Schneider, U. Stähler, R. Ullrich: Statistische Analyse des Zusammenhangs säkularer Klimaschwankungen mit externen Einflußgrößen und Zirkulationsparametern unter besonderer Berücksichtigung des Treibhausproblems. Ber. Inst. f. Meteor. und Geoph. Univ. Frankfurt/Main, Nr. 84 (1990b).

Schönwiese, Ch.-D., J. Rapp, T. Fuchs, M. Denhard: Klimatrend-Atlas Europa 1891-1990. Frankfurt a. Main: J.W. Goethe Univ. Ber. d. Zentrums für Umweltforschung Nr. 20 (1993).

Schönwiese, C.-D., J. Rapp, S. Meyhöfer, M. Denhardt, S. Beine: Das "Treibhaus"-Problem. Emissionen und Klimaeffekte. Eine aktuelle wissenschaftliche Bestandsaufnahme. Berichte Inst. f. Meteor. u. Geophys. Univ. Frankfurt/Main Nr. 87 (1994).

Schönwiese, Chr.-D., R. Ullrich, F. Beck, J. Rapp: Solar Signals in Global Climatic Change. Climatic Change 27(1994), 259-281.

Schröder, W., J.-P. Legrand: Solar-terrestrial variability and global change. Interdiv. Comm. on History of the Intern. Assoc. of Geomagnetism and Aeronomy (IAGA), Newsletters No. 14, Bremen-Roennebeck 1992. (ISSN 0179-5658).

Schrödter, H.: Verdunstung. Anwendungsorientierte Meßverfahren und Bestimmungsmethoden. Berlin: Springer-Verlag, Berlin 1985. = Hochschultext.

Schubert, S.: A weather generator based on the European 'Grosswetterlagen'. Climate Res. 4(1994), 191-202.

Schubert, S., P. Hupfer: Allgemeine Zirkulation und Klimaschwankungen im mitteleuropäischen Raum. Wiss. Z. Humboldt-Univ. Berlin, R. Mathem./Naturwiss. 41(1992)2, 5-16.

Schumann, A., R. Krüger, D. Siegmund: Beispiele für topoklimatologische Informationen aus Standardbeobachtungen. Deutscher Wetterdienst, ABMF Halle, Manuskript 1991.

Schumann, U. (ed.): Aeronox. The Impact of NO_x Emissions from Aircraft Upon the Atmosphere at Flight Altitudes 8-15 km. Publ. EUR 16209 EN of the Europ. Commiss. Brüssel: Directorat - General XII 1995.

Schütz, M.: Anthropogene Starkregenmodifikationen im komplex-urbanen Raum am Beispiel des Ruhrgebietes. Diss. Univ./GH Essen 1996.

Sellers, W.D.: A global climatic model based on the energy balance of the Earth-atmosphere system. J. Appl. Meteor. 23(1969), 392-400.

Seuffert, O.: Die Eiszeit lebt! - Lebt die Eiszeit? Peterm. Geogr. Mitt. 137(1993)3, 153-167.

Siefert, W.: Einige Anmerkungen zur Sturmflutentwicklung im Nordsee-Küstengebiet. Hansa 125(1988)20.

Siegenthaler, U., J.L. Sarmiento: Atmospheric CO_2 and the Ocean. Nature No. 365 (1993), 119-125.

Sievers, U., W.G. Zdunkowski: A Microscale Urban Climate Model. Beitr. Phys. Atm. 59(1986)1, 13-40.

Sneyers, R.: On the use of statistical analysis for the objective determination of climate change. Meteor. Z. N.F. 1(1992)5, 247-256.

Sofia, S., P. Fox: Solar Variability and Climate. Climatic Change 27(1994)3, 249-257.

Spänkuch, D., W. Döhler: Statistische Charakteristika der Vertikalprofile von Temperatur und Ozon und ihre Kreuzkorrelation über Berlin. Geodät. Geophys. Veröff. NKGG (Berlin) R. 2, H. 19 (1975).

Speth, P., R.A. Madden: The observed general circulation of the atmosphere. In : Landolt-Börnstein, N. Serie V/4/4a. Berlin: Springer-Verlag 1987. 140-453.

Stellmacher, R., W. Mende: Sonnenaktivität und Klimaänderungen. Wiss. Z. Humboldt-Univ. Berlin, R. Mathem./Naturwiss. 41(1992)2, 37-41.

Stigge, H.-J.: Die Wasserstände an der Küste Mecklenburg-Vorpommerns. Die Küste H. 56(1994), 1-2.

Stock, P.: Erläuterungen zur synthetischen Klimafunktionskarte von Hagen. Essen: Kommunalverband Ruhrgebiet 1982.

Stock, P., W. Beckröge: Klimaanalyse Stadt Essen. Essen: Kommunalverband Ruhrgebiet 1985.

Storch, H.v.: Inconsistencies at the interface of climate impact studies and global climate research. Max-Planck-Institut für Meteorologie, Report No. 122, Hamburg 1994a.

Storch, H.v.: Vortrag in der Sitzung des Klimabeirates am 29.März 1994b.

Storch, H.v., K. Hasselmann: Climate Variability and Change. Max-Planck-Instiut für Meteorologie, Report No. 152, Hamburg 1995.

Stroeven, A., R. van de Wal, J. Oerlemans: Historic front variations of the Rhone Glacier: simulation with an ice flow model. In: Oerlemans, J. (ed.) 1989, 391-405.

Stuhlmann, R., M. Rieland: The use of ERBE data for climate studies. Max-Planck-Institut für Meteorologie, Report No. 90, Hamburg 1992.

Tans, P., Th. Conway: Carbon-Dioxide Growth. NOAA/CMDL Carbon Cycle Group in Boulder, Col., USA. In: WMO: World Climate News, June 1994, S. 6.

Taubenheim, J.: Die Erdatmosphäre - ein anomaler Fall unter den Planetenatmosphären? Nova Acta Leopoldina (Halle) NF 65(1991)277, 165-176.

Taubenheim, J., G.v.Cossart, G. Entzian: Evidence of CO_2 progressive cooling of the middle atmosphere derived from radio observations. Adv. Space Res. 10(1990)10, 171-174.

Tonne, F. : Besonnung und Tageslicht, ein neues Untersuchungsverfahren. Gesundheits Ingenieur 72(1951), 12-17.

Trenberth, K.E.: General Characteristics of El Niño-Southern Oscillation. In: Glantz, M. et al. (eds.) 1991, 13-42.

Trenberth, K.E (ed.): Climate System Modeling. Cambridge: Cambridge University Press 1992.

Trenberth, K.E., A. Solomon: The global heat balance: heat transports in the atmosphere and ocean. Climate Dynamics 10(1994), 107-134.

Trewartha, G.T.: Introduction to Climatology. New York und London: McGraw-Hill Book Co. 1968 (5th ed. 1980).

Turowski, E., Ch. Haase, H. Piazena, M. Töpfer, A. Rinke, R. Benndorf, P. Mahrenholz: Studie über anthropogene Klimaänderungen und deren Auswirkungen auf die Gesundheit des Menschen. Manuskript. Forschungsinstitut für Bioklimatologie des Meteor. Dienstes d. DDR, Berlin 1989.

UBA 94: Jahresbericht 1993 des Umweltbundesamtes, Berlin 1994.

UNEP: The Impacts of Climate on Fisheries. UNEP Env. Libr. 13, Nairobi 1994.

UNEP/WMO: Information Unit on Climate Change (IUCC). United Nations Framework Convention on Climate Change. Geneva 1992.

Untersteiner, N.: The cryosphere. In: J.T. Houghton (ed.), The global climate. Cambridge: Cambridge University Press 1984, 121-140.

Vaughan, R.A., A. P. Cracknell, Remote Sensing and Global Climate Change. NATO ASI Series I, Vol. 24. Berlin: Springer-Verlag 1994.

Veen, C.J. van der: Land ice and climate. In: Trenberth, K.E. (ed.) 1992, 437-450.

Vent-Schmidt, V.: Analytische und synthetische Klimakarten. promet (Offenbach) 10(1980)3.

Verhagen, H.J.: Sand waves along the Dutch Coast. Coastal Engineering 13(1989)2.

Vinnikov, K. Ja.: Die Empfindlichkeit des Klimas (russ.), Leningrad: Gidrometeoizdat 1986.

Wagner, D.: Wirkung regionaler Klimaänderungen in urbanen Ballungsräumen. Spezialarbeiten a. d. Arb.gr. Klimaforschung des Meteor. Inst. Humboldt-Universität Berlin Nr. 7 (1994).

Walker, B.H.: Global Change Strategy Options in the Extensive Agriculture Regions of the World. Climatic Change 27(1994), 39-47.

Wallace, J.M., D.S. Gutzler: Teleconnections in the Geopotential Height Field During the Northern Hemisphere Winter. Mon. Weather Review 109(1981), 784-842.

Walter, H.: Vegetationszonen und Klima. Jena: G. Fischer 1970.

Wanner, H.: Stadtklimatologie und Stadtklimastudien in der Schweiz. In: Das Klima, seine Veränderungen und Störungen. Basel: Birkhäuser-Verlag 1983.

Wanner, H. (Hrsg.): Biel. Klima und Luftverschmutzung einer Schweizer Stadt. Bern und Stuttgart: Verlag Paul Haupt 1991.

Warrick, R.A., E.M. Barrow, T.M.L. Wigley: Climate and Sea Level. Cambridge: Cambridge Univ. Press 1990.

Washington, W.M., G.A. Meehl: Climate sensitivity due to increased CO_2: experiments with a coupled atmosphere and ocean general circulation model. Climate Dynamics 4(1989)1, 1-38.

Wattenberg, H.: Zur Chemie des Meerwassers. Z. anorg. u. allg. Chemie 251(1943).

Weather Bureau Newsletter: Volcanoes and Climate Change. Pretoria, Jan. 1993. In deutscher Sprache abgedruckt in: Die Witterung in Übersee 41(1993)2, 26-27.

Weber, G.-R.: Spatial and temporal variation of sunshine in the Federal Republic of Germany. Theor.Appl. Clim. 41(1990), 1-9.

Wege, K., W. Vandersee: Über Ozontrends. Mitteil. Dt. Met. Ges. H. 4(1992)20-27.

Weise, A.: Zum Auftreten der "Warmen Hangzone" im Tiefland der DDR. Z. Meteor. 28(1978)5, 281-284.

Weise, A.: Zur Erfassung geländeklimatologischer Phänomene unter besonderer Berücksichtigung der Frostgefährdung. Peterm. Geogr. Mitt. H. 4 (1981), 239-244.

White, D.H., S.M. Howden (eds.): Climate Change: Significane for Agriculture and Forestry. Climatic Change 27(1994)1.

Wilson, A.T.: Origin of ice ages. An ice shelf theory for pleistocene glaciation. Nature 201 (1964), 147-149.

WMO 66: International Meteorological Tables. Edited by S. Letestu. WMO, Geneva 1966.

WMO 79: World Climate Conference. WMO, Geneva 1979.

WMO 94: Scientific Assessment of Ozone Depletion: 1994. WMO Ozone Report No. 37, Geneva 1994.

Woodward, F.I.: Climate and plant distribution. Cambridge: Cambridge University Press 1987.

Wyrtki, K.: El Niño - The Dynamic Response of the Equatorial Pacific Ocean to Atmosphere Forcing. J. Phys. Oc. 5(1975), 572-584.

Yoshino, M.M.: Climate in a small area. Tokyo: University of Tokyo Press 1975.

Zimm, A.: Urbane Explosion. Sitzungsberichte der Leibniz-Sozietät (Berlin) H. 1/2 (1994), 91.

Zimmermann, H.: Die Stadt in ihrer Wirkung als Klimafaktor. promet (Offenbach) 17(1987)3/4, 17-24.

Index